人类科技创新简史

简史

科技创新

欲望的力量

[美] 董洁林 —— 著

中信出版集团 | 北京

图书在版编目（CIP）数据

人类科技创新简史/（美）董洁林著. --北京：中
信出版社，2019.6（2021.2重印）
ISBN 978-7-5217-0229-3

I. ①人… II. ①董… III. ①技术革新－技术史－世
界 IV. ①N091

中国版本图书馆CIP数据核字（2019）第045069号

人类科技创新简史

著　　者：［美］董洁林
出版发行：中信出版集团股份有限公司
　　　　　（北京市朝阳区惠新东街甲4号富盛大厦2座　邮编　100029）
承 印 者：北京楠萍印刷有限公司

开　　本：880mm×1230mm　1/32　　　印　张：17.75　　　字　数：450千字
版　　次：2019年6月第1版　　　　　　印　次：2021年2月第3次印刷
书　　号：ISBN 978-7-5217-0229-3
定　　价：69.00元

人类创新历史长河中的一叶轻舟

按照时下流行的说法，这是一本注定会火的书！

创新在当今中国应是最为时尚的概念了，从政府大政方针到国际贸易争端，从大学生创业到股票市场盈亏，无不跟创新息息相关。但是，人类创新的动力是什么？为什么有些人能够在人类创新的历史上留下鼎鼎大名，而有些人则默默无闻？是什么因素让某些创新取得巨大成功，而另外一些创新则落得让人扼腕叹息的下场？人类在创新的道路上经历过怎样的坎坷和惊喜？未来创新之路又会把我们带向何方？

要解答这些问题，我们可以去研读关于科技史的典籍，也可以去查阅各类学术期刊中最新的研究成果。但在今天这样一个时间被高度压缩的时代，大多数人对此难免望而却步。而相关的史学专家也不愿意花费太多时间去编写一本既能吸引广大读者又做到内容准确全面的书，在论文当道的今天，这似乎是件费力不讨好的事情。董洁林博士的这本书恰好填补了这个巨大的社会需求。

作者在系统研究创新历史的学术基础上，把传统的科技创新编年史解构，再用优美的文笔、引人入胜的故事和严谨的学术分析将其按照新的体系重建，与最近十分流行的《人类简史》有异曲同工之妙。由此形成的杰作恰似人类创新历史长河中的一叶轻舟，让我们轻松地徜徉于人类创新的精彩华章中，饱览人类各种需求在创新过程中被满足与升华的过程，更让我们对人类创新发展的未来生发出更多期待。这本书集严谨的分析框架、精彩的历史故事、独到的视角与观点、精美的摄影与绘画于一身，成为一本让人爱不释手、欲罢不能的创新宝典。

董洁林博士可以算是我在美国留学的师姐，她很早就通过著名的"中美联合培养物理类研究生计划"（CUSPEA）到美国卡内基-梅隆大学物理系攻读博士学位，1988年博士毕业后从事过科学研究工作，也曾在金融市场上驰骋风云，前些年她回到国内，潜心从事创新领域的研究。她在苏州大学建立了一个创新研究中心，带领着一批年轻学者和学生，用自然科学严谨的方法和态度搜集大量数据，建立了人类科技创新成就数据库，做出了很多有意思的研究，发表了很多重要的学术论文。她还欣然接受我们的邀请在清华大学科技政策研究中心兼职。这本书的出版既在情理之中也在意料之外。情理之中是因为把前期的重要研究结果整合起来出书是很多学者的惯常做法，意料之外是因为她出版的不是典型的学术专著，而是这样一本可爱的创新外史。而作者在这本书的前言中对此也给出了答案：原来作者从小既怀有成为科学家的"白玫瑰"之梦，也对成为文学家的"红玫瑰"之梦念念不忘。今天这本人类创新史终于让作者的"红玫瑰"和"白玫瑰"之梦同时实现。

这本书的主体内容是讲述人类创新的故事。作者在马斯洛人类需求层次理论的基础上提出了一个"人类需求层级科技分类体系"，把科技成就分成六大类：生存/温饱，安全/健康，交流/娱乐，机动/灵活，效率/利用，探索/超越。按照这6条主线，作者从两个方面开始故事的叙述。首先，作者用大量有趣的故事、精美的照片和图片，向我们展现了人类发展历程中丰富多彩的创新史实，生动地再现了很多对人类创新历史有贡献的大小人物。在每条主线的分析中，作者都对中国在这些领域的创新贡献做了特别的描述和分析。作者优美流畅的文笔和严谨的科学考证分析不但为这些史实赋予了新的生命力，也纠正了不少坊间不实的传说。其次，作者采用结构性叙事的方法，以她多年的深入研究积累起来的数据库为基础，按照前面的6条主线透视万年科技史的结构和发展脉络，对各地区进行横向比较，并从中发现一些统计特征。同时，她也对前面各章的故事进行了归纳总结。这样的安排，既提供了大量鲜活的创新史料，满足了公众对创新历史了解的需求，也呈现了严谨的资料分析，给科技史专家探讨创新历史中的各种疑团提供了空间。

这本书另外一个难能可贵之处在于，对科技史中一些有争议的问题不但不回避，而且把这些问题指出来，并给出作者自己的鲜明观点。例如，蔡伦造纸是中国人引以为傲的四大发明之一，但具体的史实背后也是有争论的。作者介绍了其中一种观点，即早在西汉时期就有了甘肃的放马滩纸和后来的西安灞桥纸，比蔡伦造纸早了200多年。按照这种观点，蔡伦并非造纸术的最初发明者，而是造纸工艺的改良者。当然，另外一种观点认为西汉纸充其量是纸的雏形，从质量上来说无法跟蔡侯纸相提并论。这本书的观点是同意西汉造纸的说法。当然，不论持哪种意见，蔡伦造纸的案例都让我们看到，一项重大的创新是很难一蹴而就的，也许不乏灵光一现，但更多是渐进式创新。

另一件科学史上的公案涉及发明磁共振成像仪的雷蒙德·达马迪安、美国科学家保罗·劳特布尔和英国科学家彼得·曼斯菲尔德。这桩公案曾经迫使美国国家科学院专门组织团队研究分析他们三人的贡献。达马迪安是最早借助磁共振成像对人体进行研究的科学家，他还提出可以用磁共振成像的方法对像肿瘤这样的软组织进行体外检测。但2003年的诺贝尔生理学或医学奖却被授予之后在这个方面做出贡献的劳特布尔和曼斯菲尔德。作者在对达马迪安表示同情的同时，也潜在地表达了自己的观点：科学评价应当以事实为依据，而不应受到科学家的为人或个性的影响。

作者还厘清了社会上对创新领域的若干问题的误解。例如，屠呦呦获得诺贝尔奖时，中国的社交媒体曾表示惋惜，中国人发明了青蒿素，却因为没有申请专利而遭受了较大的经济损失。但发明青蒿素的工作涉及发现青蒿素里的蒿甲醚是治疗疟疾的有效成分，这部分是科学，不能申请专利；而如何提取有效成分蒿甲醚，以及如何把它做成符合人体治疗的药物则属于技术问题，可以申请专利。在青蒿素的有效成分以科学成果的形式公布之后，能够开发独特的蒿甲醚提取技术并进行药品制造的厂家有很多，即使对提取技术申请专利保护，其商业价值也非常有限。

纵观全书，作者运用生动的笔触，为我们展现了一部精彩绝伦的人类创新历史，掩卷之余不免让人唏嘘感慨。我们今天生活中习以为常的器物和工具，其背后蕴含着多少人类智慧的结晶，有多少思想家、科学家和能工巧匠为之贡献才智，绘制了人类创新发明的壮丽画卷！作为一名中国读者，此时很难不想到李约瑟之问，为什么近代科学和工业革命没有在中国发生呢？为什么在人类创新发明的英雄榜上中国人没有做出更多的贡献？作者在第24章和结语中专门对此进行了分析和讨论，得出了一些很有见地的结论，发人深思。我们期待中国能够在未来的创新发展过程中以史为鉴，构建和完善国家创新系统，消除制度对创新的阻碍作用，用更加坚定自信的心态回答作者最后提出的问题：中国能不能成为人类科技前沿的弄潮儿，并稳定长久地坚守住前沿阵地？它会给人类社会带来新方案吗？这些新方案将引发什么样的世界变革？我们拭目以待！

薛澜

清华大学教授

清华大学苏世民书院院长

2018年6月于北京清华园

思想谱系里珍贵的少数派声音

我和董洁林认识是在20世纪80年代末90年代初，那个时候我们都在美国留学，她给我的印象是个热情、有血性、做事执着的姑娘。后来我弃文从商去AIG（美国国际集团）旗下的基金做投资，便老往国内跑。听别人说她也在创业，常常中美两地跑。但我们却没再碰到过，直到2011年我在一次"千人计划"的会议上见到她，她告诉我她现在在大学教书、做研究。我听后颇为惊讶，因为创业赚钱后又回过头去做清苦的研究，在时下的中国是不多见的。

不久前她给我发微信，想请我给她以人类科技创新简史为主题的新书写篇序言。我不假思索就答应了，一是因为这个题材，我认为它对时下的中国有意义；二是因为好奇，我想看看这位不同凡响的女性能写出什么。后来她陆续给我发来书稿，没想到她花了5年时间写了一部四五十万字的著作。

董洁林在这本书中探讨的是人们经常思考的一些问题，比如，人类为什么要进行科技创新，又如何进行科技创新？当下最重大的科技创新是什么？它将如何改变我们未来的生活？关于科技创新与地理、文化、制度、经济、历史等因素的关系，市面上有不少优秀的著作。马克斯·韦伯的名著《新教伦理与资本主义精神》就从宗教价值观的角度，论述了制度创新的资本主义在欧洲萌芽崛起的原因。董洁林的书和其他人著作的不同之处在于：她基于前人在不同领域建立的理论，搭建起新的分析框架，结合历史和当代的大数据，着重研究科技创新与人类本身的欲望及社会需求之间的关系。

针对这些问题，这本书提供了很多有意思的讨论和洞见。董洁林认为，人类历史上有三次长波段的科技革命：10 000多年前开始的"生存技术革命"，对应农业革命和新石器革命，奠定了人口增长的新基础，引发了农耕民族和游牧民族的大分流；5 000年前开始的"交流技术革命"（文字、数学、信息娱乐等领域的技术革命），对应知识生产和传播的飞跃性发展，推动社会发生结构变革，让管理效率得以提升，文明社会和野蛮社会自此分野；400年前开始的"效率科技革命"（包括科学革命和工业革命），特别是化石能源的利用和动力机械的发明，促使财富获得极大增长，现代社会从传统社会中跳脱而出，世界各地的现代化进程因此徐徐展开。

对历史上中国和欧洲的科技发展，她用摆数据和讲故事的双重方法做了深刻的分析和比较。她认为地理因素只是底色，2 000多年来中国和欧洲科技发展轨道的差异，特别是最近几百年来的分道扬镳，主要是由三个人为因素造成的：追求精准（比如数学、逻辑等）的偏好和能力，思想和权力的多元化，以及商业体系结构和动力学机制。这三个因素对一个社会现在乃至未来的科技创新能力也至关重要。

中兴事件让国人更加痛感科技创新对于一个国家的重要性，董洁林的新书出版恰逢其时。中国政府极为重视科技创新和青年创业，多年来大量投资于此。

　　关于未来科技发展，董洁林认为有两个领域特别重要：一是人工智能，关乎未来50年；二是能源技术，关乎未来几百年。关于这两类技术的发展和对未来社会的冲击，她看到的主要是挑战，而不是一个美丽新世界。她还认为，这一波科技蓬勃发展的长周期已经接近尾声，这算是少数派意见吧。主流意见特别整齐，这不一定是好事。此时，思想谱系分布长尾里的微弱声音就显得弥足珍贵，因为未来有无数可能。

阎焱

赛富基金创始管理合伙人

人类为什么要创新

我与董洁林教授相识于现代科技创新的成果——微信。大约三年前，我在科学史同行微信群中偶然注意到，有一位群成员经常询问科学史的问题，并与群友进行辩论。有时我也加入，虽然看法不完全相同，却为她的执着和见识所吸引。后来，我在随意的交谈中了解到她更多的情况。董洁林教授本科毕业于中山大学物理系，20世纪80年代通过"中美联合培养物理类研究生计划"，赴美国卡内基-梅隆大学攻读博士学位。她毕业后从事过写作，做过美国《华尔街日报》和英国《金融时报》的特约撰稿人，曾任苏州大学商学院特聘教授和清华大学技术创新研究中心兼职教授。我还得知她使用科学计量的方法做了一份关于世界科技发明创造的年表，我觉得像她这样的学术和工作背景的学者来做科学史，一定有其独到之处。于是，我以中国科学技术史学会的名义邀请她到北京做了一次学术报告，题目是《回顾一万年，科技发展如何满足人的需要》，大致是运用马斯洛的需求理论，解释人类的科技发明。与会者或许并不完全同意她得出的结论，但董洁林教授关于世界科技发明创造的计量工作，还是得到了大家的肯定。科技作为人类文明中最具有进步性的事业，应该可以通过科学计量的方法得到充分的展示。

岁月如梭，微信群中的讨论常常进行，有时争论还非常激烈。我注意到董教授在讨论中除了对科学进步性的坚持，还越来越多地关注科学的社会和文化层面，话题中增加了原始思维、人类学、巫术、宗教、马林诺夫斯基、库恩等词语。我能感觉到，董教授在所有的交谈中，始终抱着学习的心态质疑、反驳与考证，对科学史的看法也与之前有所不同。有一天，董教授在群里宣布，她正在写一本关于人类创新史的书，而且接近尾声。她还告诉我们，为了写这本书，她参观访问了世界各地的博物馆，实地考察了许多古代遗址，并建立了"人类重大科技成就数据库"。这让我对她的作品有了一些期待。

几个星期前，我接到董教授的电话，邀请我为她即将出版的这本书作序。我很高兴看到她的写作计划变成了现实，想先睹为快，加上董教授盛情难却，便答应下来。

人类为什么要创新？为什么要发明新技术？这是董洁林教授想要回答的问题，她是通过对人类创新历史的考察来回答这个问题的。这本书思考了人类生活的方方面面。人类从远古时代走来，是什么特性将人类与动物区别开来？人是群居动物，必须组成社会和建立政府，人类是"政治人"（*Homo politicus*）；人类可以随时做爱，没有像动物那样的发情期，人类是"性爱人"（*Homo sexualis*）；人类会思考，是"智慧人"（*Homo sapiens*）；人类还会制造工具，创造新事物，人类也是"制作人"（*Homo faber*）。使用工具控制、操纵、利用、征服地球，是人类标志性的特征。这就是技术，技术是人类生活的事实。没有技术的创新，就没有人类生活。

思考如此宏大的问题无疑需要极大的勇气。董洁林教授巧妙地运用马斯洛的需求理论，视需求与欲望为人类创新的力量源泉，这是这本书的主线。马斯洛理论认为，人类需求由低到高分为生理需求、安全需求、社交需求、尊重需求和自我实现需求，最终还有自我超越需求。人类的技术创新，都是在满足某一种或多种需求。

全书六篇大致就是按照马斯洛的需求层次展开的，用"需求"这一清晰的线索贯穿起人类自新石器时代以来的技术创新历史。坦白地讲，将每一项技术创新归属于满足人类的哪一层次的需求，肯定是仁者见仁、智者见智的做法。但董教授在这本书中的归类显然不是随意的，而是凝聚了她对科技创新与人类社会的思考。单看她为这本书搭建的"人类重大科技成就数据库"，就知她付出的殷殷心血。她用心思和情感写成了这本书。

阅读这本书的书稿是一种愉快的经历，每每还有惊喜。董洁林教授常常以技术使用者的角度，观察和体验人类技术的发明创造历史，令人感到真切且耳目一新。比如，在"吃货的创新世界"一章，她把农业发明、陶瓷、食物加工、厨艺、酒、酱油、奶酪、维生素C等跨越万年、覆盖多领域的技术创新串成一线，展现出一幅"万众创新"的历史画面，颇有新意。再比如在"便宜革命"一章，她认为新产品的发明激发乃至制造了人们追求物质的欲望，而随后的标准化生产降低了成本和价格，满足了大范围的需求，由此促进了社会财富的增长。按照这个思路，她把产品组合、生产管理、电力普及、标准化及自动化的一些技术创新巧妙地联系在一起，勾勒出工业革命的技术创新图景。这些技术发明成了叙述人类文明史的物质元件，如此一来，技术史就可以从科学、社会、文化、心理等多维度展开。我们看到的也就不是单个技术发明的细节，而是每一项技术在人类需求力场中的位置。

在阅读过程中我发现，大家平时在微信群中讨论的问题，竟然也反映在这本书的字里行间。有些话题，比如巫术、宗教与科学的关系、中国古代有没有科学、近代科学为什么没有在中国发生的"李约瑟问题"等，大家的看法不尽相同，辩论有时非常激烈。但我可以看到，董教授认真听取了不同的见解，对相关文献进行了认真的研读，并形成了自己的看法。我虽然不能完全同意，但感觉她的观点已经不像最初那般锋芒毕露，而是变得更加圆润。就巫术与科学的关系，巫术不再被简单地视为科学的对立面——"迷信"，而是远古人类的另一种世界观，另一种思维模式，另一种价值观下的具体"科学"。当我看到这本书引用了人类学家如弗雷泽、马林诺夫斯基、埃文斯–普里查德等人的著作时，就知道她已经依据我们平时的争论悄悄地调整了自己的思路，这令我欣慰。她这种善于自我批判、自我修正、自我升华的治学态度，令人敬佩。

这本书涉及的技术创新和发明极多，几乎覆盖了人类需求的所有方面。我显然无力对书中涉及的每项技术创新的历史考证做出评价，但这是董教授用她的思想实验构建的人类创新历史，是一项非常有意义的尝试。历史本无轨迹，是我们用想象、用思想、用理论构建了有轨迹的历史。这个构建过程可以不断进行下去。我感谢并祝贺董教授为我们带来的这趟思想之旅。

孙小淳

中国科学技术史学会理事长

中国科学院大学人文学院教授和常务副院长

2018 年 11 月 15 日于北京

青少年时期的你有过什么梦想？你希望成为什么样的人？

少年时，我有两个梦，白日梦里的我希望成为文学家，夜梦中的我则为当上科学家而奋斗。它们是我生命里的"红玫瑰"与"白玫瑰"。

考大学时，追求"红玫瑰"还是"白玫瑰"让我很发愁。父亲对我说，还是学点儿实实在在的、有用的东西吧。于是，我成了中山大学物理系无线电专业的一名学生，却依然对文学梦恋恋不舍。大四时我参加了李政道先生主持的"中美联合培养物理类研究生计划"，被美国卡内基–梅隆大学物理系录取为研究生。

怀揣着成为科学家的"白玫瑰"之梦，我兴冲冲地来到美国匹兹堡市，以为自此将与"白玫瑰"共度余生。但是，在实验室里孤独地苦思冥想是痛苦的。身边杂乱的仪器和满地的零部件，犹如一片片残败的白玫瑰花瓣，令我不禁质疑起自己的职业选择。每逢此时，"红玫瑰"的暗香总会如幽灵般袭来，让我迷惑。如果选择"红玫瑰"作为终身"伴侣"，也许我的生命会更加有滋有味？

获得物理学博士学位后，我的职业生涯既没有与"白玫瑰"为伴，也没有与"红玫瑰"相守。很长时间，我为放弃初心而自责不已，感觉像是做了叛徒和逃兵。但"红玫瑰"和"白玫瑰"从来没有离我而去，而是一直如影随形。

我撰写本书的动机在于向历史长河里的科技创新者致敬。在此，我们不问他们的出身和智商，也不查究他们的道德情操，卓越成就是让他们登上科技史英雄榜的唯一理由。很多创新者留下了传世之作却没有留下名字，绝大多数留下名字的科技创新者生前并不显赫，不属于主流的精英阵营，而常常是社会的"边缘人"。事实上，对既有观念的否定和对权威的反叛，是他们成就伟大科技功绩的基本前提，很多人甚至因此付出了沉重的代价。

我生命中的很多时间都花在学习和消化这些科技创新者留下的智慧结晶上，或受他们奇思妙想的启发而拍案称奇，或因不解他们的思路而沉思苦闷。他们照亮了我的心智，也是我希望成为的人。借此机会，我把"红玫瑰"和"白玫瑰"都献给这些科技创新者，也对我青少年时期的梦想道一声感谢！

在构思本书的内容和确定写作风格时，我确实有些犯难。科技史类的相关著作已很多，要写出新意并不容易。而且，科技方面的内容专业性较强，讲述太多细节会令一般读者觉得烦琐，而细节不够则可能让专家感到索然无物。我希望专家和一般读者都愿意阅读本书，但如何平衡不同读者的口味是一门大学问。

就内容来说，本书要回答的核心问题是什么呢？首先，我希望理解人类为什么从事科技创新，是为了满足个人欲望，还是受社会需求驱动？其次，我试图从不同的角度搞清楚人们经常讨论的一些重要问题，例如：科技成就如何影响社会发展？历史上的"农业革命""工业革命"等重大事件的本质是什么？近几百年来欧美科技发展为什么与其他古文明形成了大分流？未来科技将如何发展，会把人类社会带向何处？

就写作方法来说，我以人的欲望和社会需求为支点，采用了两种叙事方式讲述人类科技创新史。一种是历史性叙事，通过述说历史故事阐明科技创新的逻辑。另一种是结构性叙事，用数据展现科技的纵向结构性演进并对各地区进行横向比较。在此基础上，本书得以用双重视角相互印证科技是如何发展的，又对人类社会产生了怎样的影响。当然，无论是历史性叙事还是结构性叙事，要做好都很不容易。因此，这本书写起来格外吃力。

历史性叙事占据了本书的大部分章节。从人类走出非洲到目前的科技前沿，这部分按人的需求层次分为6篇共24章，阐述大历史跨度的科技发展的因果逻辑和演化机理。在内容选择方面，本书以技术为主，而以科学为辅。每章都侧重于某个行业或某项重大技术，回顾其形成的前因后果，并讨论该领域未来发展的一些可能性。关于中国四大发明的产生过程与传播及其对中国和世界的意义，书中有较多论述。

结构性叙事以数据为基础，透视万年科技史的结构和发展脉络，并从中发现若干统计特征。为此，我花费了大量时间建立数据库，说来也只是笨功夫，"读万卷书，行万里路"而已。

对于那些启发我思路的著作和论文，我没有依照学术写作惯例一一做注，仅从我阅读过的一千多篇文献中选出很少的一部分列于书后，可以作为读者扩展阅读的材料。对于那些没有列出的参考文献的作者，本人深表歉意，并在此感谢他们。另外，为了更好地理解先辈的科技成就以及生活和工作场景，我还走访了世界各地的很多博物馆和人类遗址。这对还原和想象古代世界，尽量摒弃"现代情景"的噪声，有很大帮助。

数据分析和统计难免涉及一些方法，本书开篇简单介绍了一些相关的基本概念和研究方法，也简述了在这一分析框架下，人类历史上科技前沿发展的结构性大趋势。每篇的篇首语都对某类科技的发展进行了综述和区域性的横向比较。最末的结语是本书内容的总结，提出了基于结构性分析和历史演化逻辑的双重叙事方式得到的一些主要看法和结论，并展望了未来科技的发展趋势及未来世界的可能变局。

本书的章节顺序，包含了笔者设置的一种逻辑，只要循序渐进地阅读，就可以较好地理解这种逻辑。开篇、6篇篇首语和结语，形成了完整的结构性叙事逻辑和结论，对此有兴趣的读者，可以把这几个部分串在一起读。关于历史性叙事的24章，读者可以按兴趣选择其中任意一章阅读，这不会影响对内容的理解。

这本书首先是为中国读者而写。因此，作为本书的一个特点，无论是对历史细节的描述还是结构性分析，本书都包含较多的中国原创科技内容，并较为详尽地展示了中国和其他地区（比如欧美、中东、印度等）的科技发展过程及成就的比较。通过比较，我们不仅可以发现它们之间的不同，也可看见人类科技发展的共同规律。

在过去几年的研究和写作过程中，我得到了很多人的帮助。首先，我要感谢我的一群学生和同事：李威博士、茅丽莉、陈娟、阿约德尔·I.谢图（Ayodele I. Shittu）博士、曹钰华、宦淼、熊昀等，他们在"重大科技成就数据库"的构建和数据分析方面都花了很多时间，做出了很大贡献。还有很多其他学生先后参与了这项工作，在此略表谢意。

另外，很多学者和专家朋友阅读了本书部分章节的草稿，提出了很多非常有价值的意见，让我受益良多，也提升了本书的质量，在此表示衷心感谢。下面是按照他们阅读章节的顺序列出的名单。若有遗漏，万望见谅：

清华大学原社会科学学院教授、现马克思主义学院教授刘立先生，南开大学社会心理学系陈浩副教授，博煊资产管理有限公司合伙人和董事总经理、人口学者黄文政先生，堡航集团董事总经理王文勇先生，中国科学院自然科学史研究所医学史专家廖育群教授，美国国家卫生研究院（NIH）科学家王栩菁博士，极橙儿童齿科CEO（首席执行官）塔尔盖先生，香港科技大学数学系孟国武教授，清华大学科技史暨古文献研究所所长冯立昇教授，美国量子金融投资公司董事长王金化博士，上海工程技术大学汽车工程学院严晓教授，财新世界说CEO安替先生，美国斯坦福大学胡佛研究所徐蕾蕾女士，江苏慧光电子科技有限公司董事刘晓梅女士，罗辑思维CEO李天田女士，旅法媒体人安琪女士，人工智能发展史专家陈自富博士，中国科学院大学人文学院科技史专家袁江洋教授，好奇心教育科技有限公司董事长张赋宇先生，深圳创新投资集团有限公司李威博士，美国蒙特克莱州立大学张延莉教授。

我委托来自安徽合肥的画家梁爱平先生绘制了书中的部分插图，还有一些朋友向我提供了自己拍摄的照片，在此表示感谢。本书得以在中信出版社出版，受益于优秀纪录片导演李成才先生的推荐，借此机会对李导和中信出版社团队表示感谢。

最后我要感谢我的先生裴世铀博士和儿子裴岸，他们给我提供了无数的写作灵感。过去几年，他们经常陪伴我参观世界各地的博物馆和人类古迹，和我一起聆听来自古代的声音，还天天听我唠叨历史故事，让我可以"大声"地思考，快乐地进行思想实验，从不同的角度重构历史上科技发明的场景，探讨科技创新的逻辑和价值。

过去7年，我投入地遨游于历史长河之中，在很多学科中驻足，理解了很多东西，也依然有很多不解的东西。如果本书存在知识性硬伤或不恰当的观点，都是作者水平所限，与帮助过我的朋友们无关。本书出版后，我将与读者们为伍，互相学习，开始新的思想之旅。

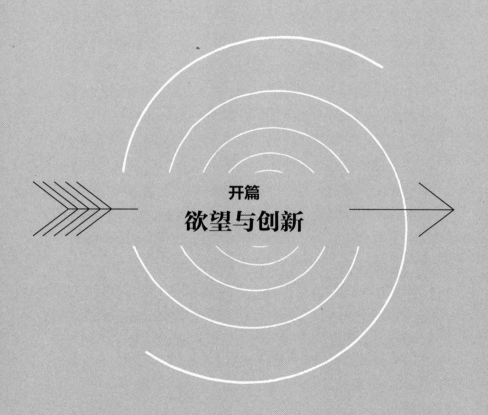

开篇

欲望与创新

几百万年前，人与猿分道扬镳。今天，猿还是猿，人却走到了文明高度发达的阶段。人类与猿类最重要的差别在于创新能力，作为人类文明的一部分，科学技术的"进步性"最为显著。重大科技成就的生命周期很长，一旦问世，往往可以常驻人间。例如发明于5 000多年前的车轮，经过不断的微小改进，今天仍然生机勃勃地应用于大量产品，"行走"在世界的各个角落。一项又一项的重大科技成就随时间积淀下来，形成越来越博大精深的知识储备池，这是让科技具有"进步性"的密码。

　　人类为什么进行科技创新，又如何进行科技创新？试图回答这些问题的著作汗牛充栋。

　　有不少优秀著作探讨了科技与地理、文化、制度、经济、历史等因素的关系，比如《枪炮、病菌与钢铁》。该书阐述了地理和气候环境是如何确定了各地农业革命开始的节奏，如何影响了人类社会的发展轨迹，并确立了今天世界各地人口和经济分布的不同格局。

　　关于文化与科技互动的研究也不在少数。从古希腊时代到罗马帝国、中世纪，再经过科学革命和工业革命直至今天，欧洲文化在传承的过程中有很大变化，而古希腊人的求真文化一直影响着欧美人的科技活动。

《新教伦理与资本主义精神》等著作描述了宗教、价值观等文化元素对人们创造热情的影响，从文化视角解释了工业革命的缘起和发展。

体制、法律和政策等可以直接调集资源，并激励优秀人才从事重要的事情。讨论制度与科技创新关系的著作也有很多，比如《国家为什么会失败》，用一些历史和文化相同但制度不同的地区（比如民主德国与联邦德国，朝鲜与韩国，美国与墨西哥等）为论据，论证了制度如何激励或阻碍一个社会的科技创新活动。

历史事件对后世的影响不可小觑。一个地区自发创造和远道传播而来的科技，会沉积在本地的"知识池"（knowledge pool）里，成为未来科技创新的"元部件"。池内每增添一项新科技，都会给当地未来科技创新提供很多新组合的可能性。《技术的本质》等著作阐述了历史上既有的科技元素对后世人们创新的影响，并从社会惯性的角度说明了前人的一些偶然选择是如何形成路径依赖并主宰未来技术发展轨道的。

商业活动、企业家精神等因素直接造就了很多科技成就。资本主义也常被视为一种有利于科技创新的体制（比如熊彼特等人的观点），其逻辑是：技术创新可以让人获得超额利润，把这些利润再投资于科技创新，将会带来更多利润，由此可以形成一个正反馈回路，不断放大科技成就和利润规模。

关于人口与科技的关系，也有很多研究。有人说"人创造了历史"，认为"人越多，好主意越多"；也有人持英雄史观，认为是天才和伟人创造了科技，从而推动了社会发展。作为"英雄史观"和"人创造历史"的折中，有人提出科技创新与受教育人口有关，受过良好教育的人才是科技创新的主力。

事实上，在漫长而浩瀚的历史中，任何一种理论都可以找到一组事实来支持自己的假说，以上各种决定论自然有其合理的方面。技巧高超的作者往往可以找到一种很好的方式，让读者掩卷后心服口服地接受其理论。当然，人们也可以从历史中找到足够多的反例，否定这些决定论。在梳理这些理论、思考人类科技创新的历程时，我发现已有的文献缺少了很重要的一环。

人们常说"需求是创新之母"，这种说法虽是老生常谈，但很少有人深入研究人和社会需求及科技活动之间到底有何关系。对从事科技创新活动的人来说，地理、文化、制度、历史、人口、经济等都是外在因素。如果只研究这些外在因素和科技成就之间的关系，那么这显然忽略了"人"这一创新主体。人的欲望和社会需求是众多外在因素和科技成就之间不可或缺的纽带，也正是本书要着重讨论的内容。

人类需求与科技创新动力学

关于人类从事某种活动的动机的理论有很多，基本上可分为两类：内在动机学说和外在激励学说。前者强调人的内在需求和欲望，后者强调外部的自然和社会因素的影响。虽然古今中外人的具体需求和欲望的表达方式千变万化，但其本质有很大的共性。从事科技活动是人类满足其需求的一种方式，其动机可借助相应的心理学理论来理解。

关于人的动机和激励理论，最著名的是心理学家马斯洛于1943年提出的人类需求层次模型。马斯洛早期提出的人类需求分为五层，后来扩展为六层。大多数人都采用他的五层模型，而本书采用的是六层模型。在这个模型里，生理和生存需求是最底层，上面依次是安全、社交和情感、尊重和信心、自我实现，最后是超越自我的需求。图0-1展现了马斯洛模型的六个需求层次：

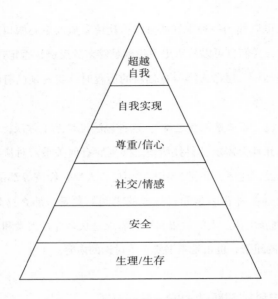

图0-1　马斯洛的人类需求六层模型

　　马斯洛指出，较低层次的需求比较高层次的需求更重要。人们一般会先力求满足较低层次的需求，一旦得到满足，就会把注意力转移到较高层次的需求上。马斯洛理论试图对人的本能和行为动机进行基础性描述，但模型的各需求层次也可受外部因素的激励，从而与外在激励学说接轨。因此，该理论提出后，不仅得到了心理学同行的广泛响应，也出现了很多跨学科的应用。例如，管理学家基于马斯洛理论进行了企业组织行为和激励机制的研究。

　　对于这个模型，也有很多批评和补充意见。例如，美国心理学家克莱顿·奥尔德弗提出了"生存、关联、成长"三层模型。他认为，有时人的需求层次的递进关系并不明显，即使低层次的需求没有得到满足，也会追求高层次的需求，因此多种需求可以同时存在。还有学者认为，人类需求与人的价值观密切相关，而马斯洛模型主要是基于美国中产阶级的特征建立的，并非描述全人类的通用模型。

人是一种社会性动物，人与人之间会产生信息和物质交流，彼此影响。社会的本质是网络，人是最基本的节点，以人为基础可以形成多形态、多层次的聚集点，乃至子网络和大网络。社会网络有其运行规律，也会对网络中的个人产生重要影响。关于人的社会性研究，马斯洛的学生艾略特·阿伦森的著作影响更深远。最近还有不少学者用复杂系统理论研究社会网络，发现了一些很有趣的结果。

社会将形成自己的需求，其中一部分是个人需求与欲望的堆砌。但一个社会包括了不同政治和经济地位以及不同兴趣的人，还有很多集体性记忆（历史、文化等），不同社会的人口规模和密度不同，这些都会使社会网络的结构、规则和内涵不断变化，因此社会需求更复杂，多层次需求必然同时存在。世界由很多差异较大的社会组成，每个社会的需求不同，发展不平衡是常态。

身处某个社会和历史环境下的科技创造者，在选择科研或技术发明项目时，不仅要考虑个人的喜好和才能、周边环境，也必须呼应社会需求，通过满足社会需求来满足自己的欲望。社会需求可以通过权力来体现（如国家政策），也可以通过金钱来体现（如市场），还可以通过价值观、宗教和意识形态（这些属于文化范畴）来体现。

每个国家和社会都有其独特的文化，可以影响社会需求的优先度。荷兰心理学家杰勒德·霍夫施泰德按照权力距离、风险偏好、集体主义和个人主义、阳刚性和阴柔性、长期或短期偏好这5个维度，对世界各国的文化属性进行分类。他认为相较于美国人的个人主义人格，中国人有强烈的集体主义人格，这是两个社会在很多方面有显著差别的重要原因。

曾任麻省理工学院商学院教授的心理学家埃德温·内维斯认同文化对社会需求和个人欲望的影响。他调研数千名中国管理人员后建立了一个描述中国人需求结构的四层模型。他认为交流和集体归属感对中国人是最重要的，处于需求模型的最底层，接下来才是生存需求层、安全健康层，以及最上面的自我实现层。也就是说，在中国人眼中，交流和关系比吃还重要，人们聚餐时觥筹交错，为的不是满足生存需求，建立关系才是主题。

内维斯还说，中国人的自我实现与西方人的自我实现内涵不一样，前者主要是通过从事社会服务工作（如当上公务员）得到大家认可。在他的中国人需求模型中，马斯洛模型中的尊重和信心层及自我超越层消失，这两层的部分内涵被归到交流和集体归属层及自我实现层之中。显然，由于内维斯的研究仅基于对部分中国企业管理人员的抽样，并不能全面反映中国人的需求偏好，至多反映了当代中国企业管理人员的需求。

综合这些学说可见，个人欲望和社会需求有共同之处，也有不同之处。较为基本的需求层次，比如生存、安全、交流等，对古今中外的个人和社会都很重要。而在较高的需求层次方面，古今差别和地域差别都很大。很多外部因素，比如自然环境、人口、经济、文化、制度、历史及偶发事件等，都是导致不同地区和历史时期的个人欲望和社会需求的内涵和优先度有所不同的因素。

这些心理学理论虽然都不足够成熟，但对理解人性和人的行为动机意义重大，也为我们了解人类为什么从事科技活动提供了一把钥匙。基于以上讨论，我就各种外在因素、个人欲望和社会需求及科技活动之间的关系，提出了一个描述这三类变量互动的需求与科技创新动力学概念模型（图0–2），该模型的要点是：

（1）人的欲望来自人的本能，后者基本上不因地域和时间而变化，这是人类科技创新的直接动力。外部因素可以刺激人的欲望，使人投入到相应的科技创新活动之中。

（2）社会需求不仅是个人欲望的集合，也受到社会网络自身规律的左右。不同地方和时段的独特外部因素（比如人口、经济、文化、制度、历史及偶发事件等），可以产生超越个体需求的群体需求。因此，社会需求会随地域和时间而变化，由其驱动的科技创新则会在空间和时间上都呈现出节奏和重点不同的状况。

（3）人类的科技创新活动的首要目的是满足个人欲望。当人口密度达到一定程度后，社会网络建设的重要性显现，并使社会需求对科技发展的作用显得越来越重要。因此，从时间顺序来看，个人欲望将率先得到满足；社会需求产生得晚，相应的科技发展得也会比较晚。

（4）马斯洛六层模型的下面两层——生理和生存需求、安全需求，主要由个人欲望和本能左右。第三层——社交和情感需求，受个人欲望影响较大，同时产生和承接社会需求；上面三层——尊重和信心需求、自我实现需求、超越自我需求，主要是社会性的，受外在因素影响较大。

（5）科技成就可以改变外部元素的内涵，也可以改变人的欲望和社会需求的表达形式。人、社会、科技之间的互动是一个互相塑造的复杂过程。

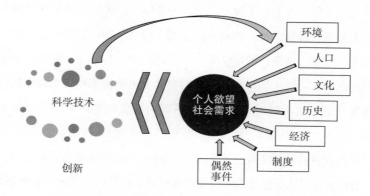

图0-2 需求与科技创新动力学：各种外在因素、个人欲望和社会需求及科技创新之间的关系模型

人类需求视角下的科学与技术分类

理解历史发展的统计规律和结构性特征，需要用数据说话。我们花了约7年的时间梳理历史上的科技成就，从而建立了"重大科技成就数据库"。截至本书完稿时，该数据库共收录了3 150项人类历史上重要的科技成就条目。关于如何构建重大科技成就数据库，附录中有较为详细的解释，请参阅。

对数据进行分类是了解数据结构、特征和本质的一个重要方法。一束白光穿过棱镜而变成彩虹光，牛顿由此发现：白光由多种颜色的光组成，棱镜对不同颜色光的折射率不同，所以把白光折射为彩虹光。

对知识进行分类不仅关乎怎么组织和理解人类已知的事物，也可对未来的知识探索产生影响。例如，古希腊人和后来的欧洲人以研究对象为核心对知识进行分类，于是就有了数学、动物学、植物学、地理学、天文学、物理学等学科，学术团体也基于相关学科组建起来。而古代中国则按知识对人群的功用来分类，比如兵学产生于军队并用于军队，包括地理、气象、占卜、工程、算学、心理学等；史学用于记录和理解过去的人和事，包括天文、占星术、地理、博物学等；农学用于农耕，包括天文、气象、地理、博物学等。不同的知识分类体系，使得从事相关知识创造和学习的人们形成了不同的群体，也使得不同知识池之间的贯通效果迥异，这无疑对中西方科技不同的发展轨迹产生了难以估量的影响。

就现代科技分类来说，人们经常把科技分成科学和技术两大类，这种二分法由来已久，也让人获得了很多有意义的洞见。当然，这种分类法也有短处。首先，常用的分类方式都过于关注科学的研究对象或技术产品的物化属性，而忽略了人和社会的需求以及人对科技项目取舍的动机。

其次，把科学和技术分成两大类后再分析细节，导致我们无法发现科学和技术条目的共性。现代一般对科学和技术下面的子分类采取类似于生物分类体系"界""门""纲""目""科""属""种"的树状分类方法，即从一个大分类细分为子分类的方式。因此，子分类里条目的属性与母类的属性密切相关，但无法反映各科技条目超越各分叉子系统的共性。

如果我们期望获得独特的发现，就应该采用能揭示科学和技术本质的独特分析体系，重新进行分类。因此，本书试图从科技成就主要满足的人类需求层次为出发点，提出一套新的科技分类体系，据此对重大科技成就数据库中的所有条目进行划分，重新审视人类历史上科技创新活动的结构特征和演化规律。

基于上文描述的需求与科技创新动力学概念模型和马斯洛的人类需求六层模型，笔者构建了一个"需求层级科技分类体系"（图0-3），每一类科技成就对应人类某一层次的需求。具体描述如下：

生存/温饱。这类科技成就主要用于满足人类最基本的生存和温饱需求，对应马斯洛需求模型的第一层，是人类作为一个物种得以存在的必需品。其发展基本由个人欲望驱动，地理气候等外部条件对人选择何种生存方式影响较大。这类科技对人口规模的增长贡献很大，比如农耕狩猎的工具和方法、物种驯化、衣物制作等。

安全/健康。这类科技成就主要用于满足人的安全和健康需求，对应马斯洛需求模型的第二层，是"刚需"。这类科技对人口规模和人均寿命的影响较大，医疗药品、武器、居住场所等都属此类。这类科技的发展主要由个人欲望驱动，人口等社会因素对其影响较大，地理气候等自然条件也会影响人们的技术创新和方案的选择。

交流/娱乐。这类科技成就主要满足人类的社交和情感需求，对应马斯洛需求模型的第三层。文字、数字、玩具、电影、电视、计算机、互联网等都属此类。这类科技除满足个人欲望外，也支撑着社会的文化形成和传播，可提升社会管理能力、促进商业贸易。个人欲望和社会需求对这类科技有较强驱动力。

机动/灵活。这类科技成就主要满足人类对机动、灵活、移动等的需求，对应马斯洛需求模型的第四层。这类科技使人得以方便灵活地控制人和物的移动，车、船、飞机、空气动力学等都属这类科技，它们对社会网络建设的贡献极大，可以增加商业贸易的规模，提升社会管理能力。商业、军事和社会管理等社会需求与个人追求自由的欲望相结合，是这类科技发展的主要驱动力。这类科技在发展早期受到地域条件的影响，但如今已经超越了地理限制。

效率/利用。这类科技包括人类利用自然资源、提高生产和工作效率的成就，对应马斯洛需求模型的第五层。这类科技可直接提升产品生产效率、降低成本、拓展资源利用范围，各种机器、能源、材料、热力学理论等都属此类。这类科技对提升人均GDP（国内生产总值）贡献最大，使人类得以提升生活品质，实现一些较为奢侈的梦想。商业活动、军事和社会管理等社会需求与个人致富的梦想相结合，是这类科技活动最主要的动力。

探索/超越。这类科技可以满足人类的好奇心、求知欲和审美等需求，对应马斯洛需求模型的最高层。无实用目的地仰望天空、构造理论、为进行知识探索而发明科学仪器等都属此类。这类科技虽不像其他的科技那样有直接的实用价值，但其精神价值不可估量，可以帮助人类突破认知边界，实现思维方式的跃迁。社会的文化因素对这类科技的发展很重要，文化决定了人与人之间、组织与个人之间以何种价值观互相激励和影响。

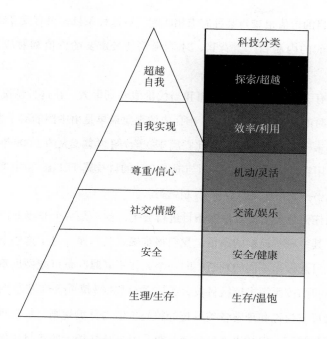

图0-3 基于马斯洛人类需求层次模型建立的"需求层级科技分类体系"

在用该分类体系对数据条目进行分类时,一种做法是以当时科技创造者或资助者的动机为出发点。对于个别历史记载较为翔实的科技条目,我们可以这么做,但对绝大部分科技条目来说,根本不存在相应的历史记载,即我们无法知道当年的科技创新者或其资助者在想什么,因此这种做法难以实施。另一种做法是推敲每项科学和技术带给社会的主要价值,理解这些科技满足了人和社会的什么需求,据此确定其所属的科技分类,这种做法基本可行。

因此,我们采用了后一种方法对数据进行分类,重点考虑该科技成果满足什么样的个人欲望和社会需求,而非创新者的动机。这么做也有不少难点,例如一项科技成就可以满足多个层次的需求,还有一小部分科技条目的价值很难与某种需求相匹配。对这种条目，只有反复查资料，了解它们的内涵和产生背景，才能确定其最重要的价值和对应的需求层级。

还有一些条目的历史价值和当代价值差别很大。在这种情况下，我们以当时的价值为准。例如，小孔成像现象最早是由中国的墨子发现的，当时并未产生实用价值，因此它属于探索/超越类。大约2 000年后，欧洲人利用它发明了照相机，而与成像有关的科技属于交流/娱乐类。因此我们把小孔成像现象归为探索/超越类。

用任何分类法对数据库条目进行分类，都不是一个非黑即白的甄选过程，其中一些模糊的条目，我们很难确定其归属。对于这些条目，不同的人可能做出不同的判断，同一个人在不同时间也可能做出不同的判断。当我们按照需求层级科技分类体系对数据库进行分类操作时，几位参与者反复讨论和理解各类科技的核心价值与分类规则，每次得出的结果虽不尽相同，但基本上呈收敛趋势。意见分歧较大的条目比例约占总条目数的3%，这些条目在科技类别、地区和时间上都比较分散，因此这种误差不会显著影响统计结果。

本书呈现的分类统计结果，主要基于笔者本人的分类操作，他人意见仅作为参考。当然，这与严谨学术研究的要求有一定距离。从如何利用心理学构建分类模型，到数据分类的具体操作，都有很多需要改进的地方。本书的结果只能作为抛砖引玉的一级近似。

在对数据进行统计的时候，我们视每一项科技成就都同等重要，即所有条目的权重一样，这并不精确。但本书所做的统计分析，无论是地域范围还是时间范围都比较大。其间大大小小的科技成就累计起来，足以较好地反映本书主题，不至于因分析过分复杂而失去重点。如果对每个条目人为地赋予权重，不可避免地会带有主观性，不仅不准确，而且会因人而异，引发较大的争议。

数据库的每个条目都尽量准确地记录了该项科技成就的原创地点。在本书统计区域性科技成就时，采用了两个地域单位：国家和区域。国家是一个现代政治概念，有比较明确的疆域和人口数。但不同国家的人口数和地域大小相差甚远，况且在大跨度的历史进程中，政治疆域的变化很大，如果用现在的国家为单位来比较各文化间的大历史跨度的科技成就，就会存在明显的缺陷。

因此，在进行地域性横向比较时，我们把世界分为5个区域：中国（按目前的国土面积）、印度与巴基斯坦（印巴）、中东、欧洲、北美，那些不属于这些区域的国家都被放在"其他"一类。前4个区域内的文明相近性和连续性都比较好，它们的人口基数也差别不大。北美包括美国和加拿大，在古代人口很少，大航海时代后由于移民涌入人口有所增加，考虑到其近代在科技上的卓越成就，我们把它单列为一个地区。"其他"地区地域杂乱，虽人口较多，但所包含的国家对于本书主题不那么重要，因此没必要再做细分。

中东地区包括如今的埃及、伊朗、伊拉克、叙利亚、约旦、科威特、黎巴嫩、也门、以色列等国。中东地区的人口比例在古代较高，近1 000年来一直在下降。中国和印巴地区的人口比例从古至今一直较高。

欧洲地区包括如今的英国、法国、德国、意大利、希腊、丹麦、西班牙、比利时、荷兰、挪威、奥地利、芬兰、瑞士、瑞典、卢森堡、葡萄牙、俄罗斯、波兰、捷克、匈牙利、格鲁吉亚、罗马尼亚、爱沙尼亚、斯洛文尼亚、乌克兰等国，还有土耳其（小亚细亚地区在15世纪之前一直由欧洲人控制）。欧洲人口占世界人口的比例在1950年之前较为稳定，之后下降幅度较大。各区域在某些历史节点的人口占当时世界人口的比例如图0-4所示。

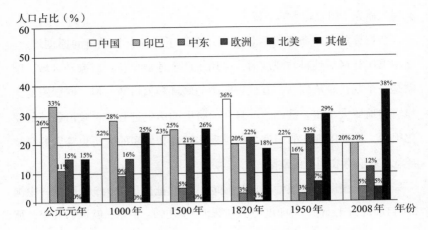

图0–4　各区域人口在某些历史节点占当时世界人口的比例

资料来源：根据Madison Project 2010版数据库整理。

科技前沿演化的万年趋势

　　重大科技成就数据库中的每一项条目都是团队原创，旨在反映人类在某个历史时刻的科技前沿情况。对数据库中的所有条目按照需求层级科技分类体系进行分类的过程，让我们以新的眼光和思路审视历史上每一项科技成就对人和社会的价值，从而回溯历史进程中科技在这个新分类体系中的发展轨迹。

　　图0–5显示了过去12 000多年里科技发展的大趋势，可见人类科技成就的积累呈S形曲线分布。细看这条大的S形曲线，它是由3个更小的S形曲线叠加而成。科技的快速增长期，分别对应于10 000年前开始的农业革命、公元前8世纪开始的轴心时代，以及17世纪以来的科学革命和工业革命。这个结果应该不会令人惊诧，很多人都从考古发现和古文献查阅中得出了类似结论。

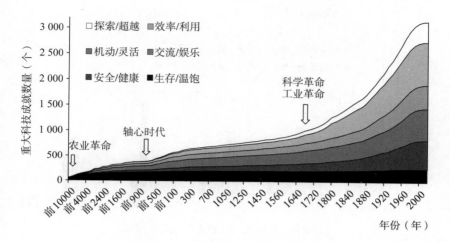

图0-5　科技发展万年趋势图

数据来源：重大科技成就数据库。

为了较好地了解各时期科技发展的内涵和特点，我对数据进行了多次分类和分时段统计分析。时段的选择主要考虑了该时段内各类科技的统计特征，也兼顾了考古学家和历史学家划分的一些历史时期，比如新石器时代、青铜时代、铁器时代、轴心时代、中世纪、文艺复兴、科学革命、工业革命等。

如果一个时段中某类科技成就的比例超过30%，该时段就以该类别命名；如果这个时段的科技成就没有哪类占据明显优势，就称之为"转折时代"。图0-6展现了按时段统计的科技成就百分比。

由此可见，人类科技发展有几个特点比较明显的阶段：

生存时代。 从旧石器时代到公元前3000年的漫长时段，人类的主要任务是生存，有超过60%的科技成果属于生存/温饱类。10 000多年前农业革命开始，几千年后人类基本上实现了生存目标。农业革命期间，很多技术成就与驯化动植物及发明相关工具有关，很多创新是为适应定居

017

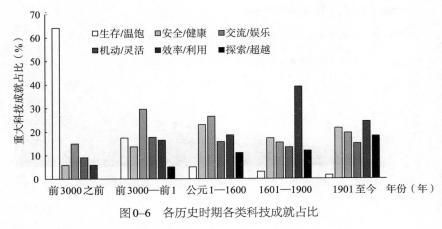

图0-6　各历史时期各类科技成就占比

数据来源：重大科技成就数据库。

的生活方式而产生的，比如简单的居家用品及基本工具（烹饪饮食的陶器、石器、木器、纺织工具等）。

交流时代。公元前3000年到公元前1年，该时段包括了人们熟悉的青铜时代和铁器时代，也是文字和数学在古巴比伦、古埃及、地中海欧洲、古代中国、古印度等地发端的时期。该时段还包含轴心时代，其间以古希腊人为主的人文和科技探索奠定了西方社会的基调，中国的诸子百家对人和社会的思索也为东方文化打下了基础。从统计数据看，这个时期交流/娱乐类科技成就约占30%，显著高于其他类别。给这一时段贴上"交流时代"的标签，是我们的独创性发现。

转折时代1。公元元年到1600年，在这个时期交流/娱乐类科技成就仍然占比最多，约为26%；安全/健康类成就增幅很大，成为第二大类别，约占22%；效率/利用类排第三，占比约为18%；机动/灵活类成就约占15%；探索/超越类约占10%；生存/温饱类科技成就比例大幅下降，只占约5%。因此，我们把这个时代称为"转折时代1"。

效率时代。从1601年到1900年，欧洲开启了科学革命和工业革命，带领世界进入现代社会。在这个时期，各类科技创新的数量都大幅上升，其中约40%的科技成就属于效率/利用类，因此把这个时期称为效率时代恰如其分。人类社会在这个时段变化巨大，人口规模、人均财富和人均寿命都大幅增长，全球化得以实现。

转折时代2。从1901年开始，人类追逐效率/利用类科技的兴趣逐渐减少，除了生存/温饱类较少以外，其他类别的科技成就占比差别不大，可见世界科技活动再次呈现出转折特征。由于这个阶段只有100多年，目前还不清楚这是可持续数百年的趋势，还是仅能成为百年现象。最近40多年来，人们感受到信息技术（交流/娱乐类）的发展突飞猛进，但事实上，过去50年中这类科技成就在我们的数据库中的占比仅为25%左右，甚至低于安全/健康类。另外，信息类科技更新速度快、寿命短，有关信息革命的说法缺乏基础。

我们数据库的科技条目也采用了科学和技术二分法。虽然这并非我们研究的重点，但由于大家已经相当熟悉这种分类法了，在此只对科学和技术各自的发展做一些结构性讨论。

关于科学和技术的定义，我们参考了比较权威的《韦氏词典》：科学是一套关于自然的开放而可验证的结构性知识，包括对自然现象的系统性观察和解释、理论研究以及科学方法的建立；技术即运用知识（包括常识和科学知识）来解决生活和工作中的问题的技巧，以及为此发明的产品、工具和方法等。

虽然科学和技术各自都有较为明确且被人们广泛接受的定义，它们之间却没有清晰的界限。在对科技条目进行分类时，也有不少条目很难确定它们究竟属于科学还是技术。例如，数学是科学还是技术？那些为科学实验而发明的仪器是属于科学还是技术？对此，不同的人可能有不同的判断，我们决定把数学归类于"科学"，而揾科学仪器归于技术之列。

按此分类后，重大科技成就数据库共计包含科学条目1 124项，技术条目2 026项。当然，每个条目也带有需求层级科技分类体系的分类标签。由此，我们可以用双重分类法来交叉了解科技成就各自的特点，它们的共同点以及它们之间的关系。

图0–7显示了科学成就和技术成就分别在6种需求层级分类中的占比。由此可见，科学和技术追求的重点很不一样。技术几乎都是为解决实际问题而发明的，其中效率/利用类技术成就最多，只有很少一部分探索/超越类技术是为探索/超越类科学而发明的。

就科学来说，生存/温饱类成就很少（约占1%），科学家们最注重探索/超越类科学，占比约为31%。但有意思的是，科学的主要目的仍然是解决各种现实问题，其中效率/利用类约占29%，接下来是安全/健康类、交流/娱乐类、机动/灵活类。可见科学不仅是为了满足人类无实用价值的好奇心，也是为了满足人类对有力量的知识的需求。当然，寻找实用

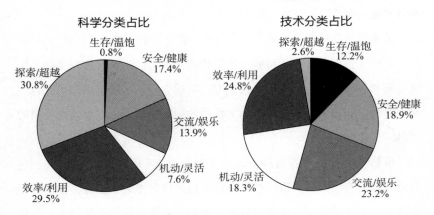

图0–7　科学和技术成就分别在6种类别中的占比

数据来源：重大科技成就数据库。

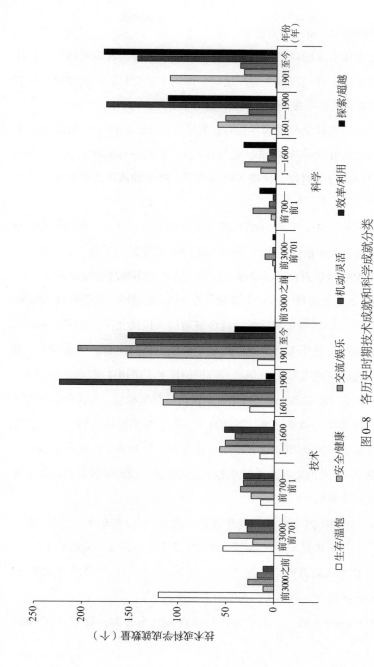

图 0-8　各历史时期技术成就和科学成就分类

数据来源：重大科技成就数据库。

又有力量的知识，也是需要好奇心的。

满足实用需求的科学成就，常有一通百通之效，其解决的问题往往比技术更基本，应用范围更为广泛，生命周期也更长。毋庸置疑，科学的实用价值需要进一步借助技术和产品才能体现出来。

为了弄清楚科学和技术各自的发展节奏，我们选择了公元前3000年之前、公元前3000—前701年、前700—前1年、1—1600年、1601—1900年、1901年至今等时段，比较各时期科学、技术的活跃程度和分类（见图0—8）。

由此可见，科学从约5 000年前开始发端，最初只有一些简单的数学和天文观察，大多是为了满足一些实用需求。数学的产生是为了计数、丈量；天文观察则是为农耕活动确定日历，或者为商旅航行确定方位。

5 000年之前的技术活动主要集中在生存/温饱类。从公元前3000年至前700年，交流/娱乐类技术成就显著增加，包括文字、数字、记录工具的发明，还有娱乐工具及一些测量方法和工具的发明。在这期间，安全/健康、效率/利用和机动/灵活等方面的技术成就也在增加。

在公元前700年之后的几百年里，古希腊哲学崛起，古代中国和古印度也有一些零星的科学活动。其间数学是很重要的科研内容，绝大多数都是为了解决实际应用问题，比如计算面积、体积等。在技术领域，这个时期的交流/娱乐类成就也很突出。也就是说，交流时代是由科学家和发明家共同成就的。

在1—1600年这个时期，科学成就中探索/超越类最大，交流/娱乐类排第二，接下来是安全/健康类和机动/灵活类，以及少量的效率/利用类。而在技术成就方面，交流/娱乐、安全/健康、机动/灵活和效率/利用等类别的活跃度差别不大，其他两类较少。

1601—1900年期间，无论是在科学还是技术方面，效率/利用类的成就都特别突出，可以说效率时代也是由科学家和发明家共同成就的。这个时期的科学家在探索/超越类的成就也很辉煌，安全/健康类和交流/娱乐类的成就显著提升。在技术方面，除了效率/利用类表现突出，安全/健康类、交流/娱乐类和机动/灵活类的发明活动也都很活跃。

1901年以来，科学家对提升效率的关注度减少，该类成就约占28%，而在探索/超越类取得的成就高达35%。近几十年来，科学家把越来越多的精力放在安全/健康类上，但交流/娱乐类的成就占比不大。在技术方面，近百年来发明家把重心从效率/利用类转移至交流/娱乐类，近几十年来包括计算机和网络信息技术在内的交流/娱乐类成就的比例越来越高。由此可见，近百年来科学和技术追求的重点有所不同。

人类社会的三次科技大革命

综上所述，人类作为一个整体在过去的10 000多年里经历了三个侧重点不同的科技活跃时代，可分别称为"生存大革命"、"交流大革命"和"效率大革命"。这三场革命对人类社会发展产生了巨大且不可逆转的影响。

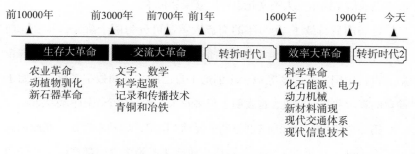

图0-9　三次科技大革命

数据来源：重大科技成就数据库。

大约 12 000 年前，生存大革命在两河流域率先启动，部分人从采集狩猎者转变为农民，开始了定居生活。这对应人们常说的农业革命或新石器革命，其间最重要的技术创新是驯养动物和耕种植物。原始农业革命发源地还包括中国的黄河和长江流域、新几内亚岛、非洲部分地区、南美洲部分地区等。

那时地广人稀，人和物的流动速度与人的行走速度相当，信息由行走的人们口口相传，因此农耕技术和生活方式传播得很慢。例如，西亚驯化的小麦，花了六七千年才传播到中国。到 5 000 年前，世界各地可耕种的地方很多都进入了农耕社会，世界人口增长迅速。12 000 年前全球人口约 500 万，5 000 年前世界人口已近 5 000 万。部分地区的人口变得稠密起来，形成了有规模的城镇。这场革命使得人类的生存方式与其他动物彻底分道扬镳，也使得人类分为农耕民族和游牧民族两大类。

大约从 5 000 多年前开始，新一轮科技创新活动又在两河流域启动。考古学家挖掘这个时期的地下世界，往往会发现精致的青铜制品，又有很多铁器出土于这之后稍晚的时期，于是这两个时期分别被称为青铜时代和铁器时代。其实，这个时期更重要的发明是数字、文字等信息类技术，交流/娱乐类科技创新活动非常活跃。这是文明的起点，社会形成了看不见的信息网络，人类文化也得以繁荣和传承。

这场前后持续了 3 000 年的交流大革命可分为两个阶段，从公元前 3000 年左右到公元前 8 世纪是原始信息技术阶段，西亚、古埃及、古希腊、古代中国、古印度等地纷纷创造了自己的文字和数字系统，开始了简单的算术和几何测量，也发明了很多娱乐工具，多个王国相继兴起。

第二个阶段是公元前 8 世纪到公元前 1 世纪，即轴心时代。在此期间世界多个地区在哲学、宗教、文化、政治体系等多方面都产生了活跃的原创性思想，并借由书籍这种信息载体流传至今，天文学和数学等古代科学也开始在古希腊形成体系。这个时期古希腊、古代中国和古印度等地分别构建起核心文化，不断吸纳周边区域而越发壮大，成为今天几大文明板块的基石。

在这3 000多年间，各地的科技原创活动较多，其传播则仍然依靠人的流动。但这时人们已经驯化了马，也发明了马车，因此人口流动速度比之前快了很多。再加上骆驼等动物被驯化，沙漠等荒芜之地经常响起商队的驼铃声，原始的交通网络形成，各地的科技成就和思想的传播也随之加快。例如，五六千年前发明的青铜从西亚传到中国花了近2 000年，而后来发明的冶铁技术不到千年就从西亚传到了中国。

公元元年之后，全球人口日益密集，商业网络更加发达，不同地区之间的交流也更加密切。波斯帝国和阿拉伯帝国统治中西亚的两个时期，欧亚大陆的通道都较为畅通，东南亚和西亚的海上贸易也较为繁荣。东亚在这一时期的一些原创科技，比如中国的四大发明等，便沿着丝绸之路西传，为西方文明添砖加瓦。15世纪由欧洲人开启的大航海时代，令地球上的五大陆地板块都呈现在现代人眼前，极大地拓展了海上航行的范围，推动了一批沿海城市的崛起。

17世纪后，欧洲人经过文艺复兴几百年的学习和传承，掌握了地中海地区的知识，也吸收了不少东方文明的养分，又开启了一场崭新的颠覆和创新活动。此时欧洲的科学家和发明家将重心转向提升效率的科技发明，于是纺织机、蒸汽机、内燃机、发电机等大量高效率的机器问世，工业体系初步建立，热力学、电磁学等追求效率的科学与新发明互动，共同大幅提升了欧洲社会的生产效率。

人们通常认为这几百年间欧洲发生了科学革命和工业革命。由于该时期的科技成就中有相当大一部分的价值是提升效率，即使是其他类别的科技（比如机动/灵活类）获得发展，也得益于效率类科技的突破（流动速度大幅提升)。因此,把这场革命称为效率大革命可能更加恰当。其对社会的最大贡献在于令人均GDP、人均寿命和人口规模同时大幅增长,这是一种前所未有的社会突破。

这一波效率革命从发源地扩散到全球,既依靠火车、汽车和飞机所构成的交通网络,也依靠电话、电报、广播、电视和互联网等基于电磁波的信息网络,信息传播的速度与古代科技成就的传播速度相比可谓天壤之别。在不过几百年的时间里,现代科技成就已经基本覆盖了世界各地。现代化潮流极大地改变了人类的生活和工作方式,其中有惊喜,也有痛苦。

在这三场科技大革命中,最早的生存大革命只有技术而无科学。后来的交流大革命和效率大革命都是科学家和发明家共同努力的结果,都包含独特的科学革命和技术革命内涵。

这三场科技大革命表明,对人类而言最重要的是生存、交流和效率这三类科技,这是个人欲望和社会需求共同作用的结果。这与马斯洛模型中的个人需求层次的优先度并不完全相同,跳过了安全/健康、机动/灵活两个类别。当然,在最近几百年的效率大革命中,安全/健康和机动/灵活这两类科技,都取得了实质性突破。

这个结论较好地支持了需求与科技创新动力学模型中的部分假设,比如科技创新活动首先会满足生存/温饱等个人欲望,当人口密度达到一定程度时,人的情感需求催生了社会网络,社会需求也变得越发重要。交流/娱乐类科技既有个人性也有社会性,是将零散小部落连接成社会网络的黏合剂。而效率大革命则是社会发达到一定程度的产物。

这种时间顺序说明,效率/利用等高层次革命不会超前于生存和交流等低层次科技的发展。但是,如果低层次科技发展到一定程度,是否必然会出现如效率/利用这种高层次革命呢?这个问题及需求与科技创新动力学模型中的其他要点,会在本书后续各章节中陆续讨论。

历史是英雄还是人民创造的？

科技与人口及经济有什么关系？这是一个宏大而迷人的问题，吸引了无数才华横溢的学者投身其中，以求一解。

马尔萨斯于18世纪末出版了一部振聋发聩的著作《人口论》。他认为，科技进步可以推动经济发展，经济发展又会推动人口增长从而使人均收入保持不变，这就是著名的"马尔萨斯陷阱"。工业革命前，世界人均GDP变化不大，经济规模和人口规模成正比。因此在很长的历史时期里，科技与经济的关系，也即科技与人口的关系。

但工业革命开始后，人口规模、人均寿命和人均GDP同步大幅增长，表明人类走出了马尔萨斯陷阱，这需要崭新的经济学理论来解释。第一个提出"创新是推动经济发展的动力"观点的人是熊彼特，他在1911年的著作中指出，企业家的创新活动是推动经济跃升的密码。这一洞见深刻地影响了后来的很多经济学家。

从定性讨论到建立量化模型是学术研究的重要进步。罗伯特·索洛率先提出了一个较好的经济增长量化模型，他于1956和1957年发表的论文开创了"新古典经济增长理论"（亦称外生经济增长理论）流派，并于1987年获得诺贝尔经济学奖。还有几位学者也因增长经济学领域的工作而获得了诺贝尔奖，比如1995年获奖的罗伯特·卢卡斯和2018年获奖的保罗·罗默。

诺贝尔奖能给人带来巨大的荣誉，但并不能保证获奖者的观点是正确的，特别是经济学奖。索洛的量化理论模型是划时代的，但在做了大量验证之后，人们发现其短处也较为明显。他认为资本和劳动投入是推动经济发展的最重要因素，而仅把科技因素放在余数中体现，认为其对经济增长的作用有限。该模型的这些缺点给后来的学者构建新理论留下了空间。

保罗·罗默于2018年获得诺贝尔奖，是由于其构建了"内生经济增长模型"。粗略地说，该模型认为经济与资本、劳动人口、知识人口及科技水平等因素间存在正相关关系，并创造性地把科技创新归为解释长期经济增长的内生因素。在这个模型中，一些因素显然不是完全独立的，例如，劳动人口和知识人口都是总人口的一部分。另外，他还认为"科技/知识增长率与知识人口规模成正比"。经过一些换算，我们会发现在他的经济增长模型中，经济增长与人口的平方成正比。通俗地说，这个理论的中心思想就是"科技是第一生产力"，"人越多，主意就越多，经济也就发展了"。

罗默的内生经济增长模型的一个关键亮点是，它可以定性地解释自工业革命以来世界人口、人均收入和科技成就同步快速增长的现象，得到了学界的热烈响应。大量相关验证成果纷纷发表，有肯定的，也有否定的，还有很多学者对该模型进行了修正，补充了诸如"科技增长率与人口（或参与科技创新的人口）增长率成正比"，以及"科技创新量与人口成正比"等观点。

虽然学界讨论得颇为热闹，但内生经济增长模型到底对不对呢？

我和几位同事在2014至2015年间也加入了求解人类历史上经济增长之谜的学术游戏。在2015年年底，我们发表了一篇题为《技术和人口如何互动？基于10 000年数据的实证研究》的论文[①]，试图用数据验证罗默的内生经济增长模型。

我们的研究需要两组基本数据：人口数据和重大科技创新数据。10 000年的人口数据来自其他学者的工作，过去百余年来，大量学者投身

---

① J. Dong, W. Li, Y. Cao and J. Fang. How Does Technology and Population Progress Relate? An Empirical Study of the Last 10,000 Years[J]. *Technological Forecasting and Social Change*, 2016, 103:57-70.

于研究人类过去百万年间的人口变化。由于方法不一样，数据也不一样。我们使用的是斯科特·曼宁2008版的世界人口数据库，其中包括12个不同的数据源，我们最终取的是这几个数据源的平均人口数。10 000年的重大科技创新数据来自我们自己的人类重大科技创新数据库。

基于这些数据，我们对罗默模型和该流派的几个主要修正模型中提出的科技和人口的关系，都用数据进行了实证检验，研究得出了如下主要结论：

1. 在过去10 000年里，重大科技创新与人口之间并不是简单的正相关关系。事实上，我们发现历史上两者的关系曾数次从正相关转变为负相关。因此，在内生增长经济学的多个略有不同的模型中，科技创新的若干相关变量与人口的若干相关变量的关系并非简单而确定。但在19世纪之前，世界处于马尔萨斯陷阱之中，人均GDP几乎为零增长，内生经济增长模型意义不大。

2. 重大科技创新活跃度在1920年前后达到巅峰，之后逐渐减弱。近百年来，重大科技创新增长率与人口规模和经济增长都是负相关的（图0–10）。特别是近百年来，受教育人口比例和人口的受教育程度都在不断提升，参与科技创新的人口数量也在迅速增长，科技创新的增长率与参与科技创新的人口及经济之间的负相关性关系更为显著。换句话说，人海战术对推动重大科技创新的成效不大。内生经济增长模型可解释从19世纪初到20世纪初的100多年的经济、人口和科技的同步发展现象，但之后就失效了。

3. 重大科技创新整体上超前于人口增长，也超前于经济增长。这意味着，在人类历史上，重大科技创新的加速或减速可能预示着后续人口增长率的相应变化。

如果把重大科技创新者称为英雄，我们的研究结果又显示重大科技创新超前于人口和经济发展，这似乎为英雄史观提供了一个注脚。当然，历史上的"微创新"成就数不胜数，微创新与经济及人口之间呈现出更为密切、互为因果的动力学关系。而且，每一项成功的重大发明都有无数失败的尝试作为铺垫。我们不应该把尝试者视为灰头土脸的失败者，他们也是真正的勇士。从这个意义上说，英雄和人民共同创造了历史。

另外，笔者认为社会是一个复杂系统，试图用一个简单的方程来解释长期经济增长与科技、人口、资本及其他很多变量之间的关系，可能是一条完全错误的道路。不过，一项尚未完成的研究对这个领域的学者来说并非坏事，他们仍有机会建立更好的经济增长理论，仍有获得诺贝尔经济学奖的可能性。

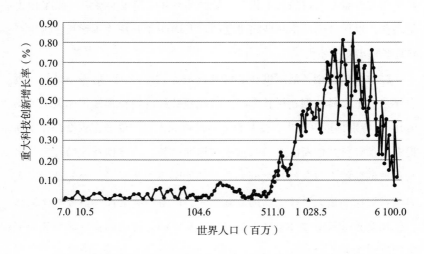

图0-10　重大科技成就增长率和世界人口规模的关系图

资料来源：Dong et al., 2016.

也许我们的研究结果有悖于很多人的直觉，毕竟相当一部分现代人认为科技发展仍在加速。我要强调的是，人类科技成就呈金字塔状分布，顶部是重大创新，下面是微创新。我们的研究只关注重大科技创新成就，如果采用其他指标（比如论文、专利等）来衡量社会的科技创新，可能会得出不同的结论。但这些论文、专利中的绝大部分都属于微创新。也就是说，重大科技成就的增长在减速，而科技微创新在增加。

那么，重大科技成就与微创新各有什么特点呢？

从方法上看，硅谷著名投资人保罗·格雷厄姆把科技创新分为两个流派，即"教堂派"和"集市派"。教堂派创新者按照自己的创意设计出框架，一砖一瓦地实现梦想，引领人们开创出新世界。集市派创新者则随行就市，善于发现和迎合客户需求，开拓出新地盘。畅销书《精益创业》较好地总结了集市派的方法论，是传统试错法的一种系统性尝试。

教堂派创新是自古希腊以来欧美文化的衍生物，很多重大的科技创新都出自这个流派。集市派的创新历史也很悠久，存在于世界各地。集市派可能会获利丰厚，偶尔也会取得出类拔萃的成就，但他们的绝大部分发明都属于微创新，难以成为改变世界和引导人类前行的灯塔。

重大科技成就有几个特点：一是，有些重大科技成就会促使社会的某个部分甚至整体发生系统性相变。人类社会是一个复杂的"无尺度网络"，一般处于某种稳定态。新思维、新技术和新力量都可能引发社会网络从一个稳定态经过无序状态转变为另一个稳定态，类似物质的相变，比如水从冰变成液体或气体。在相变过程中，新兴力量蓬勃涌现，一部分人和机构将失去权力和利益，另一部分则成为赢家，最后社会会再次形成一种稳定的层级结构。二是重大科技成就生命周期较长，可以长时间地造福人类。另外，一项重大科技成就往往可以引发大量微创新，由此形成一个新体系。

微创新虽然意义不那么重大，但是数量巨大，更贴近生活场景，对社会发展的作用也不容小觑。如果缺少微创新，重大科技成就将难以充分实现服务社会的价值。另外，微创新的积累也可能为新一轮的重大科技创新奠定基础。当然，如果缺少新的重大科技成就问世，上一轮重大科技成就的边际回报就会越来越小，经济发展也会逐渐停滞。

历史积淀的所有科技成就，都是社会后续发展的动力。让我们一起回到人类走出非洲的时刻，追随祖先的创新足迹，深入历史的细节，走近各地人的生活，回溯人类科技创新的光辉岁月，沿着科技的发展轨迹去展望人类社会的未来。

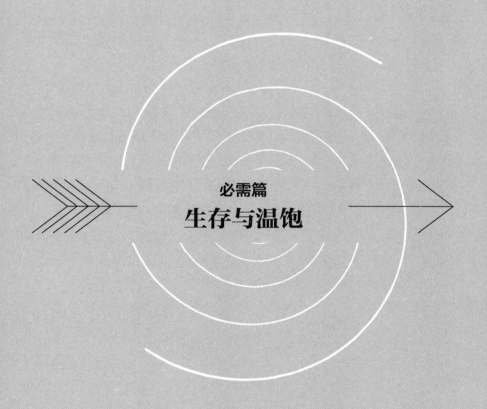

必需篇

生存与温饱

生存是所有动物最基本的本能，如何生存则尽显它们的本领。

如果太空中有一双眼睛，从上帝的视角俯瞰大地，这双眼睛就可以看见人类为了生存与温饱，使得地球在过去几万年间发生了一幕幕沧海桑田的变化：

一群拥有最新技术的智人走出非洲，他们一边行走一边繁衍，慢慢扩散到全球各地。

智人群体选择水草丰美的地方定居下来，一代一代地开疆拓土、改造地球。现在，大约11%的地球陆地面积变成了可耕种地，超过27%的陆地面积变为牧场。这些是人类创造的最大固定资产。

为了让土地多产出粮食，人类费尽心思，不断改良种子，并使之慢慢扩散至全世界。现在，玉米、水稻、小麦等成为各地的主要粮食作物，原始的万物生长状况逐渐消失。

水量合适才能长出好庄稼。于是，千百年来，人们兴修水利设施，水坝、水库、水渠等星罗棋布，既滋养了庄稼，也成为美丽壮观景色的一部分。

从茹毛饮血到烹制熟食，人们做饭时升起的袅袅炊烟象征着一种宁静与美好。陶瓷、玻璃等器皿，锅灶瓢勺、加工工具以及无数的调味品，莫不倾注了人类的无限巧思。

吃饭是为了饱，穿衣是为了温。人类发现了很多自然纤维，如麻、棉、丝绸，还发明了合成纤维。人们巧妙地把这些纤维织成布，又制成身上五彩缤纷的衣服、床上的被褥。服饰花色不仅美观，也是各民族重要的文化符号。

生存/温饱类技术对世界人口和人口密度的增长至关重要。自从人类走出非洲，世界人口数量开始缓慢上升。早期人口增加主要是因为人类逐渐征服地球上更多的陆地，从而获得了更多的野生动植物资源。农业革命开始后，食物来源更为稳定，粮食产量也随着农耕技术的发展而增长，这成为人口增长的主要原因。从青铜时代起，高效率的金属工具逐渐普及，人类从原始农业向传统农业迈进，人口增长进一步加速。

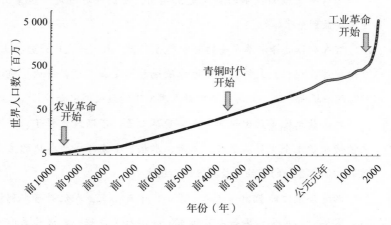

图I–1　过去10 000多年间世界人口发展趋势

数据来源：S. Manning, Year-by-year World Population Estimates: 10,000 B.C. to 2007 A.D. http://www.scottmanning.com/content/year-by-year-world-population-estimates/。

近几百年来的人口增长，第一波是由于地理大发现推动了美洲高热量植物（这些植物的驯化也是几千年前完成的）在全球的传播，第二波则是由于现代化农业和医疗技术提升了人均寿命。由于前辈们的创新和艰苦奋斗，今天地球上存活的人口已超过70亿。

约有一半的生存/温饱类科技成就完成于5 000年前，集中在农业革命时期。从公元前3000年到公元元年，人类从原始农耕发展为较成熟的传统农耕阶段。到公元元年，人类已经实现了生存/温饱类技术的76%。最近几百年，科技整体上突飞猛进，生存/温饱类科技也与时俱进地实现了现代化，但没有出现像其他领域那样的爆炸性增长。

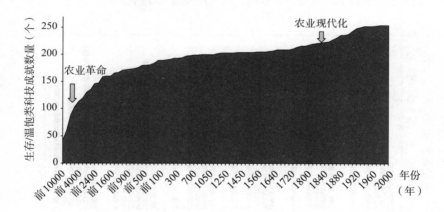

图I–2　过去10 000多年间生存/温饱类科技的累积数量和发展趋势图

数据来源：重大科技成就数据库。

各地生存/温饱类技术创新的形式和发展节奏，早期受地理环境和气候的影响明显。无论是动物驯化还是植物种植，都需要当地有野生品种和合适的气候条件。正是地区间的环境差别，使得一些古代农耕文明在天时地利的条件下依次产生。

中东的新月地带是最古老的农耕区，印度、欧洲、中国等地的农耕区紧随其后产生。各地农耕的开始时间不同，具体方式也不同，但成就数量差别不大。由于其持续时间长并具有地域特性，生存/温饱类科技不仅支撑着人们的生活，也已然成为各地文化的基础和骨架。

相比于西方人认可的中国四大发明（造纸术、活字印刷、火药和指南针），中国的驯化水稻、陶瓷和丝绸对世界的意义更为深远。这些技术不仅支撑了人类的生存与温饱，为后来的高层次科技创新奠定了基础，而且深刻地影响着中国和世界的文化发展。

近200年来，欧美引领了生存/温饱类科技的现代化，其相关成就的内涵已经脱离了地域特征的限制，成为具有通用性的科技。

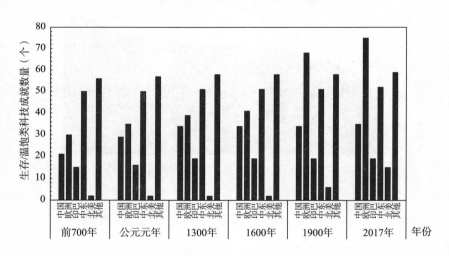

图I-3　在一些历史时间节点，各地区生存/温饱类科技成就的累积数量。中东的农业革命开始得最早，中国、印巴、欧洲等区域紧随其后。至今，几个主要地区生存/温饱类的科技成就累积数量差别不算太大

数据来源：重大科技成就数据库。

　　本篇将用4章的篇幅来描述生存/温饱类科技的发展，重点考虑人类活动的先后顺序，并选择几个较具特色的领域进行讨论，这些领域对人类的后续发展有着重大影响。

　　"走向全球的创客"一章先总结了旧石器时代的技术，然后结合分子人类学的最新研究成果，以及各地古人类的创造发明，想象了智人走向全球的过程，以及这一路上技术创新的成就与经验。

　　"农业革命的陷阱"一章回顾了智人从采集狩猎者转变为农民的过程，分析了当时人类开始种植小麦、水稻等作物，选择辛劳的农耕生活方式的原因。把人类作为一个物种来看的话，农耕技术诞生的意义极其重大，这使得人类超越了其他动物，成为地球之王。但从个体的视角来看，每一位农民又不得不无奈地在贫穷和劳累的困境中挣扎。此外，我们还看见，尽管技术创新在当下看是趋利避害的，却可能成为未来的一个大陷阱。

　　"吃货的创新世界"一章从陶器的发明过程和时间，分析了水稻区的人煮饭吃而小麦区的人磨面吃的生活习惯形成的根源，也分析了生活习惯对未来动力技术需求产生的长久影响。这一章还讨论了中国盐的生产销售以及国企传统的历史。通常，有关"吃"的技术创新都较为微小，只是为了满足人们当下的需求，但千百年积累固化而成的生活方式，最终成为一个地区的文化核心。

　　"丝绸之路上的阴谋与传奇"一章以丝绸为核心讲述了古代纺织技术传播的有趣故事。由于人类对美丽和利润的执着追求，技术一次又一次地接力传播，结出了人类难以想象的果实。另外，这一章也概述了纺织行业技术创新发展过程的几条主线，比如发现优质纤维，发明更好的工具等。

走出非洲前的智人，已经掌握了多项其他早期人类不曾拥有的技术。值得一提的是这一时期他们掌握的"巫术"，这极大地丰富了他们的想象力。智人走向全球的过程，是一个屡败屡战的过程，也是一路走一路创新的过程。我们可以从中感受到技术创新的大智慧是：因地制宜。

第1章　走向全球的创客

人类有几个永恒的话题：我们是谁？我们从哪里来？我们要往何处去？

各地智者讲述的创世故事都大同小异。犹太教和基督教讲的是亚当和夏娃的故事：上帝先创造了一个男人亚当，再用亚当的一根肋骨创造了一个女人夏娃，人类的故事由此展开——生存、繁衍、奋斗，艰苦与荣耀，快乐与痛苦。

后来这些古老的创世故事被达尔文颠覆了。在他1859年出版的《物种起源》一书中，达尔文展示了一幅惊世骇俗的生物进化图景。根据他的理论，人是从猿猴进化而来的，猿猴的前身是更低等的动物。

学者们沿着达尔文的进化思路，年复一年地思考、观察、研究，得到的细节越来越多，人类发展路径慢慢浮出水面。概括地说，目前遍布世界的人，都是生活在东非的智人的后代，他们在7万年前走出非洲，最后扩散至全球。

进化是一个非常复杂的过程，很多想象不到的情况都有可能出现。其中出现概率最大的规则将决定历史发展的主要轨迹，这是历史的必然性；而一些小概率事件也可能对历史产生一定影响或形成某种突变，这是历史的偶然性。当时间跨度很大的时候，大概率的规则会反复出现，从而主导历史的发展。而在时间跨度较小的情况下，偶然事件则决定了历史的辗转迂回。

让我们基于最新的考古发现和分子人类学的研究进展，回到走出非洲之前的智人生活的时代，了解祖先的生存环境，思考历史发展的大轨迹，探讨"我们从哪里来"的问题，并回顾祖先走过的技术创新之路。

东非伊甸园的智人

地球的温度变化有其周期性，大约10万年为一个周期。在大部分时间里，地球都处于温度较低的冰期。周期峰谷间地球平均温度的低点和高点之差超过10摄氏度，这对各种生物的生存能力是极大的考验，经受不住严寒的动植物在冰期纷纷消失。目前，地球的温度远高于平均温度，这一时期被称为全新世。

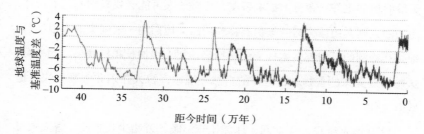

图1–1　过去40万年中地球温度的变化情况和冰期（纵坐标是以2000年地球的平均气温为基准来计算的温度差，横坐标是距今的时间）

资料来源：R. Bintanja, R. S. W. van de Wal, and J. Oerlemans.

严寒时期，很多水分被冻结在山岭之上，地球的海平面面积比温暖期小很多。上一个冰期，海洋水位比现在低100多米，很多岛屿都与大陆相连，海洋面积较小而陆地则较大。那时日本诸岛与亚洲大陆相连，马来西亚、印尼诸岛与亚洲大陆之间也有陆地。澳大利亚大陆与亚洲大陆之间的海洋面积较小，并且有很多小岛，跨越起来比较容易。而今天，海洋水位较高、面积较大，陆地面积则较小，很多岛屿都与大陆不相连。

非洲大陆东边有一条大裂谷，从东非莫桑比克海峡开始，穿过肯尼亚、埃塞俄比亚，然后拐弯，顺着红海海峡向北非延伸，一直穿过埃及，在以色列地区终止，总长近1万千米。这条大裂谷在东非的这一段并不深，宽的地方宽达上百千米，形成一片平原，狭窄的地方也有数千米。东非大裂谷的肯尼亚、埃塞俄比亚段的海拔有一两千米，这里气候宜人、动物植物品种丰富，是一处美丽的伊甸园。大约20万年前，智人在这里出现。那时的地球处于冰期，但东非大裂谷足够温暖，智人在这里生活问题不大。

此时，智人能用技术制作的物品很少，与其周围的动植物关系密切。天冷时他们也许会在身上披块兽皮，害羞的人可能会找来阔叶遮盖身体，手巧的人则会用棕榈树叶编织衣物和用品。他们用一根削尖的木棍叉鱼，把打磨锋利的石刀绑在木杆上用于打猎。智人很擅长爬树摘果、掏鸟窝，这些都是美味的食物。在这样的自然环境中，智人在东非大裂谷快乐地繁衍生息。

13万年前到12万年前间，地球比较温暖，万物生长繁茂，智人数量增长较快。但从11万年前开始，地球上很多地方的气候都逐渐变得寒冷干燥，植物生长不良，部分区域的动物也消失了。在离赤道较近的东非大裂谷，气温还不算低，但食物越来越少，智人的日子也越来越艰难，争斗杀戮愈演愈烈。据古人类学家估计，上一次冰期，这里只剩下1万多智人，濒临灭绝。

在十几万年前，地球气温接近冰期的最低值，十分寒冷。部分智人已经沿着大裂谷这条通道慢慢地从东非迁徙至红海沿岸一带。这里与阿拉伯半岛隔海相望，海拔低、近赤道，气候更暖和，但也很干旱，野生食物少得多。幸运的是，海里的水产品让智人存活了下来。

位于红海吉布提一带的曼德海峡，如今最窄的地方只有26千米宽，而在10万年前的冰川低温期，这段海峡有时可能是干涸的。一小群智人就这样越过了红海海峡，来到阿拉伯半岛，即今天的也门。一些古人类学家称之为"历史一跃"。这一跃不仅为人类开拓了崭新而广阔的生存空间，也打开了一座座前所未有的创新资源宝库，激发了人们源源不断的创新需求和灵感。这是人类的一次最伟大的旅程！

以采集狩猎为生的智人当时究竟是如何跨过红海海峡的呢？一种可能是，他们在海峡干涸的时候走了过去；另一种可能是，他们用木头或芦苇做了一些筏子，青壮年男女乘坐筏子漂过海峡，来到欧亚大陆。事实上，这不是人类第一次走出非洲，筏子是更早的人类就已掌握的交通工具。

当这批智人走出非洲时，那些在过去几百万年间先后从非洲走向世界各地的直立人等，仅有少数存活下来。当时的欧洲大陆和西亚部分地区仍然有尼安德特人在活动，他们大概是在40万年前走出非洲的，可惜灭绝于4万年前。更多的早期人类由于无法扛过地球上一次又一次冰期的严寒，也早已灭绝了。

在人类的绝大部分历史里，非洲都是世界高新技术的发源地。每一批走出非洲的人都携带着最新技术去到世界各地。遗憾的是，早期走出非洲的人类后代到达新地方之后，在技术创新方面乏善可陈，仅有尼安德特人有少许独特发明。

人类有超过99%的时间都处于旧石器时代，他们最喜欢玩石头，或者说最主要的创新资源是石头。世界各地，特别是非洲，都遗留有大量的远古石器和采石场。石器可用来打猎，也可用来把猎物分割成小块食用。学者们把旧石器时代早中期的石器按器型和制作方式分为奥杜威石器技术（大约始于260万年前）、阿休利石器技术（大约始于150万年前）和中期石器技术（大约始于30万年前）。

原始人类也常使用木头，但由于其易腐烂，因此我们几乎没有发现旧石器时期早中期留下的木制品。但古人类学家用其他方法考证后认为，人类很早就开始用投掷标枪的方法进行狩猎了。古人类学家也零零星星地发现了30万年前制造的骨器，不过它们很粗糙。

根据对石器的器型和成分的分析推断，石木组合工具应该最早出现于30万年前的旧石器时代中期。无论是投掷还是砍砸，装上木柄的石器无疑都更有力量。这是人类认知的一次重大提升，这种思维成为后来人们发明和制作组合工具的基础，也是今天复杂的组合零部件机器的鼻祖。

在约10万年前至7万年前的时段中越过红海的智人，技术手段比早年走出非洲的原始直立人、尼安德特人等丰富许多，其拥有的技术财富是人类有史以来创造的技能的累积。表1–1列举了人类在漫长的旧石器时代发明的重大技术。

表1–1　旧石器时代早中期人类的重大技术创新

创新技术名称	距今时间 （单位：年）	最早出现地区
奥杜威石器技术（石器Ⅰ型）	2 600 000	非洲
阿休利石器技术（石器Ⅱ型）	1 500 000	非洲
控制火	1 500 000	非洲
筏	1 000 000	非洲

（续表）

创新技术名称	距今时间 （单位：年）	最早出现地区
木长矛	500 000	非洲和欧洲
人造住所	400 000	欧洲（尼安德特人）
矿物染料	350 000	非洲
旧石器时代中期石器技术（石器Ⅲ型）	300 000	非洲、欧洲和西亚
石木复合工具	300 000	非洲、欧洲和西亚
贸易	150 000	非洲
语言	150 000	非洲
衣服	100 000	非洲
鱼叉	80 000	非洲
弓箭	70 000	非洲
旧石器时代中晚期石器技术	70 000	非洲

也许今天有人看到这份创新技术清单，会不屑一顾：几百万年就折腾了这么点儿东西，我们的祖先真不是一般地笨啊。在现代社会，无论哪个公司，只需要几个月甚至几天就可以把这些东西研发出来。其实，历史上的任何一项重大发明，在当时都是前所未有的。今天站在人类智慧之巅的我们，对于那些在黑暗中摸索前行的奠基者，必须心怀敬意。

离开非洲前的智人有几项重要发明值得强调：人类在十万年前穿上了"衣服"（兽皮或草编物），约8万年前发明了鱼叉，约7万年前发明了弓箭。他们也会制作一些小石刃，然后与木、骨等组合，这为后来的细石器时代做好了铺垫……这些技术工具帮助人类撑过了冰期，也成为陆续迁徙到全世界的智人的生存法宝。

与其他早期人类大为不同的是，智人是一群会说话的人，这项能力大约是在15万年前获得的。这使得一个智人群体的成员可以合作狩猎，从而增加了他们的生存概率。《人类简史》作者生动而夸张地说，会说话的人具有讲故事的"八卦"能力，因此可以构建想象中的共同体，这才是他们征服新世界最重要的"技能"。

走出非洲之前，在东非裂谷已经生活了数万年的智人，形成了多个较大的部落。这个时期很可能还产生了原始宗教，他们想象自然界的天、地、万物都和人一样，有想法，有意志，可以与人类沟通交流。这些有灵魂的万物可以给人带来好运，也可能是厄运。他们还幻想着自己可以用与人打交道的方式，与天地万物打交道，采用模仿、哄骗、恐吓、行贿等方法操控万物。这是后来世界各地巫术及原始宗教的共同起源，现在非洲的一些原始部落仍然信奉类似宗教。

在今天看来，巫术是一项落后、不科学、受人鄙视的活动。然而，在10万年前到7万年前，这是人类精神活动的一次重大突破。人类用自身的感官去感受和探索外部世界，归纳和积累经验，从而提出了一种"世界观"或一套"理论"来解释万物之间的关系，并基于此构建应对之策。

那些在星空下和火堆旁，为族人讲美丽的海螺姑娘或凶恶的狼外婆故事的智者，可以说是最早的巫师，也是最早的"知识分子"。走出非洲的智人十分怀念美丽富饶的东非大裂谷，但他们已经走得太远，回不去了。于是他们编撰了一个又一个创世故事，故事中的伊甸园也许就是他们对东非大裂谷口口相传的记忆。

刻在基因里的人类移动轨迹

人类有文字记录的时间很短，只有几千年，而没有文字的历史则很长，有两三百万年，甚至更久。在没有文字的史前时代，人类的部分故事记录在每个人的基因里，人们留在地球上的人造物品和垃圾碎片也在隐约述说着远古的故事。

前文讲述的智人在大约7万年前越过红海、走出非洲，然后逐步扩散至全世界的故事，就来自对人体基因的研究，即分子人类学。分子人类学家发现，目前地球上的所有人都有一个共同的母亲（线粒体夏娃理论），也有一个共同的父亲（Y染色体亚当理论）。智人的"夏娃母亲"是一位大约20万年前到15万年前居住在东非裂谷的女性。"亚当父亲"则是一位大约30万年前到20万年前居住在非洲西北部的男性。由此可见，人类的共同父亲和共同母亲从来没有相遇，甚至没有同时存在于地球上。

图1-2展示了基于基因组里的父系Y染色体分析发现的智人从非洲走向全球的路径，人类走出非洲的故事都囊括其中。

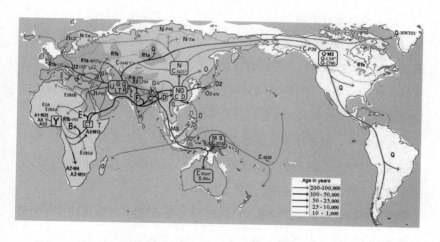

图1-2　基于男性基因Y染色体研究重构的智人从非洲走向全球的路径

图片来源：Maulucioni, CC BY 3.0。

非洲智人陆续跨越红海来到欧亚大陆，他们先在阿拉伯海沿岸享受了一段时间的海鲜大餐，自由自在地繁衍生息，族群人口增加后，便开始分头迁徙。有一群智人沿着蜿蜒的阿拉伯海岸线向东前行，有人群向西，有人群向北，也有人群折回到非洲大陆。

这些早期靠采摘、狩猎和捕鱼为生的智人会因找寻食物而经常搬家，移动比较频繁。但他们如果找到了一个适宜居住、周围有足够食物的地方，可能会在这里待上较长时间，直到环境变得不宜居住或群体人数增长太快才会再次迁徙或分群而居。他们前行及扩散的方向并不确定，也不是单向的，移动扩散的平均速度是每年1 000米左右。

到了一万两三千年前的新石器时代前夕，数万年前陆续走出非洲的智人已循着不同的路径抵达了西亚、中亚、欧洲、大洋洲和美洲，甚至包括一些太平洋小岛。部分智人后来从欧亚大陆折回非洲，逐渐分散至非洲各地。

在用基因分析法研究人类起源之前，古人类学主要是基于旧石器遗址和人类遗留骨化石的研究。当时，考古学家和古人类学家主要有两种观点，其一认为，现代人是原始直立人于100多万年前由非洲扩散到其他大陆，在欧、亚、非等地分别独立演化出来的；其二认为，世界各地的现代人都是由当地的猿人进化而来，与非洲智人无关。

近些年来，越来越多的证据支持前文描述的分子人类学的智人单一起源说，相信以上两种观点的人越来越少。但科学研究是开放的，目前的主流理论和结论也可能在若干年后被否定。

新石器时代到来前，全球人口达到500万。假设当时全球陆地各大板块的平均人口密度差不多，那么按现在中国的陆地面积占世界陆地面积的比例（6.44%）估算，12 000年前的中国陆地人口约为32万。

也就是说，从非洲智人历史性地跨越红海，到新石器时代到来之前的几万年间，全球人口增长了几百倍。由于远古人类没有财富，只求温饱，因此我们可以合理假设此时的经济总量也增长了几百倍。这无疑是一次人类史上的伟大长征。

这一成功是多种因素作用的结果，首先是人类生存空间的拓展，其次是祖先一路坚韧不拔的创新，此外，冰期于一万五六千年前结束，之后地球温度快速升高，食物变得更丰富，生活环境也更舒适。

在人类逐渐走向全球的漫长过程中，某个部落占据什么地盘有很大的偶然性，却对今天的我们影响巨大。每一次族群部落分道扬镳时，为什么有一些人选择留下来而另一些人选择继续前行呢？我们不知道答案，但可以分析其中可能的逻辑。

作为群居动物，当时人们应该是在亲缘关系相对近的小族群内生活。他们在找到一个适合采集、渔猎和居住的地方之后，就会在这个地方繁衍生息。直到有一天那里的野生食物已经无法养活他们，分群与谁走谁留的问题才会摆在他们面前。

此时一种可能的场景是：一些勇敢充满好奇心的人主动选择去往远方，与留下的人依依惜别，互道珍重。这种情况可能发生过，但不多，因为在熟悉的环境中总是较易生存，而陌生的未来则有太多的不确定性，选择远方需要很大的勇气，也需要做大量的开拓性工作。一般来说，大多数人都会选择确定的生活。

还有一种可能是，部落建立了一定的规则，例如长房留下而其他人离开，或者最小的一支留下而其他人离开。但对于旧石器时代的人类来说，小家庭尚未形成，采用这种清晰规则的可能性也很小。

从动物的本能角度考虑，最可能的情况是通过竞争决定谁去谁留。一个可能的规则是胜者走而败者留，另一个规则可能是胜者留，而败者走。考虑到动物世界和现代人类争夺地盘的规则，基本上是赢家留下而失败者不得不离开。远古人的竞争规则很可能亦如此。

就这样，按照"赢者留输者走"的简单规则，在人们走向全球的过程中，失败者总是行走在探索地球的前沿，走得越远的人群失败的次数越多，他们不得不一次次地适应新环境、开创新生活，最终扩散至全球。

回望智人走出非洲的历史，我们可以把他们想象为一群勇敢且具有开拓精神的先知，但更接近真相的图景是，一群灰头土脸的失败者，在地盘竞争中输给了他们留在非洲的表亲，不得不跨海远走。

那么，这算不算英雄史诗呢？

智人来到中国

中国大地上很早就有人类活动了，例如，百万年前的蓝田人，70万年前到20多万年前的北京人，20多万年前的金牛山人等。然而，当最早的智人到达这里时，遭遇了几次冰期严寒的古人类很可能已经完全灭绝。相关基因研究也已确认，现代中国人都是约7万年前陆续走出非洲并来到欧亚大陆的智人的后代。

分子人类学家通过比较研究现代人类和古代人类的基因，绘制出一幅智人男性基因（Y染色体）在中国扩散的画卷。如果粗线条地重述这个故事，大概是这样的：

有多个智人群体先后从非洲迁徙到亚洲。大约6万年前，沿着红海海岸线前往东方的部分智人来到了印度洋东北海岸线一带。随后，这些人中的一部分南下去往东南亚诸岛，一部分人继续向南到达澳大利亚。还有一部分人沿着太平洋海岸线北上，最后抵达朝鲜以及当时与陆地相连的日本，再后来这些人中又分出一支从中国东北向西进入蒙古地区。这群人基因中的 Y 染色体携带着 C 型标签（C-M130），是最早来到东亚的智人。

大约 4 万多年前，有一群智人自西亚穿过中亚和印度到达缅甸一带。大约 3 万年前，从这群人中分裂出一个携带 O 型 DNA（脱氧核糖核酸）标签的亚群。该亚群中的部分人向东迁移，从今天的广西进入中国地区，这群人的染色体带有 O1 亚型标签，是百越人的共同标记。他们的生活区域逐渐扩大至广东、湖南、福建、浙江、江苏等地区，很可能是河姆渡文化和良渚文化的建立者。

居住在缅甸的 O 型人于 2 万多年前进入云南地区，此时又发生了一次分群，Y 染色体产生了 O2 和 O3 等基因亚型。其中 O2 型人来到长江上游地区，然后沿江而下，盘营山文化、宝鸡文化和三星堆文化等可能是这些人的杰作。现在中国西南地区的彝、侗、傣等少数民族的男性，仍然以 O2 基因亚型为主。

O3 基因亚型中的一部分人沿长江东下，定居长江中游，成为苗瑶族。另一部分人向北前行，定居西北和黄河上游地区，他们是羌族男性的祖先。大约 8 000 年前，羌人部落分裂，一部分人沿渭河和黄河向东南方迁移，发展粟作农业，他们是华夏族男性的祖先。大约 5 000 多年前，从华夏族中又分裂出一个部落向西迁徙，成为今天的藏族。如今，超过一半的东亚男性携带 O3 基因亚型。

居住在北方的 O3 型人、C 型人以及其他基因型人的混血后代，大部分人留在当地生活，形成蒙古人、满人等族群。部分人北上西伯利亚，甚至有一部分人穿过白令海峡到达今天美国的阿拉斯加，又沿美洲太平洋海岸南下到达南美的尽头，成为后来美洲的原住民——印第安人。

那么，现在的汉人与古代东亚智人又是什么关系呢？汉族是一个文化共同体，而非一个严格的血缘共同体。例如，说着某种汉语方言的人，都认为自己是华夏族子孙。基于 2010 年的全国人口普查，中国的汉族人

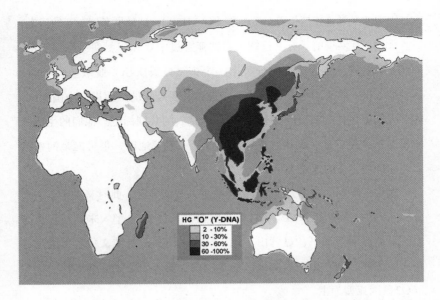

图1-3　3万多年前在东亚形成的O型染色体智人今天在东亚的分布图

图片来源：Maulucioni-Wikimedia Commons, CC BY 3.0。

口为12.26亿，占全国总人口的91.51%，少数民族人口共计1.14亿，占比不到9%。

分子人类学家通过基因分析发现，现代汉人是多种基因类型的混合体，其中华夏族携带的O3基因亚型（藏族也主要是这个类型）比例最高，O1型、O2型也占较高的比例。而一些少数民族人口，例如苗瑶族人，也是以O3型为多，O2型次之，O1型最少。部分南方少数民族则有较高比例的O1亚型或O2亚型。

中国的南方汉人和北方汉人的基因也存在统计学上的显著差别，南北间的界限是淮河。就男性染色体来说，无论南方汉人还是北方汉人中的男性，O型染色体的三种亚型都比较多，尤其是O3亚型。但北方汉人的男性染色体中混入了更多的北方少数民族的染色体和西部少数民族的染色体。

从上述情况可以想象，O3 型基因的华夏族最开始选择落脚处的运气不太好，黄河上游的土地在今天看来不那么适合农耕。当然，古代的气候环境与今天有差别，但中国西北缺水、东南多水，是一直以来的基本格局。这为西北民族多次发起大规模战争，向东南方一次又一次扩张，埋下了伏笔。参与战争的人口以男性为主，他们到达新的地域后，往往会屠杀当地男性而与当地女性结合，最后华夏族男性的 O3 基因亚型压倒性地覆盖了中国大地，成为今天汉族的主要基因型。

如果分析女性线粒体 DNA，所呈现的基因图景会与男性大不一样。东亚女性基因中有较大比例都属于 5 万年前来到东亚的 M 型线粒体。大约 4 万年前到 3 万年前，她们从南方（广西等地）进入中国，后来沿着大陆和海岸线北上，也有部分扩散到蒙古、西伯利亚、日本等地，形成多个亚分支。较晚来到东亚的 N 型女性线粒体也在中国占有一定比例。在中国，北方和南方女性的线粒体 DNA 亚分支的分布相当不同，北方主要是 A、C、D4、D5、G、M8、M9、N9、Z 等单倍群，而南方主要是 B4、B5a、F、M7、R9 等单倍群。

换句话说，中国各民族基因的差别，主要源自母系而非父系。南方汉人和北方汉人的差别，也主要是母系基因的差别。目前遍布东亚的女性主要是两个分支人群中女性的后代，第一群女性在大约 5 万年前，随 C 型男性来到远东，然后沿东海岸线一路北上；第二群女性在 3 万多年前，随 O 型男性来到远东，然后与 O1 型男性一起从中国广西北上。她们的丈夫和很多男性子孙在基因战争中落败，但那些嫁给 O3 型华夏族男性的女性支撑起了华夏民族。

相较男性基因在演化与传播过程中的大起大落，女性基因的传播更温和、距离更短，也更持久。这种步步为营的特征，很可能是以婚姻等非暴力形式实现的。因此，现在中国大地上女性基因体系的分布，彰显了时间的威力，也更好地反映了古老族群各自的原始地盘。

现代人的基因地域分布特征中涵盖了太多古代人类的迁徙、战争和爱情故事。无论是考古学家还是分子人类学家，都难以承担起完整解读历史的使命。几十年后，如果人类的起源故事被完全改写了，也没什么好惊讶的。

迁徙中的创新

智人在走向全球的几万年中，发明了大量的新技术，这是一个以非洲为起点逐渐"全球化"的过程。这些行走中的"创客"不断认识新的动植物，熟悉它们的习性，了解什么能吃而什么有毒。为了适应不同的地理和气候环境，他们发明出当时最适用的技术和物品。

旧石器晚期，石器制作技术得到了很大的发展，智人发明了磨制石器。大约2万多年前，人类社会进入细石器时代，出现了很多精致而复杂的工具。除石头外，骨头、木头也成为重要的创新资源，用石、木和骨制作的组合工具成为人们经常使用的渔猎和生活工具。

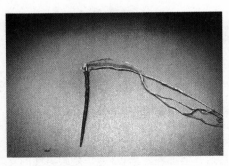

图1-4　中国辽宁小孤山出土的骨针，距今约3万年

图片来源：作者摄于中国国家博物馆。

骨针是一项很重要的发明，它很可能是女性的杰作。利用骨针加上兽筋线，就可以把兽皮和树皮缝制成衣服。目

前发现的最早的骨针，制成于3万多年前的西伯利亚。2万多年前的北京山顶洞人也在使用骨针。那时是地球上最近的一个冰期最寒冷的时候，这项小小的发明挽救了许多人的性命。

击石取火和钻木取火等生火技术，大概出现于5万年前到3万年前。从此，无论何时何地，人们都可以生火，获取温暖和能量，这对于智人在冰期的寒冷环境中生存下来至关重要。据考证，约3万年前生活在今天北京附近的山顶洞人已经掌握了生火技术。

关于山顶洞人的人种和来历，学界还在研究当中。基于洞里居民的头骨化石形状，一些学者认为这些原始人属于不同的种族，例如早期蒙古人、欧罗巴人、美拉尼西亚–澳大利亚人，他们也许在差不多的时间从不同的地方来到这里。也有学者认为这些人的头骨基本上与蒙古人一致，

图1–5　山顶洞人居住场景复原图

图片来源：作者摄于中国国家博物馆。

当时蒙古人正在形成过程中，他们后来逐渐演化为现代中国人。看来只有基因研究才能对这一争论做出最后的定论。

旧石器时代晚期，已经出现了较多的用木头和茅草搭建的房子。一些智人发明了适于定居的新工具，例如原始的磨棒、磨盘、坑烧陶器等"固定资产"，这说明这个阶段的人类已经有了比较明显的定居倾向。狗、猪等动物的驯化也开始于这个阶段，反映出人类从单纯猎取野兽到游牧生活的转折。此时，编织篮、纺锤、亚麻布等物品也出现了，这是手工业的发端。

除了应付生存的压力，旧石器时代晚期的人还表现出了对艺术的兴趣。他们开始制作一些乐器和装饰品，比如在捷克发现的3万年前的陶人，和在德国发现的3万多年前的骨笛。世界很多地方的岩洞墙壁上留下的不朽画作，反映了当时人们的生活场景，极富艺术价值。

表1–2　旧石器时代晚期人类的重大技术创新（7万年前到12 000年前）

科技创新名称	距今时间（单位：年）	最早出现地区
击石取火	50 000	多地区
旧石器时代晚期石器技术（石器Ⅳ型）	40 000	非洲、欧洲、中亚及西亚
石头灯	42 000	多地区
灶	42 000	多地区
首饰	42 000	非洲南部
研钵和研杵	37 000	西亚小亚细亚（今土耳其）
骨笛	37 000	欧洲（今德国地区）
岩洞壁画	37 000	今亚洲印尼
手搓钻	37 000	多地区

（续表）

科技创新名称	距今时间（单位：年）	最早出现地区
亚麻布	36 000	今欧洲格鲁吉亚
计数棍	35 000	今非洲刚果
石刮刀	32 000	多地区
骨针	32 000	今俄罗斯欧洲部分、西伯利亚
磨制石器技术	32 000	亚洲日本
钻木取火	30 000	多地区
石锤	32 000	多地区
石刻刀	32 000	多地区
皮水袋和塞子	32 000	今欧洲法国
陶人	29 000	今欧洲捷克
家养狗	27 000	多地区
磨棒、磨盘	25 000	多地区
鱼钩	22 000	今亚洲东帝汶
石锯	22 000	多地区
细石器（石器 V 型）	20 000	多地区
回旋镖	20 000	今欧洲波兰
线	20 000	多地区
坑烧陶器	19 000	今中国江西（仙人洞遗址）
绳子	19 000	今欧洲法国
纺锤	17 000	多地区
驯鹿	16 000	今欧洲俄罗斯
编篮子	14 000	今中东埃及
家养猪	13 000	西亚小亚细亚（今土耳其）

几万年间，人们一次又一次被迫舍弃熟悉、舒适的生活。去远方的人们没有什么财富，仅携带着当时人类积累的技能和智慧。很多技术在新地方都能够发挥作用，但新环境也会带来很多新挑战，特别是在气候变化较大的时期和地区，部分旧技术和知识没用了，人们必须创新。

数代长途跋涉、翻越千山万水的智人，很容易归纳出一个重要的技术创新原则：因地制宜。按具体情况和问题寻找解决方案，这是一种很古老的思想，是智人走向世界过程中的智慧结晶，它强调顺应变化进行创造。直到今天，这种思路仍然是很多人认识自然和社会的主要方式之一。

成书于中国先秦时期的《考工记》，对截至战国早期的人类技术经验和规范进行了很好的总结，反映了古人长期以来积累的技术哲学和思想。以下这段文字是对因地制宜哲学思想的完美表达：

> 天有时，地有气，材有美，工有巧，合此四者，然后可以为良。材美工巧，然而不良，则不时，不得地气也。橘逾淮而北为枳，鸲鹆不逾济，貉逾汶则死，此地气然也。郑之刀，宋之斤，鲁之削，吴粤之剑，迁乎其地而弗能为良，地气然也。燕之角，荆之干，妢胡之笴，吴粤之金锡，此材之美者也。天有时以生，有时以杀；草木有时以生，有时以死，石有时以泐，水有时以凝，有时以泽；此天时也。

12 000年前，已扩散至全世界的智人来到了农业革命的前夜。此时，地球气温已经升高，与今天的平均气温接近，动物和野果都比较充足。人类拥有的技术与生活方式，与数万年前走出非洲的祖先们大不相同。他们用弓箭、飞镖打猎，或用装有石刀的木叉、骨叉捕鱼，用手工编织的篮子装采摘来的果子。天冷时，他们还可以捡拾掉在地里的野谷子，它们经冲洗、去皮、碾磨，也是不错的食物。

人们每天工作几小时便可以获得一日所需的食物，有时工作一天甚至可以获得好几天的食物。晚上回到家（可能是自然形成的山洞，可能是人工挖的窑洞，也可能是用草和木头搭建的房子），一家人围着火堆，烤肉、烧栗子，香气四溢。在一些技术比较发达的地方，人们穿着麻布衣服，吃着用陶器炖煮的肉汤。在一些值得庆祝的节日，部落里的人们会聚在一起，杀一头驯养的猪，美美地吃上一顿。闲来无事的时候，某位能人还会用笛子吹奏一段悠扬的乐曲。这是旧石器时代的巅峰时刻。

流逝的时间已经抹掉了远古历史。无论旧石器时代晚期的智人们经历了多少次失败和辉煌，可以确定的是，他们的后代今天占领了整个地球。在接下来的 1 万多年里，一个更为绚烂的创新时代即将由这些屡败屡战且越战越勇的"失败者"的子孙开启。

农业革命并非疾风骤雨般展开，而是数千年水滴石穿的过程。领导这场革命的是一群温柔如水的女性，她们的目的也许只是喂饱饥饿的孩子，但没料到会把人类带入一个苦苦挣扎的陷阱，也启动了一场波澜壮阔的创新革命。

第2章　农业革命的陷阱

人类的每次创新几乎都是为了满足一种短期需求或解决一个急迫的问题。他们并不清楚，像这种为了达成小目标而开展的微小创新，经过长时间的累积，很可能为遥远的未来设下一个陷阱。

如果以每个人的生活质量来衡量，一万多年前发生的农业革命正是一个陷阱。在之后的农耕社会里，世界人口在繁荣和天灾人祸的交织下以波动的形式渐增。但除了极少数统治阶级之外，绝大部分人都徘徊在温饱边缘。就人均经济水平而言，采集狩猎社会和农耕社会相差无几，人们一直在生存线上挣扎。

图 2-1 显示的是从公元前 1 万年到公元 1700 年的时间段内，世界人均 GDP 的变化情况。工业革命之前，人均 GDP 一直在较低水平上波动，这就是马尔萨斯陷阱。1700 年前后，欧洲工业革命开始，世界人均 GDP 与人口总量才双双呈显著上升趋势，表明社会逃离马尔萨斯陷阱。

更可悲的是，农民们为温饱付出的代价比采集狩猎者大得多。因为后者只需要采摘果实、猎取动物，并不需要投入时间和劳动来"生产"这些食物；而农民们在植物种植和动物养殖的过程中，却需要投入大量劳动。而且，由于人类早期种植的植物和喂养的动物品种都很少，食物

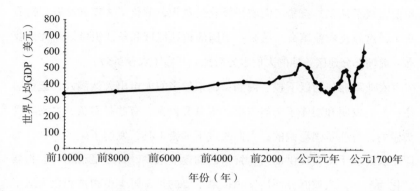

图2–1　从公元前1万年到公元1700年的世界人均GDP（单位是1990年的美元）

数据来源：Prof. J. Bradford DeLong, Univ. of California, Berkeley。

品类较为单一，以致人们营养不良。劳累加上营养不良又造成很多病痛。

　　农耕时代的一些知识分子留下了很多诸如"采菊东篱下，悠然见南山"的田园牧歌。这些作者大都可以不劳而获、坐享其成，不是终日里"面朝黄土背朝天"的农民。这些浪漫诗篇至今仍在误导后人，给一些反现代主义者带来了一种农耕社会是理想社会的幻觉。

　　人类为何会启动农业革命呢？这正是本章要回答的问题。

从采集狩猎到农耕

　　如果从能人开始算作"人"，那么人类以采集狩猎方式生存了近300万年。早期人类赖以生存的基本活动就是采摘一些野生坚果、水果，或用简单的工具猎捕一些体型较小的野生动物，这种生活方式与其他动物差别不大。然而，一项又一项的技术发明，使人类与动物逐渐分道扬镳。

　　15 000多年前，全球气温开始上升，地球逐步进入温暖的全新世，漫长的冰期结束，此时智人已遍布全球。两河流域的部分智人率先于11 000多年前完成了从采集狩猎者向农民转化的过程，驯化了大麦和小麦、饲养牛羊，这就是农业革命。后来，中国的黄河流域和长江流域、新几内亚岛、美洲部分地区等地的人们也先后独立开启了农业革命。

农业革命包括以下核心内涵：越来越多的人走出天然洞穴，造房居住；人们发明和制作了定居需要的工具和器具，有些是石头、木头、骨头做的，有些是陶泥做的；人们改进了渔猎工具，发明了生产工具，为原始农业和手工业提供助力；狩猎活动逐渐减少，曾经是猎物的动物被驯化为工具，或被圈养而后宰杀；最重要的是，野生植物被驯化为适于种植且产量较高的品种，人类开始季节性地种植谷物、豆类及瓜果蔬菜，人类社会进入原始农耕时代。

今天我们吃的主食，全都是农业革命的恩赐。采集狩猎的生活方式太消耗自然资源，大约15~25平方千米才能养活一个人，而农耕生活方式则可以将地球养育人口的上限提高数十倍。

考察农业革命的细节，可以发现各地植物驯化的过程前后均持续了几千年，并且是反复的，完全没有所谓的"革命让人的生活产生突变"的效果和摧枯拉朽的气势。可以说，新石器时代人的生活节奏很慢，甚至一辈子也碰不上一件新鲜事。"革命"二字其实是透过"望远镜"看历史的后人，为这几千年贴上的标签。

考古学家发现，12 000年前，今湖南和江西的山洞中留下了野生水稻的痕迹。当时这些洞穴周边可能生长着茂盛的野水稻，人们偶尔在山上打只猎物，在山溪里抓些小鱼，再采摘些野生稻米和野果，就可以快乐地过日子。野生水稻也可能生长在山谷溪流旁，住在山洞中的人在野稻成熟的季节下山收割并带回储存，以备不时之需。

很多年过去了，洞穴已经住不下逐渐增加的人口，一部分人不得不搬出去。新住处附近也许没有野生水稻，因此他们需要从较远的地方寻来水稻种子播撒在住处周围，以后便可以收获稻米了。类似的故事在一次又一次的人口增长和人群迁徙的过程中上演，最终完成水稻驯化的地点可能离野生水稻最丰富的地方已经很远了。就这样，野生稻谷的种子跟随人类迁徙的步伐，从某个山野故乡来到了江边河畔。

这个过程旷日持久，历经几千年，人们说不清具体什么时候是农耕的起源。如此漫长的过程，对一个在那个时代仅活了几十年的人来说，当然是不可能感受到任何革命气息的。相比今天的农业专家，比如袁隆平一辈子培养出多个高产杂交水稻品种的节奏，农业革命时期的日子用"岁月静好"4 个字来形容最为恰当。

虽然农业革命始于何时不太明了，但最新的基因技术可以确定某些植物是在何时何地最后完成驯化的。考古和基因研究发现，大麦和小麦早在 13 000 年前就在两河流域开始了人工种植，大约在 11 000 年前完成驯化。

而水稻人工栽培大约始于 1 万年前中国的某些地方，于 8 000 年前在中国珠江流域中游（今广西境内）完成驯化。请注意，这是有比较严谨的科学根据的最早的完全驯化的水稻，各种报刊有时会报道考古发现了更早的稻谷，但那些稻都只是野生稻或者混合稻。在珠江中游完成驯化的水稻品种向南传播到东南亚地区，向北传播到长江流域，后来又传播到黄河流域……它在传播的过程中与各地的野生稻种杂交，品种得到了进一步优化。

植物的野生品种与驯化品种有着大不相同的特征。例如，野生水稻成熟后，籽粒很容易脱落，回到地里以便来年生长，这是自然选择的结果。但这种特征对想获得很多收成的人来说并非好事，因为掉到地上的籽粒捡起来比较麻烦，而留在稻穗上的谷粒更容易收获。因此，人类开始种植稻米后，更喜欢保留不易脱落的籽粒作为来年播种的种子。

就这样，人们在有意或无意间一代又一代地选种留种，使水稻最后变成籽粒不易脱落的品种，即驯化水稻。但这些驯化水稻也因此失去了野蛮生长的能力，只能在农民的辛劳种植下才能有收成，如果农民停止种植，驯化水稻就很难自我生存。由于驯化水稻的收成比野生水稻高很多，这对食物需求日益增长的人类来说极其重要，人类由此告别了采摘野生水稻的日子，步入了繁忙的农耕生活。

粟（小米）的发源地是中国北方，其从野生品种到驯化品种也经历了数千年。一些考古学家在华北地区（例如河北磁山）发现了大量的早期粟，便以为粟是在华北地区完成驯化并向周边传播的。然而，最近的基因研究发现，内蒙古兴隆沟遗址才是最早完成粟驯化的地方，时间约在 8 000 年前到 7 500 年前。现在人们食用的小米都与兴隆沟地区的野生粟有亲缘关系。

关于考古发现和基因研究得出的不同结论，可以做如下解释：当时华北以及内蒙古、辽西等地都有野生粟，居住在这些地区的先人各自开始尝试栽培粟，由于华北地区的地理条件比较好，靠野生粟就可以过活，所以那里的人无须细心地选择种子。在华北各遗址发现的粟，只有野生品种和半驯化品种。

而 8 000 年前的内蒙古兴隆沟，虽然降雨量比现代多，但也不稳定，属于可耕种区和草原的边缘地带，人们必须小心选种才能获得好收成，因此驯化粟的时间短很多。另外，兴隆沟品种的粟抗旱性能更好。一旦完成驯化，这个优良品种就开始向南传播至华北和广袤的黄河流域旱地，向西传播至欧亚草原。而其他地区的粟很快便被兴隆沟品种所取代。

为什么这些谷物驯化过程需要历经几千年而不是几百年或几十年呢？原因之一在于，当时人口增长较为缓慢。如果每次人口增长造成群体分裂迁徙，一部分人在新居住地靠采集野生植物也能过得不错，人们就没有驯化植物、增加粮食产量的迫切需要。

原因之二在于，植物种植与气候环境密切相关。虽然某些部落已经开始了种植活动，但只要风调雨顺，野生动植物繁茂，他们就可能停止种植，回归采集狩猎的生活方式。待下一次灾荒来临，他们才会重新开始种植活动。这样一来，人们会忘记一部分积累的种植知识和技能，从而在种植和采集狩猎活动之间徘徊了数千年。

此外，从采集狩猎到农耕涉及深刻的生活方式转变，需要人们发明与农耕社会相匹配的大量工具和用具，例如石碾等为稻谷去壳的工具，大量的烹饪陶器，以及石镰、石锄等种植工具。可以说，这场变革就是由一步步增加的生活需求推动一项项发明产生的演化过程，人们既无须超前，也不必惊慌。

从轻松惬意到辛苦劳作

研究者对早期人类的遗骨研究发现，从采集狩猎者变成农民之后，他们的骨骼显现出劳损状态，食物质量明显下降，寿命也更短了。造成这种状况的原因较多，首先是因为采集狩猎者只需采摘野生植物，而农民为了收获粮食，需要从事播种、浇水、施肥、除草及收割等繁重的耕种劳动。显然，相比采集狩猎者，农民的工作时间更长，劳动强度更大。

不少现代人都有一种感受，如果在下雨天闲适地待在家里，滴滴答答的雨声可以带给人平静和安逸的感觉，这应该是漫长的采集狩猎时代留在人类基因里的记忆。在艳阳高照的日子，人们需要外出采摘狩猎，不时地还得与抢夺地盘的人打上一架。而在下雨天，他们则可以安心地待在洞穴里吃坚果、讲故事、做爱。

农耕田园时代的诗人们留下的有关雨的诗句，则常常与惆怅、悲伤联系在一起。这是因为在农耕时代，即使是雨天，农民们也得下地干活，内心充斥着一种焦虑感。无论是安逸还是焦虑，人体都在暗暗怀念早已远去的采集狩猎时光。

植物和动物的驯化基本上是同步的。由于与动物密切接触，人的疾病增多，死亡率升高，平均寿命变短。另外，驯化植物后，人的食物较为单一，营养也较差。还有一个问题是，古代的野生谷物与现代的小米、水稻、玉米的口感实在相差太远，远古的野生小米（粟）甚至与狗尾巴草差不多，狗尾巴草的味道怎么比得上坚果呢？当然，这也成为人们改善食品口感和味道的创新动力。

既然农耕社会有这么多问题，那么快活的采集狩猎者为什么要去做悲惨的农民呢？

让我们试想13 000年前新、旧石器时代交替的场景。那时，7万年前走出非洲的智人已经基本上占领了全世界。每个部落附近自然条件较好的洞穴，都已经被分群而居的亲戚或从远方迁徙而来的人群占据。此时，全球气候已经从冰川期转入温暖期，野生动植物种类丰富，人口增长加速。

除了逐渐增加的人口压力，有些地区的人还面临着另一个挑战，那就是变幻莫测的气候。在风调雨顺的年头，大家填饱肚子没什么问题，但一旦气候干旱或者遇上洪涝，野生动植物的数量就会减少。

在灾荒年份，食物好不好吃不那么重要，更重要的是填饱肚子。于是，那些人们原本不喜欢吃的野生谷物就成了救命粮食。在这种情况下，人类不得不扩展采集的植物种类，如果气候更恶劣，就必须自己种植。当最终完成植物的驯化后，农民群体诞生了。这时他们已经忘记了采集狩猎生活方式，即使旧日时光更轻松惬意，也回不去了。

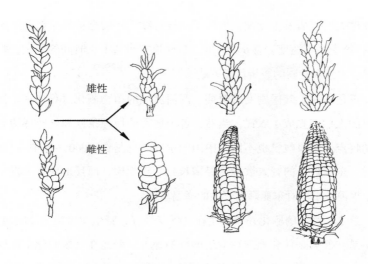

图2-2　南美玉米从野生品种到现代品种的进化过程

图片绘制：梁爱平。

《人类简史》的作者尤瓦尔·赫拉利及一些其他学者认为，智人进入辛苦的农耕时代是自私的基因繁衍所需，因为农业革命的最终结果之一是人口大规模增长，结果之二是少数被驯化的动植物数量大规模增长。赫拉利甚至认为，其实是动植物驯化了人类，最终把人类关进了"笼子"（房子）。

人类真的是在毫无意识的情况下受基因的需求驱动前行吗？不完全如此。

人类彻底完成植物的驯化，很可能是在一个持续数百年甚至更长的灾荒期。在这种环境中，人们不得不年复一年地耕种植物，悉心选种，并且发明很多耕种工具。最终，他们种植的植物成为只有通过人工种植才能生长的高产品种。当灾荒期过去后，这些人已经成了农民。

大约12 000年前，一场大灾荒不期而至。可能是一颗巨大的彗星进入地球大气层后发生爆炸，导致了一场持续千年的全球性"新仙女木事件"，地表平均温度骤降6摄氏度。某些地方遭遇了长时间的天灾，野生坚果、水果和动物的数量都显著减少。

正是在这个气候剧变的时期，两河流域的植物驯化过程加速，使得这里的人们率先成了农民。当然，各个地方的地理条件和气候环境有不同的特点，人口数量也不同。中国的植物驯化是在8 000多年前完成的。那时，东亚地区的智人数量已经增长到一定规模，而且地球上又发生了一个规模较小但对东亚影响较大的降温事件。

总之，植物的驯化并非发生在气候条件好、野生动植物丰茂的地方，也不是在气候条件和地理环境最糟糕的地方，而是在气候变化幅度较大的边缘地区。太恶劣的气候环境不利于农耕技术的创造和累积，气候环境优越但一成不变的地方也缺少驱使人们开发新技术的外部刺激。只有适当的气候条件和波动幅度，才会激发人类探索新食物品种和有效利用本地物种特性的愿望，并不断累积相关知识。地球上几个最古老的农业发源地，正是气候条件适宜且变化幅度适当的地方。

人类农业产生和发展的节奏与地理条件及气候变化的节奏息息相关，这些变化和波动给人的生存增加了难度和风险。驯化动植物是人类有效应对气候变化造成的灾荒的手段。农耕技术的发展反过来进一步推动了人口增长，人口增长又成为下一轮提升农耕技术的驱动力，如此螺旋式地向前发展。

植物种植和动物驯化带给人类最大的好处是让收获变得可预测，人们有了较为稳定的食物来源，从而提高了应对气候变化的能力，降低了生存风险。这个好处是显而易见的，只要耕种，就有收获。人们不在乎更辛苦，也不清楚寿命会缩短，只为了增加眼前活下去的可能性。

对风险的感知、把握和控制，是人类创新和发展的重要驱动力，也是推动农业革命发生和发展的主因。其实，巫术、宗教的产生也是因为人类想要把控生存风险。但人类预见未来的能力很有限，他们竭尽全力创新的结果，也许可以减小短期风险，却往往也会带来新问题。

"神农"其实是女人？

传说中国上古时期有一个姜姓部落，其首领被称为"炎帝"，他发明了刀耕火种的方法，教人们垦荒种粮；他亲尝百草，用草药给人们治病。因此，他被炎黄子孙视为中国农业革命的第一人，并被尊为"神农"。中国历史上真的有这么一位开启农耕文化的神人吗？

如果仔细设想和考证采集狩猎者的生活，你就可以发现早期人类也是有分工的。一般来说，男性的工作以狩猎、捕鱼为主，女性则以采摘蔬果为主。男性对动物的了解和女性对植物的了解已有数万年的经验积累了。因此，很容易想象，当适当的时机和需求来临之时，应该是对植物更了解的女性率先栽种和驯化了植物。

考古发现，在早期的农耕部落，女性大都占据中心地位。土耳其的恰塔霍裕克是一个规模庞大的遗址，从 9 500 年前到 8 000 年前，该部落的居民从 3 500 人增长到 8 000 多人。这里的先人是最早种小麦的农民，他们也养猪、放羊，是目前发现的人类社会早期最大的农耕部落。这个遗址出土了大量的小泥人，很多是怀孕的"女神"，反映了对女性的崇拜。

这种以女性为中心的偏好也可以从中国新石器时代早中期的农耕部落遗址中发现，例如，从黄河中游裴李岗遗址（距今 8 000 年）的墓葬群可以看出，女性的陪葬品比男性更丰富。另外，在属于红山文化的牛河梁遗址（距今约 5 600 年）发现了女神庙，也出土了一些女神像。红山文化各部落是最早驯化粟的部落后代。可以想象，在中国也是女性主导推

图2–3　土耳其恰塔霍裕克遗址出土的
9 000多年前制作的陶泥女神

图片来源：作者摄于土耳其安卡拉人类
文明博物馆。

动了农业革命的开展。

1万多年前的女性年复一年地细心挑选高产的植物种子，在食物不足的情况下控制家庭食量、储存种子。她们在男性外出打猎的时候，组织老人和孩子辛勤耕作，最终带领人类走进了崭新的农耕时代。在从采集狩猎到农耕生活方式的几千年的转化过程中，有太多的女性有意无意地参与了驯化植物的活动，她们都是没有留下名字的"神农"。

四五千年以前，中国进入了新石器时代中晚期。无论是长江流域还是黄河流域，植物驯化早已完成，中华大地上的刀耕火种呈燎原之势。在南方，这个时期兴盛的良渚文化（今浙江、江苏一带）有了较为发达的农耕技术，耕种工具不仅有耒耜，还有像人拉犁这样先进的工具，城市人口规模达到几万人。

炎帝部落活动的渭水流域，属于黄河中上游地区，此时正处于仰韶文化晚期。考古学证据显示，此地的原始农耕文明也较为成熟。各族群里男性几乎都加入了繁重的农耕劳动，打猎活动只在闲散时偶尔为之，部落的领导权也逐渐从女性向男性转移，男女共同领导的情况也较为常见。

此时出现在中国西北地区姜水之畔的"炎帝"，可能是某个早就发明了农耕技术、遍尝百草的神农氏族的后人，该部落的早期首领应该是女性。"姜"字由"羊"和"女"两部分组成，这是不是暗示着渭河之滨的这个部落曾以女性为首领呢？

还有一种可能是，姜姓部落在炎帝时代仍然属于采集狩猎民族或游牧民族，其首领炎帝由于某种机缘偶尔去农耕发达的部落游学了一阵子，归来后便把农耕技术引入本部落，成为农耕技术的传播者。

农耕技术的提升和传播是一个漫长的过程，后来的很多部落首领都参与了农耕技术的改进，并把农耕生活方式传播给更多的游牧和采集狩猎部落。但是，把炎帝当作中国农耕第一人，应该是后来掌握了历史话语权，并且转向男性中心社会的人们制造的历史误会。无论在哪个地方，作为农业革命核心部分的植物驯化过程，都应该是在女性主导下完成的。

从玩石头到玩泥巴

农业革命通常也被称为新石器革命。虽然这一时期人们的确创造了很多新的石器工具，但给它贴上新石器革命这个标签并不合适。

在旧石器时代几百万年的采集狩猎生活中，人们主要以石头为材料制作工具，几十万年前又采用了木头和骨头等材料。但人们对天天踩在脚下的泥土几乎视而不见，野生动植物也只是食物。

农业革命开始后，人类把一直存在于他们周围且最为熟悉的几样东西当作技术创新资源，它们就是泥土、植物和动物。同时，人类通过这个过程第一次系统性地认识和把控自然风险，满足生存需求。这无疑是一场突破性的认知跃迁。

在参观博物馆的时候，新石器时代最显著的文物展品就是一些石头工具和陶泥制成的坛坛罐罐，但事实上，这个时期人类创造的更重要的财富存在于博物馆之外，就是那些遍布于广袤大地上的水田和旱地，以及为我们提供食物的驯化动植物，它们才是农业革命时期的先人们留下的最宝贵的技术财富。因此，称这场革命的技术核心是泥土，可能更为确切。毕竟在这个阶段，人类已经逐渐告别石器这个百万年的老朋友了。

图2-4　中国云南元阳哈尼族梯田

图片来源：佳讯飞鸿总裁林菁摄。

如果旧石器时代的先人们能够看到农业革命开始后的几千年里发生的一切，他们一定会对子孙们的创新能力和成就赞叹不已，用革命二字形容这一过程可以说是当之无愧。因为直到1万多年前，作为高级智力动物的人类，任凭时光流逝几百万年，还在年复一年地守着前人传下来的石器技术，要突破旧认知谈何容易！

而农业革命开始后，人类放弃了几百万年来的采集狩猎生活方式，驯化了大量物种，转变为耕田守土的农民，创造出五花八门的工具和家具，在大地上建起无数房屋住所。这是多么翻天覆地的革命！

农耕加定居的生活方式，提高了女性的生育率和新生儿的成活率，世界各农耕地区的人口增长由此加速。12 000多年前农业革命还未开始时，全球人口约为500万，到5 000年前，世界人口已达到4 000万。此时，部分地区开始进入使用青铜工具的传统农业社会，规模可观的村庄和城市也越来越多。

从此，人们的财富观念日盛，土地成为最重要的财富。人类开始了新一轮的文化和技术创新，争夺土地和财富的没完没了的战争也拉开了序幕。尽管新生活未必更美好，可是人类再也回不去了，地球不可能提供那么多的野生动植物养活越来越多的人。面对这种情况，人类不得不持续创新以应对新问题。

农耕是看天吃饭的营生，天气好，收成就好，生育率也高，人口逐步增加。人口增加后，虽然劳动力也有所增加，但遇到天灾就糟糕了，人们要么饿死，要么成为土匪去抢夺人家的粮食。在旱灾或水患的年份，不仅土匪遍地，周边的游牧民族也需要抢粮食才能活命，战争就这样发生了，导致人口减少。由此可见，人口增长和战争、饥饿及疾病导致的人口减少呈周期性循环。

为了理解和把握天气变化，前人把天上的斗转星移与地上的季节及气候变化联系起来，编制出阴历、阳历和阴阳混合历，以便更好地把握农耕节奏。另外，人们也把很多希望寄托于神秘力量，古老的巫术继续发展，新宗教陆续产生，试图洞察人类的命运与宇宙神秘力量之间的关系，为难以把控的不测风云提供解释与指导。

虽然信仰给人类带来了很多心灵慰藉，文化也令人们的生活多姿多彩，但过上好日子主要还是靠技术创新。农业技术创新的重点有三个：

一是减少农耕的风险,修筑水利工程等举措可以有效地减少不可预测的干旱或水患带来的收成波动;二是减轻人的劳动量,使用畜力、水力等自然能源,发明和改善农耕工具,以及发明农用机械等,都可以让人更轻松地做更多的事;三是让土地收成更多,人们优化种子、发明各种肥料和农药,就是为了达到这个目的。

农耕领域的知识积累和技术创新,一直是早期文明社会的精英们大展身手的领域,大量当时的著作都与农耕有关。那时的知识分子既研究天,也研究地。其中,地学研究的重点之一是土壤和环境及各种植物之间的关系,选择合适的农作物,并尽量改善土壤肥力。

农耕社会各个时期的权力核心也非常重视农业,统治者经常要做出顺天、亲农的举动,很多税收也都被用来建造大型水利工程。农民的社会地位较高,在中国古代,社会地位的排序是:士、农、工、商。世界上很多民族都留下了多种与农耕有关的节日和传说,成为各地文化中的美丽符号。

王国起源和大洪水

从冰期进入全新世以后,世界各地山峦之巅的冰雪逐渐融化。在全新世早期的几千年里经常大雨滂沱,海平面因此上升了100多米。在农业革命的几千年里,走向农耕社会的人们必须学会应对的恶魔之一就是洪水。洪水肯定发生过无数次,每次都需要也都会出现英雄领导大家与洪水做斗争,因此每一个古文明都有大洪水的记载和传说。大洪水也是人们经常谈论的国家起源的因素之一,古埃及和古中国的起源故事中都有洪水的影子。

从埃及的地理环境来说,适合农耕的区域局限在尼罗河两岸,主要是尼罗河下游地区，即下埃及。该地区周边要么是大海，要么是沙漠，农耕资源十分有限，还受到季节性河水涨落的影响。关于埃及王国有一种说法是，它起源于资源争夺。由于人口增长而资源有限，尼罗河流域的农民经常为争夺水和土地而发动战争。后来，最强的部落在其首领的带领下打败其他小部落，统一埃及并建立了王权国家。

不过，由于治水需要合作而促使埃及王国诞生的说法更令人信服。尼罗河是古埃及文明的母亲河，那里的农耕社会大约始于 8 000 多年前，青铜时代大约始于 5 200 年前的涅伽达文化晚期。由于尼罗河每年都会洪水泛滥，这里在统一王国建立之前就出现了小型的人造堤坝和排水系统。可以想象，尼罗河上下游的各部落为了抢夺水源和土地，也经常打仗。两岸的农民也面临着同样的问题，即如何预测和控制洪水。显然，合作可以更好地解决这个问题。

大型水利系统的建造和维护需要很多经验和知识，也需要投入大量的人力和物力。一个小部落很难独自建造大规模的水利工程，多部落合作是必需的。因此，为治水而形成统一的王国，这在埃及是一件十分符合逻辑的事。

统一尼罗河上下游多个部落的第一个王是美尼斯，大约 5 100 年前他在尼罗河流域建立了第一个农耕王朝，都城设在尼罗河中上游的阿拜多斯城。考古学家发现，古埃及上下游的部落统一后，水利系统得

图2-5　埃及地图

图片绘制：梁爱平。

到了迅速发展，这与王国强大的资源调配能力是分不开的，整个尼罗河流域的农耕者们都因此受益。

值得强调的是，尼罗河的洪水一年发生一次，建立一个跨区域、稳定的体制，即王国，对各部落合作治水、纳税、征集民工等很有必要。后来，王国又增加了抵抗外敌的功能。就这样，王国这种创新型组织流传下来。

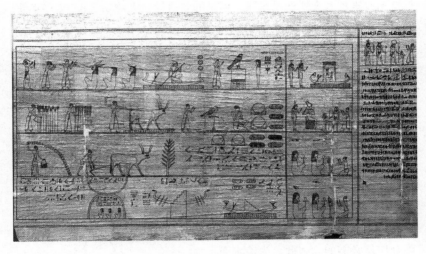

图2-6　古埃及莎草纸书上所绘的古埃及人农耕图

图片来源：作者摄于英国伦敦不列颠博物馆。

中国传说中的第一个王朝——夏朝起源于大禹治水。禹的父亲鲧受命治水9年无果，禹子承父业，带领民众采用疏导的方法治水，历经13年终告功成。大禹因此成为九州共主，夏朝诞生。这个传说有根据吗？

我们知道，黄河流域的洪水并没有固定的发生周期。每当偶发性洪水来临时，各部落间的合作往往是被动、暂时的，一旦使命完成，合作关系便宣告结束。可以想象，临时的治水领袖在中国历时几千年的新石器时代出现过多次，他可能是受人们尊重和怀念的部落领袖，但这并不是他成为国王的必要条件。

仅凭4 000年前的交通和通信技术，想把黄河流域的民众组织起来，是件极其困难的事情。面对一场多年不遇的大洪水，人们只能被动响应，领袖很难快速动员和集合起多个部落，更难凭借一次治水之功而建立王权国家。因此，中国王权国家的起源应该另有原因，这留待后文的"青铜王国、铁血帝国和炼金术士的华丽转身"部分再做讨论。

无论是否与王权的起源有关，兴修水利对农耕社会的重要性都毋庸置疑。进入农耕社会之后，人类很快就发现水资源与土地同等重要。

作为人类最古老的农耕社会，两河流域留下的水利工程也最古老。例如，约旦的加瓦水坝已有5 000多年的历史了；古埃及的异教徒水坝建造于4 800年前；小亚细亚地区有一座3 500年前古赫梯帝国建造的水坝；古罗马也留下了数座水坝，有的现在仍在使用。

中国自周朝以来也留下了很多水利工程，比如战国时期由秦国李冰父子设计建造的都江堰，灌溉成都平原的农田2 000多年，为该地成为富饶的"天府之国"奠定了坚实的基础。古代没有炸药，青铜和铁制工具也不多，要兴建如此庞大的工程，其难度不可想象。据传李冰父子在建造都江堰时，为了凿开巨石，采用"积薪烧之"之法，使得石头裂开。他们还就地取材，用当地盛产的竹子编成竹篾筐，盛装河里的鹅卵石来建堰，实用又方便。

后世的君王们，也一直把兴修水利当成大事来抓。现代水坝的种类有很多，除了用于防洪和灌溉，也是水力发电的能量来源。目前世界上大大小小的水坝和水库不计其数，较大的水库和水坝超过50万座。

图2-7 广西桂林兴安灵渠，建造于秦始皇统治时期（公元前214年）

图片来源：季振刚博士拍摄。

农耕工具和机械

农耕是一种非常苦累的生产方式，农民们春种秋收，冬天还得建造和维护水利工程，这些都需要投入大量劳动，真可谓"谁知盘中餐，粒粒皆辛苦"。因此，从农业革命开始，人们就不断地发明工具以减轻自身要付出的人力。

辅助人类耕种收割的农业工具有很多种。从刀耕火种时代的简单工具到今天的农用机器人，人类的发明可谓五花八门。新石器时代的农人发明了石锄、石犁、石刀、石镰、石斧，以及大量的骨制和木制工具（比如耒耜等）。其中犁的发明至关重要，无论是早期的人拉犁，还是后来的牛、马拉犁，都显著提升了耕田效率。在之后的几千年里，农民们使用的一直是这些耕种工具。

　　铸造青铜和冶铁技术发明后，随着其成本降低，原始耕种工具纷纷改换为金属工具，器型也逐渐改善。驯化动物并使用畜力替代人力从事农耕劳动，是很重要的一大进步。与此同时，人们发明了大量利用畜力的工具，比如牛拉铁犁等。从此，原始农业开始向传统农业转型。西亚的农耕地区在 4 000 多年前完成了从原始农耕到传统农耕的转变；中国向传统农耕的转换则从春秋晚期开始，至东汉时期完成。目前，世界各地仍然有不少农民采用传统农耕技术。

　　用于管理和调度水资源的水利工具，其历史很可能与水坝一样久远，可惜保留至今的实物很少，我们有时可以从古代文献和石刻画作中找到蛛丝马迹。巴比伦地区早在公元前 700 年就发明了一种用于农业灌溉的链式水车。欧洲的水车技术很可能源自古老的两河流域。古希腊和古罗马时代，地中海地区的水利技术水平提升到了一个新高度。古希腊科学家阿基米德发明了一种螺旋式水车，至今仍在欧洲和中东地区被广泛使用。

与他同时代的拜占庭人费罗改进了古代的链式水车，可以把水从低处水源分级提升到高处的水渠，既可以供应城市生活用水，也可以用于农田灌溉。

　　中国东汉时期出现了一种龙骨水车（图2-8），直到现在，一些山地农人仍然使用

图2-8　元朝王祯所著《农书》中的龙骨水车插图

龙骨水车来提水和浇灌农田。印度的农民也很早就发明了适用于当地耕种环境的水车。

近代工业革命兴起后，农用工具的发展上了一个新台阶。蒸汽机发明后，人们很快就把牛、马等畜力更换为蒸汽机动力。这不仅使原来的农具越发强大，还催生了很多崭新的农用机器。19世纪晚期，欧洲人发明柴油机、汽油机之后，蒸汽机又被新一代的能源动力机取代了。同时期，美国人发明了联合收割机等大型多功能农业机器，以及用于土地开垦和耕作等的机械，推动农耕效率又上了一个新台阶。

过去200多年来农业工具的大幅改进，是单个农民可以产出更多农产品、养活更多人口的重要原因。现代农业效率很高，例如，美国农业人口约占全国总人口的2%，平均每位农民生产的粮食、蔬菜和肉类可以养活100多人。美国的农产品除了供养所有美国人，还有大量剩余可以出口到世界各地。与此同时，很多农民从他们劳作了数千年的土地中解放出来，进入城市，成为职员和工人，创造出价值更高的产品和服务。

人类在农业革命早期为自己挖的陷阱中苦苦挣扎，终于在1万多年后借助工业革命跳脱出来了。

向土地要更多的粮食

开垦新地不容易，觅得良田更难，而且地球上可耕种的土地越来越少。于是，向现有土地要更多产量变得至关重要。主要技术创新思路有三个：肥料、农药和品种优化。

肥料有助于提升亩产量，人畜粪便、草木灰等有机肥料的使用有着悠久的历史。在中国的多处新石器时代遗址，都发现了使用有机肥的迹象。另外，古人很早就发现，一块地上种植同种植物久了，肥力就会被消耗，于是想出了土地休耕和在同一块土地上轮作不同植物等办法来解决这个问题。古人还发现一些植物（比如紫云英）有利于增加土壤肥力，因此这些植物经常用于轮作。

很多鸟类和虫子喜食农作物，因此喷洒农药是增加农作物产量的重要手段。中国农民早在魏晋时期就有使用生物"农药"的记录，例如用益虫吃掉害虫等。但这些手段只能解决小问题，每当有蝗虫这类害虫大规模来袭，人类还是束手无策。

工业革命开始后，欧洲科学家对土壤学和生物特性进行了系统而深入的研究，知道了氮、磷、钾等元素对农作物的生长至关重要。他们对传统肥料的有效成分也进行了深入研究，比如1727年荷兰科学家从尿液中提取出尿素，后人又发明了合成尿素的方法。在这些林林总总的化学肥料的基础上，一个庞大的化肥产业形成了。此外，科学家也对威胁植物的各类害虫和病菌进行了深入研究，研制出适用的化学农药。农药和化肥的确会令各种作物的产量大幅增长，但也带来了污染和土壤质量恶化等新问题。这何尝不是又一个技术创新带来的陷阱呢？

自农业革命以来，优选良种和培育新品种一直是人们十分重视的事情。一方面，人们基于当地的品种池培育新品种，主要技术是杂交、嫁接等，也是现代培育新品种的常用方法。中国是最早发明嫁接技术的地区，人工杂交技术也采用得较早，现在世界亩产量最高的水稻是袁隆平研发的杂交水稻品种。

一个地方的物种传播到其他地方的情况在历史上也较为常见。现在中国人餐桌上的很多食物的发源地都并非中国，比如小麦、高粱、辣椒、西红柿等。起源于中国的植物也影响了世界，比如水稻、大豆、茶叶等。15世纪欧洲人发现美洲新大陆之后，原产于美洲的玉米、土豆、红薯（番薯）等高产、高热量物种，很快就传播到世界各地，引发了新一轮的全球人口增长。

中国明末学者徐光启在推动西学东渐方面做了很多事，包括与利玛窦合译欧几里得《几何原本》的前6卷，及编纂《农政全书》，该书包括了推广西来番薯种植的内容。虽然古希腊的几何学令徐光启震撼不已，但当时很少有人能洞见这些外来科学的实用之处，便将其束之高阁。相比之下，推广番薯种植则顺利得多，精明务实的农民只要种上一季就可初见成效，番薯很快就在中国大地上传播开来。这成为推动清朝人口增长的重要因素之一。

自从1982年转基因烟草由美国孟山都公司研发问世之后，基于转基因技术开发新型农产品成为农业领域最活跃的科技创新活动。转基因农作物产量较高、成本较低，需要的农药也较少，人类似乎又打开了一个崭新的创新领域。

然而，面对短期利益的诱惑，人们不得不警惕长期的陷阱。因此，有关转基因作物及其制成的食品的争论在很多国家和地区愈演愈烈。"挺转"和"反转"双方辩论的焦点在于这些新物种的安全性。如果转基因作物有害，受害者就是普通消费者，受益者则是把转基因商业化的企业和个人。

到目前为止，没有科学证据显示转基因作物对人类有害，因此世界各地的科学家大多是支持转基因的。有些国家（比如美国）已在逐渐开放转基因食品市场，另一些国家（比如法国）则在这个问题上更为谨慎，尚未批准种植转基因作物，虽然仍允许进口转基因作物制成的农产品和食品，但转基因作物含量超过一定限度的食品需强制标注。

反对转基因食品的声音主要来自民间，他们的疑虑集中表现在以下几个方面：第一，转基因不只是科学问题，毕竟转基因食品的推广有巨大的商业潜力，那么，科学研究是否会受商业利益所诱而失去客观性？

第二，转基因食品到目前为止只有短短几十年的历史，即使目前的研究显示转基因食品没有害处，但它们对子孙后代也一定无害吗？第三，在推广转基因的过程中，相关利益方应该如何尊重消费者的知情权和选择权，让大家自行选择，而非让转基因食品无节制地涌入市场？

转基因支持者认为，科学进步是不可阻挡的历史潮流，转基因产品和杂交农产品没有本质区别，厚此薄彼是非理性的。而反对转基因的人则认为这是关乎子孙后代的大事，不愿轻信有限的科学研究的结论。在他们眼中，"新"并不意味着"好"，即使是好的创新，也不一定会让所有人受益，有可能在取代"旧"的过程中损害部分人的利益。

可惜双方的争论并没有改变人们的"反转"或"挺转"立场，反而让两大阵营中的人立场更坚定。

在这场争论中，短期内反转派不一定会输。问题的关键在于下一代，当持有旧观念的老一代退出历史舞台，新一代将以崭新的目光来审视和接受新科技。那时，如果科研结果没有发生戏剧性的变化，反转派可能会失去新生力量的支持。

然而，科学家阵营也并未把握绝对真理，因为科研仍在继续，我们不能预设结果。因此，科学家和政府必须正视创新推广过程中的不对称性，对时间和历史怀有敬畏之心。即使科研结果支持转基因无害的结论，但在这场关于转基因食品的辩论中，掌握了前沿知识的科学家也不应该以高高在上的姿态单向启蒙普通大众。这应该是一场科学家和大众的双向沟通和对话，科学家需要聆听普通大众的顾虑并从中汲取更多的研究问题进行迭代研究，再将研究结果告诉大众。毕竟，大众既是科研结果的承受者，也是负担科研经费的纳税人。

人们对重大创新的抵触情绪类似于一种生理反应，就好像外来物侵袭人体时，人体免疫系统会立刻紧张起来，奋起抗击入侵者一样。对社会来说，像转基因这样的重大创新也是一种"外来物"，社会的"免疫系统"会调集力量群而攻之。这种反应的源头是一些人对新事物的不理解、不信任甚至是恐惧情绪。人和社会的"免疫系统"都是一种自我保护的机制，虽然有时会反应过度，成为创新的阻碍，但很多时候它也是有益的。

马克·吐温说过："历史不会重复，但会押着同样的韵脚。"回望农业革命的历程，我们知道人类在短期目标驱动下进行的有益且理性的技术创新，经过漫长岁月的积淀，很可能在以后为子孙后代设下陷阱。然而，无论我们喜欢与否，人类社会发展是一个单向旅程，某项科技一旦降临人间，就撤销不了了。所有怀古的感慨、呼吁和争斗，都只是人类惜别过去的挽歌。科技造成的问题，大多只能依靠更新的科技来解决。

每个吃货的背后都有一个微创新"王国"。虽然每次尝试都只是为了满足当下的口舌之欲，但千万年的积累固化而成的生活方式，却成为一个地区的文化核心，并为该地区未来的技术发展铺就了一条难以察觉的道路。为什么稻米用来煮饭吃而麦子用来磨面吃？这是因为早在水稻驯化之前，古人就发明了陶器，可以方便地用它们来煮饭。

第3章 吃货的创新世界

仔细想想，爱吃的人类在吃这一领域的技术创新真可谓洋洋大观。吃货们的创新主要表现在以下几个方面：首先，为了更方便吃喝，他们发明了各种器皿和烹饪工具；其次，为了随时随地都能吃饱喝好，他们发明了食物存储、加工处理等技术；再则，为了吃得更好，他们创造出林林总总的调料和烹饪方法。

吃货们的创新绝大部分都属于微创新。这些创新的目的不在于诗和远方，只是为了满足当下的口舌之欲。但这些微创新对人类社会发展的贡献和意义却不容小觑。世界各地的博物馆展出的新石器时代最重要的物品莫过于陶器，它不仅是煮饭盛水的物件，还对固化人类生活方式、确定人类社会发展方向起到了难以估量的作用。瓷器从技术上说只是陶器的升级版，但它却成为一个东方大国的称谓，在千年岁月中独领世界贸易风骚。

在吃货的世界里，创新者都是普通人，那些舌尖上的美味、瓶瓶罐罐的调味料、烹制食品的工具是何人何时发明的，几乎无人说得清。虽然没有那种灵光一现的神奇时刻和改变世界的重大贡献，但芸芸众生却每时每刻都离不开它们。

这些技术如此普通，却已经成为人类生活不可或缺的部分。如果离开了它们，今天的人们将无所适从。塑造了人类的技术，并不一定是划时代的创举，而更可能是这些零零碎碎的微创新。

为什么人们总是把大米煮着吃而把小麦磨面吃？作为民生必需品的盐的采制和分销，是如何演化为庞大的传统国企的？维生素、青霉素是如何被发现的？本章将就这些问题细细道来。

陶器、瓷器和China

虽说吃货的创新大都是平常之物，但陶器的发明算得上里程碑事件。目前发现的最早陶器来自江西万年县的一个叫仙人洞的天然洞穴，制于两万年前。那时是旧石器时代晚期，气候十分寒冷。考古学家在这个时期的人类遗址中，发现了一些较重的居家石器，例如磨盘、磨棒、石钵、石碗等，原始陶器也发明于这一时期。出土文物表明，世界不同地区的人先后开始了从采集狩猎者向定居者的身份转变。

两万年前的采集狩猎者为什么会发明陶器呢？

让我们尽量想象一下当时智人的生活场景。智人的居住地大多是天然洞穴，洞穴中间或角落有一个火塘，既可烹饪食物也可取暖，一

图3-1　目前发现的最早陶器，由江西万年县仙人洞发现的两万年前的陶器残片复原而成

图片来源：作者摄于中国国家博物馆。

大家子经常围坐在火塘周围。古人用火烤肉吃，也会把坚果和一些植物的根茎放在火堆里烤熟再吃。他们偶尔会吃野生谷粒，但谷粒很小，生吃味道不好，所以他们会将其放在热石板上烤熟后食用。

智人想要喝上一碗热汤很不容易。当时，他们已经发明了石钵，即把石块中间半掏空，形成凹槽碗。石钵制作不易，也不好用，火小了很难烧热，火大了又易裂，小火慢烧则需要很长时间。土耳其考古学家告诉了我一个用石钵烧汤的笨办法，就是把火塘里烧烫的石头逐一放进装水的石钵里，水慢慢就热了。不过，这两种方法都需要花很长时间才能做好一碗热汤。

也许是为了解决烧汤不易这个问题，前人不断尝试，用多种方法改进炊具。用黏土烧制陶器可能是他们尝试了无数次才找到的一种有效方法。可是这种思路与近代产品的研发模式太过相似，对两万年前的古人来说，如此目的明确的"研发"可能性很小。

当然，还有很多其他可能性。我们可以想象这样一种场景：两万年前深秋雨后的一天，天气很冷，可能是因为无所事事，一位居民从洞外不远处捧回了一大团湿乎乎的黏土，把它捏成了盆状物，然后随手把它放在了洞穴的角落里。日子一天天过去了，泥盆慢慢变干变硬。

有一天，他采集了一些野生坚果或谷物，想煮熟了吃，就心血来潮地把它们放入那个黏土盆，然后放在火塘上烤。他惊喜地发现，黏土盆不仅没有像石钵那样裂开，反而越烧越结实。用它烤制的食物，受热均匀，香气扑鼻。他还发现，火越大，黏土盆就越坚固耐用。就这样，陶器这项划时代的创新诞生了。在历史上，这种偶发性创新经常出现。

不管细节如何，两万年前的仙人洞居民已经具备了制作黏土陶器的能力，他们在周围环境中很容易找到制陶的黏土。拥有陶器的部落可以很方便地煮制食物。此时的人还没有吃"主食"的习惯，陶器的发明对未来人的生活习性产生了深远的影响。有趣的是，仙人洞距景德镇只有70千米，可见陶瓷传统在该地区源远流长。

亚洲其他地方在旧石器晚期也出现了一些陶器，陶器应该是在多地独立被发明出来的。而人们广泛制作和使用陶器则是在新石器时代。7 000多年前，陶器在中国大量出现。那时的中国已进入农耕社会早期，水稻和粟都被驯化、种植并逐渐传播，成为越来越多人的主食，采集狩猎者逐渐转变为农民，生活趋于稳定。最早的陶器是用来煮制食物的，后来扩展为盛放东西的容器。

原始的陶坯是人们用手捏出来或用泥条盘出来的，也有人把湿黏土附着在草编篮内成形，然后烧制。考古学家在河南贾湖遗址（六七千年前）发现了慢轮制陶技术，这样制出的陶坯较为圆润好看。可以说，慢轮是人类发明的最古老的机床。中国的快轮技术于4 000多年前出现，它不仅改善了陶坯的质量，也提高了人们的制作速度。

图3–2　三件早期人类使用的烹煮陶器。左为磁山文化出土，制于8 000年前；右上为仰韶文化出土，制于6 000年前；右下为良渚文化出土，制于5 000年前

图片来源：作者摄于中国国家博物馆。

中国和西亚的慢轮技术基本上是同步出现的，而且是各自独立发明的。但在快轮技术方面，中国比西亚晚了几百年，存在技术传播的可能性，也存在各自独立发明的可能性。今天的制陶匠人仍在使用快轮作为工具。

早期烧制陶器的做法是，在地上挖个坑，把陶坯放进坑里烧。这种坑烧法温度低，受热不均匀，导致陶器质量差。窑的发明让陶器烧制的温度大大提升，陶坯受热更均匀，陶器质量逐步提高。中国最早的窑是在贾湖遗址发现的坑窑，距今约 7 000 年，温度可达 900 多摄氏度。殷商时期（约 3 300 年前），效率较高、规模较大的龙窑（平焰窑）出现了，窑温可达 1 150 摄氏度，是当时世界上最先进的技术。与此同时，从陶向瓷的过渡也开始了。

在英语里，China 既指瓷器，也指中国。瓷是在陶的技术基础上的一项重大进步。与陶相比，瓷的原料配方更复杂、更讲究，所需窑温更高，还需要上釉工艺，才能更漂亮，也可防渗水。

原始瓷出现于商晚期，后演化为青瓷。到东汉晚期（约 200 年），青瓷品质显著提高，中国瓷器正式登场。白瓷出现于隋朝（约 600 年），成为后来各式瓷器的原型。在漫长的技术改进过程中，中国陶瓷产业的工具和工艺都进行了很多创新，形成了一个完整的产业链，直到清朝中晚期仍领先于世界其他地区。

尽管西亚的农耕活动开始得很早，但陶器出现的时间比中国晚很多，大约是在 9 000 多年前。6 000 多年前，西亚出现了上釉的陶器。所谓釉，是一种硅基玻璃质地的材料，涂抹在陶坯上再烧制，熔化之后会紧紧附着在陶器表面。这可能与中东人很早就开始与玻璃材料打交道有关。5 000 多年前，古埃及地区的贵妇们开始用玻璃珠做首饰。玻璃器皿是在 4 000 多年前出现的，中国人最早称它为琉璃，十分昂贵，西方人常用它来换取中国丝绸。

今天，虽然玻璃器皿也是居家过日子的常用物品，在家庭橱柜里与瓷器平分秋色，但玻璃更主要是被用作建筑材料。玻璃对科学发展的作用也至关重要，是现代各种光学仪器的基本零部件材料。

西方人一直未能独立发明瓷器，其实他们的窑温已足够高，上釉技术也是历史悠久，但他们不知道好的瓷土配方，以致无法烧制出高质量的瓷。从唐朝开始，瓷器就成为来中国经商的中亚和西亚商人喜爱之物，经由海上丝绸之路走出中国。宋朝之后，中国瓷器的质量和产量都大幅提升，不仅可以满足国内人民的日常所需，而且大量远销海外，制瓷技术也慢慢向周边国家传播。

15世纪后期，欧洲人开启了大航海时代，对世界各地珍奇物品的追求成为时尚。中国瓷器也在此时进入欧洲，先在上层社会走俏，达官显贵们不惜斥巨资购买来自中国明朝的精美瓷器。一种产品一旦买的人多了，市场就会变大，逐利的商人们自然想要仿造它。虽然欧洲人很早就通过多种渠道去了解制瓷技术，比如13世纪的意大利旅行家马可·波罗在游记中也提到过制瓷技术的要点，但仅凭这些信息碎片构建起一个复杂的工业体系，难如登天。

欧洲制瓷业的转折点是在18世纪初。当时，一位名叫殷弘绪的法国传教士来到江西景德镇，并在此居住了7年。其间，他详细地了解了瓷器的用料配方和制作方法，并于1712年和1722年两次写信给法国耶稣会，后者把这些技术细节公之于众。有人认为殷弘绪是一位文化使者，也有人认为他是工业间谍。

从此，中国的制瓷技术成为开源技术，不仅法国人据此制出了瓷器，欧洲各地也纷纷制出了精美瓷器。中国垄断了2 000年的制瓷技术，逐渐成为全人类的共同财富。

基于中国陶瓷的古老性、原创性、技术和艺术高度，以及造福全人类的事实，我认为把它称为中国的四大发明之一，实至名归。

粒食和粉食大分流

农田里种植的庄稼和圈里饲养的牲畜，需要经过一定的加工才能成为烹饪的食材。几千年来，人们发明了很多相关技术和工艺，并形成了庞大的食品加工业。目前，该产业包括谷物加工、饲料加工、油品加工、制酒、制糖、肉类加工、水产品加工、蔬果和坚果加工及其他农副食品加工等多个分支。

其中粮食加工业最早产生，其他食品加工业则是日后衍生出来的。例如，油料作物的种植和油品加工业的开始时间要比粮食晚很多。食油加工首先要对产自田地、山野的油料作物做初步准备，比如脱粒、去壳等。各地的油料作物大不一样，地中海地区以橄榄为主，西亚地区最早开始种植油菜，中国则用本土植物山茶榨油。因此各地的榨油工艺和加工过程不尽相同，都有不少本土化的技术创新。

屠宰野兽本是优秀猎人的活计之一，"庖丁解牛"的故事说的就是一位好屠夫的精湛技艺。但随着城市的发展，吃现成食物的人越来越多，专业屠夫供不应求，肉类加工业应运而生并发展成一个较大的产业，涉及牲口屠宰、肉食分类和包装、冷藏和运输等复杂环节。

值得注意的是，农业革命的过程也是各地主食习惯形成的过程。一个地方最初能驯化什么动物和种植什么植物，与当地的野生品种密切相关。但在把它们变成食物的过程中，人类的创造性和一些偶然因素起到了关键作用。人们一旦养成吃某种主食的习惯，就很难改变。这不仅对该地区未来的饮食习惯和食品加工业影响巨大，也会对该地区的文化和经济发展产生不可逆转的深远影响。

我们知道，现代世界分成了两大主食阵营——粒食族和粉食族。粒食族以驯化水稻的发源地——中国南方为中心，大米是他们最重要的主食。而粉食族则以小麦最早的驯化地——西亚为中心，面粉是他们最重要的主食。从原则上说，麦粒也可以煮来吃，而大米也可以磨粉吃，但为什么小麦区的人更喜食面食，而水稻区的人更喜食米饭呢？

人们主食习惯的养成，与农耕社会早期的技术环境有关，其中的一项关键技术产品就是陶器。世界各地都有陶土，因此陶器发明时间的早晚并非由地理因素决定，而是源于历史的偶然性。

我们知道，中国南方是野生水稻发源地，在水稻被驯化的几千年（甚至上万年）前，这里就发明了陶器。用陶器煮米饭很方便，也就无须多此一举地把米磨成粉再食用了。于是，陶器的使用与水稻的种植一起，慢慢地固化为一种生活习惯。

而西亚的小麦驯化和种植时间比陶器的使用早了几千年。也就是说，在这里进入农耕社会，当地人养成主食习惯的几千年后，陶器才出现。在无陶器的日子里，这里的人想喝口热汤，只能使用石钵。由于石钵很容易烧裂，煮东西通常得先把小石头烧烫后一颗一颗放入石钵才行。显然，要靠这种操作煮熟麦粒太费事了。如果先把小麦磨成粉再煮成糊就容易多了，或者把面粉做成饼后放在烧烫的石板上烤也很方便。

还有一种可能性是，由于西亚地区的人在旧石器时代就已经习惯吃面粉做的烤饼，便不急于发明陶器，所以在陶器使用方面，比中国和东亚其他地区落后很长时间。

图3-3　一组出土于重庆化龙桥的东汉陶俑，展示了中国人的做饭流程：舂米、烹饪、上桌

图片来源：作者摄于中国国家博物馆。

早期人类的饮食习惯及食物的加工方法和工具，会随着某种植物的传播而扩散。4 000多年前，适合旱地生长的小麦传入中国的西北地区和山东，后扩散至黄河流域。于是，中国形成了两大主食区：雨水充沛的东南地区以大米为主食；而干旱地区则以小麦和小米为主食。

　　总之，陶器的出现与粒食族和粉食族的饮食习惯形成有密不可分的关系，也影响了食品加工技术和工具的发展。

　　粒食族加工谷物的流程是：收割谷物后，先脱粒，然后筛选、去壳成米，再筛选。针对每个环节，人们都发明了相应的工具辅助完成任务。例如在去壳环节，原始的去壳工具是研钵（木制或石制），目前在中国南方的农村地区还可以见到它。

　　粉食族的主食加工过程则有些不同，图3-4展示了4 000年前古埃及人的面食加工流程。其中最关键的一道工序是磨粉，它明显不同于粒食族的主食加工流程，而且很费劲。在磨粉环节，工具进化的路径十分完整：从旧石器晚期的石棒加石板的原始磨，到手推磨、牲口拉磨、水力磨，再到现代由电力驱动的面粉加工厂。

图3-4　这是一幅根据4 000年前古埃及墓葬壁画临摹而成的食物加工图，展示了古埃及人的食品加工情形。从右到左的加工流程是：（1）把谷物放在研钵里捶打去壳；（2）用手推磨把去壳后的谷物磨成粉；（3）把面粉揉成生面团；（4）把面团放进火炉里烤成饼；（5）给烤好的饼调味

图片来源：Charles Singer et al. A history of technology, Vol. I.

　　食品加工业的起点是家庭和部落。旧石器时代晚期，人们就发明了一些简单的工具，为野生谷物和坚果去壳并把它们磨碎。农耕时代种植的庄稼成为主要食物来源后，粮食加工成为农民日常劳作的一部分，每个村庄或较大的家庭都有一些粮食加工工具。

食品加工是刚需，是撬动其他高层次需求的杠杆。人力是粮食加工最原始的动力源，但这项劳动又苦又累，当人口增加到一定规模的时候，用畜力替代人力是很自然的事。无论是粒食族还是粉食族，都用牲口协助粮食加工，但粉食族使用畜力历史更悠久，且范围更广，主要是在磨粉环节。

随着城市的发展，人口越来越密集，人力和畜力都难以承受如此繁重的劳动。于是，发明机械工具和利用自然界的能源变得顺理成章。欧洲工业革命的关键发明之一是蒸汽机，其最初应用于矿山抽水。蒸汽机之所以能够引发一场全面的工业革命，与以面粉为主食的欧洲人长时间且广泛地利用水力机械磨面、榨油等有关。一方面，食品加工业是蒸汽机等化石能源动力机械早期应用的重要领域；另一方面，欧洲的机械知识和工具普及程度自古就比较高。

虽然中国很早就发明了一些水力机械，但其应用范围不如欧洲广泛，主要原因是把水稻加工成大米不太费劲，人力和畜力足以承担。而面粉加工的步骤多，更费力气。这是造成中国和西方对机械工具拥有不同偏好的重要原因。

然而，食品加工和饮食习惯等在早期人类社会就形成的习俗对工业社会的影响似乎被史学家忽略了。可能是因为年代太过久远，等文明发达之时，既有的文化和习俗被视为理所当然，以至于没有寻根究底。关于食用面粉和大米如何影响了人们对动力源的需求，我们将在后面的"动力飞跃：叛逆者的礼物"一章再做讨论。

20世纪电力系统发明之后，各种电力驱动的粮食加工机械如雨后春笋般问世。除了各种商业化的大型食品加工工厂和设备，很多现代家庭的厨房里也有不少小型电器，比如烤箱、榨汁机、豆浆机、咖啡机等。人类几千年的技术进步尽在厨房之中。

化腐朽为神奇的盐

食盐是人体不可或缺的物质，也是食品加工和保存的常用物。人类究竟是从何时开始有意识地使用盐，这很难考证。很多地方都有自然盐，比如大海、咸水湖、盐碱地和一些洞穴里。在旧石器时代，智人就有意识地在烤肉上加一些咸的东西，既可调味，也满足了人体需求。

目前发现的最早的食盐加工遗址位于罗马尼亚，8 000多年前这里的人们用一种粗陶器煮咸泉水来制盐。中国山西的运城盐湖是一个内陆咸水湖，湖边浅水区干涸后，会留下很多盐。早在8 000年前，盐湖周边的居民就开始从湖边采盐了，之后慢慢发展成盐田开采产业。岩盐开采也开始得很早，目前发现的最早盐矿位于欧洲的保加利亚，有6 000多年的历史。中国至少在西汉时期就开始了深井采盐，并因此发明了一系列打深井的技术。

盐的产地分布非常不均匀，针对这个问题，不同的地方慢慢形成了不同的制度安排。用商业方法解决盐的流通和调度问题是很多地区的常见做法，政治势力参与其中也不罕见。

英文单词"salary"（工资）源自拉丁语单词"salarium"，其中字头"sal"正是盐的意思。可以说，工资二字是从盐派生出来的，罗马军团曾用盐作为士兵的工资。中国从汉武帝时期开始采用由国家垄断食盐经营的做法。

说起国家垄断食盐经营的做法，最早源于春秋时期齐国管仲提出的"官山海"，即国家对盐和铁实行垄断经营。管仲还提出了"利出一孔"的思想，"利出于一孔者，其国无敌；出二孔者，其兵不诎；出三孔者，不可以举兵；出四孔者，其国必亡"，把国家垄断商业当作国家富强的根本之道。

秦商鞅之法也推崇盐铁专卖。提出系统性的国营政策并进行大力推广的是汉武帝时期的财政官员桑弘羊，他出身洛阳富商之家，深谙商贾之道。为实现汉武帝的政治抱负，他设计和实施了很多能有效增加国家财政收入的政策，其中包括由国家专营盐和铁的"盐铁令"。

汉武帝去世后，其在位时颁布的政策也受到了很多批判。公元前81年是汉武帝去世后的第6年，在首辅大臣霍光的主持下，一批朝廷重臣和民间贤才齐聚京城，召开了"盐铁会议"，目的是废止汉武帝的"与民争利"的盐铁令等政策。为了反击对手，桑弘羊写了《盐铁论》一文，系统地论述了盐和铁由国家垄断经营的好处，既捍卫了汉武帝颁布的盐铁令，也为他自己推行的盐铁官营体系做了一个漂亮的总结。

桑弘羊的《盐铁论》虽然言之凿凿，但政治斗争从来不是靠牙尖嘴利决定胜负的。盐铁会议结束后，霍光一派取得了暂时的胜利，官营事业大幅收缩，比如酿酒业全部开放给民间，铁器的国家专营规模削减，但食盐国家专营的局面基本保持不变。一年后，你死我活的政治斗争让霍光和桑弘羊刀兵相见，最终桑弘羊惨败并被满门抄斩。

然而，桑弘羊建立的食盐官营体系却一直延续下来。虽然食盐官营对调节各地的用盐需求起到了一些积极作用，但2 000多年来，众多与官府勾结的盐商一边榨取生产者一边掠夺消费者，经济上富可敌国，政治上玩弄权术，对经济活动和科技创新造成了巨大的负面影响。

农作物生长和收获的季节性强，为了在粮食、蔬菜短缺的季节也有食物果腹，食物保存技术必不可少。古代的食物保存离不开盐，肉和菜用盐腌制后晒干或烟熏，就可以保存较长时间，还会让食物产生特别的风味。人们在烹饪过程中也会添加一些自己喜欢的香料或稍微改变烹调方式，就做出了许多味道独特的菜肴。

在与食物腐坏的长期拉锯战中，人类还发明了很多让食物变得美味的办法，比如酿造酱和酱油。中国的早期文字中就有"酱"字，这种调味品可能在无文字时代就有了。我们不清楚远古人类用什么原材料和工艺制作酱，也许是腐肉、烂鱼臭虾、坏了的豆和米饭、腐败的蔬菜等加上盐。通过长期的尝试，人们发现用豆来酿制酱和酱油，既好吃又便宜。

西方人"化腐朽为神奇"的代表作是奶酪，由变质的牛奶发酵而成。至少从7 000多年前开始，中东地区和欧洲人就在做奶酪和吃奶酪了。中国西北的游牧民族也喜欢吃奶酪。就像中国的酱一样，西方的奶酪种类繁多，不仅那些以地区命名的奶酪有其独特的配方，不同的家庭也可以做出独特味道的奶酪。

以蓝纹奶酪为例，这种散发着臭味的奶酪已有1 000多年的历史。这种传说中因为把坏了的白色牛羊奶块与发霉的面包放在一起而发明的蓝纹奶酪，会产生条纹状的青霉菌。虽然这种青霉菌并不是产生杀菌药物青霉素的那一种，但它独特的气味赢得了欧洲部分地区人民的喜爱。

在没有冰箱和空调的漫长岁月里，温度稳定、湿度较高的地窖是食物储存的理想环境。窖的历史十分悠久，原始的自然洞穴、人们挖的窑洞和半地穴，都是窖的原型，如今我们很难弄清楚人类是从何时开始有意识地挖地窖的。围绕窖藏技术，人们发明了很多保存饮食的方法。

最早的果酒来自腐烂的水果，人类很可能在原始时代就喝上了这些天然果酒，开始有意识地制作果酒的时间也很早。西方人擅长酿制葡萄酒，目前发现的最早的葡萄酒已有约7 500年的历史了，出现于今东欧格鲁吉亚一带。葡萄酒的质量和口感在很大程度是由自然环境决定的，土壤成分和气候条件决定了葡萄的质量，这是酿制葡萄酒的根本。高超的制作工艺当然也会为葡萄酒加分。

现在葡萄酒的制作程序大致是：将成熟的葡萄采摘下来，并在最短的时间内把它们送到酒坊。在酒坊中，工人们先挑选出适合酿酒的葡萄。由于葡萄表面有天然酵母，最好不要用水冲洗。然后，工人们用压榨机把葡萄汁榨出来，再把葡萄汁放进大木桶里发酵成酒，这个过程大概是30~60天。之后，工人们把这些初酿葡萄酒分装到小橡木桶中，再放到酒窖里继续发酵12~24个月，就可以装瓶出售和饮用了。

中国也有悠久的酿酒传统，在贾湖遗址出土的大约7 000年前的陶器上，就发现了一种用水果和粮食混合酿造的酒的痕迹。中国的美酒主要以粮食为原料，中国人很早就发明了酒曲发酵技术。原始酒曲是发霉或发芽的豆类或谷物，这些东西富含微生物和多种酶。人们通过选择性培养，既可将它们做成发酵豆酱的酵母，也可做成酿酒的酒曲。

窖藏也是酿制美酒的一道不可或缺的工艺，也有人直接把酒坛封好后埋在地下，若干年后再取出饮用，这样一来酒的味道会更加醇厚。长江中下游地区的人喜欢喝黄酒，家中有女儿出生的时候，父母会在桂花树下埋几坛黄酒，待她出嫁之时再挖出来，这就是众所周知的"女儿红"。酒随着花轿被送至夫家，用于在喜宴上招待客人。

图3-5　浙江乌镇的一个黄酒作坊

图片来源：作者摄。

随着人类社会的发展，食品保存技术与时俱进。罐头是19世纪初欧洲的一项新发明，差不多同时，欧洲人还发明了冰箱，20世纪初美国人发明了第一台压缩制冷的家用冰箱，取代了长久以来的窖藏方法。人口的增长使食品保存成为一项社会性需求，大规模冷藏、冷链运输等技术开始在食品行业的各个环节为人们服务。尽管古人创造的丰富美味还在满足着现代人的味蕾，但现代人如果没有电，日子可真不知道该怎么过下去了。

吃货的万众创新

厨房是一个真正的万众创新之地，奶奶、妈妈等都是发明家，形成了"奶奶的味道""妈妈的味道"……人们来这世界上走一遭，几十年或至多百年后便离开尘世，几乎不留痕迹。但是，几千年前的一场飞来横祸，却令一位女性的"作品"留存至今。

3 920年前，黄河上游的今青海和甘肃交界处发生了一场大地震。黄河沿岸的一些村庄在这次地震中遭受了灭顶之灾，例如今青海海东市的喇家遗址。该遗址位于黄河边的二阶平台之上，面积约有20万平方米，4 000年前算得上一个大村子。

某天黄昏，正在窑洞里做饭的喇家人突然被崩裂的山体埋葬了，一碗煮熟的面条也被凝固在历史上的这一刻。这就是令今天的旅游者感慨不已的"东方庞贝"。

那么，4 000年前的喇家村人要吃上一碗粟米面条，需要什么样的"技术"支持呢？那时，中国正步入农耕社会的成熟期，陶器已经普及开来，小麦和青铜则刚刚进入中国西北地区。在这种技术背景下，喇家村人先得用簸箕和筛子精选粟米，接着用石钵、石棒或者石磨将粟米去壳，再用簸箕和筛子筛走壳皮和糠粉，得到可以食用的无壳小米，最后用石磨把小米磨成粉。

当时喇家村人住在窑洞里，家中设有火塘，烧的柴草是从附近捡来的枯树枝。主妇们在陶盆里和好粟面，切成面条，再把陶锅架在火塘上煮粟面，面条熟后便盛到陶碗里食用。这个过程对我们来说并不新鲜，现在中国北方的农村仍在使用这套工艺，只是工具有所改善。

奇怪的是，吃小米的人一般用陶器煮小米粥喝，今天喝粥的习惯在中国北方仍然很普遍。而喇家村人居然把小米先磨成面再做成面条，即使在磨面工具十分发达的现代，也很少有人吃小米做的面食。难道他们是受西方粉食族的影响吗？又或者，他们本来就是来自西方的粉食族？

当4 000年前喇家村被埋葬的时候，西方的小麦已传入中国北方，做粉食的相关工具和方法也随之而来。之后，中国就形成了南方吃米饭、北方吃面食的传统。北方吃货的创新发力点在主食上，包子、花卷、饺子、煎饼等面食品种繁多，面条的做法更是数不胜数。而南方人的主食以米饭为主，相对单调，在菜肴方面推陈出新是他们的拿手绝活，煎、炸、烹、煮，花样繁多。当然，无论在南方还是北方，家庭厨房中都少不了酱和酱油这些调味料。

食物对人们来说，不仅味道很重要，营养也不可缺少，这个道理古人很早就知道了。于是，他们根据自己的经验和想象，结合草药知识，建立起食品、烹饪方法与人体健康之间的关系。数千年积累下来的这些营养经验或可称之为养生学，有些是对的，也有很多完全不可信。

坏血病自古以来就困扰着人类。它的一个典型症状是，一到冬天，人的牙龈和口舌都很容易溃烂。中医认为这是上火引起的，需要吃一些"败火"的东西。3 500多年前古埃及人在医学著作中记录了相关症状，后来古希腊名医希波克拉底也对此有记录，古往今来有很多医生都在关注这个问题。古代的医生对此开出了很多食疗的药方，但由于不清楚该病的根本原因，各地的食疗药方差别很大，有时管用而有时无用。

16世纪，大航海时代到来之后，坏血病对出海的船队来说是一个格外严重的问题。船员的死亡率很高，而且其中约有90%死于坏血病。随船医生知道船上食品中缺少新鲜蔬果是问题所在，每当船靠岸，就尽量补充新鲜蔬果，可惜它们太容易腐坏，死亡之旅仍在继续。

18世纪早期，英国医生对坏血病的原因和治疗方法进行了科学研究，并认为食用柑橘类水果是治疗坏血病的有效方法。

1768年，英国著名航海家库克船长开始了他的第一次海上环球之旅。库克船长共进行过三次环球航行，前后发现了澳大利亚、新西兰等地，并对美洲西海岸进行了细致的测绘。他十分关注坏血病的最新研究，按照医生的建议，库克的船上携带了很多有助于预防坏血病的饮食，比如麦芽汁、酸白菜、柑橘等，他还非常注意沿路采购新鲜蔬果。所以，他的船员没有一个死于坏血病。之后，很多航海船只上都会携带预防坏血病的食物。

基于前人100多年的研究，匈牙利科学家圣捷尔吉·阿尔伯特于20世纪30年代初发现，柑橘等食物中有助于预防坏血病的有效成分是一种酸，后被命名为维生素C，他也因此获得了诺贝尔生理学或医学奖。之后，科学家又搞清楚了这种酸的结构。现在市面上销售的维生素C，大多是人工合成产品，对治疗坏血病以及其他一些病症都有效，成为人们常用的营养补充剂。

光阴似箭，现代吃货的技术环境与古代完全不一样了。特别是在城市里，无论是中餐还是西餐，都可以自己做，去餐馆就餐也很方便。从农耕种植到食品加工，都已成为产业，人们去超市或从网上购买食材或半成品，然后在自家厨房里用燃气灶、电饭锅或电磁炉，很快就可以把饭菜做好，再装入精美的瓷器摆上餐桌。如果饭菜的营养不够均衡，人们还可以服用营养补充剂。这种生活方式的基础是几千年来的技术积累。

只要我们的生命和生活还在继续，厨房里的万众创新就不会停止。

古代技术的传播很不容易，常在拥有者的遮遮掩掩和盗窃者的步步为营中完成。在中国丝绸技术向西传播的过程中，贪婪、爱情、阴谋和"阳谋"都担任过"二传手"，推动人类社会的进步。

第 4 章　丝绸之路上的阴谋与传奇

至今，我们并不清楚人类是从什么时候开始穿衣服的。据研究，虱子"被驯化"的时间已有15万~20万年之久了。可以想象，当智人用树叶、兽皮等遮身蔽体之时，虱子便寄生在人身上，成为被驯养的"宠物"。

在今欧洲的格鲁吉亚共和国，发现了36 000多年前的染色亚麻粗布。当时的人用圆石块做成纺锤，手捻亚麻纤维成线，再把麻线编织成布，之后用自然矿物颜料给布染色，最后用兽骨针把麻布做成衣服，工序与现代相似。旧石器时代晚期留下来的纺锤和骨针在博物馆都是常见展品。

这就是人类纺织工业的开端。该行业的技术发展沿三条主线进行：一是寻找合适的纤维，从而纺纱织布做衣物；二是发明更好的纺织和制衣工具；三是寻找或发明合适的染料，让线和布变得五颜六色。

世界各地的人先后发现了适合纺线织布的植物纤维。印度人在7 000多年前开始种植棉花，后来逐渐发明了一系列简单的工具用于梳棉、捻棉线、织棉布。中国有野生苎麻，人们在新石器时代甚至更早的时候，就开始用它制作麻衣。大约四五千年前，中国人开始种植苎麻。早期的粗棉布和麻衣价格低廉、制作简单，各地的人们一般都自行制作。古代远途贸易成本昂贵，长途贩卖低价物品实在无利可图。

中国发明的最特别的纺织品是丝绸。关于丝绸的发明有不少传说，其中一个是：黄帝的妻子嫘祖在5 000多年前偶然发现从蚕茧上可以抽出一根完整的丝，便用其织成了丝绸。但河南贾湖遗址出土的蚕丝蛋白残留物表明，8 500年前这里的人可能就会养蚕织绸了。

虽然富人会把丝绵填充在夹衣中间抵挡风寒，但名贵的丝绸不是为一般人遮身蔽体、保暖御寒而发明的。由于其美丽、珍贵且工艺复杂，丝绸成为皇亲国戚钟爱之物。春秋战国时期，中国就已经形成了颇具规模的丝绸产业，并发明了一系列工具和工艺。贵重的丝绸在中国有货币属性，很多地方的民众缴纳赋税，用的就是丝绸。丝绸也是达官贵人们交际往来赠送的礼品。由于轻盈且贵重，丝绸还是长途贸易的宠儿，丝绸之路就这样出现了。

本章无意于描述纺织行业从古至今的发展全貌，只主要讲述几个关于古代纺织技术如何传播，以及相关技术发展的故事。在这些前后跨越2 000年的故事里，囊括了宗教、阴谋、战争、间谍、暗杀等诸多惊心动魄的电影元素。人类创造的优秀技术，常需要克服重重障碍，才能走向世界并发扬光大。贪婪和利润作为技术创新和传播的动机，比什么都直接和真实。

这些故事也反映了古老的中华文明，如何在历史长河中不断为世界和人类社会贡献智慧成果。数千年来的丝绸之路上，来来往往的不只是昂贵商品和奇珍异宝。更重要的是，它是古代人在交通不便利的情况下，进行思想、知识和技术交流的重要桥梁。

科技发明和财富创造，本该是所有文明最精彩的篇章之一。遗憾的是，中国科技史的相应记录如此单薄与匮乏。很少有历史资料能告诉我们，那些曾为人类文明做出巨大贡献的发明者是谁，他们如何发明了这些划时代的技术，这些技术又是如何传播到世界各地的。古老的故事犹如历史暗河中的潺潺流水，你知道它们的存在却看不见其踪影。

丝绸技术东学西渐

丝绸之路到底始于何时，我们难以考证。最早的一条可能是经蒙古草原，翻过阿尔泰山，穿过准噶尔盆地或巴拉巴草原，到达中亚，再由中亚通往西亚和地中海。如果游牧民族于公元前两三千年就在中亚草原上活跃，那么这条路从那时起就基本存在了。它也是西方的小麦、马车、青铜等进入中国之路。春秋战国时期，中国和西亚乃至地中海地区之间，就应该有了某种较为稳定但不那么频繁的贸易往来。依据公元前5世纪的文字记录，当时古希腊人已隐约知道在遥远的东方有一群养蚕人，能够织出美丽的丝绸。

较为清晰的穿越中亚沙漠和草原的丝绸之路，是公元前100多年汉武帝时期开辟的。汉武帝热衷于外交，曾数次派遣张骞出使西域，希望借此与一些沙漠中的绿洲国家建立政治联盟，联合抗击匈奴。商人们也看见了其中的商机，纷纷往来于这条路上。这条蜿蜒漫长的路，一端是西汉的都城长安，一端是西方的罗马帝国，被后人称为"丝绸之路"。

从那时起，中国的美丽丝绸就源源不断地被运往西域，甚至远达地中海地区，深受沿途各地人们的喜爱。毫无疑问，罗马帝国购买东方商品的财富和西汉购买商品的金钱，供养了丝绸之路上大大小小的城镇和逐利的商人们。

这条路上既有沙漠旷野、漫天黄沙，也有"天苍苍，野茫茫，风吹草低见牛羊"的美景。除了商品之外，思想、知识和技术也通过它实现了跨地域、跨文化的交融，还上演了一幕幕阴谋与传奇大戏。

罗马帝国时期，丝绸成为贵妇们的心头好，她们愿意为此一掷千金。

1世纪的古罗马哲学家与历史学家老普林尼对这种奢靡之风十分不解，他说："只是为了让自己看上去漂亮一点儿，女人们就花这么多钱购买昂贵的东方丝绸，太不值得了。"

虽然购买并使用丝绸几百年，但古罗马人对美丽又神奇的丝绸是如何制成的所知甚少，了解的只是一些道听途说。例如，古罗马地理学家斯特拉波的《地理学》中有这样的描述：一种树上长出了羊毛，人们用这种羊毛织出漂亮柔软的织物。直到2世纪以后，地中海地区的人们才了解到，丝绸其实是用一种虫子吐的丝织成的。

学会织造丝绸一直是丝绸之路沿途各国的愿望。166年汉桓帝时期，就有从罗马帝国来到中国的商人和手艺人，了解丝绸技术是其使命之一。但由于从养蚕到缫丝再到织布的整个过程较为复杂，不是道听途说就能完全掌握的；再加上中国的各种技术保护措施，丝绸技术向其他地区的传播速度很缓慢。

552年是中国历史上的南北朝时期，当时西罗马帝国已经灭亡，拜占庭帝国掌握统治权。查士丁尼大帝与掌控了丝绸之路的波斯人交恶，东罗马的丝绸供应几乎中断。于是，这位喜爱丝绸的皇帝派遣僧人去东方学习养蚕与织丝绸的技术，并获得了成功。这件事被史学家普罗可比记录下来，但具体细节不详。后世的历史学家的考证给这个故事增添了许多细节。

从养蚕到织丝绸的过程十分复杂，涉及几十道工序。关键之一在于，只有中国的蚕才能吐出洁白光亮、柔软而且韧性好的丝。中国古代养蚕者经过长期的育种选择才培育出优质蚕种，而从中国窃取这些蚕卵便成了丝绸技术西传的关键一环。

有人说查士丁尼大帝派遣的僧人是印度和尚，他们来到当时有很多印度人居住的和田地区，偷偷把蚕卵放在竹杖中带回了拜占庭帝国。也有人说这些印度僧人是经由海上丝绸之路在柬埔寨一带登陆，然后来到中国南方偷走蚕卵。还有人说这些僧人其实是波斯人，当时中国的桑蚕技术已经传入波斯人控制的中亚地区，在重金利诱下，波斯人把中国的蚕卵卖给了拜占庭帝国。

最后这个说法可能相对可信，因为在唐朝高僧玄奘的《大唐西域记》中，就讲述了一位"东国"公主将蚕传入瞿萨旦那国的故事。在新疆和田地区的丹丹乌里克遗址发现的一块画板，描绘的也是东国公主传丝的故事。这个故事发生于3世纪末，即中国的魏晋时期，这也是汉族和西北少数民族大融通的时代。

无论技术传播的具体细节如何，来自中国的优质蚕卵孵化出蚕，在拜占庭帝国吐出了洁白光亮的丝，为其丝绸纺织业的兴起打下了基础。

丝绸技术由地中海东岸的拜占庭帝国和阿拉伯地区向西欧各地的传播是在几百年之后，主要是十字军东征时期。中国这个时期是手工业繁荣发展的宋朝，发明了很多高效的手工业工具。部分历史学家认为，此时中国的纺织业与英国工业革命早期的纺织技术水平相当。

14世纪的意大利商人一面学习拜占庭帝国和阿拉伯地区的纺织技术，一面以敏锐的商业嗅觉追踪中国纺织技术的发展。他们了解中国技术的可能途径，一是通过往来于丝绸之路的中东商人；二是通过像马可·波罗一样游走于东西方的传教士和探险家；三是通过当时占领了较大片疆域的蒙古人，他们把很多中国的优秀工匠带到了欧亚大陆。因此，直到16世纪，意大利的丝绸纺织技术在欧洲都是水平最高的。

商业间谍撬动现代英国纺织工业

英国德文特河上有座著名的桥，桥上有一座醒目的浮雕，其中的人物是约翰·洛姆。洛姆是英国历史上记录的第一位商业间谍，有趣的是，他的人生经历和中华文明向西方的传播有着微妙的关系。在历史的关键时刻，小人物也有可能成为杠杆的一个支点，撬动一个新时代。

约翰·洛姆是在18世纪初登上历史舞台的，那是英国工业革命的前夕。二十来岁的他孑然一身来到意大利，受雇于一家当时最先进的缫丝作坊。白天，他是一名老实的学徒工，晚上则偷偷溜进作坊绘制缫丝机的图纸和操作细节。1716年，约翰·洛姆辞职回到英国。

1718年，约翰的哥哥托马斯·洛姆基于他带回来的情报，设计了一款改进型水力缫丝机，并在英国申请了专利。1722年，兄弟俩在英国德比市的德文特河岸，开了一家缫丝厂，这是英国的第一家缫丝厂。然而，意大利人对这种无耻的商业间谍行为非常痛恨。据说，当时统治意大利的撒丁王国国王听说了洛姆兄弟的事后，立刻派了一位女杀手去往英国，以爱情为诱饵，设计毒杀了约翰·洛姆。

图4-1　英国德文特河畔的洛姆缫丝厂，如今是一个工业博物馆

图片来源：公有领域。

　　鉴于洛姆兄弟对英国纺织业的贡献，托马斯·洛姆于1727年被授予骑士爵位。他们制造的第一台水力缫丝机现藏于英国伦敦塔。洛姆兄弟创办的缫丝厂在后来的200多年间数度易主，如今是德比工业博物馆，向世人述说着英国工业革命的故事。德文特河桥上的约翰·洛姆浮雕仿佛在提醒着人们，一位商业间谍如何改变了人类历史。

　　商业间谍的故事虽然增添了传奇色彩，但一个地区的工业整体格局的形成和发展，必须靠实实在在的技术创新。在接下来的几十年间，工业革命逐渐触及英国的各个角落，纺织机械方面的创新格外引人注目。英国钟表匠约翰·凯伊于1733年发明了飞梭，这是纺织业现代化的一个关键部件。1764年，纺织工人詹姆斯·哈格里夫斯发明了珍妮纺纱机，大大加快了纺纱速度，成为工业革命的标志性发明之一。

　　但珍妮纺纱机有一个显著的缺点：纺出的线粗细不均，而且易断。于是，纺织工业家理查德·阿克赖特于1768年发明了水力纺纱机，从梳

图4-2　理查德·阿克赖特工厂使用的改造版水力纺织机，现藏于英国曼彻斯特市科学和工业博物馆

图片来源：作者摄。

棉到纺纱的全部工序都由机器操作，纺出的纱既均匀又结实。1769年，阿克赖特创办了最早使用机器的现代纺纱厂，他也因此获得了巨额财富。目前英国设有阿克赖特奖学金信托基金，为那些在工科方面成绩杰出的学生发放奖学金。1785年，英国牧师埃德蒙·卡特赖特发明了动力织布机，把英国纺织工业推向一个新高度。

18世纪，英国纺织业的创新创业浪潮传播到英吉利海峡对岸的欧洲大陆。法国里昂的约瑟夫·雅卡尔改进了前人的提花织机，发明了用打孔卡片控制编织图案的提花织机，使普通织工也能快速织出图案精美的布。雅卡尔提花织机在1801年的巴黎工业展览会荣上获铜奖。

从1802年开始，为了刺激法国纺织业的发展，法国皇帝拿破仑订购了大量的里昂丝绸。1805年巡视里昂时，他还对雅卡尔的提花织机赞赏有加。之后，拿破仑下令把该提花织机推广给里昂的所有织工使用，雅卡尔也因此获得了丰厚的回报。截至1834年，里昂的提花织布机总量超过3万台，精美的纺织品从这里运往全世界。

图4-3 雅卡尔发明的用打孔卡片控制提花式样的提花织机仿制品

图片来源：作者摄于英国爱丁堡苏格兰国家博物馆。

值得一提的是，提花织机刚问世时，一些传统的手工织布工人十分愤怒，他们认为提花织机会导致他们失去工作。事实上，不仅这些工人后来都找到了合适的工作，里昂还吸引了来自法国各地的人，从而成为法国繁荣的工业中心。

另外，提花织机用打孔卡片来控制编织图案，这为可编程计算机的诞生奠定了基础。1890年，美国IBM（国际商用机器公司）的前身公司——制表机器公司的创始人霍尔瑞斯采用类似的打孔卡片机进行人口普查数据分析，把一般需要花几年时间的人口普查数据统计工作缩短至6个星期完成，这就是美国自动数据处理行业的起点。直到20世纪70年代末，打孔卡片仍是一些计算机程序使用的记录媒介。

螳螂捕蝉，黄雀在后

中国有句古话是"螳螂捕蝉，黄雀在后"。如果说英国的商业间谍是螳螂，美国的商业间谍就是黄雀。北美大陆曾是英国的殖民地，但短视的英国政府禁止包括纺织技术在内的先进工业技术流入其殖民地或其他国家，甚至禁止技术人才离开英国。

美国于1776年7月4日成立之后，系统性地出台了很多鼓励欧洲人携带技术移民美国的政策，这无疑是赤裸裸地盗取其他国家的工业技术。其间发生了很多惊心动魄的商业间谍故事，其中最出名的是"叛徒斯莱特"的故事。当然，英国的叛徒也可以说是美国的英雄。

年轻的斯莱特曾是当时英国最先进的阿克赖特纺织厂的一名工人，得知新成立的美国正在大肆招揽技术人才的消息后，他竭力记住工厂里各种设备的细节，并于1789年9月偷偷上了一艘开往美国的轮船。

到达纽约后，斯莱特给准备开办纺织厂的美国商人摩西·布朗写了一封求职信。斯莱特毛遂自荐，提议由自己来负责制造纺织机和管理工厂，并建议由布朗负责资金筹措。此外，斯莱特要求获得机器所有权和工厂净利润的一半。眼光长远的布朗同意了，这次技术创业者和天使投资人的成功合作，成为美国纺织工业的起点，也是美国工业革命的起点。美国总统安德鲁·杰克逊称斯莱特为"美国工业革命之父"。

缝纫机的发明是继几万年前缝衣针发明之后，缝纫技术发展史上的又一个里程碑事件，它极大地缩短了制衣时间。第一台缝纫机是由英国人托马斯·森特于1790年发明的，但没有在市场上取得成功。后来得到广泛使用的双面线迹的单线梭式缝纫机，是美国发明家沃尔特·亨特在1834年发明的。此外，他还发明了回形针、自来水笔等日常用品。

最后整合了一系列缝纫技术发明并取得商业成功的是美国人艾萨克·梅里特·辛格。虽然英国人认为他剽窃了一位英国工程师的缝纫机专利，但辛格的缝纫机比其他缝纫机更好用是不争的事实。辛格容许客户分期付款，这也是他取得商业成功的关键因素之一。今天，历史上的争议渐行渐远，辛格牌缝纫机仍在世界范围内使用。

20世纪上半叶，欧美纺织行业经历了一波电气化、数字化的技术革新浪潮，纺纱、织布、染色、绣花等工序的机器基本都实现了自动化与数字化，纺织这一人类最古老的手工艺彻底步入现代。此时，利用化工技术合成染料也成为主流，这些染料的价格更低、颜色更正，从而取代了古人从植物、矿物、动物中获得染料的方法。

与此同时，利用草木和化石原料合成人造纤维的技术发明层出不穷。1855年，瑞士化学家乔治·安德曼斯利用桑叶纤维合成硝化纤维，即"人造丝"。这种纤维虽然好看，但易燃、价格高，用处也不大。经过多人的改进，人造纤维于20世纪作为蚕丝的替代品被投放市场，并取得成功。1935年美国杜邦公司的工程师华莱士·卡罗瑟斯合成了一种高分子材料——尼龙。尼龙的应用范围很广，既可用来做牙刷，也可用来做丝袜、雨伞、雨衣等物品。

从20世纪70年代开始，发达国家高昂的人力成本致使现代纺织业从欧美逐渐转移到发展中国家。美国纺织业受到发展中国家低成本产品的毁灭性打击，民用市场几乎全部被国外产品占据。到了 21 世纪，基于最新的信息技术、工厂管理方法和制造技术，欧美掀起了新一轮改造和提升传统产业的浪潮。

全面改造和重塑传统制造业，是美国联邦政府高科技政策最重要的部分之一。从 2009 年起，美国商务部纺织品和服装办公室以要求很高的美国军需市场为抓手，一方面促进美国纺织业的研发和技术升级，另一方面推动美国纺织和服装业与世界各地贸易伙伴国家的密切合作，以扩大美国产品的市场。因此，新的投资和人力资源进入纺织业，一个崭新的应用先进技术的纺织业正在崛起。

在德国的工业 4.0 计划中，以机器人技术和未来思维重建传统纺织业，也是其最重要的内容之一。该行业的领导者先展望了 2050 年的行业发展前景，以此为出发点倒推行业分阶段的目标和任务，进而提出了行业所需的 130 个重大科技创新项目和 120 个产品应用领域，期望借此重新站上纺织行业的高地。

丝绸故乡的纺织业

纵观世界各地纺织业的发展历程之后，让我们回到丝绸的发源地，看看中国纺织业的发展史。

从目前已有的考古资料看，工业革命前各地的人们使用的手摇纺车，最早发明于中国。一些已出土的战国时期的麻布所用的经纬线，其细密程度用纺锤是织不出来的，只有手摇纺车才有可能做到。另外，已出土的战国时期的提花织布表明，那时就已出现了手摇纺车和简单的提花织机等工具。不少已出土的汉朝的帛画和石刻画上面都有使用纺车、织机、络车等工具的人物形象，这表明手摇纺车、脚踏织机等在汉朝已经出现了。

棉花是一种非常重要的天然纤维，其最初驯化地是印度。棉花传入中国可能是在战国时期，但并未流行开来。中国人在此后很长一段时间内仍然主要以丝和麻来织布。直到宋朝，种植棉花并用棉花纺纱织布，才在长江流域和黄河流域普及开来。这可能是宋元时期出现了不少先进的纺织机器（比如水力纺纱机及黄道婆发明的脚踏织布机等）的原因之一，古代的提花织布机在这一时期也得到很多改进。这是中国历史上纺织技术的一个高峰期，江浙地区从此成为纺织业重镇。

在之后的明清时期，纺织技术方面没有太多新成就。19~20世纪的100多年间，洋布对中国传统纺织业造成了毁灭性打击。直至20世纪下半叶，特别是改革开放四十年间，中国纺织业才在现代技术的推动下慢慢复苏。

在今天的世界纺织市场上，中国产能占据了近半壁江山，份额约为40%。中国的丝绸产业有大规模的市场需求，有无可争辩的"丝绸故乡"的品牌认知，产值仍居世界首位。如果仅看数字，情况似乎不错，但发展趋势并不乐观。中国丝绸面临的竞争一方面来自发达国家的高端产品，另一方面来自东南亚等地区人力成本更低廉的国家。

传统的丝绸产销集散地江浙一带，与10年前相比有明显的衰落迹象，特别是产业上游的桑蚕养殖和缫丝工厂。很多农户都放弃了种桑、养蚕、卖茧的古老营生，缫丝厂也纷纷关门。

图4-4　缫丝流程，女工在清理蚕茧

图片来源：作者摄。

养蚕和缫丝这两个环节的现代化程度一直很低。桑蚕养殖的模式数千年来一成不变，缫丝工厂的生产流程也基本延续古法，只是某些环节以机器替代了人工。其中较新的自动缫丝机是30多年前的技术，甚至100年前发明的半自动缫丝机也仍在使用。这两个环节竞争的关键在于人工成本和土地成本，因此中国内地和东南亚的部分地区凭借成本优势，正在大幅分流江浙和中国其他沿海地区的产能。

丝绸产业下游的丝织、印染、绣花等环节规模较大，设备也较新，但依然存在不少问题。工厂使用的稍好的设备，均为国外制造。另外，在参观工厂时，我发现"卷丝"环节在缫丝和丝织工厂反复出现，小丝卷倒到大丝卷，大丝卷再倒到小丝卷，仅仅是为了匹配各种机器和传统的"卷"的标准，这样的做法无疑增加了生产成本。

此外，缫丝、织布与印染，都是污染严重的环节，会造成噪声污染和废水污染等问题。丝绸面料大多是传统品种，优点和缺点都已固化，新品种和高端品种不多。整个丝绸行业与当下的互联网、人工智能、分子生物学等热点几乎完全脱节。"互联网+"或者"+互联网"等概念的加入，也仅仅是在最终销售环节上做点儿文章，目的在于让品牌显得更有档次或有更多的流通渠道。可是，如果没有上游制造流程和产品的实质性创新，产业转型升级难以完成。

不过，换个思路看，问题也是机会。在最新的技术背景下，纺织行业转型升级值得做，而且可以做的事情很多，关键在于怎么做。

近年来，丝绸产业的技术前沿出现了一些崭新的思路。在造丝环节，以分子生物学为基础的新产品开发活动十分活跃，例如，转基因蚕可以吐出彩色的优质丝，用这种原材料制丝绸可以省去印染这一高污染工序。美国硅谷有公司用玉米制造出人造蛋白质丝，这一材料不仅可以取代真丝、尼龙等，还可以开发出全新的应用，比如蛋白质材料的环保用具。

整个丝绸产业的工艺流程，需要采用高新技术设备进行全面重塑和优化，除提高生产效率和产品质量外，环保、节能、生产的灵活性、适应新时代的社会分工等要求等都应该考虑进来，与未来接轨。

在丝绸成品环节，应该大力拓展其应用范围，除在传统的穿戴领域实现创新发展，增加产品种类和品质升级之外，还要考虑拓展其应用范围（例如医疗健康用品等），从而吸引大量高新人才投身传统行业。

传统产业实现转型升级，需要几个方面共同发力。首先，行业领袖应以开放的视野和强烈的使命感来引领这个行业的创新与发展。其次，由于目前传统行业利润率较低，仅靠行业内的资本力量很难有大作为，外部资本的投入对传统行业的转型升级来说必不可少，投资者应当以更大的耐心守望传统行业的转型升级，实现获取长期利益的大目标，而非一窝蜂地涌向那些可快速变现的行业。再次，各级政府也不可缺位，在政策制定方面应向传统行业倾斜。

最后，如果没有新生代科技人才和创业者进入传统产业，对其注入新理念和新商业模式，只靠目前行业内部的人力资源，传统行业的转型升级之路很难找到新方向。

但历史也常常出人意料，一些貌似有道理或符合逻辑的事情并没有发生，而一些不可思议的事情却发生了。除了理性逻辑，人的感性情怀也在影响着历史走向。有什么比5 000年延绵不绝的丝绸更美丽动人，又有什么比萦绕在漫漫丝绸之路上的传奇更令人难忘呢？

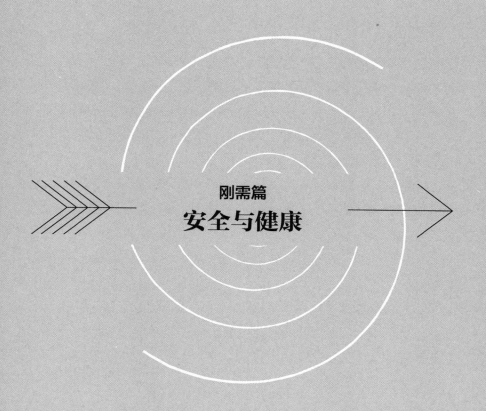

刚需篇

安全与健康

自从掉入农业革命带来的发展陷阱，人类面临着两难选择。人人都希望健康长寿、平安多福；作为一个物种，人类又希望生生不息、人丁兴旺。在这些愿望的驱动下，人们增加粮食，改善安全和健康条件，提升医疗水平，使人口规模扩大，密度增加。然而，人口密度上升，会产生更多疾病并使之加速传播，导致人均寿命缩短，人口规模减小。

　　另外，如果局部人口规模超过当地的资源和技术水平的极限，就会出现众人争夺资源的紧张局面，严重时甚至会引发规模不等的战争。战争也会使人口减少、人均寿命缩短。总之，疾病、糟糕的环境、战乱和暴力、偶发事故等，都会造成人的非正常死亡，这些因素对人均寿命影响较大，对人口规模和密度也有影响。

　　可见，影响人类安全与健康的因素既来自大自然，也来自人类自身。为了应对这些挑战，人类发明了建筑、医疗和军事等领域的相关技术。这些技术可以说是双刃剑，一方面提升部分人的安全健康水平，另一方面也可能对安全和健康造成威胁。成全还是毁灭，取决于技术如何发力，其结果主要反映在上述人口指标的变化上。

　　图Ⅱ-1显示了世界安全/健康类科技发展的大趋势。1万多年前农业革命开始后，安全/健康类技术也随之发展起来，经历了两轮快速发展期。公元前500年到公元500年，各地传统医学的形成和发展，冶铁技术成熟后冷兵器的发展，以及古典建筑技术的完善，共同构建了一个较为完善的安全/健康类科技体系。18世纪以后，安全/健康类科技开始了新一轮突破，表现为现代医学的迅猛发展，摩天大楼的崛起，以及现代武器装备的出现。

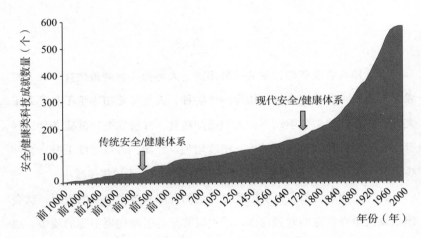

图 Ⅱ–1　近1万年来安全/健康类科技的累积和发展趋势

数据来源：重大科技成就数据库。

这类科技的早期成就，与当地的人口规模关系密切，也受到地理环境的制约。农耕发展较早的区域，人口增长较快，对于医疗、武器和建筑的需求也出现得比较早。各地为解决同样的问题提出的方案，与当地的资源条件紧密相关。例如，各地的草药基本上取材于当地的生物和矿物。

在石材丰富的地方人们喜欢用石头建房子，还发明了水泥等黏合剂；在树木茂密的地方，人们喜欢用木材、茅草建房子，并发明了榫卯结构。

文字出现后，不仅科技的跨地区传播加速，有些本用于满足基本需求而进行的科技发明，也转变为满足人类更高层次需求的东西，比如用来居住的建筑转化为满足人们的宗教和审美需求的东西。

深入探究各地区安全/健康类科技的发展历程，我们会发现各地在这个领域的发展节奏不一样，如图Ⅱ–2所示。以西亚两河流域和埃及文明为核心的中东地区，在这一科技领域的发展比其他地区早了大约2 000年。公元前500年以后，地中海沿岸、中国等地才纷纷开始发展这类科技。

从唐朝（7世纪初）到明末（17世纪初）的千年之间，中国安全/健康类的科技成就居世界领先地位。一是由于秦汉以来中国的传统医学发展得不错；二是由于中国在唐末宋初发明了黑火药，开启了火器时代。17世纪晚期，欧洲的现代化开始了，其中安全/健康类科技迅速超过中东和中国等区域，位列世界第一。从17世纪末开始，欧洲与其他古文明地区在这一领域出现了科技大分流。自19世纪末以来，美国成为这类科技的新主力。

近200年来，科技人员针对安全/健康类问题，寻求超越地域和更加通用的解决方案，取得了很多成就。但现代安全/健康类科技并不能解决人类社会面临的所有问题，而且，很多健康问题不是共性问题，而是个性问题。另外，武器技术发展至今，威力越来越大，对人类安全的威胁也越来越大。人类对安全/健康的要求不断提高，技术升级永无止境，该领域的科技创新将持续进行下去。

本篇共包含4章，其侧重点分别是传统医学、现代医学、房屋建筑和黑火药时代的火器。

"传统医学的兴起"一章回顾了从远古巫医到传统医学的转变过程。这是一场杂糅了思维方式、行医理念和方法、利益之争的范式革命，与

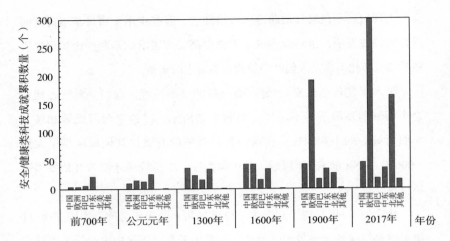

图Ⅱ–2　在历史上的一些关键时间节点，各地区的安全/健康类科技成就累积
　　　　数量

数据来源：重大科技成就数据库。

今天正在发生的从传统医学到现代医学的转变，有微妙的相似性。人类
自古就对健康长寿的期望值很高，但古代的人均寿命常在30岁以下，这
表明无论是远古巫医还是传统医学的水平都与人们的期望相距甚远。

　　近170年来，世界人均预期寿命从不到30岁上升到75岁，现代医学
是最大的功臣。在"现代医学的进步与创新"一章中，我们梳理了现代
医学发展的几个里程碑事件。其进步首先来自方法论的突破，比如西医
发明的双盲实验让医学升级为科学。在药物方面，很多古代药物被重新
检验并找出了有效成分，很多效力更佳的新药问世。另外，大量高科技
诊疗和手术设备问世，也是提高治愈率的有力手段。然而，现代医疗技
术仍然不能满足人们的需求，巫医、传统医学甚至骗子仍有舞台。

　　"从遮风避雨到建筑史诗"一章概述了建筑技术的发展史。房子能
遮风避雨，带给人们舒适和安全感，也可以降低死亡率，增加人均寿命，

并给不断增长的人口提供住所。但由住房需求驱动的建筑技术创新大多属于微创新，惊世骇俗的建筑往往来自天才们为宗教奉献的初衷。因此，建筑可以从满足安全与健康需求上升到满足交流与审美需求。

"黑火药时代的中国与欧洲"一章，主要聚焦于从黑火药的发明到它退出军事舞台的千年火器发展史，并剖析了为什么率先发明黑火药且比其他地区早几百年使用火器的中国，最后却惨败于洋人的枪炮之下。该章比较了中国和欧洲的历史文化、应用场景、需求市场、创新参与者、教育体制、工业体系以及政治因素等，以解答困扰很多人的"黑火药之谜"。

医疗领域自古以来经历了三次重大转变：从远古经验医疗到巫医，到传统医疗，再到现代医疗。2 000多年前，传统医疗在与巫医的斗争中积累实力，跻身主流。这个过程与今天从传统医疗到现代医疗的转变有很多相似之处。

第5章　传统医学的兴起

自人类诞生以来，病痛和死亡就如影随形，缓解病痛的需求也始终存在。从时间顺序来说，人类医学的发展史上先后出现了远古经验医学、巫医、传统医学和现代医学几大流派。

其中远古经验医学时间最早，人们基于试错法和经验治病。巫医通过用巫术治病，通过构建某种"因果关系"，寻找疾病产生的原因。虽然巫师用超自然力解释的"因果关系"大都无法证实，但这种欲知其所以然的精神，却被后来的医学继承下来了。

各地传统医学开始的时间不尽相同。2 000多年前，包含临床医疗知识的较为理性的医学理论就已在希腊和中国出现了。现代医学是在现代科技的推动下于最近几百年发展起来的，具体细节留待下一章讨论。后来兴起的医学流派对较早的流派有继承也有突破，但并未完全取代。历史上这些医学流派的转换，可称之为"范式转移"。这不仅仅是医学理论、方法和技术的转变，也涉及大量的群体斗争和利益争夺。

常有人说，一个地方的人口规模和密度反映了该地的医疗水平。真是这样吗？

这种说法有一部分合理性。一方面，人口密度增加后，传染病更易

远古医疗
- 试错、经验积累
- 巫医：借助神灵

传统医疗
- 试错、经验积累
- 理性医学理论：去神灵化
- 简单医疗工具

现代医疗
- 验证累积理论，去伪存真
- 提出现代理论，严格验证
- 现代医疗仪器

图 5–1　医疗的三个阶段

传播，于是人们对医疗的需求变得更大、更迫切，从而推动了一些疾病的研究和医疗技术的发展。另一方面，医疗水平的提升可以减少伤病者的痛苦，降低死亡率。一个社会在生育率大体稳定的情况下，死亡率下降，人口规模自然会增加。

　　然而，这个说法也有很大的问题。事实上，决定地球上人口密度的最首要因素是雨水，在风调雨顺的地方，可耕种土地多，农作物产量高，野生动植物丰富；次要因素是一个地区种植的农作物品种，高产高热量的品种可以养活更多人；再其次是农耕技术水平。总之，食物才是决定人口密度的最重要因素。古代各地的医疗水平都很低，对人口规模和密度的贡献度较小。

　　中国淮河以南地区和印度自农业革命开始后逐渐成为人口密集的区域，其可耕地的数、质量和降水量是先决条件。

　　图 5–2 展示了中国历史上各朝代人口数量的变化趋势。从图中可以看出，过去 2 000 年来中国的平均人口数量呈现出长期增长的趋势。但改朝换代期间人口数量往往会下降，这主要是战争造成的。明末清初，中国的人口规模和密度增长很快，来自南美的高产、高热量农作物是重要原因，比如红薯、土豆、玉米等。

　　自古以来，中国人追求长寿的愿望就十分强烈，小辈给予长辈的生

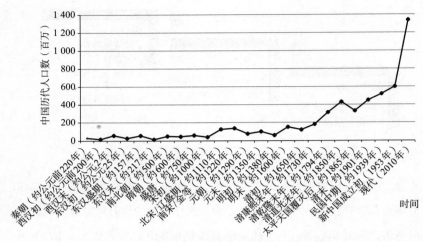

图5–2　中国过去2 000多年的人口变化情况

数据来源：根据多本参考书的数据取平均。

日祝福常常是"寿比南山"，古代朝臣献给皇帝的祝愿往往是"万寿无疆"。人均寿命是反映医疗水平的最重要指标之一，但在现代医学兴起前，人均寿命大都在30岁以下。人类的死亡率显著降低，人均寿命明显延长，是近200年的事。

　　本章先概述了古代中东地区远古经验医疗和巫医的情况，然后聚焦于中国和地中海地区的欧洲，讨论传统医学如何从巫医主导的世界中脱颖而出，以及它的成就和局限性。如今，在从传统医学向现代医学转型的过程中，不同利益方之间的斗争激烈，病人不知道应该相信和选择什么，这些情景与几千年前传统医疗与巫医分道扬镳时的情景惊人地相似。

远古经验医学和巫医

　　早期人类的自我治愈行为，凭借的都是经验和直觉。在漫长的旧石器时代，也许有个别人的"治病技术"略好，可以自救并救助他人，但他们并非专业医生。那时的医疗水平极低，人类只能通过慢慢积累医疗经验并口口相传，治疗少数疾病或减轻伤痛，但这远远不能满足人们想要长寿的需求。

于是，宗教应运而生。从某种意义上说，巫术及其背后蕴藏的世界观，可被视为人类最古老的宗教，巫师可被视作人类最早的"知识分子"。巫师有两个核心"能力"：一是占卜，二是治病。巫术可能产生于人类走出非洲之前，后来，在文字产生之后，关于巫师的传说一直在文字记载中若隐若现。

巫师眼中的世界是一个万物有灵性的世界。早期人类面对着太多无法解释和预测的风险，巫师不仅为一些事情提供了解释，也为人们提供了一些解决方案，由此形成了一套思维方式和巫术。巫师认为，到处游荡的"鬼怪"会让人生病，于是他们施展巫术把鬼怪从人体中驱除出去，达到治病的目的。

巫师一边用巫术驱赶鬼怪，给人精神和心灵上的安慰，一边基于经验给人治病。其实，有些病本就可以不治而愈，巫师用心理暗示的方法，可以帮病人更快地康复或减轻病痛。在现代心理学看来，这是安慰剂效应。

对古代的医者来说，有太多的疾病不明原因、难以治愈，成功率很低。治疗失败不仅会赚不到钱、让名声受损，还可能招来杀身之祸。所以，对古代的医者来说，神秘主义是一把很好的保护伞，是治疗失败后的脱身之法。

进入农耕社会之后，人与家禽家畜的频繁接触，引发了很多新疾病。农业社会的人口总量和密度大幅上升，特别是人口密集的城市出现后，疾病更容易流行开来。因此，医疗需求也变得更迫切。

在文字出现早期，就有了与医药相关的记录，巫师的地位赫然可见。最早形成文字的两河流域和古埃及也留下了最早的医药文献，在5 000多年前的苏美尔早期文明留下的陶片上就有当地的药方记录。

同时，"天地人"的世界观也可见于这些陶片上的文字。该世界观认为，人和动植物一样会随着斗转星移而兴衰，人体器官和天体运行之间存在某种神秘的对应关系，或者说人体就是一个"宇宙"。这种"天人合一"的思想对后世文明产生了极大的影响。

到了4 000多年前，苏美尔地区既有专业的医者，还有相关法律。那时的医者可分为两大类：其一是以巫师为主体的巫医群体，采用的医疗手段包含神秘巫术和经验医药。巫医的地位较高，写在陶片上的药方大多出自他们之手。

其二是普通医者，他们凭经验治病，且人数较多。他们主要治疗看得见的"外部病症"，比如五官、牙齿、皮肤的病症。他们只会用医药和手术来治疗病人，没有神力或巫术，地位较低。他们发明并留下了很多工具，但著作很少，知识和技艺通过师徒相传的方式流传下来。

3 700年前，由古巴比伦国王汉谟拉比颁布的《汉谟拉比法典》共有282条，其中与手术相关的内容包括：

> 如果医生用青铜刀给贵族做手术救了他的命或挽救了他的眼睛，那么医生可以得到10舍容勒报酬；而同样的手术平民要花费5舍容勒，奴隶是2舍容勒。

> 如果医生用青铜刀给贵族做手术致其死亡或失明，则医生要被砍断手或挖掉眼。如果奴隶因手术死亡或失明，则医生必须偿还其主人一个新奴隶。

由此可见，第一，那时医生的手术酬劳还可以；第二，贵族、平民与奴隶的生命价码不同；第三，医生的行医风险较大，除了经济赔偿，甚至可能失去手或眼睛。

古埃及医疗文字记录的出现时间与两河流域较为接近，但医疗的历史显然比文字记录要早。

为逝者制作木乃伊是古埃及宗教的特点之一，巫师有时会参与制作过程。另外，出于占卜的需要，古埃及人会解剖动物并将其器官用于祭祀。这些成为医者学习解剖、了解人和动物身体结构及生理特点的重要渠道。

由于古埃及法老是首席巫师，所以巫师在医疗体系中更加位高权重。古埃及也有纯经验派医者，他们地位很低。

图5–3　3 600年前古埃及医学文献《艾德温·史密斯纸草文稿》片段

图片来源：公有领域。

古埃及宗教认为，每一个人体器官都由专门的神来控制，所以医生的分工也具体到每个器官。至少从4 000多年前开始，古埃及医生的分工就很细了。药剂师也由专人担任，分管草药、矿物药、动物药等。

现存的古埃及莎草纸文献既包括经验医学，也有神秘医学的成分。其中一些记录比较专业，比如《艾德温·史密斯纸草文稿》记录了48个外伤治疗案例，包括开颅手术、脊椎损伤、下巴脱臼、骨折及麻醉方法等。它对大脑的结构和作用也有较为符合事实的描述，其他地区即使在一两千年后对大脑的认知也未达到这种高度。

《卡昆医学纸莎草卷》主要记录了妇科疾病及其治疗方法。

《埃伯斯纸草文稿》是一部比较综合的医学书，记录了700多种药物和约800种治疗方法，既有经验性的草药和食疗方法（比如缓解哮喘），也有外科治疗方法（比如线虫处理），甚至包括巫术、咒语。它第一次指出，心脏是人体的供血中心。

地中海地区的医者突破

公元前六七世纪的古希腊被视为科学的发源地。很多史书都喜欢把这两百年间活跃的哲学家放在一起讲述，给人留下一种群贤毕至、济济一堂的印象，就像著名画家拉斐尔创作的《雅典学院》。

事实上，当时的古希腊是一个崇尚众神、神秘主义气氛浓厚的地区，本地的祭司服务于上层社会，来自古埃及和古巴比伦的巫师则活跃在民间。而现代人推崇的古希腊哲学家，只能在夹缝中生存。那是科学的晨曦，微弱的理性之光若隐若现。

古希腊最著名的哲学家之一是苏格拉底，公元前399年他被雅典法庭判处死刑，罪名之一是侮辱众神。当时的雅典法庭规模很大，有几百人参与投票，足以反映人们的意志和社会的价值观。此时古希腊新兴的传统医学与哲学家的处境类似，正在与本地祭司和外来巫师的斗争中苦苦挣扎。

关于古希腊医学的起源，目前尚无定论。希腊神话中的医神阿斯克勒庇俄斯是太阳神阿波罗的儿子，他手持长蛇杖，不仅能治疗疾病，还能起死回生。公元前几百年，古希腊有多座供奉他的神庙，人们向医神祈求健康。后人对古希腊医学史的初步了解始于《荷马史诗》，其中有这样一句："医生的价值远高于其他很多人。"

古希腊的哲学家中也有一部分人曾涉足医学领域，比如活跃于公元前6世纪的数学家毕达哥拉斯。但古希腊传统医学的第一位代表人物是希波克拉底，他出身于科斯岛上的医生世家，成年后在地中海地区游历行医，吸收了多地的医学知识。成名后，他创办了医学学堂，和学生们一起撰写了大量的医学著作，汇集成《希波克拉底全集》，被西方尊为"医学之父"。

希波克拉底学派（简称"希氏学派"）是立场明确的理性派，认为疾病是由自然原因而不是神秘的超自然原因引发的，倡导通过解剖和观察弄清楚人体结构和机理以及疾病的真正原因，通过试错找到有效的治疗方法，还特别强调预测疾病的可能病程和结局（预后）。希波克拉底倾向于保守治疗方法，希望尽量靠病人自身的力量痊愈。希氏学派的著作里有很多医学案例，特别是传染病，骨头和关节疾病也是希氏学派的关注重点之一。他还提到柳树皮和叶萃取服用有止痛和解热作用，2 000多年后人们从中提取出水杨酸，制成阿司匹林。

希波克拉底留下了很多哲学和医学伦理方面的讨论，其中《希波克拉底誓言》成为医生职业道德的指路灯。他提出了"四体液学说"：每个人体内都有血液、黏液、黄胆汁和黑胆汁，4种体液决定了人的气质，影响着人的情绪和健康。后世有人把四体液学说与古希腊哲学家提出的"四元素学说"进行类比，想象其间存在着某种关联。也有人进一步把四体液、四元素与天体运行联系在一起，可以说是一种地中海版本的天人合一世界观。不过，这些观点并没有禁锢人们的思维。

回顾古希腊理性派医学的发展历程，其最大的贡献和成就并不在于他们的医学著作里有多少内容与现代医学相吻合，而在于他们对既有的医学结论打了一个大大的问号，帮助人类摆脱了几千年来禁锢了思维和想象力的囚笼。

希波克拉底学派不仅针对前人的各种医学观点寻找新证据，得出新结论，而且认为无论是前人的结论还是本学派的理论，都是可以被推翻和取代的。在之后的几百年里，很多优秀的医生思索了各种旧问题并提出更多新问题，从而丰富和发展了医学理论和临床经验。这种探索和研究的范式为医学开辟了一条崭新的发展道路。

古罗马起源于地中海岸边的一个农耕区，有自己的医学发展史。征服地中海地区之后，罗马人对古希腊留下的哲学虽然尊重但兴趣不大。不过，他们对古希腊的医学相当推崇，对医生也很欣赏。因此，希腊医生可以在罗马统治区从容地行医赚钱。当然，他们的水平有限，罗马民众和贵族也经常求助于巫术。

罗马帝国陆续占领了中东的多个古文明地区（包括埃及），这些地区的巫术纷纷涌入罗马帝国。由于希腊医学已经在罗马地区拥有了较好的口碑，也形成了较大的势力，再加上从文化上征服这些地区对罗马统治者具有政治意义，因此在拒绝来自中东的巫术问题上，希腊遗民和罗马人的意志比较坚决。

古罗马的医学超越古希腊是在安东尼王朝由医生盖伦实现的。他出生于小亚细亚（今土耳其），做了大量的动物解剖和生理观察，获得了许多独特的发现。盖伦认识到神经起源于脊髓，而且人体有消化、呼吸和神经等不同系统。盖伦还建立了血液循环理论，相信"放血"是有效的治疗方法。他的药物学著作记载了540种植物药、180种动物药、100种矿物药。

盖伦既继承了希波克拉底学派的医学思想，也有很多独特的见解。他经常为罗马皇帝和达官贵人看病，地位崇高。这个时代的医学精英分为经验派和理论派，前者强调临床观察和经验，后者强调理论构建和逻辑推理，双方经常辩论。而盖伦认为医学是一个多学科交叉的领域，需要结合理论和临床观察才能得到更准确的结论。这种思路与现代医学方法较为接近。

另外，盖伦的解剖学和生理学理论具有目的论的特点，他认为人体构造和生理功能都是大自然有目的地创造和安排的。"大自然不做徒劳无功的事情"是他的一句名言，而且大自然在盖伦的眼中是拟人化的。这种观点与信仰上帝的基督教相符，深得日后在欧洲占据统治地位的基督教的欣赏，盖伦的观点因此成为欧洲中世纪不可撼动的权威医学理论。

西罗马帝国消亡后，基督教教会逐渐成为统治欧洲最重要的力量。中世纪时期，教会医生是医疗行业的主要力量，他们一边运用盖伦医学，一边用基督教教义来解释医疗的成功和失败，并压制本地和外地的巫医。教会医生与巫医之争，信仰只是其中的一个原因，利益之争也是重要原因。

其实，基督教会医生虽然综合基督教教义和有限的医疗知识，形成了一套医学理论，但在探索真理和提升知识质量方面，却逊色于古希腊和古罗马时期。因此，在中世纪的1 000多年里，欧洲人对人体和疾病的认知及医疗水平都基本处于停滞不前的状态。

中医和中医学的诞生

尝遍百草的神农，似乎是中国的远古经验医学的起点。中国目前发现的最古老的药书《神农本草经》，约成书于东汉，全书记录了300多种草药，据说是对神农留下的医药经验的总结。

中国现存最早、最权威的医学著作之一是《黄帝内经》，这部以黄帝和岐伯等人的对话形式写就的著作，最主要的价值在于首次确立了中医理论框架。《黄帝内经》以阴阳的观点看待自然和人体的互动，把金、木、水、火、土五元素与人体构造对应起来，认为人有五脏、五腑、五官、五体等。"天人感应"思想在中医上体现为两点：一是人体和"天"（泛指自然）存在某种神秘的感应机制；二是人要与自然和谐相处才能身体健康。

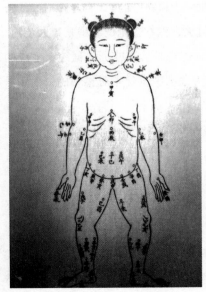

图5-4 明代文献中的中医穴位图

图片来源：作者摄于台北故宫博物院。

《黄帝内经》认为人体内有一套经络系统，是血气、脏腑、体表及其他身体部位相互联系的通道，也是人体功能的调控系统。经络上还存在一些被称为"穴位"的特别节点。截至目前，中医们在人体上标注了300多个穴位。经络系统是人体针灸和按摩的理论基础，也是气功的理论基础。

经络系统与西方的血液循环系统、神经系统有相似之处，但不是一回事。虽然针灸疗法似乎显示出现代医学难以解释的效果，但解剖学并未发现人体内存在这种系统。

关于《黄帝内经》由何人于何时所作，众说纷纭。笔者相信的一种说法是：基于一些古代的医书，懂医术的儒生在东汉时期编写了这部系统性较强的中医学著作。

原因有如下几点：其一，从哲学思想上说，阴阳五行、天人感应等思想，在汉武帝时期的董仲舒提出"罢黜百家，独尊儒术"的主张后，被纳入中国社会的正统思想，儒家出身的医生把它纳入医学理论顺理成章；其二，医学史学者考证，两汉之交的王莽时期，当权者曾令太医解剖叛党尸体以供医学研究之用，《黄帝内经》中介绍的比较粗浅的人体结构知识，很可能来自这次解剖活动；其三，通过梳理及分析汉代前后的医学文献，医学史学者认为《黄帝内经》成书于东汉中期的可能性最大。

东汉晚期张仲景写作的《伤寒杂病论》，是一部内科疾病专著。这部著作沿用了《黄帝内经》的理论框架，在总结古代医学经验的基础上吸收了当时的民间治疗方法，还加入了张仲景自己的临床经验，具有很强的实用性，他的很多药方至今仍在使用。可惜这本书已经失传，只有部分内容被后人抄录在其他书籍之中。张仲景是第一位留下自己著作的中医，从此，中医有了从医学理论到临床应用的体系。

东汉末年，中医的历史舞台上可以说是儒医、道医和巫医三派共同"献艺"。儒家建立了一套自己的理论，在庙堂之上拥有话语权，但医学不是儒家的主业，医术高明的临床儒医较少。

巫医拥有历史优势，他们除了治病，也可能"妖言惑众"，因此成为官方压制的目标。但每当喜好巫术的帝王当政时，巫师很快就会卷土重来。

道教兴起于东汉，不仅采用"易""阴阳五行""天人感应"等古老的思想作为理论基础，还学习和吸收了老子、庄子等人的哲学思想，为道教增添了理性色彩。

虽然在与官方之间的关系方面，有出世追求的道家远不如儒家，但医学领域是道家的主场，他们努力钻研医术，历史上的名医大多出身道教。

中国从春秋晚期到东汉时期的医学发展，与古希腊、古罗马时期的地中海地区既有相似之处，也有诸多不同。就新兴医学与巫医的争斗而言，这两派的医学理念交锋和权力斗争在东西方都很激烈。但是，古希腊传统医学在理念方面的突破较大，在知识探索方面形成了一种去伪存真的开放态度，这对其未来医学的发展至关重要。而新兴的中医学仍然是一个较为封闭的系统。

在发展动力方面，由于古希腊的传统医学诞生于平民阶层，医生主要依靠改进医术、提升医德来安身立命。而在中国，无论是中医还是巫医，主要追求为权力阶层服务，并由此引发了激烈的权力斗争。

在医疗理论方面，中医注重生活方式（比如卫生习惯、食疗等），在内科方面建立了较为系统的理论，还发展了一套经络理论和针灸疗法。然而，中医在外科手术方面十分欠缺，专业的手术工具也乏善可陈。

由于缺乏解剖经验，中医对人体的了解较为有限，主要采用望闻问切的方式诊断病情，这对医生的行医经验和水平要求很高。

中医的成就与局限性

东汉之后，道教的中医成就最突出。东晋葛洪是道教最早的医药学家之一。他出身于江南士族，饱览群书，曾受封关内侯。但葛洪并不热衷于功名，而是一心钻研学问，完成了《抱朴子》《肘后方》等著作，讨论的问题涉及哲学、宗教、医学、炼丹等多个领域。

为了方便获取炼丹的原材料，葛洪晚年隐居于广东岭南罗浮山潜心修道。在那里，他验证了大量的民间偏方的有效性。其中，用青蒿素绞取汁服用可治疗疟疾的药方，就记载于他的《肘后方》中。1 700 多年后，葛洪留下的药方成为科学家屠呦呦从青蒿素中提取治疗疟疾药物之有效成分的灵感来源，也让她获得了诺贝尔奖。

南北朝时期的名医陶弘景是道教茅山派的代表人物。他一生中数度为官，但最后离开朝堂、归隐茅山。他留给后世最重要的财富就是医药学书籍，可惜这些书籍大多遗失。

唐代名医孙思邈也是一位道士，基本上一生都在民间为普通民众治病。他撰写的《千金要方》和《千金翼方》等医学著作，不仅吸纳了东汉张仲景以来的各种药方和治疗方法，还涉及妇科、儿科等的诊法。孙思邈还是首位在著作中提出医德要求的中医。

明末名医李时珍出身医学世家，曾任职于太医院，后返乡成为一位民间医生。他广纳儒、道、外域等多个学派的医疗知识，编撰了 192 万字的皇皇巨著《本草纲目》。该书是中国几千年来经验医学的集大成之作，既包括有效的药方，也有来自世界各地的古老传说、神秘信仰甚至一些相生相克现象的方子。可惜在编著这本书时，李时珍并没有对各种药方加以验证，因此这部书除了资料归纳整理方面的贡献外，创新度不高。

在回顾这段历史时，中国道士持续 2 000 多年的炼丹活动，成为一道特别的风景。其实，东、西方的炼金活动开始的时间差不多，大约是在公元前 200 年。希腊化时代地中海东部地区（主要以埃及的亚历山大城为中心）的炼金术士在作坊里一心寻找化普通金属为金银的奥秘。中国秦汉时期的术士则在对炼金术进行了短暂尝试之后，把主要精力投到了对长生不老"仙丹"的追求上。

中国人很早就意识到，把普通金属（铜、铅等）化为真金的炼金术藏有许多猫腻。公元前 144 年，汉景帝颁布禁令，不许民间炼金，从此官方便垄断了炼（赝）金的权力。这一举措迫使江湖术士将更多精力投入到炼丹活动中。

中国古代帝王对长寿的欲望非常强烈，因追求长寿而服用"仙丹"致死的帝王和达官贵人不在少数。

然而，长期的炼丹实践也有意料之外的收获。据考证，中国四大发明之一的黑火药，就是唐朝末年道士炼丹时的意外收获。

当然，以现代的科学思维审视古代社会的医学，可能会发现诸多错漏，但这样评判历史意义不大。因为人类只能基于当时的认知、技术手段和想象力，尝试着去理解和解决问题。

医疗领域的一个有趣现象是，无论是哪个社会、哪个时代，医疗技术都不可能完全满足人们的需求。因此，传统的医疗方式不会消失，也总有其市场。

古希腊的开放精神，加上近几百年来的现代科学方法，为现代医疗的发展奠定了基础。一次又一次地解剖人体，一点一滴地检测医药的真实疗效，在学习和否定传统医学的过程中不断创新，现代医学正在实现人类的一个小目标：再活一百年。

第6章　现代医学的进步与创新

现代医疗是欧洲人基于古希腊和古罗马的传统医学，在近几百年间建立和发展起来的医疗体系，在中国俗称"西医"。由于其显著的功效，现代医学很快传播开来。今天，医院和医科大学致力于服务广大民众。医学不再是地方性知识，而成为全人类的共同财富。正因如此，世界各地从传统医学过渡到现代医学的过程比2 000多年前从巫医到传统医学的变迁规模更大，也更加复杂。

欧洲的传统医学之所以能成功进化为现代医学，与古代地中海地区从事传统医学职业的前人的开放精神是分不开的。欧洲传统医学在继承中东地区古代医学的基础上，以及在与巫医和庸医的斗争中，建立起它的基本体系。然而，欧洲传统医学虽然有一些亮点，但整体水平仍然很低，相应的理论也比较原始和粗浅，如今能用上的不多。重要的是，地中海地区的传统医学讲求眼见为实，从小病治起，从局部着手，从而形成了开放求真、不尚古、不唯权的风气。

在中世纪的1 000年间，欧洲教会势力庞大，占据统治地位。传统医学在教会的压力下不得不放弃解剖和求实传统，进步甚微。文艺复兴时期，学术思想再度活跃起来。医生们得以重拾古希腊医者的开放精神，回归解剖传统，以新思维和新方法验证真伪，超越了古希腊的希波克拉底和古罗马的盖伦，开启了医学的进步通道。最近200多年来，欧洲医学进入快速发展通道，无论是医学理论、技术，还是医疗服务体系，各方面的创新成就都很丰富，最终进化为现代医学。

现代医学突飞猛进的重要原因之一是方法论的突破。医疗行业是一个竞争激烈的领域，治疗效果是决定医生水平高低的最重要因素，如何测评治疗效果成为西医关注的目标。传统医学更强调个人体验和感受，而西医发明了双盲实验方法，以获得患者的客观反馈，并利用统计学分析实验组和对照组的疗效。

益寿延年是人类一直以来的愿望，传统医学努力了几千年但收效不明显，现代医学接过了这项重要使命。近170年来，世界人均预期寿命从农耕社会的不到30岁延长至今天的71岁。究其原因，食物增多、营养改善是其中之一，医疗水平和卫生环境的改良功劳更大，其中现代医学的贡献首屈一指。

现代医学已建立了一个成熟的知识创新、传播和服务体系。在医学理论方面，现代医学不仅对人体的结构和功能及病理有精确的了解，而且深入到基因层次理解各种疾病。在治疗方面，预防性治疗取得了革命性突破。在药品方面，很多古代药品都被重新检验，确定其有效成分，很多更有效的新药品问世。在诊疗方法方面，人们发明了大量高科技的诊断和手术工具，可以更早、更精准地发现疾病，提高了手术成功率。现在，医学的前沿研究课题是精准医疗，旨在实现传统医者所追求的"一人一病一治"的理想。

现代医学解决了很多问题，但仍有很多问题有待解决，而且新的社会环境和生活方式又引发了很多新疾病和新问题。因此，传统医学仍有机会与现代医学携手，共同为人类的健康服务。

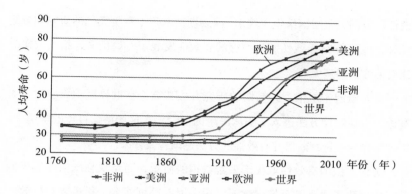

图6-1　1770年以来世界一些地区的人均寿命变化情况

数据来源：Riley drew data from some 700 sources. http://lifetable.de。

统计与盲试

用植物、动物、食物和矿物入药，有悠久的传统，这是经验医学的典型做法。传统医学亦如此，医生按照先人留下的方法给患者治疗，以个体体验来说明疗效。

18世纪，欧洲医生面对古人留下的药方和治疗方法，心中充满疑问：这些药真的管用吗？它们的有效成分是什么？放血疗法是否真的有效？

为了回答这些问题，医生们从18世纪晚期开始就方法论进行了思考和辩论，直到20世纪初才尘埃落定，使医学变成了一门科学。其间两个方法的突破至关重要：一是引入统计学对大样本人群的医疗效果进行定量测量；二是发明双盲（多盲）方法降低评估治疗效果的主观性，提升每一个疗效数据的质量。

统计方法在医疗领域的应用，源于法国数学家拉普拉斯的一个想法：概率论可应用于医学和人口统计。第一个把统计方法应用于临床治疗有效性研究的人是法国医生皮埃尔·路易斯。基于上百例案例的研究和分组统计，他于1828年就伤寒病治疗的有效性发表了一篇论文，指出放血疗法对治疗伤寒病无效。

一石激起千层浪，路易斯的研究方法和结论在世界医学界引发了大辩论，也让统计方法进入了临床医生的视野。在这场持续百年的辩论中，统计学作为一种判断医疗有效性的方法逐渐普及开来。

统计方法的有效性取决于采集数据的质量，而反映临床治疗效果的数据则取决于患者的反馈。然而，很多因素都可能会干扰患者对疗效的描述，如何获得尽量客观的反馈是一大难题。18世纪中期发生在法国的一件事，是疗效反馈机制取得突破的重要转折点。

当时，法国掀起了一阵用磁场治病的风潮，一些人号称他们可以通过控制磁场给患者治病。他们提出了"动物磁性"理论来解释这种疗法，认为动物（包括人）体内有"特殊液体"可以感应磁性。于是各方就此展开辩论：这种方法是否有效？

1784年，法国国王路易十六任命了一个科学委员会，美国科学家富兰克林也是成员之一，他当时是美国驻法大使。委员会把一些有磁性的东西和一些无磁性的东西遮挡起来，让"磁疗大师"在看不见这些物品的情况下辨别哪些有磁性，即进行盲测。"大师"们都失败了，没有一人展现出磁性感应能力。

然后，"磁疗大师"们又在委员会的监控下治疗患者。部分患者痛感有所减轻，但其他患者毫无感觉。通过这项测试，委员会得出两个结论：一是"磁疗大师"根本没有感应和控制磁场的能力；二是部分患者的疗效属于安慰剂效应。

安慰剂效应是人的心理引发的生理效应。当人们在接受治疗时，会有意或无意地认为病情可以得到缓解，于是感觉自己好多了，而未必是接受的治疗产生了实际疗效。在人类社会医疗长期不发达且疗效不大的情况下，安慰剂效应很可能是人类演化形成的一种心理保护机制。

显然，18世纪的法国科学委员会对"磁疗"的效果并未得出清晰的结论。在接下来的100多年里，欧洲各国多次开展了测试"磁疗"效果的科学活动，基本上也都无法得出清晰的结论。但是，该委员会开创了盲试方法并指出了安慰剂效应，这对人类进行科学的医疗效果测试来说，是一种划时代的突破。

1865年，法国心理学家克劳德·伯纳德分析了盲试在科学研究中的中立性和可靠性，从此确立了盲试方法的科学基础。为了更准确地识别和减少安慰剂效应，后来科学家又把单盲测试进一步完善为双盲试验、随机双盲试验、三盲试验等更有针对性也更精准的测试方法。这些方法破除了人类数千年来由安慰剂效应导致的疗效迷思，为确定药物和治疗方法的真实有效性及准确了解药物的副作用起到了重要作用。

19世纪晚期，一些医生认为，仅靠观察、记录临床结果与某种药物或治疗方法的统计相关性，不足以确定二者之间的因果关系。于是，他们提议通过严格控制的实验确定因果关系，这推动现代医学在科学的道路上又前进了一步。此时，以达尔文的表弟弗朗西斯·高尔顿为代表的学者，踏上了发展生物统计学和医学统计学之路。一开始，认可和跟随他们的人寥寥无几，经过几十年的努力，到20世纪早期这些学科终于成为显学。

提升人均寿命的重大发明

传染病令人心生恐惧。历史上传统医学从业者投入了大量时间和精力研究、治疗和预防传染病，但收效不大。希波克拉底应对传染病的建议是："赶快走，走远些。"这说明当时的医生面对瘟疫常常束手无策，只能劝大家远走他乡。

近代预防性疫苗的发明和发展，对传染病的预防和控制起到了决定性作用，大幅提升了人均寿命。

天花是一种古老又可怕的病毒性传染病，病毒源自动物，在农耕时代变异为侵害人类的病毒。染病者的死亡率约1/3，儿童的死亡率甚至高达80%。侥幸存活的人可能会失明，或者皮肤上布满"麻点"。很多地区都有治疗天花病例的记录，但治疗效果不佳。直到1979年，世界卫生组织宣布，侵害人类10 000多年的天花病毒在全球范围内被根除。预防性疫苗是人类赢得这场胜利的关键。

成书于16世纪中国明朝的医书《痘疹心法》，就提到了用种人痘预防天花的方法，这是关于天花疫苗的最早记录。人痘接种术主要是用天花患者的痘痂研粉制成痘苗，少量吹入健康小孩的鼻中，使其感染，小孩痊愈后就获得了天花免疫能力。俄国与土耳其地区很早就采用了人痘接种术。然而，这种方法经常会使接种者感染情况严重，死亡率较高，还容易把病毒传染给他人。

18世纪初，天花肆虐欧洲大陆，人痘接种术由中国和土耳其地区传入欧洲。18世纪末，英国医生爱德华·詹纳注意到，患过牛痘的挤奶工不会感染天花。"是不是感染过牛痘的人就拥有了天花免疫力呢？"詹纳灵光一闪，但这个假设需要验证。

1796年的一天，詹纳在一个男孩的手臂上割了一个小口，然后把从一位挤奶女工手上的牛痘脓疱中取出的物质放在孩子的伤口上。之后，伤口发生感染，男孩略微发烧。三天后，男孩的伤好了，又可以活蹦乱跳地玩耍了。在接下来的几个月，他又给这个孩子种了两次天花痘，但都没有任何感染的迹象。这说明，自第一次接种牛痘后，这个男孩就已经获得了天花免疫力。

于是，詹纳一边在英国乡村说服人们种牛痘，一边总结经验并改善疫苗和注射流程，于1798年完成了《关于牛痘预防接种的原因与后果的调查》。然而，他向英国皇家学会提交的学术报告并未立刻得到认可，民间也议论纷纷。

1800年，英国皇家海军舰队全体官兵接种了牛痘，一年后无人感染天花。两年后，在大量的事实面前，英国科学界终于认可了牛痘接种术。牛痘接种术比人痘接种术更安全、副作用更小，产生抗体更快，抗天花感染力更强，接种者不会传染他人。1840年后，英国开始全面推行牛痘接种术，人痘接种术退出历史舞台。

法国微生物学家路易斯·巴斯德是近代微生物学的奠基人。他提出了细菌致病、致腐坏的观点，还发明了狂犬病疫苗和巴氏消毒法。

受巴斯德的启发，德国医生和细菌学家罗伯特·科赫系统地研究了细菌和传染病之间的关系，认为细菌是导致传染病的主要原因。他特别关注炭疽病、霍乱和肺部疾病，并发现了这些病症的致病菌，这对相关疫苗的发明至关重要。1905年，他获得了诺贝尔生理学或医学奖，可谓实至名归。

巴斯德去世后，1901年，诺贝尔奖开始颁发，首届生理学或医学奖颁给了发明白喉疫苗的德国科学家埃米尔·阿道夫·贝林。至今，科学家已经研发成功了几十种预防性疫苗。微生物学之父巴斯德若地下有知，应该为自己开创的科学事业拯救了这么多人的生命而备感欣慰。

第二项预防传染病并对人类生命健康起到重要作用的重大发明是抗生素。

对欧洲人来说，中世纪横行肆虐的黑死病至今仍是一场噩梦。据后来的医学专家分析，这类瘟疫可能主要是几种鼠疫的混合，流行快，感染者发病死亡快，而且死亡率超过50%，有些类型的鼠疫致死率甚至接近100%。

关于欧洲14世纪黑死病的记录详细而恐怖。这场开始于意大利的大瘟疫，在几年内就传遍欧洲，造成2 500万人死亡，占当时欧洲总人口的1/3。

鼠疫是一种自然疫源性烈性传染病，传播媒介是鼠蚤，它们咬人后就会把细菌植入人体，造成人体的激烈甚至致命的反应。在降低这种疾病的死亡率方面，抗生素的发明功不可没。

古代的医学著作中不乏关于用长了霉菌的食物解毒消炎的记载，比如欧洲人制作的带有青霉菌的蓝纹奶酪。19世纪欧洲的一些研究者发现，这些蓝纹奶酪很难再被其他细菌致腐，或许是因为其中的青霉菌有抗菌作用。

1928年，英国细菌学家亚历山大·弗莱明率先证明青霉菌培养液中的某种物质有杀菌效果，英国科学家霍华德·弗洛里和恩斯特·钱恩改进了提纯技术，并证明这种物质——青霉素可以用来治疗病人。1945年弗莱明、弗洛里和钱恩共同获得诺贝尔奖。

人们从1928年开始使用多种方法提取青霉素，但产量很小。"二战"末期，美国辉瑞公司的科学家首先提出采取发酵技术生产青霉素，在辉瑞、礼来、美国默克等制药公司的努力下，"二战"后青霉素产量大大提高。

1945年，英国杰出的女化学家多萝西·霍奇金制作了青霉素的分子结构三维模型，并于1964年因利用X射线技术对生化物质结构的解析工作而获得诺贝尔化学奖。1957年，美国化学家约翰·克拉克·希恩找到了人工合成青霉素的办法，他发现的合成中间体对合成其他多种类型的青霉素至关重要。随后，其他类型的抗生素，比如链霉素、四环素等也陆续进入市场，救治受病菌感染的各类患者，大幅降低了鼠疫、肺结核等传染病和细菌感染的致死率。

除疫苗、抗生素外，杀菌消毒是第三项降低死亡率、提高人均寿命和改善生活质量的重大发明。

　　消毒工作不仅对减少医院环境中的交叉感染、降低术后死亡率来说非常重要，对提高公共卫生水平和抑制传染病的流行也很重要。传统的一些消毒方法，比如用酒精、石灰等消毒，效果有限。关键的转折发生在巴斯德对微生物和细菌的研究之后，他揭示出食物腐坏和许多疾病都是由微生物引起的，并提出了一些解决方法，其中之一就是巴氏消毒法，至今仍广泛应用于牛奶、啤酒等食品的生产过程。

　　巴斯德的研究结果启发了英国外科医生约瑟夫·李斯特，后者对手术过程的消毒措施进行了完善。李斯特发现，用苯酚（石炭酸）作为手术工具和伤口的消毒液，可以显著降低术后死亡率。1867年，他在《柳叶刀》上发表的一篇论文中给出了一组数据：未用苯酚消毒的术后感染死亡率约为46%，而采用苯酚消毒可将术后死亡率降低至15%。20世纪初，以他的名字命名的英国李斯特预防医学研究所，成为医学统计学的重要研究基地。

　　罗伯特·科赫对化学杀菌剂功效的研究证明，苯酚只能抑制细菌繁殖而不能杀死细菌，这开启了更高效杀菌剂的发明过程。

　　如今，用于食品、饮用水的多种杀菌剂保护着人们不受有害菌的入侵。不过，在抗生素和杀菌剂不断发展的同时，细菌也在变异和演化。过度使用抗生素可能导致现有的抗生素对新细菌无效，人类与细菌之间的斗争仍在继续。

　　第四项大幅度提高人类存活率与人均

图6-2　李斯特用过的苯酚消毒喷雾器，现收藏于英国格拉斯哥大学亨特博物馆

图片来源：作者摄。

寿命的是婴儿保温箱。

婴儿死亡率对人均寿命的影响很大。婴儿死亡的主要原因在于,新生儿体重轻、抵抗力低,特别是早产儿。婴儿保温箱发明于1860年,但直到1880年法国医生艾蒂安·史蒂法纳·塔纳尔才率先在医院里使用婴儿保温箱。该产品不仅可以帮助新生儿保持体温,也改善了卫生条件,防止婴儿受到病菌侵害,让婴儿死亡率下降了约30%。

18世纪以来的一系列医疗技术方面的发明和应用,使欧洲的人均寿命从1800年的不到40岁增长到今天的80岁以上,也使世界人均寿命大幅提升,目前已超过71岁。

确定药物的有效性和有效成分

自从统计和盲试方法应用于医疗领域,医生就可以比较客观地确定庞杂的传统药物的有效性了。18世纪下半叶以来,这是医学的重点研究领域之一,目前这项工作仍在继续。

公元前5世纪希波克拉底就指出,服用柳树皮和叶的提取物有助于解热镇痛。1763年,英国牛津大学的爱德华·斯通发现,这种提取物的有效成分是水杨酸,但它对胃刺激较大。1897年,德国拜耳公司的化学家菲利克斯·霍夫曼把水杨酸转变为乙酰水杨酸,既保留了水杨酸的疗效,也减小了它对胃的伤害。拜耳公司于1899年将乙酰水杨酸命名为"阿司匹林",并投入市场。很快,阿司匹林就成了世界上最畅销的药物之一。

在过去的100多年中,科学家确立了研制药品的有效流程,可归纳如下(见图6-3)。

图6-3　药品的研制流程

　　一旦发现和确定了药物的有效成分及提纯方法，就可以从动植物中提取相关成分并制造剂量精准的药品了。由于天然原材料成本较高，制造方法也比较复杂，药品价格往往较高。这促使科学家进一步研究有效物质的化学结构，发明相应的合成方法。只有这样，才可能利用便宜的原材料进行大规模生产，进而推广至全世界。诺贝尔生理学或医学奖、诺贝尔化学奖中有相当一部分就是颁给发现药物的有效成分及其结构的科学家的。

　　1921年，弗雷德里克·班廷与约翰·麦克劳德首次从哺乳动物体内成功提取出胰岛素，并用它来治疗糖尿病，他们俩于1923年获得诺贝尔奖。

　　中国科学家屠呦呦于2015年获得诺贝尔生理学或医学奖，她也是从传统医药中发现并提取出有效成分的杰出代表。基于1 000多年前葛洪的医书《肘后方》中用青蒿治疟疾的药方和"绞取汁服用"的提示，屠呦呦发现青蒿的有效成分是青蒿素。

　　从"呦呦鹿鸣，食野之蒿。我有嘉宾，德音孔昭"的优美诗篇，到东晋名医葛洪，再到屠呦呦及其团队运用科学的方法找到青蒿治疟疾的有效成分，这是一个中国医生和科学家接力式地为人类做贡献的故事，悠长而精彩。

　　屠呦呦获奖后，一些国人为这项成果早期没有申请专利"赚大钱"而感到遗憾。事实上，这项工作分为两部分：一是发现青蒿素是治疗疟疾的有效成分，这属于科学；二是提取青蒿素，以及将其制成能用于治疗的药物，这属于技术。属于科学的部分不能申请专利，只有属于技术的部分才可以申请专利。

我们知道，世界上受疟疾之害的大都是欠发达国家及地区的人，能够让这么多人受益，其意义远大于从一个 1 000 多年前的药方中赚取商业利润。对民族和国家来说，善心善举才是真正的软实力。

被诺贝尔奖忽略的诊疗仪器发明家

在有外科传统的西方国家，使用工具协助诊断和治疗疾病的历史非常悠久。欧洲工业革命时期，很多传统的医疗工具得到改良，很多新工具也在这一时期被发明出来，例如体温计、听诊器、注射器等。这些工具可以帮助医生获得更精准的患者数据，并为他们提供有效的治疗方法。诊断仪器方面的突破性创新大多发生在20世纪，这与科学的进步息息相关。

让我们先来认识一下1895年发现X射线的德国科学家威廉·伦琴。他以自己妻子的手为对象，拍了历史上的第一张X光片。伦琴意识到这项可以进行人体透视的技术对医学的重大意义，并迅速发表了相关论文。这是现在常见于各大医院的X光机的起点，也是放射医学的起点。今天地铁站、机场等公共场所使用的X光安检机，是科学推动技术创新的一个完美案例。伦琴于1901年获得首届诺贝尔物理学奖。

20世纪70年代发明磁共振成像扫描仪的雷蒙德·达马迪安则不如伦琴那么走运。他是最早通过磁共振现象对人体进行研究的科学家，1971年在著名期刊《科学》上发表学术论文，指出可以用磁共振成像对软组织肿瘤进行体外检测，而这是传统X光机无法做到的。他进一步开发了相关技术并申请了专利，1978年，达马迪安还成立了一家公司专门生产磁共振成像扫描仪。

可能是受到达马迪安的启发，美国科学家保罗·劳特布尔于1973年用另外一种方法获得了第一张磁共振成像影像。英国科学家彼得·曼斯菲尔德开发出一套算法，可以更快更好地分析来自磁共振成像扫描仪的数据。他们二人于2003年获得诺贝尔生理学或医学奖，而首先发现磁共振成像的达马迪安却无缘诺奖。这成为诺奖历史上的一个争议性事件。

图6-4　史上第一张X光片：
伦琴夫人的手

图片来源：公有领域。

关于达马迪安无缘诺奖的原因众说纷纭，最主要的可能有两个：一是他早期提出的磁共振成像技术，迟迟不能得到真正的影像，因此曾被一些人当作骗子；二是有人认为他性格张扬、好斗，他与劳特布尔就谁才是磁共振成像技术的第一发明者争论了很多年。

从时间上看，达马迪安最先发现了重要的成像参数并率先开发出技术，但劳特布尔却是第一位运用该技术得到真正影像的科学家。劳特布尔甚至扬言，宁愿放弃诺奖也不愿与达马迪安分享诺奖。

从另一个角度看，诺贝尔奖委员会不认可达马迪安的成就，何尝不是诺贝尔奖的损失？有其他很多项奖励奖励并记录了达马迪安作为一位伟大创新者的成就。进入21世纪，达马迪安仍然在创新，发明了立式磁共振成像设备。随着时间的流逝，恩怨情仇终将离我们远去。现在全球每年都有许多人借助磁共振成像设备检测身体，达马迪安不会也不应该被历史遗忘。

今天医院里的高科技医疗器械，已经成为医生不可或缺的诊疗工具。

它们不仅可以为临床诊断和治疗提供助力，也是临床医学研究的重要手段。此外，它们也是各大医疗科技公司竞争最激烈的领域。

基因技术、人工智能和医用机器人

毋庸置疑，现代医学也存在很多问题。例如，统计方法一直受到传统医学的诸多批评。毕竟人体千差万别，基于统计结果而下的结论、研发的药物和制订的治疗方案都不够精准。

其实，传统医学秉持的因人因病而治的医疗理念是好的，应该成为现代科学家努力的方向。近几十年来，医学前沿在几个方面同步推进：基因技术、人工智能和医用机器人。每一次进步，都使医疗领域更接近精准医疗的理想。

1976年是基因工程药物元年，这一年的1月17日，刚失业的罗伯特·斯旺森打电话约加州大学旧金山分校分子生物学教授赫伯特·博耶见面。之后，他们俩各出资500美元成立了美国基因泰克公司。

20世纪60年代初，赫伯特·博耶在匹兹堡大学读书，他最崇拜的科学家是弗朗西斯·克里克和詹姆斯·沃森，他们因发现DNA双螺旋结构于1962年获得诺贝尔生理学或医学奖。1976年，博耶已成为基因工程方面的权威专家，而斯旺森只是一个对生物化学技术感兴趣的失业投资人。他们二人一拍即合，共同创立公司，成就了硅谷创业史上的一段佳话。

1978年8月底，基因泰克公司与贝克曼研究所的两位科学家阿瑟·里格斯、板仓圭一合作，合成了人胰岛素，这是生物科学领域的一件大事。1980年10月，基因泰克公司上市，两位创始人立刻成为华尔街热捧的"红人"。1981年，该公司又合成了人生长激素，并应用于儿童生长发育迟缓的治疗。

　　人胰岛素的合成也是一项重要的学术成果，然而，对于基因泰克公司的成功，来自学术界的肯定很少，批评却很多。受到学术界批评的博耶后来不得不离开基因泰克公司，回归学术界。但博耶和斯旺森掀起的基因工程制药大潮正汹涌澎湃地向前推进，如今已成为一个近万亿美元市值的产业，拯救了许多人的生命。

　　进入21世纪后，医疗科技的前沿研究又增加了新亮点，人工智能和医用机器人登上了舞台。先是医疗器械公司制造的传统诊疗仪器增加了智能分析模块，之后基于深度学习和认知计算技术的医疗人工智能系统也问世了，IBM、微软和谷歌等公司纷纷投身于这些新技术的研究。

　　医疗健康科研领域产生了大量的研究成果，每年发表的新论文多达70万篇，支持这些研究的新数据有1 100 TB（太字节），而每位研究人员每年能阅读的论文不超过200篇。IBM的沃森医疗人工智能平台具有强大的学习能力，它阅读了历史上几乎所有的医学论文，并不断阅读新论文，并加以分析和消化，旨在变成超级"医学专家"。目前，该平台与很多地方的医院都建立了合作关系，与医生一起为病人提供远程诊疗方案。

　　另外，各种机器人也在医疗健康领域纷纷亮相。其中直觉外科公司开发并于2000年投放市场的达·芬奇手术机器人是备受瞩目的一款。与人类相比，它有更好的视觉系统和更灵敏精准的手臂，可以提供让医生和病人都更为舒适的手术环境。医生学习操作手术机器人的时间比学习传统外科手术方法要短很多，难度与手术出错率也较低。如今，达·芬奇手术机器人已在很多医院得到使用。

　　互联网搜索巨头谷歌于2013年成立了一家名为"Calico"的生命健康公司，旨在通过大数据、超级计算能力和人工智能实现精准医疗的梦想。

癌症是由基因变异造成的疾病，每人的癌症病情可能都不一样，采用相同的药和治疗方案效果也不会好。Calico公司立足于分析每个人的基因与癌变情况，精准地制订医疗方案，实施个性化治疗。除此之外，Calico公司还想为人类解开长生不老的密码。

建筑是人们为满足安全的需要而发明的。普通人的住房需求驱动的创新大多是微创新，在日积月累中发展。惊世骇俗的建筑创新来自天才，他们的想象力使建筑物从遮风避雨的住所升华为一种超越自我的艺术。

第 7 章　从遮风避雨到艺术史诗

恶劣的自然环境威胁着人类的安全与健康。太冷或太热、虫兽的骚扰或侵害都会导致人生病甚至丧命。于是，人类发明了房子，既可遮风避雨，也可降低死亡率，有助于人口规模和人均寿命的增加。

人类最古老的住所是自然洞穴。约70万年前至20万年前活跃于周口店的北京人就住在山洞里，世界的其他地方也发现了一些更早的人居洞穴。而生活在较为温暖地方的古人类，比如东非大裂谷里的早期智人，很可能住在树上，这样也可以避免很多动物的侵害。

约40万年前生活在欧洲的尼安德特人留下了简陋的人工住所遗迹，这可能是目前发现的最早的"人造房子"。进入农耕社会后，人口增长变快，人们不得不发明新的建筑工具，建造质量更好的房子。这样一来，就出现了房子密集的城市、王国或帝国。

古代建筑可分为两大流派：一是以石头和砖为主要建筑材料的流派，二是以木头为主要建筑材料的流派。这是为什么呢？

简单来说，古代建筑材料的选择、利用及技术创新，与当地的地理环境和气候条件有关。在树木茂盛的地方，人们会更多地利用木材，而在树木少的地方，人们则更多地使用石头和土。一些历史上的文明高地的建筑风格、技术和人才的积淀，对其周边地区的建筑审美、材料和风格均产生了显著影响。

人类文明最早发端于美索不达米亚，那里气候干旱、树木稀少，早期的房子大多用石块和土坯建造，最好的建筑（神庙、宫殿等）则多用石头修建。地中海地区树木也不多，便采纳了砖石结构的建筑风格，并发明了相关的建筑技术。

欧洲大陆的木材很多，欧洲人在新石器时代就开始用木头建房子。但在古希腊、古罗马时期，欧洲大陆还是蛮荒之地，长期仰视地中海的灿烂文明，审美眼光受后者影响很大。当欧洲大陆的经济逐渐发展起来后，教堂、宫殿甚至民房的建造便开始纷纷效仿地中海建筑风格，用石头和砖块建造。

古代中国地域辽阔，有多种多样的地理条件。在干旱且木材缺少的西北地区，土坯房屋较为常见，也有一些石头建筑。而在雨水充沛、草木茂盛的东南地区，则以榫卯结构的木制房屋为主，也有少量土坯房屋。夏商以来，偏东南的中原地区是政治、经济和文化中心，其夯土地基和木质结构的建筑模式，极大地影响了后世的建筑风格。

秦汉时期，中国的政治中心转移到西北的汉中地区，这里的木材供给远不如雨水充沛的东南地区充足，但人们仍然保持了土木建筑模式，地基则使用了更多的石头和砖块。后世历代，中国最华美的建筑多采用这种结构。

建筑物并不只是为了遮风避雨，也是为了满足人们的精神需求，比如，人们为文化或公共活动而投入大量的智慧和金钱创造出美轮美奂的建筑作品，其价值已超越了安全与健康的需求，反映出人类超越自我的追求。

工业革命以来，世界人口规模和城市人口密度都呈现出爆炸性增长趋势。今天，地球陆地（除南极外）的平均人口密度已达到55人/平方千米，很多城市的人口规模达到几千万人，人口密度超过两万人/平方千米，这对城市管理和建筑技术而言都是极大的挑战。天然材料已难以独自担此重任，于是人造建筑材料和高效的新建筑工具被不断发明出来，人类建筑进入摩天大楼时代。

本章将从民居、王宫、宗教建筑、公共建筑和城市等几方面回顾人类建筑技术发展史。

安得广厦千万间

一般认为，旧石器时代的人住在天然洞穴里，农业革命开始后，人类才开始盖房定居，并逐渐建立起村庄。

目前发现的早期人造房屋，大多与农业革命的时间同步。可能的解释是，约13 000年前地球进入温暖的全新世后，世界各地的人口增长加快，天然洞穴越来越难以满足居住需求，因此，因地制宜建造房屋就成为人们不约而同的行动。之后，人造房屋越来越多。人们还发明了一些新技术，建造了各种更牢固的房屋，留存至今，成为今天的考古发现。

在农业革命发端最早的两河流域，考古学家发现了少量1万多年前用石头垒砌的住房。这些地方干旱炎热，树木较少，石材是主要的建筑材料。当地人逐渐掌握了加工石料和垒砌石头房屋的技术，有的沿用至今。

早期房屋有的是半地穴式的，一半在地下一半在地上。例如，土耳其安纳托利亚高原中部的科尼亚附近有一个本库可路（Boncuklu）遗址，考古学家在那里发现了约10 500年前的新石器时代早期的村庄，四十几个独立的小房子都是半地穴式圆形土坯屋。

英国利物浦大学教授道格拉斯·贝尔德是该考古项目的主要负责人。他说，这里的人有把逝去的亲人埋葬在居所地下的风俗。他们的生活融合了采集狩猎和农耕两种方式，既在科尼亚平原上耕地种麦子，也采摘野生植物和打猎捕鱼。

在这里住了大约1 000年后，他们又移居到10千米以外的另一个聚落——加泰土丘。新聚落房屋采用的建筑技术与原来差不多，但房子的形状变成了方形，村落布局更加密集，人口规模达到数千人。

图7-1　土耳其本库可路遗址（复原后的住房）

图片来源：作者摄。

中国华北和西北地区发现的新石器时代的遗址中也可见半地穴式土坯房屋，比如仰韶文化遗址。窑洞式房屋在那里也很常见，即从山边向里打洞，这是人模仿天然洞穴而构建的住所。这种住房具有冬暖夏凉的特性，但通风性和透光性都较差。

中国北方冬天的寒冷天气对人们来说是个大问题，为此人们发明了相关技术让房屋更暖和，比如火炕。

在湿热的地方，蛇虫较多，时常侵袭人们的住所，加上树木茂盛，建造干栏式房屋更加合适。这种房子的基本框架是用树干搭出来的，并用榫卯和藤条加固木柱、木板，地板离地几尺，可避免地下的潮气和蛇虫。考古学家在位于中国浙江的河姆渡遗址发现了目前已知最古老的干栏房屋村落，距今约 7 000 年。这是一个几百人的聚落，都是大房子、通铺。中国南方和东南亚地区的很多农村至今仍然有人居住在干栏式房屋里，但都是以家庭为单位居住。

图7–2　河姆渡遗址建筑复原

图片来源：作者摄。

中国民居建筑发展的巅峰出现在明朝，其中最出色的代表作品是苏州园林。河姆渡人的后代在几千年间不断改进技术，到明朝时建造的榫卯结构的园林已达到登峰造极的水平，惊艳世界。明清时期江南一带留下了大量园林式建筑，比如苏州拙政园和耦园等。

砖和水泥的发明在建筑史上是里程碑事件。最早的火烧砖建筑，见于四五千年前印度河流域的文明城市遗址。这些城市遗址规模宏大，布

图7-3　苏州耦园

图片来源：作者摄。

局与现代城市相近，拥有完善的下水道系统。最早的水泥出现于约8 500
年前的地中海地区的纳巴泰人遗址，3 000多年前留下的古埃及建筑使用
了改良配方的混凝土，里面加了火山灰，防水性更好。公元前几百年，
古罗马人进一步改良了水泥配方，提升了黏合力和耐久性，留下了大量
的砖石水泥建筑。

　　之后的2 000多年里，水泥、砖和石头的加工技术一直在改进，应用
也越来越广泛。砖、石、水泥材料的民居建筑的巅峰之作，是中世纪遍
布欧洲的贵族城堡，它们主要追求安全性，突出防御功能，反映了当时
战争频发的状况。这些城堡工艺精良、坚固耐用，保存至今，成为一道
亮丽的风景。19世纪初，英国人发明了硅酸盐水泥（亦称波特兰水泥），
令水泥价格大幅降低，质量大幅提升，既可做黏合剂，也可直接用作修
房筑路的建材。现在，砖和水泥仍然是民居的主要建材。

　　技术进步使得世界各地人民的居住条件有了很大的改善，现代许多
人都居住在坚固的钢筋水泥建筑里，当然也有人栖居在贫民窟中。

体现"王的意志"的宫殿

宫殿是历代统治者生活与办公的场所，本节中我们将其统称为"王"和"宫殿"。拥有至高权力的王是推动建筑技术发展的重要力量之一。其实，除了排场大之外，帝王们对居所的主要需求是安全、舒适。

宫殿建筑设计者的创作空间受制于王的意愿，还需要考虑历史传承，艺术创新的自由度不大。但由于建筑宏伟、规模庞大，很多建筑方面的技术创新都诞生于宫殿建筑过程中。比如，宫殿的排水、送水、取暖等系统都比民居要讲究得多。3 000多年前的中国二里头时期的简陋宫殿，以及两河流域和古埃及4 000多年前的王宫，其地下都设有陶制的污水排放管道。2 000多年前古希腊和古罗马的王宫中，排水、送水、取暖系统一应俱全。这些在宫殿建筑中首先采用的新技术逐渐普及开来，最终成为今天普通居民住所的一部分。

宫殿建筑精雕细琢、巍峨壮丽，需要技术水平高超的能工巧匠来建造。这些要求对有着丰富园林建筑经验的江南师傅来说并非难事，只是难度和精度略高。擅长木制建筑的苏州香山帮是曾活跃于中国皇家建筑领域的重要工匠群体。

明朝之初，在应天府负责修建皇宫的主要人物是一位来自苏州东山太湖边的木工蒯福，他的儿子蒯祥也跟着他学艺。15世纪初朱棣迁都顺天府，蒯祥也跟去了，成为修建紫禁城的主要负责人。

紫禁城的总设计师是蔡信，他是江苏常州人。紫禁城的整体设计风格与江南房屋基本类似，土基之上是石座或砖台，然后是木构瓦顶建筑。其建造者中有大量的江南师傅和工匠，很多木材和石材（比如太湖石）也都来自江南。可以说，紫禁城是融合了皇家偏好的放大版江南园林。不过，皇家常用的红墙金瓦的搭配，使紫禁城显示出与江南的白墙黛瓦不同的风格。

　　紫禁城内房屋分散，但面积都不大，室内空间最大的太和殿也只能容纳100多人同时向皇帝行礼。这一方面是受限于木料的尺寸（木梁和木柱的大小），另一方面也凸显了皇宫是私宅而非公共场所的定位。即使有大型公共活动（婚庆或丧礼），大部分参与者也都驻足于室外广场。

　　皇族的讲究很多，传统也源远流长。从理念上说，作为天子居所的紫禁城必须考虑"天人合一"，以天子为中心、以礼制为准则进行设计。从布局上看，紫禁城方方正正，沿中轴线呈对称分布。

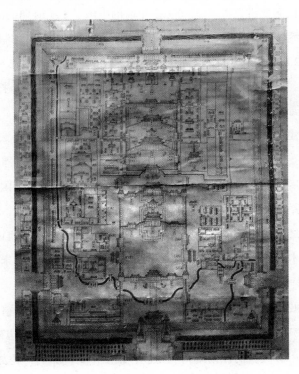

图7-4　明代紫禁城设计示意图

图片来源：作者摄于台北故宫博物院。

　　西亚和欧洲的宫殿多为石砌建筑，这是西方悠久的石制民居传统的延续和升级。建造于3 900年前的赫梯帝国都城哈图沙位于土耳其的安纳托利亚高原，离土耳其首都安卡拉约200千米，这里群山环绕，安全性高。这座城市的建筑材料以石头为主，墙的上层是用干土坯垒砌的，屋顶为木质结构，室内涂抹白石膏。

　　赫梯帝国的27代君王在这里居住了近500年，统治着这个从青铜晚期到铁器早期帝国的广袤疆土。公元前12世纪，赫梯帝国瓦解，原来的王族搬离，哈图沙易主。200年后，这座城市荒芜，被世界遗忘。19世纪末，欧洲人重新发现了这座古城，并在此发掘出一个藏有大量古文献的图书馆。经过100多年的挖掘、文物整理和文字破译，这段尘封的历史重现于世。

图7-5　哈图沙遗址

图片来源：作者摄。

　　欧洲中世纪和文艺复兴时期，各国的王公诸侯纷纷建造宫殿，很多人延续了古代的传统占山为王，在风景秀丽的山巅建造易守难攻的城堡式宫殿。除此之外，这种选择还与当时的欧洲战争频繁有关。他们的地方治理模式以城堡为中心，以城堡里豢养的军队为抓手辐射四周，收税并提供安全保障。城市逐渐发展起来后，很多王宫移至更方便的城市中心，但建筑仍然采用砖石结构，成为各城市的地标性建筑。

国王死后，地上、地下的冥宫也常成为建筑师们施展才华的作品，其中最显赫的帝王墓之一，就是古埃及的金字塔。建造于四五千年前的金字塔，气势恢宏，多由石灰岩巨石块垒砌而成。古埃及法老生前居住的宫殿，也是用巨石和木材建造的。在没有起重机和机动车的几千年前，这些巨石是如何靠人力和畜力运输并堆砌起来的，是人们一直在思索的难题。

目前考古发现的最早的滑轮，是在公元前8世纪由亚述人使用的。据记载，最早的滑轮组是阿基米德发明的，这相当于原始的手动起重机。这个时期还出现了其他与建筑有关的机械装置，比如齿轮、绞盘、链条传动装置等，它们都需要以人力或畜力驱动。

19世纪，英国人发明了蒸汽起重机和水力起重机。今天人们所使用的起重机以电力或汽油、柴油等作为动力源，可以轻易抬起沉重的物品，为摩天大厦的建造提供了条件。

想象力驰骋的教堂

在建造民宅和宫殿时，建筑师们需要细心琢磨并满足客户的需求。教堂是供奉神的地方，神不会向建筑师提供任何要求。于是，建筑师的创新机会来了。设计教堂时，建筑师充分发挥自己的想象力，让教堂成为镶嵌在建筑史上的珠宝，光彩夺目。

基督教在1世纪发源于罗马的巴勒斯坦行省，刚开始一直受到强大的罗马精英阶层的排斥。传说创立者耶稣基督被杀害后，他的弟子彼得来到罗马城传教，当时的罗马皇帝尼禄认为是彼得引发了罗马大火，便杀死了他。

尽管被官方排斥，但基督教仍然在罗马民间悄悄传播开来。4世纪，君士坦丁大帝成为罗马皇帝。基督教传教士保罗于312年说服他成为基督教教徒，次年君士坦丁大帝便颁布了一道承认基督教为合法且自由的宗教的诏书。

393年，罗马皇帝狄奥多西一世宣布基督教为国教。就这样，从4世纪晚期开始，欧洲各地先后进入了信仰时代，一座座恢宏华丽的教堂拔地而起。

举世闻名的梵蒂冈圣彼得大教堂，是在君士坦丁大帝的支持下于326年开始修建的。16世纪初，教堂重建工作开始，人们经过120年的努力，也投入了无数金钱之后，终于修建起我们看到的圣彼得大教堂。这座教堂的建设，成就了无数文艺复兴时期的艺术家。其中最重要的两位主创分别是米开朗琪罗和贝尼尼。

米开朗琪罗并非教堂的首任设计总监，但他接手设计总监一职时与教皇约定，教皇不得以权力干涉他的设计。米开朗琪罗去世时教堂尚未完工，但后来的建筑师都忠实地遵循了他的设计，最后建成的教堂正是这位伟大艺术家心目中的模样。教堂中央著名的圆形穹顶，既是在向1 000多年前罗马的圆形穹顶建筑风格致敬，也开启了文艺复兴的新篇章。

米开朗琪罗对教堂的内部装潢也做出了很大贡献，例如梵蒂冈西斯廷教堂的穹顶壁画就是米开朗琪罗创作的。《哀悼基督》石雕，是米开朗琪罗为圣彼得大教堂所创作的大理石雕塑作品，每每让参观者观之而心感悲伤。

贝尼尼在教堂主体修建完工后主持室内设计和装饰。他将雕塑、绘画和建筑融为一体，把圣彼得大教堂装潢成一座奢华精美的巴洛克风格的圣殿。每个置身其中的参观者，都会感受到文艺复兴时期群星灿烂的辉煌。

图7-6　梵蒂冈圣彼得大教堂

图片来源：Amy Y. Yu摄。

在欧洲大地上，精美恢宏的教堂并不鲜见，多种艺术风格争奇斗艳，证明了信仰的力量如何激发出艺术家的创造力，如何让平民自愿支持和资助建造这些美轮美奂但没什么实际用途的建筑。

为了精神追求而创造或发明，常会有意想不到的收获。教堂的修建也推动了很多技术的发明和进步，其中最引人瞩目的就是玻璃被用作建筑材料。五彩缤纷的玻璃窗往往是流连于教堂的人们赞叹不已的杰作。

玻璃材料在西方的应用有悠久的历史。5 000多年前，两河流域和古埃及人制作的玻璃珠就是女性喜爱的装饰品。后来玻璃制造工艺逐渐提升，玻璃制品的尺寸越来越大，品种也越来越丰富了。到了古典时代，玻璃瓶等多种玻璃器皿都出现了，还有玻璃磨制而成的凸透镜，当时主要用于聚光生火。

在君士坦丁大帝统治时期的罗马帝国，玻璃偶尔被安装在窗户上。但早期的窗玻璃质量不好，透明度差、不平整，而且十分昂贵，因此很少有人使用。早期建造的欧洲教堂，则大都在墙壁上开空口采光，并不安装玻璃。

欧洲教堂的窗户广泛安装玻璃大约是在 14 世纪。那时欧洲文艺复兴刚刚开始，哥特式教堂惊艳亮相。这种风格的教堂比传统教堂高很多，在工程技术方面达到了中世纪的极限水平。更特别的是，哥特式教堂安装了许多色彩缤纷的玻璃窗，有的还绘有《圣经》中的故事，不识字的教徒可以通过这些绘画直接了解《圣经》。欧洲的教堂建筑从哥特式到后来的巴洛克，再到洛可可等，主要是艺术风格方面的改变，技术方面只是微创新。

11 世纪，德国发明了玻璃吹制法，形成了最初的平板玻璃。这种技术后来被 15 世纪的威尼斯工匠继承。教堂大量使用玻璃，形成了一个较大的玻璃市场，推动了玻璃行业的技术创新和发展，玻璃的透明度、色彩和质量等都在不断进步，生产成本越来越低，普及度越来越高。

玻璃工艺的进步激发了很多人的想象力和灵感，推动了其他玻璃制品的发明。例如，1290 年意大利人发明了可戴式眼镜，经过后来几百年的持续改进，造福了广大视力有问题的人。17 世纪初伽利略将望远镜用于天文学观测，让人们可以更清晰地观测星空，由此引发了科学革命。16 世纪晚期发明的显微镜，让人类看见了细菌、细胞……这些玻璃制品对人类探索世界意义非凡。

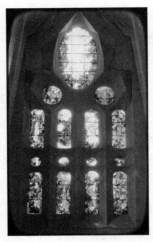

图7-7 西班牙巴塞罗耶圣
　　　家族大教堂的玻璃窗

图片来源：作者摄。

东亚的宗教建筑多为木制建筑。中国的佛教建筑采用了很多宫廷建筑的元素，并加以精简，彼此间差别不大；道教建筑则相对简朴，近乎民居风格。

柬埔寨的吴哥窟讲述了一段始于12世纪的高棉王国的故事。高棉王国国王与臣民信奉的神灵来自印度，吴哥窟的大量精美石雕歌颂了神灵的伟大，记载了惩恶扬善的故事，还"顺便"赞美了国王的丰功伟绩。这些石制宫殿、庙宇和城池的建造，需要大量的人力、物力和技术。

15世纪中期，暹罗军队打败高棉王国，位于柬埔寨腹地的吴哥城从此衰败，吴哥窟也为世人所遗忘。直到19世纪中期，法国人在柬埔寨森林之中发现了这些已沉睡了几百年的宗教遗迹，吴哥窟才再次回到世人眼前。

图7-8　柬埔寨吴哥窟

图片来源：作者摄。

公共建筑

公共建筑自古有之。比如，建于公元前3世纪的亚历山大图书馆是世界上最古老的图书馆之一，可惜在3世纪末毁于战火。

古罗马最令人称奇的公共建筑是公共浴室和厕所，这不仅是罗马人解决基本生理需求的场所，也是他们的社交场所。今天旅游者到意大利罗马城必定会参观的建筑是古罗马斗兽场，这是1世纪的罗马人最主要的娱乐场所，可容纳8万名观众同时观看奴隶和野兽的厮杀。

当18世纪的工业革命在西欧呈摧枯拉朽之势时，建筑领域成为工程师创造发明的乐土。尤其是一些公共建筑，既不受王权的限制，也没有宗教的羁绊，比如博物馆、图书馆、大学、剧院、车站等。

图7-9　古罗马斗兽场遗址，由砖、石和混凝土建成，还使用了大量的铁铰链
图片来源：Amy Y. Yu摄。

20世纪，美国进入了摩天大楼时代。摩天大楼是城市人口规模从农耕时代的百万量级上升为千万量级的最关键的一项发明，用混凝土打地基，用钢筋做骨架，采用砖、玻璃、塑料等多种材料建造而成。这些现代化大楼线条简单，空间利用率高，适合人口规模和密度都日益增加的城市，为商业活动创造了便利的条件和广阔的空间。

1871年美国芝加哥遭遇了一场大火，绝大多数木制房屋都被烧毁，这座城市就成为美国工业革命时代建筑业的第一个试验场。世界上第一幢摩天大楼是10层（后加至12层）的芝加哥家庭保险公司大厦，由建筑师威廉·勒巴隆·詹尼于1883—1885年设计建造，开摩天大楼建造之先河。

之后，摩天大楼在美国遍地开花，比高、比大的竞赛如火如荼。纽约在这轮比赛中战果辉煌，代表作有帝国大厦、洛克菲勒中心等。摩天大楼搭配工业时代的交通、能源和供排水系统，成为世界各地现代化城市的模板。

图7-10　世界上的第一栋摩天大楼——芝加哥家庭保险公司大厦

图片来源：公有领域。

摩天大楼的普及离不开一项发明——避雷针，现代避雷针是由美国科学家本杰明·富兰克林发明的。富兰克林出生于殖民地时期的美国，是美国的开国元勋之一，他的人生经历跨越多个领域和国家，颇为精彩有趣。由于好奇雷电的产生原理，他做了著名的风筝实验，并因此发明了避雷针。法国著名政治家、经济学家杜尔哥评价富兰克林："他从苍天那里取得了雷电，从暴君那里取得了民权。"

与摩天大楼同时期发明的还有其他安全/健康类技术，例如空调系统，该系统有加热、制冷、促进空气流通等功能。现代制冷方法是18世纪后期发展起来的，与化学领域的进步密切相关。1820年，英国科学家、发明家迈克尔·法拉第发现，液氨气化时可使空气冷却，这就是今天的各种制冷系统的基本工作原理。1902年，美国工程师威利斯·开利发明了世界上第一台现代空调，被后人誉为"空调之父"。

摩天大楼内的人口密度和人流量大，这对技术提出了新需求，电梯应运而生。如今我们使用的电梯主要有两种：一是升降电梯，多用于住宅、办公楼和商场。1852年美国发明家伊莱沙·奥的斯发明了世界上第一台安全升降电梯，他创立了奥的斯电梯公司。二是自动扶梯，多用于人流量大的商场，这种电梯于1891年由美国工程师杰西·雷诺发明。

今天，建筑物的节能技术成为科学家、工程师和企业家的关注重点。可令室内冬暖夏凉的保温隔热材料尤为重要，如玻璃纤维、石棉、真空板等。

现代建筑大量使用透光玻璃，而光和热是孪生兄弟。传统玻璃的隔热性能不好，外观漂亮的玻璃大楼夏季室温偏高，仅靠空调降温过于费电。近几十年来多种隔热性能优良的玻璃被发明出来，很好地解决了这个问题，比如镀膜玻璃，隔热玻璃等。

城市和城墙

城市是人口密度增加到一定程度的必然产物，从某种意义上说也可以被称为文明之源。表示文明的英文单词civilization源自拉丁文civis（市民），city（城市）一词也源于此。

城市的兴起和发展有两种基本模式。一是基于特别的自然条件，慢慢演化形成。比如河岸开阔地，用水和交通都便利，于是逐渐发展为辐射周边的商业和手工业中心。二是当权者选择某个地点，举全国之力在该地大兴土木，迁移人口至此，迅速建立起城市。

随着时间的推移，城市规模越来越大。2 000多年前开始修建的罗马古城是古罗马的都城，这里的宫殿、广场、神庙气势恢宏，其他建筑也是无与伦比。

罗马城位于地中海中部亚平宁半岛的拉丁平原上，与地中海东部的发达文明一直有着商业和文化交流，从古希腊人和古埃及人那里学到了很多好东西。1—2世纪是罗马城最繁荣的时期，人口达百万。

罗马城的伟大之处不仅在于有很多漂亮的建筑物，更在于令人印象深刻的基础设施，特别是供水系统、排水系统和道路交通系统。

罗马城内的水源在公元前300多年就已无法满足城市的需求了，时任罗马共和国监察官的阿庇乌斯·克劳狄·卡库斯修建了第一条输水道入城，之后罗马人又修建了10条输水道。供水系统的建设工程浩大，投入了巨大的人力、物力和时间。罗马人把公共供水体系当作城市的核心之一，一代又一代地建设和维护。

罗马城的第一条下水道是公元前5—6世纪由罗马国王塔克文·普里斯库斯下令修建的，全城的排水系统到公元前100年左右全部完成。虽然不同时代采用的技术不同，但大部分都是用混凝土黏合石头和砖砌成。

"条条大路通罗马"，今天这句话常被人们用来形容一件事有很多种可能的解决方案。而在2 000多年前，它描述的是罗马城的道路四通八达。

伟大的城市背后必定有伟大的建筑师。公元前1世纪的罗马工程师维特鲁威，先后为恺撒大帝和奥古斯都服务过。他写作的《建筑十书》总结了古希腊和古罗马时期的建筑创作经验，详细阐述了城市规划、市政建设、建筑工程等多方面的内容，还提到了机械工程的设计。

这部著作成为罗马帝国在其殖民地城市的建筑指南，也成为文艺复兴时期艺术家和工程师的精神食粮，达·芬奇就是维特鲁威的一名崇拜者。直到现在，罗马建筑和城市基础设施还在影响着欧洲及其他地区的建筑风格。

历史上留存至今的著名都城为数不少，其中大部分现在仍是人们聚集和生活的地方。从西汉开始，中国历朝的都城人口规模就名列世界前茅。汉武帝时期长安约有50万人，唐朝时长安人口规模超过百万，清朝光绪年间北京人口也超过百万。今天，中国人口规模超千万的城市有13个。

在漫漫历史长河中，城墙作为一种至关重要的防御工事，多次经历腥风血雨，见证王权更迭。今天，城墙成为游客驻足怀古之处。

目前发现的最古老的城墙位于约旦河畔，它就是大约11 000年前建造的耶利哥城墙。早期聚落的城墙一般比较矮，主要是为了防御野兽而建造的。后来，战争比野兽更危险，城墙的功能便转变为防御敌人。在西方世界，从赫梯帝国的都城到欧洲中世纪的城堡，都建有城墙。

相较而言，西方的城墙主要由砖石修筑而成，墙体较窄；而中国的古城墙多由夯土或土坯修筑而成，墙体宽且厚，直到明朝才出现砖石结构的城墙。

从新石器时代开始，中国的少量聚落也有城墙，例如距今5 000年之久的良渚遗址。此地环境潮湿，城墙宽但不高，很可能以防水功能为主，以防御动物为辅，而非为防御敌人而建造。随着人口密度越来越大，战争越来越多，都城的城墙也越来越高、越来越厚。

在边境修筑长城是古代中国人的一大创举。中国历史上最古老的长城是公元前600年左右开始修建的齐长城，共花了170多年时间，投入了大量人力和物力，总长度为500多千米。

此后，其他诸侯国纷纷效仿齐国在边境修筑长城。秦始皇统一六国之后，征用几十万名民工，对各国原来的长城进行了大规模的修整和连接，形成万里长城的雏形，以抵御北方匈奴的侵犯。长城虽然保护了国家的安宁，但也因为太过劳民伤财，以致民怨沸腾，成为日后秦朝灭亡的一个原因。

汉朝政府继续增修长城，形成了抵御匈奴进犯的完整防线，之后的历朝也把修建长城当作重大的军事防御工程。最后一个大修长城的是明朝，此前长城主要是夯土和土坯结构，明朝时期人们用砖石加固长城的重要部分，并延长为一条东起鸭绿江、西至嘉峪关的坚固防线。

历史上战争的硝烟已散去，今天中国的万里长城成为供世人参观并惊叹于古人智慧的雄伟景观。对拥有几千年城墙历史的中华民族而言，城墙留在人们脑海里的文化印记十分深刻。

图7-11　箭扣长城

图片来源：刘丹女士拍摄，刘竟臣先生提供。

1 000多年前中国发明了黑火药，拉开了火药时代的帷幕。此时的中国有机会携这项技术独步全球，但事实正相反，西方列强和日本舰队却用黑火药打败了清帝国。这究竟是为什么呢？

第8章　黑火药时代的中国与欧洲

安全是动物的共同需求，在敌人环伺的环境下，只有保持警惕才能生存下去。人类既要提防凶猛的天敌，也要提防彼此间的敌意。人和人之间产生矛盾和冲突的原因有很多，除了为生存、争夺地盘和资源而战，也会为了荣誉和情感而战，甚至还会因为不安全感而自相残杀。

为了减少人类之间的冲突和战争，文明社会一直在寻求解决方案。其主要思路有两个：一是构建道德伦理体系，教化民众，或者说使人类文明化；二是优化社会结构和治理方式，减少冲突。

封建国家由帝国统治，既强制性地规范内部人的行为，也组织军事力量共同抗击外敌。后来，精英阶层制定了规则和法律，并以此界定人的行为底线。不同群体的实力相差很大，恃强凌弱的情况经常出现，于是弱小的群体联合起来建立了国家。人类社会就这么一步步地走上了构建国家机器的道路。

国家机器的统治显著减少了人们的滥杀行为，但国家间的对抗和战争却呈愈演愈烈之势。当然，对一个物种来说，同类间的争斗并非全无益处，这是适者生存的自然选择机制，有助于提高整个物种的竞争力。然而，对个人而言，不管是死于杀戮还是战争，都是糟糕的结局。

在这种生存环境下，人们找到的解决方案就是竭尽全力开发更强大的武器。

远古时期，采集狩猎的工具也是人们彼此暴力相向的武器。所以，冷兵器的起源十分悠久，难以追溯。武器随着技术的进步而发展，无论是青铜时代还是铁器时代，新材料都会被用于制造新武器。冷兵器时代中晚期，各群体的武器装备实力差别不大，战争结果大多是"杀敌一千，自伤八百"。

1 000多年前中国发明黑火药，将火药运用在武器上，这是兵器史上划时代的变革。率先掌握先进火器的群体，获得了一个战胜其他群体的千载难逢的机会。在《枪炮、病菌与钢铁》一书中，贾雷德·戴蒙德从地理决定论的视角，阐释了为什么是欧洲人用枪炮打败了美洲人，占领了新大陆。

但是，戴蒙德的理论无法解释为何发明了黑火药且早于欧亚其他大陆地区几百年使用火器的中国，最后却败在他国的枪炮之下。这正是本章要探讨的问题。

黑火药与火器的原创年代

960年，赵匡胤顺应时势建立了宋朝。这位从腥风血雨中走出来的开国皇帝，见证了战争对百姓和国家的危害，同时考虑到政权的稳定性，便用"杯酒释兵权"之法解除了与他一起打天下的将军的兵权，并定下了"重文抑武"的国策。

古人用火烧竹子使之发出爆裂声来驱鬼怪，被称为爆竹。到了宋朝，出现了点燃后会产生烟雾、火光和响声的"爆竹"，深受百姓喜爱。特别是到了重大节日，一些大户人家还会请上"烟花火炮"班子放上一回，街坊邻居都来围观，很是热闹。这种习俗逐渐盛行，每逢除夕春节，爆竹之声通宵不绝。

　　这种新式爆竹是用纸包火药做成的。火药的原材料主要有三种：硝、硫黄和木炭，都可以从自然界直接获取，也是道士炼丹的常用之物。当然，把含杂质的天然材料提纯为优质材料，需要花费很多心思，做大量的实验。

　　道士们混合硝、硫黄和木炭，本意并不是为了发明火药，而是为了给丹药"伏火"，降低丹药的毒性、易燃性和易挥发性。

　　可是，略懂一些化学知识的人都知道，这三种元素混合在一起，不仅与伏火的初衷相去甚远，还会导致火灾和爆炸。因为火药遇火会剧烈燃烧，并产生大量有烟气体和热量。这些气体在密封状态下产生的强大压力会引发爆炸。

　　调整这三种元素的比例，可产生不同强度的爆炸威力。在配方中混入某些元素，则可以产生有毒气体或五彩缤纷的光亮。

　　火药是如何从丹药到烟花爆竹，再到军事应用的，历史文献并没有详细的记录。1044年，经宋仁宗赵祯的核定，大臣曾公亮、丁度编撰的军事著作《武经总要》首次刊行。这是一部以冷兵器和相关军事战略战术为主要内容的书，但也介绍了三种火药配方：火毬火药配方、蒺藜火毬火药配方和毒药烟毬火药配方。虽然这三个配方与后来爆炸威力强的理想黑火药的配方有一定距离，但这暗示人类社会正在开始从冷兵器时代向火器时代过渡。

　　将黑火药应用于武器经历了一个漫长的探索过程。在北宋时期黑火药刚用于军事时，军士们只是用纸包住火药作为燃烧弹，投掷到敌方的车、船、房屋及粮仓之上。南宋时期，宋军和北方少数民族的战争日趋激烈，武器装备也在升级。1132年，一名叫李横的匪首聚集了一群散兵游勇，攻打德安城（今湖北安陆），知府陈规研制并使用一种管形射击火器抗敌，这就是世界军事史上最早的管形火器。宋人后来改进了这种管形火器，制成较短、较粗、火力更强的突火枪。

南宋末年，西北少数民族辽、西夏和金不断向东南挺进，逼近南宋。这些马背上的民族不仅机动能力强，也及时掌握了宋人发明的火器并加以改进。目前发现的最早的金属管形火器是西夏铜火铳，最早的手雷是金国制造的震天雷。

金属管形火器的出现，意味着火药配方的爆炸威力已经大大增强。金属火器耐用、质量好，明显优于纸制和竹制火器。蒙古人将金属火器大量应用于战争，先后征服了金和西夏，并于1279年打败南宋，统一中国。

图8-1　元朝的青铜火炮，制于1332年

图片来源：作者摄于中国国家博物馆。

从火药出现到元朝终结，中国人发明的火器一般为几千克重的小型武器，而少有攻城的大型火炮。这些火器主要有两个用处：一是近距离杀伤敌人；二是毁坏敌军物品。另外，随着蒙古人征服世界的脚步，火药和火器从东亚传播到中亚、西亚和欧洲大陆。

14世纪中期，中原灾荒连连，民不聊生，越来越多的人揭竿而起，入主中原不足百年的元朝已现末日景象。当时，朱元璋的家人几乎全部饿死。据历史学家雷海宗研究，自东汉以来，中国农民就形成了"好男不当兵，好铁不打钉"观念，因此朱元璋宁愿去做乞丐和和尚。可阴差阳错，他加入了起义军，这一年是1352年。

兵荒马乱的年代正为火器创新提供了契机，地雷、水雷以及强大的多级火箭等陆续问世，并被投入战场。

入主中原后的蒙古骑兵在优越的生活条件下逐渐失去骑马射箭的机动优势。而且，蒙古人自身也不擅长制造和发明火器。最终，朱元璋推翻了元朝的统治，于1368年建立明朝。

从宋朝到明朝，中华大地上火器的发明活动很活跃，但并未形成高技术壁垒，很容易学习和模仿，技术也很快传播开来。因此，尽管火器在战争中越来越必不可少，但没有哪一方可以在火器方面占据绝对优势。

当一种划时代的新技术出现后，将这项技术转化为产品一般需要经历以下三个阶段。第一阶段是，优化核心技术，尝试利用这项技术开发出不同产品。在这个阶段，产品数目虽多，但大部分都是基于已有产品设计出来的替代性产品。第二阶段是，改进一些产品，淘汰一些设计，让最优质的新产品脱颖而出，实现规模化生产。第三阶段是，基于核心技术重建崭新的应用场景，增加新技术元素，发明新产品，同时重新设计产品的使用方式，让使用者熟悉新产品。

黑火药发明后的500年里，这项技术在中国走过了第一和第二阶段，然而第三阶段的突破并未在中国发生，火器技术基本上停滞不前。

黑火药在中国的发展历程

15世纪末16世纪初，欧洲人驾驶帆船携带着他们的最新火器和野心来到东亚海岸。一支葡萄牙船队于1514年抵达广东珠江口，希望与中国开展贸易。由于明朝实行禁海令，他们的通商要求没有得到朝廷允准，但他们与中国民间的走私贸易却展开了。明朝政府得知后，立刻下令停止这些贸易。

1521年，嘉靖皇帝继位，不仅颁发了更严苛的通商禁令，还下旨驱逐葡萄牙人。当时葡萄牙人占领了屯门岛，而且船坚炮利。于是，广东水师和葡萄牙舰队的战争爆发了，史称"屯门海战"。

当时中方的将领是汪鋐，他领导的明军在人数和舰船数量上远超葡萄牙，但在火器方面却落后于葡萄牙。于是，汪鋐想办法弄来了先进的葡萄牙佛朗机炮，并成功仿制，屯门海战以中方大胜告终。

明嘉靖年间从西方经日本传入中国的另一种火器是火绳枪，也叫鸟铳，这是一种小型轻便武器，比中国传统的手铳更好用，也更精准。明朝官员范景文曾在《师律》文中描述说："后手不用弃把点火，则不摇动，故十发有八九中，即飞鸟之在林，皆可射落，因是得名。"

明朝抗倭名将戚继光在他的军队中大量使用火绳枪，还把火炮改进为虎蹲炮以适应移动作战的需要。新武器必须配合新的作战方法才能达到最佳效果，火绳枪装弹药很慢（约两分钟发一枪），于是戚继光特别训练士兵分组轮流射击。

明末的恶劣气候导致多地粮食歉收、蝗灾四起。在这种情况下，灾民们为了生存揭竿而起，就是不得已的选择了。

在了解洋人及其科技的股肱之臣徐光启的极力主张下，明朝从欧洲引进了当时最先进的红夷大炮，对其设计加以改进后再批量制造，成为明军防卫的主要火力。但起义军实在太多，即使先进的火炮也抵挡不住。最终李自成领导的起义军于1644年占领北京，明朝灭亡。

与以往改朝换代时一样，混乱的局势也是北方游牧民族南下的好机会。这时北方最强大的民族是女真族，他们是金人的后代。1636年，皇太极改后金国号为大清。

女真人知道火器在战争中的重要性，他们努力学习并掌握最新的火器技术，从投降的汉人中寻找能工巧匠制造火器，终于补上了这个短板。清军于1644年入关，打败李自成军队，攻占北京。

清军虽然打败了以火器见长的汉人而赢得天下，但天下慢慢平定后，清廷对火器便不再那么重视了。清朝的疆域面积在鼎盛时期达1 316万平方千米，仅次于元代。在这种情况下，"刀枪入库，马放南山"，享受太平盛世，也是人之常情。所以，在18世纪中期之后，清朝在火器方面少有技术创新，已经跟不上欧洲人的脚步了。

与此同时，欧洲人的枪炮创新步伐却在不断加快。19世纪40年代，当英国的铁甲战舰来到中国海岸之时，其火炮之强劲、舰船之快速和坚固，已经超出了清朝的想象。第一次鸦片战争爆发，清军的惨败战况震惊了清朝的文武官员，但这并没有让朝廷惊醒。在统治者眼中，割地赔款似乎无伤国本。但在接下来的几十年中，欧洲列强对清政府的要求越来越多，谈不拢就是一场战争。

北京通州有一座石拱桥，名叫八里桥。八里桥桥体是砖石结构，护栏的石柱上有雕刻精美的石狮子。1860年9月，清军和英法联军的一场战斗在这里打响了，这是决定第二次鸦片战争结局的关键一役。

清军由僧格林沁率领，兵力约五六万人。清军所用武器既有冷兵器也有热兵器，其中火器主要是自制的火绳枪、少量滑膛枪和火炮。此时清军的火器装备与明末清初相比差别不大，而那些使用火器的士兵的实战经验远不如几百年前的明军。

英法联军的总指挥是法国人孟托班，将士约8 000人。他们使用的大多是燧发枪、火帽枪，以及火力猛、准头好、射程长的滑膛炮、榴弹炮和野战炮。而且，英法军队在欧洲大陆及其他地方参加过多次战争，将士们对各种火器的使用得心应手，战略战术也是匹配最新武器制定的。

清军将士虽然在这次战争中表现得非常勇敢，但结果却是十分惨烈的，死伤人数为1 200人，而英法联军只有5人阵亡，不到50人受伤。

这场战争完全不像一个发明了黑火药的国家在黑火药时代即将结束之时与其他国家的对决，而是冷兵器时代的将士向黑火药时代发起的最后冲锋。胜利后的英法联军进入北京城，肆意抢掠，火烧圆明园。清政府面临着新一轮的割地赔款和签订不平等条约。

如果说第一次鸦片战争时清政府因离前线太远而未受震动，那么这一次无论如何也该痛定思痛了。但可惜的是，洋务运动开展了30多年，最后仍以失败告终。1884年，法国化学家发明了无烟火药。1894年黑火药时代的最后一战——甲午战争爆发。双方都用上了各自拥有的最先进的火器和战舰，但最终还是清军失败了。

1911年10月，辛亥革命爆发。清内阁总理大臣袁世凯趁机逼清帝退位，并于1912年当上中华民国临时大总统。统治中国200多年的清朝自此终结，在中国延续了2 000多年的帝制也落下了帷幕。

回忆晚清时期中国的一次又一次战败，令很多人不解的是：为什么中国先于世界其他地方几百年发明了黑火药和火器，却没有将此优势发扬光大？在回答这个问题之前，我们先回顾一下黑火药在欧洲的历程。

黑火药在欧洲的发展历程

中世纪的欧洲战场是骑士的天下，特别是那些骑着高头大马、身穿精良盔甲的重装骑兵，他们身配短剑、手持标枪或弓箭，威风凛凛，被誉为移动的堡垒。骑士们可以单兵作战，也可以组成骑士军团，为雇用他们的贵族或国家冲锋陷阵。

13 至 14 世纪，蒙古轻骑兵横扫欧亚大陆，令欧洲的重装骑兵难以招架。而这个时期从中国传入欧洲的黑火药和火器却在未来几百年内让欧洲大地硝烟滚滚，并终结了欧洲的骑士时代。

目前学界发现，欧洲最早的黑火药记录出现于 14 世纪初，但关于黑火药如何传入欧洲仍然有很多争议。第一种可能是，蒙古人攻打东欧时带来了相关技术。第二种可能是，当时与元朝来往密切的阿拉伯人先把黑火药技术带到他们占领的地区，包括欧洲的伊比利亚半岛，再传播至欧洲其他地方。第三种可能是，当时掌控着欧亚大陆贸易的阿拉伯商人把黑火药传给了威尼斯商人，之后慢慢在欧洲传播开来。

欧洲人在火器方面的创造发明是从 14 世纪中晚期开始的，此时距离中国人把硝、硫黄和木炭等元素混合起来已过了 500 多年，距离中国最早的黑火药配方已过了 300 多年。可以说，欧洲人在这方面站在了巨人的肩膀之上。欧洲火器技术进步的主要方向有两个：一是研发更大、更猛烈、更精准的炮；二是研发更好用、射程更远、更精准的枪。

现在看来，这是两个很平常也很合理的技术发展方向，但在黑火药的故乡中国，虽然黑火药技术先行了几百年时间，却并没有出现大炮技术的发展趋势。一些学者在研究了中世纪欧洲和中国的防御体系后发现，中世纪欧洲的城墙都是由水泥黏合砖石建成，一般厚度为 2~3 米，只能抵挡骑士的刀箭和抛石机的攻打。黑火药进入欧洲后，攻城者研发了几十年，大炮的威力便足以击垮这些城墙。

欧洲目前发现的使用大炮攻城的最早记录是，1377 年勃艮第公爵菲利普二世锻造了一门约一吨重的大炮，轻而易举地击垮宿敌的城墙。这时的大炮其实就是用火药驱动的"投石机"，使用的仍然是石弹。几十年后，更小、更重也较易批量生产的铁球或铅球才被用作炮弹。

中国在明朝之前，城墙都是夯土或土坯墙，一般墙根处厚 30 米左右，顶部厚度为10~20米。明朝时期，有一部分城墙在土墙外加了砖石，也有了一些全砖石的城墙。夯土墙可以很好地耗散外部施加的冲击力，无论是投石机还是一般火炮都很难损毁它。西方人研制的大炮直到16世纪末才能对这种厚土墙造成破坏效果。

人类在战争中的技术投入，基本上都聚焦于短期即可解决的问题。如果挑战太大、花费的金钱和时间太多，就必须另想他法，几乎不可能开展马拉松式的研发。从城墙的厚度和建材的角度解释中国为何没有开发和发展大炮技术，具有一定的合理性。

欧洲的大炮问世后，城市的防御技术也必须升级。文艺复兴后期的欧洲城墙不仅建造得越来越厚，而且有的砖石城墙内还会夹一层夯土墙，以对抗炮弹的冲击力。欧洲人还设计和建造了形状比较特别的星之堡垒，士兵可在城墙上对来犯之敌形成交叉火力攻击。就这样，攻击和防御的技术水平呈交替上升之势。

1480年左右，欧洲的加农炮在口径和长度比例、火药配方等方面已经大大优化了。在接下来的两百多年里，欧洲人主要致力于提升大炮的

图8-2　上方图片所示的古炮现收藏于葡萄牙里斯本国家海事博物馆，是一尊
　　　　铸造于15世纪中期的船用大炮

图片来源：作者摄于里斯本。

机动灵活性，使其更便于野战和舰载，还加上了一些有助于增加精准性和增加射程的仪表装置。

17世纪中期改革之后，瑞典人在国王古斯塔夫·阿道夫的领导下，发明了蒙皮炮，也叫团属炮或三磅炮。之后的100多年里，大炮的杀伤力越来越大，射程远，精准度高，发射速度也越来越快。此时的欧洲已基本告别冷兵器时代，全面进入黑火药时代。

图8-3　收藏于英国苏格兰爱丁堡城堡的古炮，被称为Mons Meg，于1449年
　　　　由勃艮第王铸造，1454年作为礼物被赠予苏格兰王，常用作礼炮

图片来源：作者摄。

在小型火器方面，欧洲在14世纪基本都在学习和模仿中国和中东。15世纪初，欧洲在这方面也开始了自己的独立创新，他们的第一项重大发明是火绳枪。目前有关火绳枪最早的记录出现于西班牙、葡萄牙，与大航海时代开始的时间和地点都比较吻合。这种枪在造型上有点儿像现代的步枪，使用者需要点燃火绳来引燃枪膛里的火药，然后枪会发射出石丸或铁丸等"子弹"。在易用性、精准性和射程等方面，火绳枪比中国的火枪、阿拉伯的"马达法"手炮都有显著进步。

之后，欧洲人进一步改善了火枪的装药、枪膛、瞄准及触发等多个方面。16世纪中期发明、17世纪发展完善的燧发枪是欧洲在火器方面取得的另一项重大进展，相较火绳枪，燧发枪去掉了火绳而采用打火装置点火的方式点燃火药，将子弹发射出去。枪也变得更轻巧，还增加了瞄准装置。19世纪初，得益于雷管的发明，主流步枪已经升级为采用整装弹夹的击发枪。

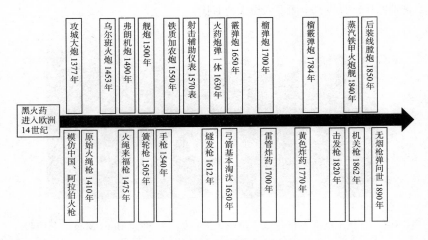

图8-4　火器在欧洲的发展历程

回顾黑火药从进入欧洲到完成其历史使命的600多年，整个欧洲的政治版图发生了极大的变化，并且涌现出好几个世界强国。在推动黑火药技术的发展方面，除了野心勃勃争夺地盘的政治或军事力量，还有几股值得强调的力量。

通过制造和销售军火赚钱的企业家（包括军火商）是第一股重要力量。中世纪欧洲尚未形成现代国家的概念，对自由民来说，选择效忠谁是他们的自由。文艺复兴时期与欧洲资本主义的萌芽和发展同期，越来越多的人注重追求财富。于是，不少军火制造商同时把武器炮弹卖给交战双方。

经过几百年的积累，欧洲不仅出现了由国家控制的军工产业，也产生了大量私人军工产业，比如建于1812年的德国克虏伯公司、英国阿姆斯特朗军工厂等。这些企业在推动武器装备技术创新方面成就卓著，成为重工业发展的重要基础，在和平时期则会自动转向民用领域。后起之秀的美国军工产业借鉴了欧洲的很多做法，战争时期政府会直接主导军工研发，在和平时期，军工企业则以私营为主，政府基本上只是军工产品和服务的购买者。

第二股力量是研究弹道学的科学家。抛物线问题早在古希腊时期就有人开始思考了，但那时的理论和实验都很单薄。16世纪中期，欧洲科学革命开始以来，火炮弹道很快就成为让科学家感兴趣的实际问题。意大利科学家伽利略通过对被抛物体所受力和运动进行分解，证明了抛物运动的规律。他在1638年秘密出版的《关于两门新科学的对话》一书中，专门介绍了关于抛物运动的研究。在不考虑空气阻力的情况下，他推算出当炮弹射出的仰角为45度时，它的射程最远。这个结论在炮弹速度不快的情况下，与观测结果一致。

随着火炮技术不断进步，炮弹的飞行速度越来越快，空气阻力就不能再忽略了。英国科学家本杰明·罗宾斯及时地解决了这个问题，他于1742年发明了弹道摆原理，第一次提供了弹丸速度测量方法。罗宾斯发现空气阻力对弹道的影响是非线性的，炮弹在空中的飞行距离和轨迹受空气阻力的影响较大。

法国人和德国人在炮术和弹道方面的研究也很有成就，大大提升了军火制造的水准和炮兵的技术能力，为后来的炮弹形状设计（从圆球形变为长尖状）和驱动火药的优化提供了理论依据。

与此同时，法国、英国、德国、瑞士等纷纷建立军事学院。枪炮相关技术、数学和其他一些科学和工程科目，都是军事学院的必修课。新一代学院派军人从此扛起了战争的大旗。日后成为法国皇帝的拿破仑，便是军事学院的优等生，他率领军队横扫欧洲大地。

18—19世纪，欧洲人在化学领域的研究和发明也非常活跃，研制出多种无烟且效力强大的新火药。瑞典人阿尔弗雷德·诺贝尔一生的发明极多，获得的专利中仅炸药就达129种，积累了巨额财富。在他逝世的前一年，他立下遗嘱将自己遗产的大部分（约920万美元）作为基金，设立诺贝尔奖，奖励在物理、化学、生理学或医学、文学和和平方面对人类做出大贡献的人。

中国为什么败于黑火药？

回顾黑火药和火器在中国及欧洲的发展历程之后，我们终于可以回答一个困扰很多人的问题了：中国先于世界数百年发明了黑火药和火器，开启了热兵器时代的大门，为什么最后却败于黑火药？

这个问题暗含了一个基于经验的结论：在某一技术领域具有先发优势的地区，如果在这个领域持续投入研发力量，加强技术优势，拓展应用范围，就有可能长久地保持这项优势，让其他地区难以望其项背。我们在很多技术领域都可见到这种现象。然而，黑火药的故乡却没有保持这种领先优势，一个可能征服世界的宝贵机会就这么失去了。

之所以会出现这种令人扼腕叹息的结果，我认为主要有如下几个原因。

历史传统。中国的农耕民族和游牧民族之间的对抗历时很长，一般来说，游牧民族是进攻方而农耕民族是防守方。进攻方的优势在于移动能力，而防守方靠的是筑造高墙。双方在冷兵器时代就已十分熟悉这种游戏规则了，在如何打击、防守、获利、妥协等方面可以说是形成了默契。火药和火器是农耕民族发明的，早期主要被用于防守，近距离杀死攻城的敌人，后来游牧民族则把火器作为进攻性武器。农耕民族内部的各种势力互相争斗时也会用火器攻击对方，但都局限于历史经验和惯性，没有开发出强大且敏捷的进攻性火器。在战场上决定胜负的，还是传统的战略战术。

应用场景。武器应用必须配合具体的战争需要和战术目标，中国和欧洲的武器应用场景差别较大。关于这一点，有学者指出中世纪欧洲的城墙与中国的城墙有明显差别，并认为这种差别是欧洲发明和发展大炮的关键因素，这种分析很有新意。如果仔细挖掘中国和欧洲的战争场景，一定可以发现更多不同点。这些都会影响当时当地的武器发明和使用。

军事需求。有需求、有应用，技术才会不断进步。中世纪晚期和文艺复兴早期的欧洲，各城邦间争夺地盘的战争频繁发生。加上多次宗教战争，欧洲对武器装备的需求强劲。进入大航海时代后，欧洲内外为抢夺殖民地而发生的战争不断升级，由此形成了一个规模大且长达几百年的需求旺盛的军火市场。而中国在明朝时期则投入了大量资源修筑长城，以图稳固北方边疆。后来虽也发生过一些局部冲突或规模较小的战争，但局势基本上是和平的。明末清初战争激烈，但持续的时间不算长，对火器的需求靠引进欧洲火器即可满足。清军入主中原后，对农耕民族和游牧民族都安抚得不错，维持了相当长时间的和平局面，发展火器技术的需求较弱。

商业利益。追求利润是强大且持续的创新动力之一。古代资源匮乏，强权垄断了社会资源配置，普通人没有什么逐利的机会。资本主义在欧洲文艺复兴时期萌芽，以盈利为目的的军火商人在欧洲的火器发展史上扮演了重要角色，他们推动了火器技术创新。然而，中国的军火制造基本由政府垄断，私造火器会以叛国罪而被满门抄斩。

科学知识。科学的进步为欧洲的枪炮技术的发展提供了知识基础。弹道学、空气动力学、冶金学、机械学、化学等研究，推动着枪炮的持续改进。而中国社会当时倡导的则是以儒学为主的知识体系，对自然的探索大多依靠直觉和经验。虽然西方科学在明末就传入中国，但中国人正视科学是20世纪初的事了。

教育体制。中国重视教育的传统十分悠久，特别是隋朝设立科举制后，小规模的私塾很多，教育的连续性也很好。那时中国教育的目的一是识文断字，二是参加科举考试。与此同时，也形成了一种读书人不当兵的价值观，因此士兵绝大多数都来自社会底层，没什么文化。而欧洲军队一直由贵族领导，军士的社会地位和文化程度较高，一些军事学院也从18世纪开始纷纷建立起来。

工业体系。明朝时期，中、西都处于手工业时代。西方在枪炮上有了什么新发明，明朝的能工巧匠可以很快学习并模仿。然而，自18世纪工业革命开始后，欧洲通过新机器、动力革命告别了手工业时代，逐步建立起完善且复杂的现代工业体系。因此，清朝模仿欧洲枪炮的知识门槛和投资门槛都很高，需要建立一整套与之匹配的工业体系和人才培养体系，难度很大。

20世纪上半叶，告别了黑火药，拥有了威力更强的炸药和枪炮的人类社会，遭遇了两次世界大战，损失异常惨重。第一次世界大战的死亡人数为1 000万，第二次世界大战的总死亡人数达到7 000万。1945年美国在日本投下的两颗原子弹导致几十万人丧生。

幸运的是，人类是拥有同理心和理性的物种。一些学者经研究发现，从远古时代到今天，随着文明的发展，人类越来越倾向于采取和平协商的方式解决争议，而不是轻易发动战争。即使战争不可避免，交战双方也会达成一些约定，比如不杀害无辜民众，不使用大规模杀伤性武器等，好把战争尽量控制在"有限"范围内。

经济发展有助于人们安居乐业，追求理想，从而减少了人们为生存而发生冲突和杀戮的可能性。从18世纪开始，得益于工业革命，欧洲人口总数和人均GDP持续增长。这股现代化的力量在最近100多年里推动世界人口和人均GDP大幅增加。

第二次世界大战结束后，多个主权国家共同成立了联合国这一国际组织，这是一个各国交流沟通、维护全球秩序的平台。几十年来各主要国家之间的战争几乎为零，大国和小国之间的战争也很少。世界享受了一段长时间的和平，把这种和平归功于上述文明的力量并无不妥。

不过，现在世界各个国家和地区之间、人与人之间的贫富差距，不同民族和国家、地区之间的误解与敌意，仍然有可能引发冲突甚至战争。

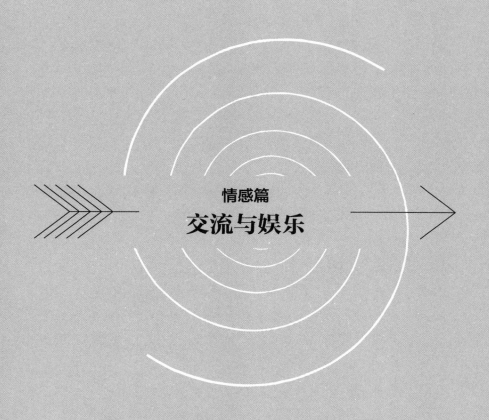

情感篇
交流与娱乐

人类是情感丰富的动物，交流与娱乐既是个人需求，也具有很强的社会性。人的情感需求会使人类社会形成与个人欲望不一样的需求结构，个人甚至会减少或放弃个人欲望去满足社会需求。

对应于这一层次需求的科技创新具有承上启下的作用，显示出强烈的文化和历史属性，使低层级科技创新的目标升华，让高层级的科技创新方向突变。为了满足个人情感和社会交流的需求，人类在物质世界之外创造出一个奇幻无比的信息世界。

如图Ⅲ–1所示，从距今五六千年前开始，世界多地接连发生了一场从0到1的"信息革命"。这场"革命"可分为两个阶段：第一阶段是从5 000多年前到3 000年前，文字、数字等基本文明元素被创造出来。第二阶段是公元前500年到公元300年，纸和书籍被发明出来，数学和计算方法得以改进，还发明了多种娱乐方式。从此，世界上形成了大大小小、特质迥异的古典文明。其中有几大文明成为核心，不断辐射和影响周边地区，发展为今天的文明板块。

印刷机发明后，欧洲的信息交流变得更加活跃，并推动了技术的进一步发展。19世纪电磁学诞生后，这个领域的科技创新进入崭新的境界。近50年来，信息技术发展得更快了，有人认为正在发生一场"信息革

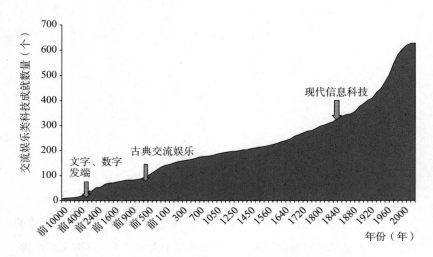

图Ⅲ-1　过去1万多年交流/娱乐类科技的发展趋势图

数据来源：重大科技成就数据库。

命"。但事实上，绝大部分新技术对社会、文化和经济发展而言都只是微创新。这一波信息技术发展能否被称为"革命"，需留待后人评说。

图Ⅲ-2展示了各主要地区的交流/娱乐类科技创新成就在不同时间段的累积数量。中东地区的这类科技创新活动开始于公元前3000年前后，比其他古文明早两三千年，不愧是人类文明的摇篮之一。到公元前8世纪，中东地区的交流/娱乐类科技成就数量占全球总量的60%多。

在人类文明的轴心时代，地中海地区、中国和印度等地在这个领域都很活跃，逐渐接近中东地区。公元元年之后的几百年里，它们在该领域继续发展，中东在人类文明的领先优势进一步减弱。中国自秦汉以后，该领域的创新成就尤其突出，发明了造纸术、雕版印刷术、活字印刷术等大量新技术。从7世纪初（唐朝）到15世纪末（明朝中期）的800年间，中国在该领域取得的科技成就总量超过欧洲。

欧洲人于15世纪中期发明活字印刷机后，欧洲在该领域的科技创新

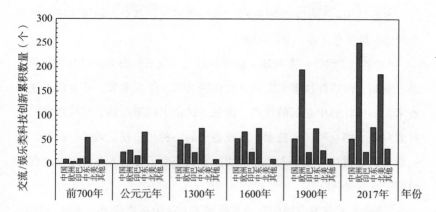

图Ⅲ–2　在过去1万多年中的关键时间点上，各主要地区的交流/娱乐类科技
　　　　成就累积数量

数据来源：重大科技创新数据库。

突飞猛进，赶超中东地区和中国，于17世纪成为这个领域的领先者。进入20世纪，美国接力成为该领域科技创新的领头羊，引领现代信息和娱乐领域的科技发展。

　　换句话说，欧洲与其他文明地区在这个领域拉开差距是从17世纪开始的。截至目前，欧洲在这类科技创新的累积数量中的占比约为40%，北美约占30%。当然，数量不可能反映全部内容。我们也认识到，后世科技创新的重要性与几千年前古人的成就相比，往往不在同一个量级上。人类先做最重要也最容易做的事，古人占了历史性的优势，其科技创新的重要性不可取代。

　　回顾人类文明的历程，我们看见的不仅是信息量的爆发性增长，还可以看见自然和社会知识的种类呈爆炸性增加，从而产生了知识的细分化和专业化。另外，现代社会的识字率远高于古代。未来，被高科技解放出手脚的人类将投入更多的时间和金钱在交流/娱乐领域。

本篇将用4章的篇幅回顾交流/娱乐类科技创新史，包括文字、声音与绘画、数学和计算、通信网络等。

"文字与文明"一章简述了世界各地文字发明的历史，以及后续的记录、复制、传播等技术的发明，比如造纸术、印刷术等，并分析了这些技术在不同社会中起到的作用。该章还讨论了所谓的轴心时代现象，这可能只是书籍这种记录技术的出现造成的一种历史视觉效果。此外，这一章也通过讲述一些小人物的发明故事，证明了普通人在历史的进程中可能引发蝴蝶效应。

"享受性爱与追求娱乐"一章描述了人类为追求情爱、美色、美景、美物以及获得快感而发明的各种技术。这类技术被一些相互矛盾的人类本能驱动，比如繁衍和偷欢、个人欲望和社会约束等，在带给人类快乐的同时，也造成了一些风险。因此，这类技术的发展与社会文化及价值观交织在一起，其中很多在历史上都有争议性。

"数的奇妙之旅与计算革命"一章从算法主义、符号主义和工具主义三个角度，对数和计算的发展历程进行了梳理，并对各主要地区的不同特点进行了比较。如果说世界几大文明在人文方面各有千秋，那么各地的主要差别在于数学。在近几百年的科学、工业和信息革命中，"精准"是必要因素。该章还剖析了今天蓬勃发展的信息技术对人类社会未来的影响，信息技术或许会让人类变得更幸福，但可能不会让人更富有。

通信网络是"从烽烟四起到全球互联"这一章讨论的主要内容。该章选取了几个与通信技术相关的发明故事，管窥人类从古至今的通信连接发展历程。比如，周幽王烽火戏诸侯的故事，电报、电话和互联网技术兴起的故事，以李政道为代表的科学家"种豆得瓜"的奇特故事。

科技创新者最初可能只是为了解决眼前的一个小问题、赚点儿小钱或讨好雇主,却在不经意间进行了影响深远的发明创新。他们犹如一只只轻轻扇动翅膀的蝴蝶,却在远方掀起了风暴,改变了历史的进程。后人在回望历史时,把这些当时的小人物视为伟大的发明家。

第9章 文字与文明

文明是什么?这个问题的答案五花八门,但其最核心的内涵就是信息。其中,文字和各种文字作品是一类重要信息。英国科学家理查德·道金斯把信息的最小可复制单元称为"模因"(meme),与生物"基因"对应。模因可以是想法、行为或风格,模因的横向传播和沿着时间的纵向演化规律,与基因有很大的不同。

基因基本遵循达尔文描述的进化过程,进化法则包括遗传、变异、自然选择、适者生存等。基因的进化速度很慢、自主性较小,外部环境对其的作用更大。因此,整个自然界经过几亿年才进化到今天。

法国博物学家拉马克的进化论比达尔文进化论早半个世纪。他的进化原则特别强调"用进废退"和"获得性遗传",认为代际变化非常明显。由于人们发现生物的进化不符合拉马克进化论,该理论遂被人遗忘。最近几十年,研究文明体系发展规律的一些学者发现,拉马克进化论更适合描述以模因为基础的系统。因为信息的生产者和携带者对信息的横向和纵向传播有很大的影响力,所以模因的进化速度比基因快很多。

自从智人于15万年前拥有说话的能力后,他们就可以通过"言语"来合作狩猎、交流经验以及把知识传授给下一代了。从此,知识的拉马克式进化过程开始，人类走上了一条与其他动物截然不同的发展道路。在走向全球的几万年时间里，人类创造了百花齐放的各种文化。

模因的重要特征之一是一对多的可复制性。在口头传播时代，这种可复制性的规模十分有限，基本上只是一个讲故事的老者和一群听故事的孩子。文字的发明令模因有了具象的表达形式，同时增强了其精准性和可复制性。于是，知识的发展加快，世界分化为不同的文化板块，并有了不同的发展方向。

一系列文字记录技术的发明，对社会和历史而言意义重大。两河流域虽然最早发明了文字，但由于他们使用泥板记录信息，知识是支离破碎的。而在轴心时代，世界多个地方都出现了能够记录完整知识的媒介，使得这个时代的思想家可以留下自己的思想和著作，影响后人。中国造纸术的发明，让记录信息的载体成本降低、更易普及，从而推动了知识的广泛传播。

印刷术的本质是通过复制知识或模因，推动知识的横向传播和纵向传承。印刷术的进步方向是高保真、低成本地大量复制信息，里程碑式的印刷术有雕版印刷术、活字印刷术、印刷机等。造纸术和前两项印刷术，都产生于中国从汉朝到宋朝的1 000年间，这是中华文明的一个黄金时期，对世界文明的影响也十分深远。

历史上的发明有很多，但像文字这样改变了人类历史进程和社会结构的发明则不多。文字发明前后的社会截然不同。文字发明前，人是受个人欲望（或家庭）驱动的孤立个体，受社会影响较小；文字发明后，人的社会性增加，受大人物、思想家的影响变得尤为明显。这也催化了科技创新活动从主要满足个人需求转向主要满足社会需求。

现在世界各地的文明共同体，其主要共同之处就是都有文字。然而，文字恰恰也是不同文明共同体之间的最大不同之处。通过回顾文字的发展历史，也许我们可以从不同的视角重新思考一些基本问题的答案。例如，对文明而言，何谓"连续"或"不连续"？轴心时代现象的本质是什么？欧洲宗教革命和科学革命的支点是什么？

文字的演化和文明的连续性

人类最古老的王国出现在西亚两河流域中下游。公元前4世纪中期，该地的乌鲁克发展为一个拥有几万人口的城市，乌玛国王以乌鲁克城为都城建立了苏美尔王国。

苏美尔人是目前发现的最早的文字发明者，留存至今的最早文字记录是5 000多年前苏美尔人书写在泥板上的楔形文字。

在苏美尔人创造了几千个楔形文字后，出于书写方便的考虑，他们开始对文字进行简化。在距今4 700年到4 500年间，形成了大约600个基本的楔形文字，这是一种抽象化的文字。这套楔形文字被西亚地区的多个王国模仿和使用，直到2世纪才消失，在人类历史上存在了3 000多年。

从西亚沿地中海东岸的叙利亚、约旦和以色列往南走，跨过红海海峡就到了北非的尼罗河流域。自古以来这就是一条人口迁徙、贸易往来和技术交流的通道。尼罗河是古埃及文明的发源地，古埃及的农耕社会始于公元前3500年前后。这里的早期农民应该是来自两河流域的移民，青铜技术也是从两河流域传过来的。大约在公元前3100年，美尼斯统一了上、下埃及，开创了古埃及的第一王朝，定都于孟斐斯城。从此，古埃及文明开始了。

埃及人很早就开始用简单的符号记事，但古埃及圣书体文字最早出现于公元前2900年前后。这是一种由图形文字、音节文字和字母构成的文字体系，最多时约有5 000个字符号，后来被大幅缩减。有人认为古埃及文字可能受到了苏美尔文字的影响，但也有人认为两者差别较大。古埃及文明在第十八王朝达到鼎盛，出现了一批天文、水利和数学等方面的人才，以及医生、占星师等。

印度河流域距离两河流域不算太远，自古以来交流颇多。印度河文明是印度次大陆已知最早的城市文明，在5 000多年前就已有一定规模。公元前2500年到前2000年是印度河文明的鼎盛时期，覆盖130万平方千米的土地。

印度河文明的农耕、手工业、海上和陆地贸易活动都很活跃，度量衡已经标准化。考古学者在这里发现了一些印章，总计有大约600个符号，但还未破解，因此对该地的语言、国家结构、历史和宗教知之甚少。部分学者认为印度河文明时期的当地人是达罗毗荼人，后来雅利安人把这些当地人驱赶到山里和边远地带。达罗毗荼人如今主要分布在印度、巴基斯坦、斯里兰卡。

古代文明一般都根植于强大的农耕社会，但希腊克里特岛的米诺斯文明是个例外。克里特是一个以克里特岛为中心的群岛王国，主要经济活动是手工业和海上贸易，农耕和渔猎只作为辅助。克里特青铜时代始于公元前2500年左右，留下了两种文字：线性文字A目前尚未破解，线性文字B于20世纪50年代被破解。这两种文字都书写在泥板上，属于音节文字。

综上所述，西方文字体系之源是苏美尔人的楔形文字和古埃及圣书体文字，一个重要的转折点是字母文字的产生。公元前2000年左右，闪米特人创造出最初的字母文字。公元前1000年左右，闪米特字母演化为腓尼基字母，并逐渐传播开来，最后淘汰了苏美尔的楔形字和古埃及圣书体文字。

字母文字中最成功的一支即源自腓尼基字母。古希腊人在公元前800年左右改用腓尼基字母，后来的拉丁字母、希伯来字母、阿拉伯字母等很多文字体系都属于这个谱系。

现代计算机语言也是在腓尼基字母谱系的基础上发展起来的，当然它还包含了大量的数学符号。

我们再来看看中国文字的发展历程。考古学家在中国河南贾湖遗址出土的龟甲陶器等文物上发现了十几个契刻符号。后来出土的一些新石器时代遗址的陶器等物品上也可见类似的符号，这些符号被视为中国最早的文字雏形。中原地区最早进入青铜时代的是河南洛阳附近的二里头文化，时间大概是公元前1750年到公元前1530年。这里仍然只有刻画符号，没有完整的文字。

中国最古老的一种成熟文字——甲骨文出现于商朝武丁王时期，距今约有3 300年的历史，最早出土于河南安阳殷墟。从新石器时代的零星符号到像殷商甲骨文这么成熟的文字体系，其间缺少像西方文字那样完整的演化过程。这就留下了一道未解之谜：中国的文字是本土发明还是来自外域？

一种可能是，商朝人从某种渠道获知了外域（比如古埃及或古巴比伦）的造字规则，并根据自己的具体需求发明了文字。另一种可能是，文字在中国已经发展了很长时间，但一直书写在容易腐烂的树皮、树叶上，直到商朝才改为在龟甲、牛骨之上，得以流传至今。当然，也许还有其他可能性。

图9–1 殷墟出土的刻有
甲骨文的龟甲

图片来源：作者摄于
河南安阳中国文字博物馆。

甲骨文之后的汉字发展路径就清晰明了了。周朝沿用了殷商文字，春秋战国时期汉字逐渐向各诸侯国传播，在这个过程中汉字发生了些变化，各诸侯国的文字异形情况明显。到秦统一各国之后，"书同文"政策再次把各种汉字统一为秦国的小篆，这对中华文化共同体的形成与发展至关重要。

秦始皇在推行"书同文"的过程中，又采纳了程邈整理的隶书，这是在篆书的基础上为适应书写便捷的需要而产生的字体。由于秦朝存在时间很短，可以说汉字的真正统一是在汉朝完成的。

中华人民共和国成立后，于1956年公布《汉字简化方案》，1958年颁布《汉语拼音方案》。繁体字改为简体字对汉字的普及很有帮助，大幅提高了国人的识字率。汉语拼音的引入，既便于人们识读汉字、学习普通话和提高阅读能力，也为中华文明与西方文明接轨提供了便利条件，汉语拼音输入法也让我们使用计算机时更得心应手。

一个常见的说法是，中华文明是连续的，而其他文明是不连续的。从文字这个维度来说，中华文明确实比西方文明更具有连续性，这让很多国人自豪不已。

书籍的出现与"轴心时代"的命题

毫无疑问，文字的发明和传播，推动了人类文明的进程，文字记录技术的发展是其中最重要的推手。

德国哲学家雅斯贝尔斯在1949年出版的《历史的起源与目标》一书中，把公元前800年到公元前200年这一时段称为人类文明的"轴心时代"。他观察到这个时段的中东地区、希腊、中国和印度，都不约而同地发生了"终极关怀的觉醒"，人们开始用理智的方法、道德的方式面对这个世界。

在这一时期，希腊诞生了理性主义，产生了苏格拉底、柏拉图、亚里士多德等哲学家。以色列地区出现一神教，后来演化为基督教和伊斯兰教。印度的佛教兴起，影响辐射亚洲各地。中国则出现了以孔子为代表的儒家，以墨子为代表的墨家，以老子为代表的道家等诸子百家。在之后的2 000多年里，其周边区域逐渐被这几种轴心文化卷入，形成了今天的几大文明圈。

为什么人类社会会出现"轴心时代"现象呢？关于这个问题，雅斯贝尔斯并未提供令人信服的解释。

对于苏美尔文明和古埃及文明，我们如今已无法充分了解当时人的思想，但他们留下的知识残片已令人震惊。

笔者认为，轴心时代现象只是一种由文字记录技术的进步而产生的历史视错觉，并不是世界各地的原创思想都在这时不约而同地涌现。在此之前，或许也出现了很多深奥的思想，只是没办法被完整地记录下来，只有碎片化的记载或难以流传的口述。

公元前8世纪到公元前2世纪，地中海地区、中国和印度等地都不约而同地出现了新的文字记录技术，允许这个时代的人撰写长篇大论，把自己和前人的思想较为完整且系统地记录下来并流传下去，影响未来社会几千年的发展。可以说，轴心时代是文字在世界范围内从辅助性技术工具变身为文明核心元素的时代。

让我们回顾一下截至轴心时代世界各地的文字记录技术的发展概况。

苏美尔人使用的记录媒介是泥板，由黏土制成。泥板半湿的时候可用来写字，写字的"笔"就是木棍，人们写完后再将其晒干或用火烧硬。对一些内容保密的泥陶片，苏美尔人还会做一个泥陶"信封"把它封起来。

这种记录方式在两河流域沿用了3 000多年。留存至今的泥板文献既有账目，也有契约、婚约等，还有数学题及解答。这种记录方式的局限在于，很难进行长篇记述，一般以泥板正反面的书写面积为限。

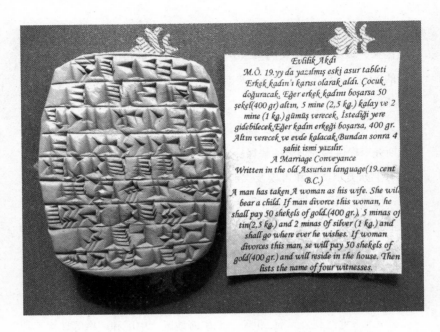

图9-2　公元前18世纪亚述人记录在泥板上的婚约（仿制品）

图片来源：作者摄于土耳其。

　　古埃及人用纸莎草制成莎草纸，用芦苇笔蘸墨在莎草纸上写字。古埃及人留下了一些写在莎草纸上的篇幅较长的文章。但莎草纸产量不高，而且也较难保存，留存至今的莎草纸书数量很少，而刻在庙宇和宫殿墙壁上的字和图流传下来的更多。

　　地中海地区的人早期也是用泥板和莎草纸写字，这表示该地区受到了苏美尔人和埃及人的影响。古希腊时期，羊皮成为较为流行的书写媒介，它可以被一页页地订成"书"，再加上羊皮较易保存，因此留传下来的文字记录较为丰富，对后世的影响自然也更大。这种记录方式一直沿用到中国的纸张在欧洲流行之前。

图9–3　埃及第十九王朝时期的莎草纸书《死者之书》

图片来源：作者摄于不列颠博物馆。

商朝的甲骨文大都记录在龟甲或兽骨上，主要内容是一些简单的占卜之辞，有问战争胜败等大事的，也有问天气、出行等小事的，还有问生产能否母子安康等问题的。提问者往往是商王，反映了古人靠占卜来管理风险的做法。商朝的青铜器上也会镌刻上若干文字，以标明器具的主人或铸造器物之原因。

周朝人喜欢在青铜鼎和其他器皿上刻字，被称为金文或钟鼎文，大多是记述王公贵族的大事件。铸造青铜器并在上面刻字的技术是周从商那里继承下来的，刻字的青铜器往往是周天子赏赐给诸侯的礼物。无论是甲骨文还是金文，最初都是统治者独享的东西，但这些技术后来慢慢散播至诸侯国，到了战国时期就没那么稀罕了。

春秋战国时期，中国人开始在竹片、木片和缣帛上写字，书写用的笔也多样化起来，比如毛笔。相比甲骨和铜鼎，竹片、木片显然更便宜、常见，记录的内容得到了极大的扩展，包括诗歌、名人逸事和语录、国策、哲学、战术、数学、占卜、风水、神话等。就这样，春秋战国时期知识分子对自然和社会的思考以书卷流传于世。

在轴心时代，印度盛产的棕榈叶成为人们书写和绘画的常用载体，一片片地把叶子串起来，既可做成挂画也可做成书籍，与中国制作竹简的方式类似。值得一提的是，古埃及的莎草纸、古印度的棕榈叶和欧洲羊皮纸，都是既可写字又可绘画的载体。而中国人在竹片、木片上写字，绘画则需要用缣帛，很难合二为一。不过，这也许正是中国人发明造纸术的动力之一。所有这些古老的书画媒介，都很难匹配印刷术，造纸术的发明恰恰填补了这个历史空白。

造纸术的发明与改良

关于蔡伦造纸，最早的记录出现在5世纪范晔撰写的《后汉书·蔡伦传》中。东汉和帝时期，宦官蔡伦被提拔为尚方令，负责掌管器械和武器的制造。通过与工匠的交流，蔡伦学到了很多技术，并参与了许多器械和武器的改进，这为他发明造纸术奠定了基础。

当时，汉人主要用竹片或木片作为书写媒介，但它们不能用来绘画制图，而且笨重不易携带。缣帛虽可用于写字和绘画，但十分昂贵。事实上，"纸"这个字在蔡伦发明造纸术之前就存在了，其偏旁意味着它有绢帛的成分。有一种说法是，这种纸是用做绢丝的副产品帛做的，产量少，也比较昂贵，因此寻找帛的替代材料是发明造纸术的关键。

汉和帝的皇后邓绥喜爱读书和文墨，希望有像帛一般轻薄但廉价的书写载体，来取代粗笨的简和昂贵的帛。这种需求就是蔡伦发明造纸术的直接动力。

从社会环境来说，自秦统一中国后，对于一个大一统的帝国，政府文书的记录需求，特别是行政地图绘制的需求很大，需要一种既便宜又方便书写和画图的媒介。汉代商业也有了进一步的发展，账簿上的记载越来越复杂，也是推动新的记录媒介发明的动力之一。

在这种背景下，蔡侯纸于105年诞生了，这种纸的质量有显著提高，而且价格低廉、可写可画，便于折叠和携带。虽然早期纸的质量并不能达到邓后和其他皇亲贵族的要求，但对中下层官吏和在乎成本的商贾来说，蔡侯纸已经足够好了。

汉和帝死后，邓绥成为太后，于107年封蔡伦为龙亭侯。110年，蔡伦奉命监典东观，监督一群被称为"通儒"和"博士"的高级知识分子从事皇家典籍的编撰工作。

121年，邓太后去世，蔡伦因宫廷残酷的权力斗争最后自杀身亡。

纸真的是蔡伦发明的吗？目前发现的最早的纸是汉文帝和汉景帝时期的放马滩纸，稍晚的还有汉武帝时期的灞桥纸和汉宣帝时期的悬泉置纸，这些纸都比蔡侯纸早了200多年。可以肯定，纸早就出现了。但这些早期纸的质量差，达不到书写绘画的要求，多用于包装物品。

从技术上说，西汉造纸采用浇纸法，这是一种简单的方法。而蔡伦采用的是复杂且先进的抄纸法，因此蔡侯纸的质量更好。由此可见，蔡伦并非造纸术的发明者，而是造纸工艺的改良者。

蔡侯纸出现后，造纸术开始在全国传播，纸逐渐取代简牍和缣帛，从中下层开始流行，慢慢成为社会各阶层的书写介质，也促进了识字人口的增加。魏晋时期出现了"洛阳纸贵"的文化和宗教繁荣景象，蔡侯纸起了不容忽视的作用。简牍完全退出历史舞台是在东晋元兴三年（404年），德宗皇帝下令禁止大臣们再用简牍。

东晋晚期，中国出现了一种施胶纸，即在纸中加入了淀粉等添加剂，也增加了纸的低温烘烤程序，从而提升了纸的光滑度和防水能力。唐朝早期，宣州（位于今安徽）人用青檀配以稻草等为原料，并增加了过矾、打磨等工序，做出了韧而能润、光而不滑、洁白稠密、搓折无损、润墨性强的宣纸，深得文人喜爱。

东汉末年，造纸术由当时中国的政治文化中心洛阳向四周传播，到唐朝初期（也许更早），造纸术已经走出了中国，传到了今巴基斯坦、日本、乌兹别克斯坦等地。

751年的夏天，唐朝军队与阿拉伯帝国的军队在今哈萨克斯坦南部短兵相接，史称"怛罗斯之战"。这次战役以唐朝军队的失败而告终，大量的中国士兵和普通民众成为阿拉伯军队的俘虏。

阿拉伯帝国有一项政策，俘虏只要有一技之长并愿意将该技术传授给阿拉伯人，便可获释。这批俘虏中也有会造纸的工匠，造纸术就此传至西亚。后阿拉伯人对造纸工艺进行了改进，并用畜力造纸，使得纸的质量显著改善，造纸效率也大幅提高。

欧洲最早的造纸厂于1150年出现在西班牙，从此造纸术开始向北欧传播，逐渐覆盖整个欧洲大陆。

13世纪末，西班牙人开始使用水力机械进行制浆、搅拌、造纸、压平等作业，提升了造纸效率，并通过改变纸的配方和工艺改善纸的质量。意大利人差不多同时也采用水力技术造纸，纸的价格变得低廉，远低于羊皮纸。就这样，欧洲使用了1 000多年的羊皮纸也慢慢地被中国纸所取代。

18世纪，欧洲工业革命如火如荼，造纸业是其中的重要部分。18、19世纪之交，法国工程师路易斯·罗伯特发明了长网造纸机，将整个造纸流程集成一体，纸张由此变得非常长，造纸速度也很快。资助罗伯特开发长网造纸机的投资人买断了这项技术的专利。鉴于当时的法国社会动荡，投资人决定在英国将这项技术商业化。几经周折，长纸张最终于1806年进入英国市场，并取得巨大成功。

　　19世纪中期，加拿大人查尔斯·芬堤和德国人弗雷德里希·凯勒各自独立发明了用木浆造纸的技术。接下来的100多年里，欧美不断改进造纸术，进一步拓展了造纸原材料的来源，改善了纸的质量，纸制品品种越发丰富，价格也更低廉，满足了社会对纸和纸制品日益增长的需求。

　　如今，造纸业已成为现代工业体系不可分割的部分，世界每年生产的纸和纸制品超过4亿吨。大量树木被砍伐，制浆、漂白等造纸工艺对空气、水源和土壤造成严重污染，造纸业成为主要污染源之一。因此，许多国家都对造纸业提出了严格的环保要求，也实行了纸制品回收利用的相关措施。

古代印刷术和活字印刷术

　　广义上的印刷术很古老，大约7 000多年前（也许更早），两河流域的苏美尔人就开始用刻了符号和人物花兽的印章在湿软的泥板上印制泥板画。大约5 500年前，苏美尔人发明了圆筒印章。留存至今的圆筒印章有陶制的，也有石头和金属制的。

　　一些学者认为，苏美尔人最早用泥板作为记录媒介，与其长期使用印章和圆筒印章有关。圆筒印刷术有长久的生命力，19世纪，美国人发明的轮转印刷机是圆筒印章的改进版，现代的布匹印刷机和造纸机也采用了滚筒技术。

　　在印度河流域的哈拉帕遗址出土了大量的印章，由石头、陶土、象牙和金属等多种材料制成，尺寸一般不大。其中最早的印章是5 000多年前制作的，这里的人使用印章的历史接近2 000年，直到该文明神秘消失。目前这些印章上的符号和文字尚未破解，有人猜测印章是其主人的身份凭证，也有人说印章本身可能就是"金钱"。

图9-4　印度河流域哈拉帕遗址出土的印章

图片来源：作者摄于印度国家博物馆。

　　中国已出土的最早印章，是战国时期的。春秋时期的文献中已经出现了"玺"字，它代表着大王或诸侯的印章，因此春秋时期可能就开始使用印章了。从最高统治者的玺，到官员的官印，再到知识分子阶层的印鉴，这就是印章在中国的发展历程。各种公章、私章至今仍是中国商业活动中最重要的凭证之一。

　　7世纪的唐朝，几个新技术元素的出现和合并，推动了印刷术在中国的第一次突破。宣纸的发明给文人墨客提供了优质书画载体，人们也用它做碑文和金文的拓片。另外，捺印佛像的方法从印度传入中国，即把佛像刻在一枚印章上，然后在手抄的佛经上印上佛像。

　　有了这些技术做铺垫，雕版印刷术于唐朝早期被发明出来，发明者不详。目前发现的最早的雕版印刷品是8世纪中期的梵文《陀罗尼经》单页。雕版印刷术极大地推动了出版业的发展，据估计，从唐朝到明朝早期，中国印刷的书籍比世界其他地方的总和还要多。北宋时期，铜雕版印刷品出现了，印刷质量更高，雕版也更耐用。直到清朝晚期，雕版印刷术仍然是中国印刷业采用的主要技术。

雕版印刷术发明后不久，就逐渐从中国传至其他地方。日本较早受益，8世纪下半叶就出现了木雕版书籍。印度也很快采用雕版印刷术来印制花布。10世纪，用木雕版印的花布和书都在阿拉伯国家出现了。雕版印刷术于12世纪传到埃及。

图9–5　唐朝雕版印刷的佛经

图片来源：作者摄于中国国家博物馆。

960至1127年，中国处于北宋时期，这是中国历史上一段相对繁华的时光。政治还算清明，疆土也算安定，文人骚客留下了许多华丽的诗词。而且，一项划时代的技术由布衣毕昇悄然发明。

史料中关于毕昇的记载很少，据考证他是湖北人。其身份可能是一位印刷业的工匠，也可能是一个雕版印刷作坊的负责人。由于工作需要，毕昇一直在琢磨如何改进印刷术。虽然唐朝早期就有了雕版印刷术，但印刷成本仍然很高，印刷大部头的书籍更是费时费钱，因为每印一部书都得雕一套版，实在工程浩大。因此，当时的知识传播主要是靠借阅传抄,既费时又费力,错误率也很高。

于是,在毕昇的努力下,采用胶泥烧制而成的活字拼版的活字印刷术就这样产生了。从原理上说,每一个活字就如同一个印章,只要把所有字模做好备齐便可排印出任何书籍。而且这些活字可以反复使用。

不过活字印刷术发明后并未在中国造成多大影响。从产品研发的投入产出比看,毕昇并没有收到应有的回报。其原因可能是多重的。从技术上说,雕版印刷术在宋朝已经相当成熟了,使用起来比较方便,印刷质量也不错。而活字印刷术刚出现,技术细节方面还存在很多问题,比如活字都由胶泥烧制而成的陶坯制成,字号大且易坏,印刷质量也较差。因此,对那些页数少、印量大的内容来说,雕版印刷更方便也更便宜。而对页数很多的内容来说,活字印刷也无法提高其质量。

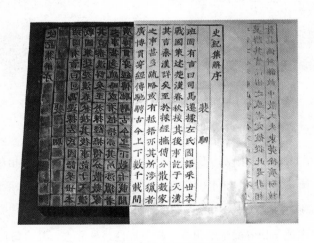

图9-6 毕昇活字印刷拼版复原图

图片来源:作者摄于中国国家博物馆。

幸运的是,活字印刷术得到了北宋政治家沈括的肯定。沈括也是一位优秀的科学家,对新技术有独特的见解和敏感性。他在《梦溪笔谈》

中记录了毕昇的这项发明，让毕昇和他的活字印刷术得以留名青史。

在南宋时期出现了锡活字，这是一项很重要的技术改进，也是中国古代最早发明的金属字。但由于中国文字多，无论造字还是排版都不易，对于页数很多的书，印刷成本仍然很高。

可以说，这是一项超前于当时社会需求的技术，所以在接下来的几百年里，活字印刷术在中国仅作为雕版印刷术的补充存在。尽管如此，在15世纪欧洲发明印刷机之前，中国的书写媒介和印刷技术一直超前于世界其他地区。

印刷机的发明与欧洲宗教革命

毕昇发明的活字印刷术具有强大的生命力，就像蒲公英的种子，在世界各地生根发芽。活字印刷术先传至邻近中国的一些亚洲国家，例如，高丽在13世纪末出现了金属活字本，目前发现的最早的金属活字印刷书籍就出自朝鲜。

关于活字印刷术是如何从中国传到欧洲的，学界目前没有找到证据，但提出了如下几个可能的路径：一是在成吉思汗建立的大蒙古国统治时期，许多中国技术包括活字印刷术传至欧洲；二是来往于中国和欧洲的中东商人将活字印刷术传至欧洲；三是明朝时期从欧洲来到中国的商人和传教士将这项技术带回欧洲。当然，还有一种可能是，毕昇的活字印刷术并没有传到欧洲。

15世纪中期，德国人约翰内斯·古腾堡发明了铅活字印刷。

古腾堡发明的印刷机是一部集成了多种技术的机器。第一，在活字印刷思想的指引下，古腾堡将铅、锑、锡三种金属按一定比例熔铸成铅活字，大大提高了活字的硬度。第二，受到欧洲压榨葡萄汁用的螺旋压榨器的启发，古腾堡发明了螺旋压印技术。第三，由于金属活字对水性墨的适性很差，古腾堡又发明了油性印刷墨。

1450年，古腾堡开办了一家印刷厂，主要印刷《圣经》和字典，其中《古腾堡圣经》一共印刷了约180份，其中49份保存至今。

早期印刷厂生意不错，古腾堡赚了点儿小钱，但很快就出现了他人仿造的印刷机，印刷厂也在欧洲多地出现。激烈的竞争加上其他原因，古腾堡的印刷厂经营不善，陷入了与投资人的官司。

截至15世纪末，欧洲约有270个城市拥有印刷厂，书的价格骤降近70%。据估计，欧洲在15世纪50年代至15世纪末印刷的书籍总量达800多万册。在接下来的几个世纪里，印刷品的数量和种类更是呈爆炸性增长，显著改变了人们的思考、学习和表达方式，古腾堡也作为伟大的发明家被载入史册。

印刷机之所以能在此时的欧洲获得空前的成功，与之前几百年社会发展累积的知识有关。欧洲在12世纪掀起了将许多希腊哲学著作的阿拉伯文译本重新译成欧洲各国文字的潮流，逐渐积累下文艺复兴的薪火。1453年奥斯曼帝国的军队攻入君士坦丁堡，拜占庭帝国灭亡，其间大批携带希腊罗马著作的学者逃亡到欧洲，加速了欧洲文艺复兴的步伐，新发明的印刷机也为古希腊文明在欧洲大陆的传播做出了不可磨灭的贡献。同样受益于信息传播的还有两个重要运动：宗教改革和科学革命。

1517年10月31日，德国神父马丁·路德将《九十五条论纲》贴在了威登堡教堂的大门上。路德的论纲两周后传遍德国，四周后传遍西欧，其中印刷机功不可没。

马丁·路德揭露了教会神职人员的腐败行径，并倡导教徒通过自己阅读《圣经》理解教义，无须假神父之手。于是，各印刷厂开足马力印刷《圣经》，很多普通人都得到了一本梦寐以求的《圣经》，他们可以直接阅读和理解《圣经》，与他们信仰的上帝交流。从此欧洲的宗教改革运动蓬勃兴起，欧洲宗教多元化时代来临。

英格兰的盎格鲁–撒克逊人迅速隔海响应了这场宗教改革运动。1533年，英格兰国王亨利八世宣布英格兰教会脱离罗马教会，次年又通过了《至尊法案》，正式规定英国国王为教会的最高首脑。亨利八世下令印刷自己喜欢的那个版本的《圣经》，发给全国各地的教堂，使英国宗教与梵蒂冈彻底决裂。至此，印刷机已经成为推动政治和社会运动的强大力量。

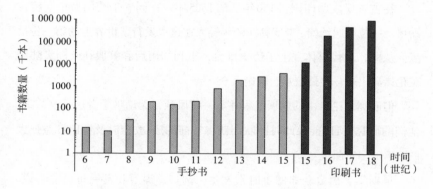

图9–7　欧洲书籍出版量（不含东欧和南欧部分地区）

数据来源：Buringh, Eltjo; van Zanden, Jan Luiten (2009), "Charting the "Rise of the West": Manuscripts and Printed Books in Europe, A Long-Term Perspective from the Sixth through Eighteenth Centuries", *The Journal of Economic History* 69 (2): 409–445。

科学革命和出版自由

16世纪初，在欧洲东部波兰的一个小镇弗龙堡，有一位曾经留学意大利的神父，他的名字叫尼古拉·哥白尼。他在日常工作之余经常安静地观察天空，思索天体运行之道。在弥留之际，哥白尼的心血之作《天体运行论》才得以出版。哥白尼基于长年的观察和计算提出了日心说，认为地球和其他行星在围绕太阳运转，推翻了已被人类社会（特别是罗马教会）认同了1 000多年的托勒密的地心说。

哥白尼的著作在欧洲各地传播开来，激发了欧洲科学家的研究热情，大量的科学理论和著作问世，欧洲科学革命就此蓬勃展开。这场革命还使人类进行知识创造和传播的主要阵地从宗教场所转移至大学。自此，知识的多元化和去伪存真的验证过程才得以实现。

在古腾堡发明印刷机150年后的1605年，在同一个德国城市斯特拉斯堡，一位名叫约翰·卡罗勒斯的年轻人在这里发行了世界上的第一份报纸。从此，现代媒体登上了历史舞台，报刊如雨后春笋般在欧洲大陆和英伦诸岛出现，传播信息，晓谕大众。

但欧洲言论自由的发展过程并非一帆风顺，无论是学者还是改革家，他们的研究、言论，特别是作品出版，一直受到教会以及各地日益强大的政府的多重阻挠。

早期学者因言获罪的事时常发生，例如，捍卫和发展哥白尼学说、挑战罗马教会权威的意大利自然科学家布鲁诺被判为"异端"烧死在罗马鲜花广场。另一位意大利物理学家伽利略也是哥白尼学说的支持者，用望远镜观察天空并发现太阳表面上有太阳黑子。伽利略于1633年被罗马宗教裁判所判处终身监禁。在伽利略去世360年后，罗马教皇于1992年10月31日就教会当年对伽利略的审判公开道歉。

现在我们熟悉的版权法的诞生事实上并不光彩，其初衷不是保护创造者的权益。16世纪欧洲多国当权者看到印刷机的普及和如雨后春笋般的出版物，便纷纷出台了限制印刷和出版的条例，比如要求审查出版物和登记书籍的印刷数量。

1501年，当时的罗马教皇发布了禁止他人随便翻印书籍的法令。

1559年，罗马教会公布了第一份禁书目录。历史证明，这些禁书中有很多都是伟大的作品，教会的禁令反而让这些书籍流行起来。

1644年，在宗教改革运动中表现活跃的青年诗人约翰·弥尔顿，基于他在英国议会的演讲出版了一本小册子《论出版自由》，提出并论证了出版自由的主张。1662年，英国议会通过了《出版许可法》，初衷是限制出版。1710年英国颁布《安妮女王法令》，这是世界上第一部版权法，旨在保护作者权益。

概括来说，宗教改革和科学革命接过了文艺复兴的火炬，成为之后欧洲政治体制变革和工业革命的必要前提条件。换句话说，让欧洲文艺复兴、宗教改革、科学革命和后来的工业革命成为可能的关键，是思想解放和言论自由，其中活字印刷机起到了重要的推动作用。

到了20世纪，信息行业的发展突飞猛进。从1910年开始，多种现代丝网印刷机、印染机陆续出现在欧美市场上。印刷品不仅包括纸制品，也包括布、塑料制品等，印刷机成为很多行业不可缺少的重要工具。

20世纪50年代初，美国科学家查尔斯·汤斯和苏联科学家尼古拉·巴索夫、亚历山大·普罗霍罗夫同时在激光理论方面取得了重大突破，为激光印刷术和其他技术的突破奠定了科学基础，他们三人于1964年共同获得了诺贝尔物理学奖。

1969年，"激光打印机之父"盖瑞·斯塔克维泽在施乐公司的帕克研究中心研制出世界上第一台激光打印机。激光打印机是现阶段公司和家庭的主要印制工具。

近年来，3D（三维）打印技术兴起，可用于3D打印的材料品种也在逐渐增加。这项技术对产品设计和研发产生了很大的影响，将逐渐成为未来制造业的一种新方式。

回顾文字、造纸术和印刷术的发展史，最令人感慨的莫过于一项伟大的科技所具有的强大生命力。一旦被发明出来，它们就会成为鲜活而独立的模因，复制并传播开来，在适当的条件下还会引发新的创新。

从5 000多年前发明的印章、圆筒印章，到2 000多年前发明的造纸术，再到雕版印刷术、活字印刷术以及后来的印刷机、造纸机，这正是漫长且顽强的技术模因的传承、跨地区传播和突变。

中国发明的造纸术、雕版印刷术和活字印刷术都为西方的现代化提供了关键的技术条件，因此被西方人归入中国的"四大发明"之列，这并不奇怪。

然而，活字印刷术这株技术创新的"蒲公英"本来长于东方，最后在西方的土地上繁衍生息，而在东方却花叶凋零。这是为什么呢？

除了中国的活字印刷术早期在技术层面上不太适合汉字外，宋朝之后中国社会对信息的需求不大也是重要且直接的原因。如果只是偶尔印刷古代经典、宗教经书、皇家史记和文人诗词，雕版印刷术就够用了。

那么，接下来的一个问题是：宋朝之后，为什么原创著作不多？不得不说的一个很重要的原因是历朝统治者对民众的思想禁锢，导致万马齐喑，活字印刷无用武之地。

由于人性和利益的诱惑，娱乐相关技术的开发和使用在人类的科技创新活动中，一直占有较大比例。这些技术的发展与社会文化及价值观密切交织，很多技术都成为历史上争议性的话题，在带给人类快乐的同时，也带来了风险，甚至有可能改变人类未来的行为模式。

第 10 章　享受性爱与追求娱乐

无论古今中外，有一类故事特别不光彩，这类故事的主角常被鄙称为"通奸者""出轨者"等。婚姻中的男男女女，总会有人发生婚外性行为。

人类社会为什么会有这种行为？从根本上说，这是人类自身彼此冲突的多种需求惹的祸。有史以来的有些文学作品，常在两套价值观之间摇摆：要么讴歌自由和爱情，而鞭笞某种传统礼教；要么宣扬正统和文明，而鞭笞不道德的享乐行为。人世间的斗争和博弈，在很大程度上不过是不同的人类需求之争而已。

人类繁衍后代的成本很高，需经历十月怀胎和数年的养育，爱情和性爱则是基因鼓励人类繁衍的诱饵。但与其他物种不同的是，"狡猾"的人类发明了很多技术，试图在获得更多的快感和刺激的同时免于承担基因赋予的繁衍责任。如果把这种只要快感而不愿承担责任的行为定义为"偷欢"，那么"偷欢者"是人类的一个独特标签。

在漫长的进化过程中，基因会让生物不断地适应自然的规律和节奏。动植物的生物钟现象就是一个例子，动植物遵循生物钟作息，就可以更健康、风险更小、成本更低地生活，从而增加了生存机会。

我们的祖先在原野上追逐猎物或者被野兽追逐时，能够敏锐地感受到自然的节奏，豹子奔跑、马蹄扬起、兔子跳跃，节奏各不相同。快速感知周围环境，对人类的生存至关重要。或许，久而久之，节奏感就成为人类的本能。人们会因某些韵律而产生愉悦感，又因其他声音而感到不安和焦虑，也是出于这种本能。

自从人类会说话开始，人类可能也就开始制造和传播谣言、八卦家长里短了。有人认为，正是由于这样，智人才发展出语言能力。语言能力又反过来令智人脱颖而出，成为今天地球上万物的主宰。此外，这种偏好也是艺术创作和相关技术创新的动力源之一。

除了满足基因需求，人类的艺术行为和偏好也衍生出很多社会价值。一方面，艺术升华人的精神世界，产生超越现实的想象力；另一方面，艺术促使人与人之间更好地交流合作，创造出多彩多姿的文化。各种艺术形式都包含了大量知识，可作为启蒙和教育的工具，也有助于传承人类的文化和历史。

总之，人类喜爱文化艺术与性关系密切，是人类"偷欢"特性的延展。基因需求加上社会价值，推动人类创造出很多与文化艺术相关的技术。概括地说，这类技术主要沿三个方向发展：一是增加人类快感，同时减少所需付出的代价和需要承担的责任；二是增加文化艺术的种类，扩展感官享受的广度；三是增加能够享受快感的人群数量，并降低成本。

增强性欲和避孕技术

人类的基因里隐藏着繁衍的需求，但生孩子和养孩子的成本很高，如果没有一些好处和甜头，人和其他动物的繁衍动力从哪里来？性行为的快感就是基因赋予动物的甜头，是"糖衣炮弹"。但人类可不是一般的动物，他们会想办法把"糖衣"吃了，而把"炮弹"丢掉。

想享受性爱而又不想负责任，人类为了满足这种矛盾的需求，发明了很多技术手段，包括药品、工具等。

为了增强人的性欲、性能力和性快感，一些民族有其古老而独特的偏方。例如，中东地区出土的三四千年前的土陶片上就有关于壮阳药的记录。

今天，最流行的性药之一是"伟哥"（万艾可），其有效成分是西地那非。20世纪90年代初，美国辉瑞公司英国分公司的几位科学家发现，原本用来治疗高血压的西地那非可以帮助男性生殖器勃起，于是在1996年申请了专利。该药于1998年在美国批准上市，并立刻获得了极大的商业成功。在受到专利保护的20多年间，该药的年销售收入最高达到20亿美元。

性药能够让人获得更多快感，而频繁的性行为也将增加女性怀孕的概率。于是，人类又开始想办法避孕。自古以来避孕的方法有很多，现代避孕套和口服避孕药的发明，让避孕变得安全又方便。

在大航海时代，欧洲人既有伟大的地理发现，水手们也从"新世界"带回来很多副产品，包括他们此前从未遇到的传染病，比如梅毒。

16世纪的意大利人体解剖学家加布里埃莱·法洛皮奥是性病方面的专家。基于上千个病例，他于1560年出版了一本预防梅毒的小册子，里面描述了如何将用化学溶液浸泡过的亚麻硝包裹男性阴茎并用丝带系紧，从而防止梅毒传播的方法。

其实用来避孕的"套子"，很可能在古希腊时代就有了。预防性病成为这项古老技术的新应用，也推动了避孕套的不断改进和传播。人们不断尝试各种新材料，旨在让避孕套更加舒适、有效，现在发展成软薄的橡胶材质。据统计，目前全世界每年消耗60亿~90亿个避孕套，避孕套是应用最广泛的预防性病和避孕的安全工具。

避孕套的主要使用者是男性，而口服避孕药的主要使用者是女性。口服避孕药的发明者之一是美籍华人生物学家张明觉。从1951年开始，张明觉与他的导师、美国生物学家格雷戈里·平卡斯一起，仔细研究了300多种避孕药的有效性和副作用，从中筛选出两种有效的孕激素——异炔诺酮和炔诺酮，它们可用于避孕。

第一种口服激素类避孕药于1960年在美国上市，1961年进入欧洲市场，助推了美国和欧洲的性解放运动，同时伴随着嬉皮士运动和女权运动。很多背离传统价值观的性行为与性倾向，比如婚前性行为、同性恋等进入公众舆论视野，色情业也得到空前发展。这恐怕是口服避孕药的发明者未曾预料到的，却赤裸裸地反映了人类偏爱情色却不愿意承担繁衍责任的本性。

各种避孕工具的流行，使得世界人口增长率在1963年达到峰值（约

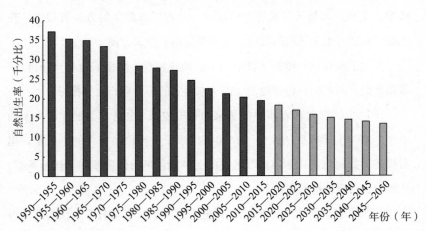

图10-1　世界平均自然出生率（每千人一年所生的存活婴儿数）的历史数据（深灰色）和未来预测（浅灰色）

数据来源：联合国网站。

2.2%）后就开始下降。这意味着近几十年来世界人口虽然在增长，但增长得越来越慢了，而且主要原因在于人的寿命延长、死亡率下降，而不是人口出生率的增长。

一些发达国家的人口出生率很低，甚至低于人口死亡率。从图 10–1 可见，世界平均自然出生率（每千人一年所生的存活婴儿数），在 20 世纪 50 年代达到峰值后就一直在下降，世界人口总数的增长主要依靠人均寿命的增加。人类看似找到了打败以传宗接代为使命的自私的基因的办法，但这是人类的胜利，还是自我毁灭的开始呢？

节奏、旋律与"好声音"

人类为什么喜欢激扬的击鼓声和旋律优美的音乐？这是人体对自然节奏长期响应和适应的结果。音乐旋律也建立在节奏的基础之上，乐器或声带的巧妙振动，引发人的情感共鸣，产生愉悦、悲伤、激昂或平静的感受。

人类习得唱歌的能力或许比说话更早。有节奏的诗歌是音乐的变种，古今中外的爱情诗篇数不胜数。中国最古老的诗歌《诗经》中就有像"窈窕淑女，琴瑟友之"这样把音乐和爱情联系在一起的诗句。我们或许可以猜测，音乐的起源和发展与两性关系密切相关。

此外，一群人共同劳动时喊的号子、战场上激越的战鼓声，都让人们之间的合作更有凝聚力也更高效。

远古时代的歌声慢慢演变成丰富多彩的歌舞。为了给歌舞助兴，人们还发明了很多乐器。乐器材料的选择一开始都是因地制宜、就地取材的，如石头、树叶、竹管、骨管、动物皮等，能工巧匠们可以用这些平常之物制作出能发出美妙声音的乐器。

石器是人类最古老的工具，最早的"乐器"可能也是一组石头。中国古代的石磬就是一种石制打击乐器，新石器时代遗址出土的实物有很多。鼓也是最原始的乐器之一，几乎每个民族都有自己特色的鼓。

笛子的历史也很悠久，目前发现的最早的骨笛出土于德国，距今可能已有35 000年的历史了。它由秃鹫的中空翅骨制成，现在还不能断定它是由尼安德特人还是智人制作的。20世纪80年代，河南贾湖遗址出土了一批骨笛，距今约有8 000年，由丹顶鹤的尺骨制成，其中保存完好的古笛现在仍可吹奏。

图10–2　贾湖遗址出土的骨笛

图片来源：作者摄于中国国家博物馆。

进入青铜时代后，乐器的发展突飞猛进。中国的青铜编钟雄伟气派、声音浑厚，是石磬的升级版。弹拨乐器也出现了，比如琵琶、扬琴、古筝等。还有拉奏乐器，比如马头琴、二胡。管乐器方面出现了很多新品种，比如管风琴、竖笛、笙竽、唢呐等。文艺复兴时期之后，欧洲人发明了更多新乐器，比如钢琴、提琴、铜管乐器。现代交响乐队所用的大部分乐器，都是文艺复兴之后发明或改进的乐器。

无论何种乐器，其发声的基本原理就两个字：振动。第一类是体鸣乐器，比如石磬、铜锣、编钟、沙槌等，通过打击而发声。第二类是膜鸣乐器，比如各种鼓，通过敲击、摩擦引起膜振动而发声。第三类是弦鸣乐器，比如琵琶、二胡、小提琴、钢琴等，通过弦的摩擦、振动而发声。第四类是气鸣乐器，通过把气吹入空气腔造成其间的空气振动而发声，比如笛子、唢呐、管乐器等。最新的一类电子乐器也是基于振动原理而发声的，不过不是传统的物质振动，而是由原子振动引起的共鸣箱振动。

古人很早就开始研究乐音共鸣的规律。毕达哥拉斯通过一系列实验发现，琴的音调与琴弦长短及紧绷程度（张力）之间存在固定的数学关系。同时，他还发现了琴能够奏出和弦音的秘密：弦长成简单整数比的两根弦，发出的声音听起来更加美妙和谐。

2 000年后，不爱权力却醉心乐理的明朝世子朱载堉创建了"十二平均律"，把八度音程分为十二个半音音程，各相邻两音的振动频率之比完全相等。现代钢琴的音阶就建立在这个原理的基础之上。

现场聆听优美的演唱和乐队演奏，会给人们带来绝妙的体验，但囿于空间限制，不能人人都置身现场。那么，有没有可能把这些天籁之声记录下来让更多人去聆听和欣赏呢？

美国发明家爱迪生于1877年发明留声机，这是爱迪生的重大发明之一，甫一问世便引起了人们极大的兴趣。其实，爱迪生刚发明这个可以记录声音的方法时，并不清楚该如何利用它，于是在专利上列举了十来种可能的应用。爱迪生在几年间尝试将它应用于多种场景，再加上很多人对这项技术的补充和改进，它最终在音乐和娱乐方面大放异彩，推动形成了一个颇具规模的音乐录制、播放和销售产业。这位有耳疾的发明家在留声机方面共计获得了195项专利。

自爱迪生发明留声机至今的100多年里，声音的录制和播放设备一次又一次地改进。磁带录音机等产品风靡一时，而现在，每辆汽车都装有电子音响系统，每一部智能手机都具有录音和播放功能。喜爱音乐的人类不断地用更先进的技术更好地满足自己的需求。

最近几十年，专业的电子音响设备越来越高级，在商务和社交场合、剧院和电影院，把高保真的声音送入千万人的耳朵。音乐在技术的支持下，表现方式越来越多，给人们带来的体验也越来越丰富。

永恒的美丽时刻

人类喜好美丽漂亮的东西，也对自己人生的美好时刻念念不忘。旧石器时代晚期的人类就留下了不朽的画作，生动地记录当时的生活环境和场景。目前发现最早的旧石器时代的岩画，位于西班牙阿尔塔米拉洞窟里，画中动物栩栩如生。

据考证，在大约13 000年前，阿尔塔米拉洞窟塌陷，洞口变得很小，人和大型动物都很难进入，慢慢地，这个洞窟就被人们遗忘了。直到1869年，一个小姑娘偶然进入洞穴，时隔1万多年的美丽岩画才再现人间。经过几十年的反复考证，学界最终确认这是由史前人类所作。后来，世界其他地方又陆续发现了不少旧石器时代的岩画。

几千年来，画家们尝试用各种颜料在岩壁上、墓穴里、泥板上、画布上留下了大量画作，记录当时人们的所见所闻，描绘了他们是如何生活和工作的。这些画作作为重要的历史文献，讲述着一个又一个故事，让今天的我们有机会"看见"和了解前人。

与此同时，一些与艺术毫不相关的人在完全不同的道路上探索光和影的奥秘。直到几千年后，这些科技成就才与艺术邂逅。

大家对"小孔成像"这个光学现象应该不陌生，在约2 400年前，墨子和他的学生做了世界上第一个被记录下来的小孔成像实验。对此，《墨经》中是这样记录的："景：光之人，煦若射。下者之人也高，高者之人也下。"

墨子生活的春秋战国时期，是中国历史上一个思想活跃的时期，未来的发展充满可能性。孔子坐着牛车在各国之间穿梭，宣传儒家关于社会等级秩序和国家治理的思想；法家诸子也忙于游说各国君王，推广他们的法治强国之主张；老子独居一室，默默思索着自然之道法。墨子和他的追随者在政治上主张兼爱、非攻，在生活中他们是一群优秀的工程师，热爱自然之理。

与墨子差不多同时代的哲学家亚里士多德，也观察过小孔成像现象。他在《问题集》中记述了阳光穿过树叶或柳条制品的间隙在地上成像的现象，并尝试找到其原因，但他给出的解释基本上是错误的。直到 11 世纪，阿拉伯科学家海什木才给出了关于小孔成像的正确解释。

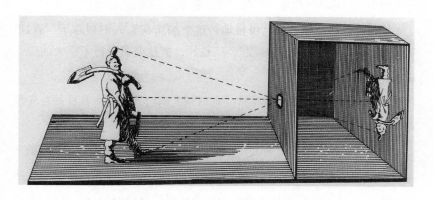

图 10–3 小孔成像原理

图片绘制：梁爱平。

1827 年，法国人约瑟夫·尼埃普斯基于小孔成像原理，将他发明的感光材料放进照相暗箱中，拍下了世界上的第一张照片。这张照片在他位于法国勃艮第的家里拍摄完成，曝光时间超过 8 个小时。突破性的技术思路确立之后，发明家们费尽心思地改进技术和产品，提升照相机各方面的技术指标。

接下来的一项里程碑式的照相技术，是由乔治·伊斯曼发明的。1879年，伊斯曼带着新买的一套照相器材外出旅游。他很快就喜欢上了摄影，但当时的照相机不仅笨重，而且操作起来十分麻烦，很难拍出令人满意的照片。

回到家后，伊斯曼便一头扎进摄影世界，研究如何改进摄影器材和简化摄影程序。经过钻研，伊斯曼发明了一种涂有一层干明胶的胶片，缩短了照片的曝光和冲洗时间。1880年，伊斯曼在罗切斯特创立伊斯曼干板制造公司，即柯达公司的前身。1886年，伊斯曼研制出卷式感光胶卷，彻底取代了用又湿又重的玻璃片制作的照相底片。1888年，伊斯曼发明的小型口袋式照相机"柯达一号"面世。

1935年，柯达公司开发出彩色胶片——柯达克罗姆胶片，为人们留下无数彩色的美丽"柯达时刻"。就这样，柯达公司取得了巨大的商业成功。

然而，当一项颠覆性技术产生的时候，旧时代的巨人往往是首先被淘汰的对象。

1975年，柯达员工史蒂夫·赛尚发明了数码相机，这是照相领域的一项划时代的技术创新。然而，柯达公司的决定居然是冷藏这项技术，从此柯达公司与数字照相时代背道而驰。从事后看他们的决定是错误的，但在当时却是理性且"正确"的。选择拥抱不确定的数字技术，就意味着放弃既有的巨大胶片市场。另外，当时他们也看不清数码相机的商业前景，完全没想到数字时代到来的速度如此之快。当然，即使预测到了这些，百年柯达庞大而年迈的"身躯"也未必能适应新的节奏。

后来，当竞争对手纷纷转战数码世界后，柯达也不得不这样做。只可惜一切都太迟了，这家曾书写传奇的企业于2012年申请破产保护。

最近十几年相机行业风云变幻，令很多人意想不到的是，今天占据数码相机行业最大市场份额的居然是手机制造商。每台智能手机里都配备了优质的拍摄系统，让更多人可以方便地拍照并在网上传播。而一些传统的相机巨头，要么倒闭，要么变成手机制造商的光学或电子零部件供应商。"柯达时刻"永存，但相机行业却早已物是人非。

影视技术和高潮迭起的八卦事业

歌舞表演、戏剧等艺术形式伴随人类数千年，满足人们视觉和听觉等感官的追求。但在很长一段时间里，它们都是上流社会的娱乐，一般大众很少接触。然而，把这类娱乐活动普及给大众，这么好的商业机会工业社会是不会放过的。

在过去100多年里，有两类重要发明把声音、图像和故事美妙地结合起来，即电影和电视，这是今天娱乐产业的两大支柱。第一个里程碑技术是英国科学家弗朗西斯·罗纳德于1845年发明的连拍照相机，但他当时只是为了观测气象和磁场变化。直到几十年后，企业家把这项技术用于提升人们的感官体验，影视技术的突飞猛进才真正开始。

电影放映机的最初原型是用来播放连拍照片的，它就是由摄影师于1879年发明的"动物实验镜"。

1874年，法国发明家朱尔·让桑发明了电影摄影机。之后欧洲和美国有很多人都投身到摄影机和放映机的改进工作中。1895年，法国的卢米埃尔兄弟在巴黎的一家咖啡馆的地下室，放映了他们拍摄的《火车进站》《工厂大门》等无声影片。这标志着电影的诞生。

1927年，美国发明家李·福雷斯特发明了有声电影放映机，从此电影业进入了声像兼具的时代。福雷斯特的另一项重大发明是于1906年制成的真空三极管，这是硅时代之前最重要的电子元器件。

有声电影技术推动了美国电影事业的蓬勃发展和持续不断的技术改进。做美术设计出身的华特·迪士尼，不仅创造了多个栩栩如生的动画形象，为孩子和成人打造了一个奇妙的童话世界，还创作了世界上第一部有声动画，并缔造了娱乐帝国——迪士尼公司。另外，美国好莱坞及其他地区的艺术家，也得到了一个千载难逢的机遇，将自己的表演呈现在大银幕上供世人欣赏。

视听娱乐业的另一项里程碑技术是电视机的发明。用小屏幕播放电影和新闻的想法在19世纪末期就出现了，但在福雷斯特发明真空三极管之前，一切都只是空谈。

1925年，英国人约翰·贝尔德发明了世界上第一台机械式电视机。1931年，人们首次把电影搬上电视屏幕。1936年，英国广播公司第一次播出了具有较高清晰度，步入实用阶段的电视图像。1941年，匈牙利裔美国工程师彼得·戈德马克发明出机电式彩色电视系统。

"二战"期间，美国和世界其他地方一样，很多民用产业都停下来为战争让路，战后才重新步入正轨。20世纪60年代初，电视产业在美国的发展渐入佳境，新闻节目、大众艺术节目和肥皂剧进入了许多家庭。电视也成为关乎美国总统选举胜负的媒体，1960年约翰·肯尼迪凭借其年轻帅气的外表和在电视辩论中出色的谈吐，打败竞选对手尼克松，成为美国的第35位总统。

20世纪80年代，是数字电视技术竞争激烈的年代，主要竞争力量是美国和日本的电子公司，但后来市场基本被日本企业占领了。时至今日，中国的电视机制造商也占据了世界电视机市场的较大份额。

数字世界的新玩具

人类不会放过任何一个娱乐机会。作为工具被发明的计算机，很快就变成了人类的"新玩具"。

"二战"结束后，世界上第一台通用计算机于1946年2月在美国被宣布制成。最早有记录的电脑游戏是英国剑桥大学的计算机科学家亚历山大·沙夫托·道格拉斯于1952年开发的井字棋游戏OXO。这款游戏第一次把可视化图像呈现在屏幕上，开启了人机互动的研究历程，也给人类带来了一份前所未有的欢乐和惊喜，创立了崭新的电子游戏行业。

现在电子游戏行业的前沿技术是"增强现实"（AR）和"虚拟现实"（VR）技术。增强现实指采用电脑技术，让真实的环境和虚拟的物体实时叠加到同一个画面或空间中，刺激人们的感官，获得在平常环境中很难得到的视觉、听觉、味觉、触觉等感官体验。

虚拟现实是一种能让人创建和体验虚拟世界的计算机模拟系统，这种技术可以利用计算机生成一种模拟环境，让用户身临其境般地沉浸在该环境中。这对很多高风险、高成本的训练是很有用的，例如飞行员训练。从科研角度看，这其实是一个已有几十年历史的研究领域，只是直到最近几年才开始商业化。

人类在得到惊喜的同时，往往也会面临随之而来的烦恼。各类计算机游戏让很多人欲罢不能，渐渐与现实世界脱节甚至格格不入。有的专家担心，像AR或VR这类有强感官刺激性的游戏，可能给人（特别是未成年人）带来不可挽回的身体伤害。

另一个与计算机相伴而生的问题是计算机病毒。计算机之父冯·诺伊曼在1949年写了一篇关于计算机病毒理论的论文，他在论文中描述了一个计算机程序如何进行自我复制。到了20世纪60年代末70年代初，美国互联网的前身阿帕网（ARPANET）把几所大学和研究机构的计算机连接起来后，其病毒才真正显现出其破坏力。第一个计算机病毒叫作"爬行者"（creeper），它会从一台电脑"爬"到另一台与其联网的电脑，复制一个副本。

此事让"嗅觉"灵敏的好莱坞艺术家眼前一亮，据此迅速编导了一部科幻电影。艺术家以其独特的想象力和"造谣""传谣"的能力，把计算机病毒这个新概念普及到大众中间。20世纪80年代个人电脑普及后，大量隐藏在黑暗中的"捣蛋鬼"和别有用心的黑客开发出五花八门的计算机病毒，在计算机之间蔓延。计算机病毒给人们造成了经济损失和时间损失，甚至危及社会和国家安全。

互联网的诞生，为人类的娱乐活动增加了很多新花样。在视频领域，交互式网络电视技术的发展，使人们可以通过互联网实时收看电视节目、查收电子邮件和进行在线信息咨询等。很多为网络环境量身定制的影视作品也层出不穷，正在颠覆上一轮技术环境下人们建立的娱乐习惯。游戏开发商把大量的单机游戏转变为在线游戏，或基于互联网环境和新一代用户的习惯，直接开发全新的游戏。

21世纪初，互联网商业化掀起了一轮狂潮。一些标新立异的公司市值快速飙升，一些经济学家鼓吹所谓的"新经济时代"来临，主张人们忽略历史经验和生活常识，全力拥抱虚拟时代。但是，这轮互联网泡沫很快就破灭了。然而，娱乐和游戏网站存活率却很高，它们成为互联网泡沫破灭后的幸存者。也许，只有在狂潮退去之后，我们才会知道什么是人类的刚需。

社交媒体是互联网时代的一个新"物种"，很多新型互联网平台公司迅速崛起，比如脸谱网、腾讯等。它们通过手机、计算机及其他终端把世界各地的人连接起来，为他们提供社交平台和互动工具，让日常生活变得更便捷。

不管你喜欢与否，人们都将花较多的时间玩游戏、看视频，沉浸于社交媒体的虚拟世界，接收大量碎片化信息。当有人为这种状况倍感忧虑时，另外一些人却看见了商机。

电子商务公司率先利用游戏化思维，在网络销售平台上设计了很多活动，以吸引消费者多次购买。一些制造业公司也利用游戏化思维来吸引和激励用户，帮助公司开发和营销产品。小米公司成功的原因之一，就在于采用游戏化思维有效地组织和利用用户为公司贡献时间、智慧和人脉。

公司把部分功能外包给用户并激励他们主动为公司献计献策，这需要重新设计公司的结构、工作流程和激励机制，安排专门的员工负责管理用户并与之密切互动，最好是让用户自组织，成为公司外围的一个活跃且有价值的社区。很多拥有独特技能的人分散在世界的各个角落，如果把这些人的大量零散时间有效地利用起来，就可以转化为公司的竞争优势。

所以，"偷欢者"要注意了，当你"偷欢"之时，有人可能正在悄悄地"窃取"你的能力和时间。

轴心时代之后，世界几大古文明在人文方面各有千秋，主要差距在于数学。数学造诣高的古希腊文明，进一步发展为以精准为导向的西方现代文明。对近几百年来的欧美科学、工业和信息革命而言，精准都是必要因素。今天蓬勃发展的信息技术，对社会方方面面的影响很大，但未必能让人更富有。

第 11 章　数的奇妙之旅与计算革命

如果把世界看成是由物质和信息组成的，那么信息世界拥有两类最基本的符号：一是数，二是字。这两种符号体系的发明，是信息社会的原点，推动了人类文明从 0 到 1 的跃迁，其重要意义远胜于今天蓬勃发展的各种信息技术。

也许有人会问，数学到底是科学还是技术？这个问题很难回答。数和算术的确是作为实用工具被发明出来的，这与其他技术并无本质区别。然而，数学的应用非常广泛，它是科学家用来描述自然世界及其构成的基本方式。而且，数学家在求解数学问题时体验到的美和乐趣，使得它超越了一般技术的属性和范围。也有人认为，数是自然本质的一部分，数和数学其实是人类发现的自然规律，因此数学就是科学。

数字产生前，古人大多用手指、石头、绳子或树枝等来计数。在系统性的数字和文字出现之前，人类生活已经由于农业革命而发生了较大的变化，比如人口增加了很多，财富逐渐积累，文化也变得更加多姿多彩。这成为数字体系产生的前提条件。

数学的发展主要受到如下需求的推动：一是经济上计算收支的需

求；二是土地丈量或地形测量的需求；三是天文历法的计算需求；四是占卜和星相预测的需求；五是一些人想要求解谜题的需求。在前三个实用需求方面，各地早期数学家面对的问题都差不多，而解决方式则有些许差别。但在后两项需求方面，各地数学家的想象力和投入相别较大。

我曾经问数学家张益唐，是什么激励世界上一代又一代的聪明人去解决一些看似无用的数学难题？他回答说：这些问题是横在人类智慧道路上的高竿，必须有人跨越。

然而，时至今日，世界上各个地区在数学和计算领域的发展轨迹及达到的高度大不相同，为什么会这样？另外，很多人直觉上认为，近几十年计算和信息技术蓬勃发展，这必然会显著提升个人收入，但事实并非如此，这又是为什么呢？

本章通过回顾数学和计算类科技如何沿着算法主义、符号主义和工具主义这三条路径发展，回答上面的第一个问题，然后在最后一节专门讨论"蓬勃发展的信息技术为什么无法提升GDP"的问题。

西方的古老数文明

考古证据表明，在几万年前，人类就开始计数了。5 000多年前，两河流域（美索不达米亚）苏美尔人的生活变得宽裕，人们向神庙缴纳的贡品越来越多，僧侣们仅凭大脑记忆或用传统的计数方法显然行不通。于是，他们发明了一套符号，并用泥板记录人们向寺庙缴纳的贡品种类和数量，多采用六十进制。

随着苏美尔文明的人口和财富进一步增加，数学变成了统治者的治国工具，税收、工程、土地测量和天文历法等都离不开数学。与此同时，数学知识也成为人们从事占卜、商业贸易、建筑的辅助工具，能工巧匠和普通农民偶尔会用数学来解决问题，总之，数学的应用十分广泛。

也许是为了保持优势，也许是受好奇心驱使，擅长数学的苏美尔人不断发明和攻克更难的数学题，推高了数学的山峰，对后人起到了巨大的启智作用。美索不达米亚平原的数学高峰之一出现在古巴比伦王国统治时期，此时古巴比伦人算术已经达到较高的水平，几何方面也有所涉猎。

在目前考古学家发现的一些古巴比伦泥板上，有诸如三、四次方程的题目和答案，这在当时都是没有什么实用价值的数学问题。可惜，这些泥板上的记录都非常简单，基本上没有解题过程。由此可见，解决实际问题的工具性和纯智力游戏的娱乐性交织存在于数学的发展过程中。

图11-1 这块古巴比伦楔形文字泥板上记录的是关于直角三角形三边关系的几组数字，表明在大约3 800年前古巴比伦人就理解了勾股定理

图片来源：冯立昇教授拍摄并提供。

虽然美索不达米亚文明开始得很早，但它创造的璀璨数学成就在古巴比伦王国衰落之后就式微了。主要原因是，这块农耕区域面积较小，是周边游牧民族的必争之地，如果前人创造的智力成果没有很好地普及

并流传到民间，就很容易失传。所以，之后这块土地上的统治者和精英阶层的数学水平都难以望前人之项背。

古埃及地处周期性泛滥的尼罗河流域，这里的人们需要频繁地测量土地以便重新分配土地，这也许就是古埃及在几何方面有突出建树的原因。一些古希腊数学家对古埃及的数学成就倍加推崇，但留存至今的古埃及数学文献很少，令人很难全面地评估其数学水平。就现在能看到的文献来说，古埃及人的数学水平远不及古巴比伦人，尤其是在算术领域。

古希腊、古巴比伦和古埃及都位于地中海周边，商贸往来频繁，科技成就自然也会相互交流和传播。古希腊学习了古巴比伦和古埃及的很多知识，最后超越了它们。现代西方的数学和科学，都源自古希腊。

在灿若群星的古希腊数学家中，被尊为古希腊七贤之一的泰勒斯虽然没有留下著作，但他的成就和故事被记录在柏拉图和其他大师的著述之中。泰勒斯活跃于小亚细亚的米利都城，这里曾是希腊移民的聚居地。他是一位成功的商人，在地中海周边地区（包括古埃及）游历期间，学习了巴比伦、埃及的数学和天文学知识，并在此基础上独辟蹊径，率先用演绎法推导几何定理。

毕达哥拉斯也学习了古埃及和古巴比伦的数学知识，在古巴比伦人对直角所做研究的基础上，提出了具有普遍意义的毕达哥拉斯定理（勾股定理）。毕达哥拉斯学派还发现了无理数，找到了音乐的数学规律，建立了原始的天体运行数学模型，并深深影响了后来兴起的柏拉图学派。

公元前5世纪晚期和公元前4世纪是属于柏拉图和亚里士多德的时代，哲学和自然科学兴起，逻辑学创立。这些哲学家把数学视为希腊文明的核心元素，据说柏拉图学园门上刻有这样一句话："不懂几何学的人请勿入内。"

在柏拉图和亚里士多德的努力下，公元前4世纪晚期，古希腊数学的发展迎来了一个新的高峰，涌现出多位数学家。欧几里得作为几何学的集大成者写下了千古不朽的《几何原本》，完整展现了从公理出发经过逻辑演绎得出几何定理的方法。

阿基米德在数学方面成就卓著，解决了大量几何问题，还提出了无穷小的概念，搭建起微积分的雏形。他采用了集理论假设、精准预测、实证、逻辑演绎为一体的研究方式，从这个意义上可以被称为人类历史上的第一位"现代科学家"。

用工具协助做计算的历史非常悠久，人类最早使用的计算工具可能是手指，这也是十进制的来源。古代地中海地区的人们发明了很多计算工具，算盘是其中之一，算盘早在古巴比伦时期就有了，确切来说应是"泥算板"。

古罗马人在1世纪初发明的一款手持小算盘，是当时收税官的常用工具，1 000年后中国北宋时期出现的算盘酷似罗马小算盘。

从古巴比伦人的数和算术到古希腊时期的辉煌数学成就，地中海地区数学家们3 000多年的持续努力，为后人留下了丰厚的数学宝藏。

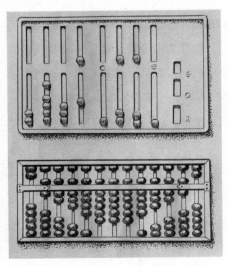

图11–2　上方是1世纪初罗马人发明的
　　　　小算盘；下方是中国算盘，最
　　　　早出现于北宋

图片绘制：梁爱平。

重实用而轻炫技的中国数学

从现有证据看，数学在中国的起源比美索不达米亚晚了 2 000 多年，比古希腊晚了几百年。数学在中国文明谱系中的作用主要是作为工具。中国数学与古巴比伦数学在风格上有相似之处，即以算术见长，但与古埃及的几何体系及古希腊的公理体系很不一样，也与长于符号的印度和阿拉伯数学不同。

中国采用结绳等原始计数方法的历史悠久。3 200 多年前的殷商甲骨文中就有了比较成熟的计数体系，有个位、十位、百位、千位、万位等十进制数位。从西周开始，用算筹计数和辅助计算逐渐流行起来。这种方法属于"数位十进制"，它使计算变得简单快捷，这可能就是直到明末仍有人使用算筹的重要原因。

什么是数位十进制呢？下面以表 11-1 为例进行说明。

表 11-1　数字的不同表达方式

中文数字（非数位十进制）	七万	一千	八百	二十	四
筹数字（数位十进制）	╥	一	╟	＝	⫼⫼
印度–阿拉伯数字（数位十进制）	7	1	8	2	4

表 11-1 中的第一行是中文数字表达方式，它不是数位十进制，每一个数位都以一个独特的字表达。第二行是算筹数字表达方式，它是数位十进制。第三行是印度–阿拉伯数字表达方式，它也是数位十进制。后两种表达方式都用一套数字符号，数字在不同的位置上就意味着不同的量级，这样一来，用有限的数字符号就可以表示出无穷大的数字体系。

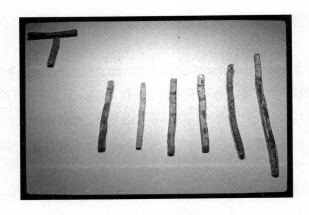

图 11–3　西汉时期的一副铅质算筹

图片来源：作者摄于中国国家博物馆。

春秋时期的文献零零星星地提及了实用算术知识，战国时期的《墨经》也有探讨几何问题的记载。目前发现的可归为算术类的最早文献，是现保存于清华大学的战国后期（约公元前300年）的竹简，专家考证这是一份十进制的九九乘法口诀，与今天我们使用的乘法表类似。

总之，春秋战国时期的文明成就中，数学的成分很少。战国时期成书的《周礼》中所说的"六艺"，是当时王公贵族子弟学习的课程，"数"虽然为其一，但只是一些简单实用的算术。目前已知的中国最早的数学著作是编写于公元前186年的《算术书》，记录了一些实用的问题、答案和方法。成书于公元前1世纪的《周髀算经》，是一部古老的天文学和数学著作，介绍了勾股定理及其在测量方面的应用。

成书于西汉晚期或东汉早期的《九章算术》是中国数学史上的一个里程碑，它不仅包括实用的问题，也引入了负数、方程组等先进的知识。《九章算术》的注解版中最优秀的版本是魏晋时期数学家刘徽的《九章算术注》。

刘徽在其《九章算术注》的序中说道："徽幼习《九章》，长再详览。观阴阳之割裂，总算术之根源。探赜之暇，遂悟其意。是以敢竭顽鲁，采其所见，为之作注。"由此可见，刘徽出身于一个条件好且注重教育的家庭，很小就开始学习《九章算术》了。

刘徽的《九章算术注》有很多亮点和原创内容，论证和详解了《九章算术》中很多数学问题的算法步骤，例如，用割圆术求圆周率，用阳马术求不规则多面体体积，用出入相补法验证勾股定理。此外，刘徽还提供了正负数和分数的四则运算规则等。就这样，他把传统的《九章算术》从一部数学题和答案集转变为一部既有系统性的解题步骤又有理论深度的数学著作。

刘徽的《九章算术注》的第十章，即后来单独成书的《海岛算经》，用重差理论和勾股定理等三角学知识，建立了一套测量岛高（山高）的方法，为地图学提供了数学基础。

值得一提的是，刘徽的《九章算术注》的第八章和第九章中的某些数学问题，是数学家为了获得解题乐趣和炫耀技巧而编出来的，在当时并无实用价值。一些历史学家认为，实用的数学问题很可能是不同地区独立提出的，那些炫技类数学问题则更可能是由某地区的数学家先发明出来再流传至其他地区的。

还有一本叫作《孙子算经》的数学著作，其作者和写作年代不详。书里有一道有趣的数论题，被称为"中国剩余定理"。

祖冲之是南北朝时期杰出的数学家和天文学家，任职于当时最高的科研学术机构总明观，相当于今天的科学院。很多人都知道祖冲之首次将圆周率精确到小数点后第七位，其实他计算圆周率所用的割圆法在中国是刘徽首先提出的，因此这项工作在数学原创性方面略逊一筹。祖冲之的原创性工作可能主要体现在其著作《缀术》中，唐代学者李淳风高度评价了这部书，认为"指要精密，算氏之最者也"。可惜此书已失传，我们难以全面评价其数学高度。

唐朝的数学领域比较活跃，以李淳风、张遂（一行高僧）、王孝通等精通数学的天文学家为代表。由于天文学、历法等自古都由皇家掌控，唐代的这些数学家官方背景很强，是当时科学界的精英。他们的主要贡献在于注释古代数学经典并将其应用于天文、历法和测量，但在数学方面的原创成就并不显著。

宋代至元初是中国数学发展的一个高峰期，涌现出一批数学大家和原创性的数学成果，比如沈括的隙积术和会圆术、秦九韶的同余式、李冶的天元术、杨辉的幻方、朱世杰的四元术等。这些数学方法不仅实用，也反映了人类追求数学的抽象性、趣味性和美的境界，在数学史上可圈可点。这个时期的数学家也花了大量时间普及数学知识，包括撰写教材和数学教学。

在计算工具方面，虽然"珠算"二字在东汉时期的文献《数术记遗》里就出现过，唐朝墓葬里也出土过疑似算盘珠的物品，但中国的算盘最早出现的确切记录是在宋朝，《清明上河图》中的一家中药铺柜台上就有一个算盘，可见当时已有商人在使用了。有文献显示，宋朝宫廷仍以算筹为主要计算工具。元朝之后，算盘在中国逐渐普及开来，到明朝末年，算盘完全取代了算筹。

中国算盘可能是本土发明的，因为其示数方式和运算规则都很独特，一些中国的科技史学者认为珠算是中国历史上的重大发明之一。但由于中国算盘的结构酷似早其 1 000 多年的罗马算盘，因此也存在西方商人携带算盘经由丝绸之路传至中国的可能性。一些首先接触西方算盘的中国商人，对算盘加以改进，使之符合中国人的计算习惯，并总结出很多实用的本土化口诀。就这样，算盘在中国逐渐成为一种强大的计算工具，今天仍有不少人在使用。

中国数学相对独立的发展，在元朝之后就陷入了停滞状态。明、清两代的数学家原创作品很少，主要工作在于引进、翻译和传播西方数学著作，比如，明朝科学家徐光启翻译了《几何原本》的前六卷，清朝数学家李善兰翻译了剩下的九卷，他们为中国数学走向现代起到了承前启后的作用。

查阅中国历史上一些杰出的数学家简历，我们会发现任职于皇家机构、居于社会上层的知识精英的原创性数学成果并不多。这种现象的部分成因在于他们往往花大量时间为朝廷做"重大项目"，即天文历法、土地测量等，它们的重复性强，对数学创新的要求不高，巧妙纯熟地运用传统数学方法即可完成。

中国历史上原创成就突出的数学家，要么家境富裕、衣食无忧，要么仕途不畅。在社会结构中，这些人属于中层，既可与上层交往，也可与民间互动。可能是为了挑战自己的智慧，也可能是为了向同行炫技，他们做了一些不实用的学问，并因此流芳百世。另外，他们也十分接地气，投入大量时间做教育工作，大量朗朗上口的数学口诀都出自他们之手。很多有用的数学知识和技巧由此在民间普及开来，转化为民间常识，实实在在地提升了社会文明的整体水平。

算法主义与符号主义

从前文的讨论我们可以总结出，自诞生以来，数学逐渐形成了各有侧重又互相交织的三个发展方向，即工具主义、算法主义和符号主义。其中工具主义的起源最早，以计算工具为核心。算法主义和符号主义则是在数字符号发明之后才逐渐发展起来的，前者侧重于协助和优化计算，后者侧重于符号、逻辑、公理和演绎。

古巴比伦时代是算法主义的一个高峰，留下了大量如三角关系、天体运行算法、乘除和开方算表等成就。古印度在算法上也进行了很长时间的探索，留下了一些独特成就。古代中国的数学侧重于实用的算法，在抽象符号、求解难题方面的成就较少。

古希腊时代的符号主义是另一个数学高峰，公理、逻辑、演绎推理体系的诞生，帮助人类更好地认识自然规律，令繁杂的自然变得简单、抽象和清晰。后来的数学家和发明家也得以沿着这三个方向一路向前。

中世纪的几百年里，欧洲的数学成就很少。而中东地区出现了一批像花拉子密这样的优秀数学家，他们融合东西方的数学成就，进一步发展了符号系统，把具体的算术转化为抽象的代数，让复杂的算术问题变得简单易解。阿拉伯自然科学家肯迪开了用统计方法破译密码的先河。这些成就都可被视为算法主义道路上的伟大进步。

在符号主义方面，最重要的一项发明是十进制数字符号体系。中国发明的算筹体系最古老，可惜没有在全世界流传。今天我们用的十进制数字符号，是印度人发明的。印度人大约在公元前300年就开始发明十进制数字符号，直到7世纪，才最终发明了"0"这个符号，从而建立起现代人使用的十进制数字符号体系。阿拉伯人大约在9世纪从印度及巴基斯坦地区学到了这套数字符号系统，并逐渐推广至阿拉伯的所有地区。

文艺复兴早期，意大利数学家斐波那契从阿拉伯商人那里了解到"印度–阿拉伯数字"和阿拉伯代数。他觉得大开眼界，立刻撰写了一本关于这套符号系统的小册子，并向他的欧洲同行介绍算术和代数新方法。在之后的300多年里，这套极具生命力的数字符号系统在欧洲彻底扎根。

在这个过程中，欧洲人一边消化和吸收古希腊和阿拉伯等地积累的数学成就，一边发明更多的符号，比如加减乘除号、等号、指数符号等。这些符号大大地简化了数学运算过程，让欧洲数学发展步入了蓬勃的创新时代。17世纪，欧洲涌现出一大批伟大的数学家，比如英国的牛顿、德国的莱布尼茨等。

莱布尼茨基于古代的各种进制，发明了一套较为完整的二进制系统，这是今天的信息理论和计算工具的基础。1948年，美国贝尔实验室的科学家克劳德·香农把二进制的一个数位定义为"比特"（bit），它是信息量的最小单位。

数学的符号化极大地影响了物理学和化学等领域的科学家，他们也发明了很多符号，进一步推动了数学的发展。同时，欧洲的经济发展和工业进步也给数学家提出了很多崭新的问题。数学家一面发明更多的数字种类和新算法，比如虚数、指数、对数、复数等，一面也在解决实实在在的问题。

18世纪，一批身兼工程师、科学家的数学家表现得特别耀眼。瑞士数学家欧拉在微分方程、流体力学、图论等多方面都取得了奠基性的成就。德国数学家高斯，一边从事地理测量方面的工作，一边在微分几何、代数、统计学等方面也收获了累累硕果。

这些杰出数学成就的积累，又推动了19世纪非欧几何（包括黎曼几何）、微分几何等新数学的诞生。数学家们经过几百年的探索，构建起的现代数学与古典数学已经大不一样了。

值得一提的是，英国诗人拜伦的女儿、世界上第一位软件工程师阿达·洛夫莱斯的密友查尔斯·巴比奇设计了一款差分机（现代计算机的前身）。意大利数学家闵那布利听了巴比奇的介绍后，整理了一份手稿并将其发表。阿达把它翻译成英文，然后按自己的思路写了很多的批注，其中包括如何用差分机计算伯努利数的程序。这是历史上的第一套计算机程序，可被视为古老的算法主义衍生的新物种，也是计算历史上的一个重大转折点。因此，阿达被公认为科技史上的第一位电脑程序员。

工具主义和计算机

从两河流域出现的最原始的算盘开始，算盘作为计算工具已经有4 000年左右的历史了，它陪伴人类走过了漫长的商业成长和社会发展的道路。但是，人们又希望有更好的计算工具可以代替它。

古希腊时出现的安提凯希拉机械装置可以称得上是最早的机械计算机，而欧洲科学革命开始之后，机械计算机更是成为创新热点，不少著名科学家都尝试过。17世纪法国的数学家和物理学家帕斯卡不到20岁就设计并制作了一部机械计算器，还获得了专利。但这款计算器投放市场后并未热销，原因是它只能做简单的加减法而价格却很昂贵。莱布尼茨在帕斯卡计算器的基础上进行了改进，设计出一款乘法计算器，并在商业上取得了成功。从17世纪末投放市场后，这款计算器一直被不同的人更新和改进。直到20世纪70年代，市场上的一些计算器仍然应用了莱布尼茨设计的核心思路。

近一百年来，计算工具的进化可谓突飞猛进，人们跨过算盘和机械计算器的阶梯，迈入了计算机时代。特别是第二次世界大战期间，谍战风起云涌，各参战国都把本国最优秀的科学家聚集在一起，从事尖端科学研究，旨在对敌人进行致命一击。数学家在这场战争中的作用至关重要。

阿兰·图灵是"二战"期间科学家"特种兵"中的杰出一员，他的核心任务是破译德军的无线电通信密码。由于德军使用的是当时世界上最先进的恩尼格玛密码机，密码破译的任务非常艰巨。图灵认为仅靠人力和传统的计算器、计算尺来破译密码需要花费的时间太长，必须建造一台强大的电子计算机来做这件事。于是，他和英国的数学家几经周折，最终制造出一台名为"炸弹"的计算机，并成功破译了德军密码。

"二战"胜利后，图灵继续研发计算机。基于"炸弹"的经验，他进一步构思了更理想的通用计算机模型，即"图灵机"。图灵也是人工智能领域最早的探索者之一，他的"图灵测试"一直在指导着人工智能的发展。

美国的计算机行业也因"二战"而兴起。在"二战"时期的美国科学家"特种兵"中，最杰出的数学家之一是冯·诺伊曼。他出生于匈牙利的一个犹太人家庭，1930 年移居美国，成为普林斯顿大学的客座讲师，1933 年起担任普林斯顿高等研究院教授。"二战"发生后，冯·诺伊曼加入了美国的"曼哈顿计划"，主要负责原子弹的核心设计与计算工作。此时核物理科学仍在探索过程中，计算量十分庞大，传统的计算工具难以应付。

1944 年夏天，诺伊曼偶遇美国弹道研究实验室的军方负责人戈尔斯坦，并了解到宾夕法尼亚大学工程系正在为美国军方研制一台计算机（ENIAC）。诺伊曼眼前一亮，毫不犹豫地加入了这个研究团队，自此在计算机领域建立了丰功伟绩。

1945 年，冯·诺伊曼为这个团队研制的计算机 EDVAC（离散变量自动电子计算机）起草了一份框架报告，提出电子计算机应以二进制为基础，由 5 个部分组成，分别是运算器、控制器、存储器、输入和输出设备，并描述了这 5 个部分的功能和关系。这仍然是今天计算机的整体框架。

从传统计算工具到电子计算机的飞越仅靠数学是不可能实现的，物理学方面的突破至关重要且必不可少。ENIAC 和 EDVAC 等早期电子计算机的核心部件都是电子管。虽然电子管是一项划时代的技术，但用电子管制造的计算机和其他设备体积庞大、耗电量大、成本高昂。解决这些问题成为物理学家继续探索的方向。

突破最先来自美国电话电报公司（AT&T）贝尔实验室的三位物理学家约翰·巴丁、沃尔特·布拉顿和威廉·肖克利。1947 年，他们三人合作发明了晶体管，并因此于 1956 年获得诺贝尔物理学奖。

晶体管的相关研究斩获诺贝尔奖，这极大地激发了世界各地的科学家和工程师投身于这类研究的激情。在接下来的几年中，半导体领域的科研活动欣欣向荣，各种晶体管设计层出不穷，集成电路也很快问世，最终催生了万亿美元规模的半导体产业。

1955年，肖克利辞去贝尔实验室的工作后来到硅谷，创办了肖克利实验室股份有限公司。他以超强的号召力把一批优秀的人才网罗至旗下。可是这位科技天才并不擅长管理，其强势的风格和完美主义偏好让一群投奔他的年轻人感到窒息。一番密谋之后，肖克利公司的8员大将于1957年集体离开，成立了仙童（也译作"飞兆"）半导体公司，后来开发了第一块集成电路。

从此，一批又一批的员工从原公司离职，或投奔新东家或创立新公司，推动了硅谷的半导体行业的蓬勃发展。据统计，截至1990年，硅谷约有150家公司与肖克利实验室和仙童公司有着这样或那样的联系。

著名的半导体公司英特尔的创始人戈登·摩尔和罗伯特·诺伊斯，也是肖克利实验室的"叛徒"。除了创建这家伟大的公司和发明了很多信息技术产品之外，让摩尔出名的是"摩尔定律"。它是指集成电路芯片上集成的电路数目，每隔18个月便会翻倍。

摩尔定律不仅是对行业发展规律的精辟总结，也成为信息技术从业者追求的速度目标。过去几十年间，信息技术行业一直在为达到摩尔预测的速度而努力。然而，摩尔定律不会永久有效，现在计算机硬件的发展速度已经放缓了。

蓬勃发展的信息技术为何不再显著提升GDP

古老的数字沿着算法主义、符号主义和工具主义三条路径，终于把人类带到了今天发达的计算机、信息和网络时代。20世纪60—80年代是计算机硬件的蓬勃发展期，先有IBM等公司引领大型计算机的开发工作，后有数字设备（DEC）、太阳、惠普等公司引领中小型计算机的研发潮流。

20世纪80年代，苹果、戴尔等公司推动了个人电脑的发展，个人电子产品也纷纷问世。再后来，像思科这样的计算机硬件及网络公司，带领人类社会步入互联网时代。今天，计算机领域的最前沿研究项目之一是量子计算机，还有机器人。

软件行业从20世纪80年代开始也是一派繁荣的景象，出现了微软、甲骨文等一批专业的软件公司。信息服务特别是互联网服务，成为创新者的乐园，雅虎、谷歌、脸谱网、亚马逊等公司迅猛成长。中国公司在互联网服务领域的成绩也十分亮眼，百度、腾讯、阿里巴巴等公司跻身世界互联网公司前列。目前软件领域的前沿研究项目是人工智能，它集合了数学符号、算法和计算机的力量，再加上大数据，将成为信息服务行业的下一代热门应用。

很明显，人们的生活方式因为信息技术的发展而发生了很大的变化。一些人认为，"信息革命"正在发生，人们的生活水平也将进一步提升。然而，相关统计数据显示，这一波信息技术的发展，并没有像许多人预期的那样显著提升人均GDP，而是形成了一个生产率增长而人均收入几乎不增长的所谓"生产率悖论"。

近几十年来，率先发展信息技术的欧美等发达国家和地区，已经进入一个人均GDP和收入中位数几乎没有增长的阶段，我把这种现象称为"高收入陷阱"。美国信息技术产业对经济增长的贡献，大部分都来自全球的销售，对本国经济的提升作用不大。诺贝尔经济学奖获得者罗伯特·索洛在1987年就预言道：计算机虽然到处可见，但这不会显著提升总体生产效率的统计数据。《大停滞》一书的作者泰勒·考恩分析了去除通货膨胀因素的收入中位数，他发现美国自1973年以来普通人的收入水平停滞不前。

所谓收入中位数，是指在一个群体中，约有一半的人工资水平比这个数字高，而另一半人比这个数字低。在贫富差距较大的社会，收入中位数比平均收入能更好地反映普通人的收入水平。

如果信息技术产业在过去若干年里并未显著提升人均GDP和收入中位数，那么预期它未来会显著提升这些经济指标，是不靠谱的。这究竟是为什么呢？

原因之一：自动化陷阱

由于计算机的发明，信息技术从20世纪70年代开始快速发展，催生了崭新的计算机软硬件及服务业，这是一种经济净增长。然而，信息技术的核心作用之一是改造生产和服务流程，首先发生的就是工厂的自动化。而工厂自动化对提升人均GDP来说，可能并非好事。

所谓工厂的自动化，是指机器在计算机的控制下，变得越来越高效和精准，所需的操作员也越来越少的过程。机器人技术的发展会进一步提升工业自动化的程度和工厂的生产效率，如果工厂释放出来的富余劳动力能够很快转移至工资水平相当或更高的行业，整个社会的人均GDP就会持续上升。

可是，美国制造业释放出来的较高工资水平的劳动力，却大多被工资水平较低的服务行业吸收了。因此，工资中位数和人均GDP几乎没有增长。来自全球低工资水平地区的竞争，也会让发达国家工人的工资增长受限。由此可见，自动化能让一小部分人的工资增长，而大部分人的情况则可能变差，贫富差距进一步拉大。

原因之二：零和博弈

在新的信息技术和电子技术基础上推出的一个新产品，往往会取代某个旧产品，甚至取代多个旧产品。例如，现在的一部智能手机相当于原来的功能手机、个人电脑、照相机、录音机、音乐播放器、计算器、扫描仪、手电筒等一系列硬件产品和软件产品的组合。当智能手机风靡世界的时候，一些红极一时的电子产品正在悄悄地退出历史舞台。因此，总的来说，新的产品出现对整体经济效果不大。

服务业的零和博弈现象更明显。互联网出现以后，对传统服务业构成了一种颠覆之势。传统的中介行业大幅萎缩（例如，股票经纪人被电子交易取代），传统的信息服务业（例如报纸、电视）遭到严重的冲击，传统的零售业陷入萧条。

电商的迅速崛起，一方面创造了很多相关的就业机会，但另一方面也造成大量的实体商店经营惨淡。可以肯定的是，电商提升了零售业的整体效率，在零售额相同的情况下，它所需要的人力物力远小于传统零售业。那么，它释放出来的人力又会转移到哪里呢？工资水平会提高吗？

原因之三：自产自销

现在出现了很多"产销者"（prosumer），他们兼具生产者和消费者的身份。他们自产自销或彼此交换，这样的行为有价值但不会被计入 GDP。在农耕社会和更古老的采集狩猎社会，"产""消"合一的情况很普遍，以物易物也有悠久的历史。但进入工业社会之后，日益精细的社会分工和越来越便宜的产品，让消费者和生产者这两个角色都有了明确的界限，"产""消"两旺，GDP 自然快速增长。

很多人在互联网和手机上免费发些新闻，写些评论，分享一些个人的见解和作品。这种行为推动了一些互联网平台的崛起，例如维基百科、脸谱网、腾讯微信等。还有很多愿意无偿分享自己的"认知盈余"的人，他们是一些公司和产品的发烧友，成为自己喜欢的公司产品及服务的义务测试者和宣传者，这对公司而言有很大的价值，但公司无须支付任何报酬给他们，自然也就不会被计入GDP。

原因之四：时间有限

在信息技术的基础上，人类的确创造出很多新的、可以产生GDP的产品，比如电子游戏等。但这里也存在一个天花板：每个人的时间都是有限的，一天只有24小时。

最近几十年的信息量实在增长得太快了，令人目不暇接。网上各种免费的信息铺天盖地，人们购买更多信息产品的需求受到挤压，时间和注意力稀缺都是信息产品销售所面临的瓶颈。

另外，近几十年来发达国家的人口规模自然增长幅度很小，甚至在收缩，美国和欧洲部分国家的人口增长基本上来自移民。这与工业革命时期人口规模增长从而带动消费规模增长的情况大不一样。

原因之五：物质世界缺乏重大创新

在18—19世纪工业革命期间，经济迅速发展的主要动力在于重大的技术创新很多。一项重大创新往往又会催生一系列微创新，进而形成一个崭新的行业，雇用大量劳动力，使那些从效率不断提升的农业中释放出来的富余劳动力可以谋得工资水平更高的工作。

相较之下，目前的状况可以总结为：微创新活跃而重大创新减弱、信息世界创新活跃而物质世界创新减弱。关于这个现象，我和其他一些学者都做过研究。

经济要发展，重大创新和微创新都不可或缺。重大创新不仅可以创造一种产品，还有可能创造出一个新物种甚至是一个新行业，而微创新可以让产品更加个性化、更加好用也更加便宜，从而丰富人们的生活。然而，在缺乏重大科技创新驱动的社会，微创新产生的价值会越来越小。例如，一种产品只有一种花色是单调的，给产品增加花色算微创新，增加几种花色有助于扩大消费者群体。但每款产品都弄出几十个甚至几百个花色，这样的微创新的边际效益会越来越小。

基于这种情况，少数学者产生了困惑：未来世界经济增长的新引擎到底是什么？未来难以预测，但我们可以从历史中获得些许线索。

回顾人类的科技创新史，其空间和时间分布都极不均匀。也就是说，科技创新往往先在较短时间和较小的区域内涌现，形成明显的技术高地，然后慢慢向其他地区传播，一浪接一浪地推动技术的同化和世界经济的发展。而在历史上的大部分时间和大部分区域，都没有什么重大创新或技术革命，日复一日才是生活的常态。

也许在未来的很长一段时间内，人类社会将处于这样一种状态：世界各国无论投入多少人力物力，都不会产生很多的重大科技创新，更不用说掀起一场新科技革命了。以 GDP 为衡量指标的财富也难以增加。然而，我们的子孙后代虽然不一定更富有，但至少应该变得更幸福。因此，产生于工业时代的 GDP 可能不再是衡量社会发展的恰当指标了。

重大创新的出发点常常是个人的痛点或兴趣，有人先于别人看见了一个问题，感受到某种未来需求。自己切身的痛点和兴趣可能会成为你坚持不懈地奋斗和寻求解决方案的动力，直到成功。

第 12 章　从烽烟四起到全球互联

人与人之间建立"连接"，乃是人类的情感基本需求。在研究了一系列灵长类动物之后，英国牛津大学的人类学家罗宾·邓巴发现，新皮质占大脑皮质的比例，决定了灵长类动物的社交属性和规模。一个人可维持的稳定社交规模约为150人，这个数被称为"邓巴数"，其中深入交往的人数约为10个。

当一个社会的人口规模增加时，人类会在邓巴数的约束下，让社会分解为较小的"群体单元"，这些单元之间会形成某种社交网络。沧海桑田几万年，人口规模和通信技术都与远古时代有了天壤之别，然而，邓巴发现的规律不仅适用于古人，在今天也仍然有效。无论是在脸谱网上还是在微信上，你的关注者可以有很多，但与你说过话的不会超过150人，经常聊天的也就十几个。

把人类连接起来的社交网络有如下几个要素：信息生产、记录和传播。在过去的10 000多年中，人类社交网络的关键元素发生了多次变革。

远古时期，信息的产生和传播都是口头的，记录主要靠听者和传播者的大脑，信息传播的范围一般都局限在150人左右的小村落里。人与人之间、群体与群体之间的远距离交流需求基本上是在新石器时代中晚期产生的，随着人口的快速增长，村庄和城镇的数目增多、规模变大，战争和贸易也都越来越频繁，烽火警报体系就是在这个时期发明的。

文字发明后，信息的产生、记录和传播都有了媒介，信息的准确性有所提升。这与王国的产生密切相关，并由此产生了"知识分子"群体。

公元前8世纪到公元前2世纪，信息记录载体"书"和"纸"在地中海、中国和印度等地区产生，人类的思考被详细地记录下来并广泛地传播开去。远距离交流技术方面也有很多新发明，比如驿站、旗语等。一些小王国被统一为大帝国，社会结构发生了很大的改变。这一时期还出现了"轴心时代"现象，几大古文明深刻地影响了周边地区。

中国宋朝发明的活字印刷术和15世纪欧洲发明的印刷机，大大提升了信息的生产和传播效率，书籍印刷量大幅增加，识字不再是精英阶层的特权，大众识字率提高。欧洲社会因此形成了崭新的信息网络，并推动了宗教革命和科学革命的发生，最终引发了工业革命。

在远距离通信方面，人类社会于100多年前进入电磁时代，电报、电话等成为第一波现代通信工具，广播、电视是第二波，互联网是第三波。互联网不仅是社交网络，也是巨大的信息创造、记录和传播平台。在互联网时代，虽然邓巴数依然有效，但人们交友的地理限制显著减小甚至消失，做到了"天涯若比邻"。

历史展现出一个有意思的现象：每当新信息技术兴起之时，推动者往往抱着平等的初衷，但最终总会形成新的层级结构。为什么？

这是因为人的信息交流网络是一个复杂系统，基于新技术的网络从一个众人平等的起点出发，最后总会长成一个由几个枢纽型超级节点主宰的网络，这符合幂律分布。当支撑社交网络的技术有所突破时，就会触发其结构发生变革，类似于物质的相变。

当然，如果社交网络完全被邓巴数、相变等自然规律限定，那么人类和历史都会非常无趣。幸运的是，事实并非如此。交流技术的突破在一个地方可以推动社会产生某种相变，但在另一个地方则会产生不同结果。自然界也有类似现象，在正常气压下，如果温度降至零摄氏度以下，空气中的水分子就会凝结成雪花，但每一片雪花都是独一无二的。

这一章的重点是回顾人类通信技术的发展，不做全景式叙述，而是从历史长河中精选几个小故事，剖析在人类从烽烟四起到全球互联的几个关键时间点上，远程通信是如何改变社会的。

周幽王烽火戏诸侯

公元前781年，周幽王为博宠妃褒姒一笑，下令点燃了西周都城镐京（今西安）的紧急军事报警信号——烽火。四方诸侯赶来救驾，却发现被戏弄，懊恼不已，周幽王因此失信于诸侯。当西周都城真的被犬戎军队进攻时，再也没人赶来救他了。

烽火是古代边防军事通信的重要手段，烽火燃起表示国家战事出现。一般来说，一个烽火台的辐射范围只有方圆五六公里。要实现长距离的信号传递，就需要建多座烽火台，每个烽火台之间的距离以5公里左右为宜。看见烽火的军队要赶来救援，大多是靠步行，耗时费力。

西周的国土上零星分布着城池和村庄，联系大都比较松散。

周幽王直接掌控的地盘不大，主要是镐京周边100多里内的城池，即王畿。其余城池和土地则都被分封给了诸侯，由他们自主管理。所以，从权力关系来说，周与各诸侯国之间是联盟关系，而非中央和地方的关系。

周幽王之子周平王继位后，都城东迁洛阳，史称东周。之后，周的盟主地位慢慢削弱，最终名存实亡。各诸侯国则逐渐拓展为包括多座城池和广袤农村、边界明确的王国，一些较大的王国开始在其边界修筑长城，沿线设置烽火台，就这样，形成了一个从边关到都城的信息传递路径。

图 12–1　商王城示意模型，周幽王的都城规模应与此相当

图片来源：作者摄于河南博物院。

周幽王"烽火戏诸侯"是用可见光信号传播信息，世界其他地方在古代也采用过类似方法。《荷马史诗》就记录了公元前1000年左右古希腊各城邦用烽火传递战事讯息的事。

旗语也是古人常用的一种远程通信方式，具体始于何时已无从考证。在欧洲大航海时代，旗语发展成成熟的信号系统，可交流的信息量大大增加，如今人们仍在使用旗语。

另外一种古老的远距离通信方法是邮递系统。公元前500多年，波斯帝国建立了一个由政府主导的邮递系统，这是目前已知的最古老的邮政系统。公元前1世纪的罗马帝国也推出了官方的邮件和信息传递服务，私人邮差和抄写员是人数较多的群体。中国的邮驿体系也很古老，可能早在战国时期就存在了，主要为王公官员传递信息。

古代的普通民众要给远方的亲友捎信，大多会委托奔走各地的商贾，其中口信居多。邮递系统的普及，是最近几百年的事。

用烽烟、旗语等进行远距离的信息传递，存在着诸多客观条件的限制，而且误差较大。古代的邮递系统靠骑马、乘马车或走路传递信息，速度慢，传递的信息量也不大。解决这些问题，是最近100多年来科学家和发明家的奋斗目标。

莫尔斯码和第一份电报

现代通信业是在电磁学兴起之后才产生的。科学为发明家和创业者提供了新的理论基础和发明灵感，进而满足日益增长的个人和社会需求。近100多年来，电报、电话、互联网、物联网等新的通信方式纷纷出现，成就了庞大的通信设备和服务行业，也让普通民众体验到了即时通信的极大便利。

电报的发明是人类进入电磁通信时代的第一步，这项历史使命的完成者是画家塞缪尔·莫尔斯。

1825年的一天，在华盛顿为他人画像的莫尔斯收到一封他的父亲从纽约寄来的信，告诉他刚生完第三个孩子的妻子产后恢复情况很好，这令他十分欣慰。可他第二天又收到一封家书说他妻子已

图12-2　莫尔斯和他的电报机
图片来源：公有领域。

经离开人世了。莫尔斯满怀悲痛地回到纽约时，他的妻子已经下葬了，这对他造成了巨大打击。

几年后，孤独而抑郁的莫尔斯远赴法国巴黎，流连于博物馆和艺术品之间，期待有朝一日他的作品也能被挂在卢浮宫墙上供人欣赏。当然，他也没有忘记远距离通信不便的问题。1832年，在从法国回美国的船上，莫尔斯偶然听到几位科学家在谈论电磁学的最新进展，比如，电流在导线中可以快速传播。这些事物对艺术家来说陌生又新鲜，令莫尔斯兴奋不已。

那时已经有人发明了电报的原型机，但莫尔斯并不知晓。回到纽约后，他在纽约大学找了一份薪水较低的教职，业余时间则完全投入发明电报机的活动中。

莫尔斯的发明之路走得很艰难，因为他有太多东西需要学习。幸运的是，在大学工作的莫尔斯，可以向物理学系的同事请教。在其他人的帮助下，他顽强地克服了一个又一个困难。

1837年9月，莫尔斯制造出了他的第一台电报机。它虽然不是世界上最早发明的电报机，但更容易使用，成本也较低，有商业化的潜力。

与此同时，莫尔斯还发明了后来全球通用的莫尔斯码，这套编码的最大优点是简单易用。

1842年12月，带着完整的电报系统和自己的故事，莫尔斯来到华盛顿，给国会做演示并争取资金支持。终于在1843年3月，国会通过了资助莫尔斯架设一条64千米的电报线路进行实验的议案。1844年5月24日，莫尔斯发出了人类历史上的第一封电报："上帝创造了何等奇迹！"

在莫尔斯的有线电报系统被推向市场后，麦克斯韦开始探索电磁的奥秘，他预言电磁波和光一样可以在空中传播。1886年，德国科学家海因里希·赫兹证实了电磁波的存在。这些科学成就不仅立刻掀起了无线电领域的科技创新浪潮，也为电力和电子工程领域的技术创新奠定了基础。

意大利发明家马可尼很快就意识到这个新理论的实用价值，于1895年发明了无线电报系统。马可尼写信给当时的意大利邮电部，请求他们资助他的系统，但没有得到任何回复。1896年，马可尼去往英国寻求支持。

没多久马可尼就在英国创立了公司，用他的产品打开了政府、军用和民用市场。20世纪初，马可尼无线电报公司实现了无线电信号的跨大西洋传播。1909年，马可尼因此获得诺贝尔物理学奖，被称为"无线电之父"。

电报技术发明后，很多人深受震动，满心期待一场巨大的社会变革的来临，也有人为此忧心忡忡。

100多年后的今天，我们再来审视这次技术变革，可以看到其结果是一些崭新的电报服务机构问世，成为邮递系统的有力补充。除此之外，这项新技术对新闻媒体也有极大的帮助。1849年，美国纽约的几家报社联合成立了美联社，前方记者通过电报把新闻发给美联社的所有成员报社，供它们使用。后来，美联社的成员越来越多，现在仍然是世界最著名的新闻机构之一。此外，还有成立于1851年的英国路透社。

电报在商业和军事领域的应用也非常普遍，成为商船之间及海军战舰之间的最佳通信工具。在两次世界大战中，无线电报和莫尔斯码等成为交战双方的重要"武器"。

电话与无线电广播

19世纪中期，在莫尔斯把电报系统推向市场的时候，其他一些发明家已经开始探索如何用电线直接传输声音而不只是编码，这是一项技术上更为复杂的工程。早期的技术探索进展很慢，直到1876年初，美国发明家亚历山大·格雷厄姆·贝尔获得了电话的发明专利，这个领域才开始商业化。

贝尔出生于苏格兰爱丁堡，他于1876年2月完成了一项关键的电话技术发明，并提交专利申请。1876年3月，贝尔和他的助手托马斯·沃森进行了人类历史上的第一次电话通话。

1877年7月，贝尔电话公司成立，这就是AT&T公司和贝尔实验室的起点。贝尔的助手托马斯·沃森后来也取得了十分辉煌的商业成就，他创立了如今全球最大的信息技术和业务解决方案公司，即IBM。

AT&T有深厚的技术创新传统，100多年来，该公司执现代信息革命之牛耳，取得的科技成就数不胜数。数字交换机、蜂窝移动通信设备、晶体管、太阳能电池、激光器、通信卫星、仿真语言、电子数字计算机等，都诞生于贝尔实验室，实验室共有15名成员获得诺贝尔奖，有4位成员获得图灵奖。

20世纪90年代中期，AT&T的设备制造部门和贝尔实验室被拆分组建为朗讯公司。遗憾的是，在新一轮的互联网发展浪潮中，朗讯公司衰落了。2006年12月，朗讯被法国阿尔卡特公司收购。

公司的衰落并不鲜见，但朗讯的结局却让很多人唏嘘不已。基业长青说起来容易，做起来难。事实上，朗讯在技术方面没有忽视这场颠覆性变革的到来，它主要输在商业模式方面，工业时代建立的整合了从科学原理探索到技术原创再到产品开发的模式，无法适应数字时代的变化速度和广度。

用电磁波传送信号和声音，对人类社会的影响极其深远，关于无线电广播技术的探索从19世纪末就开始了。1906年圣诞前夜，美国匹兹堡大学教授雷金纳德·费森登在马萨诸塞州采用外差法实现了人类历史上的首次无线电广播。

无线电广播的商业化道路由此开启，商业嗅觉灵敏的创业者很快投身于这个领域，无线电设备公司和无线电广播公司纷纷涌现。

无线电广播的另一项里程碑技术是调频广播技术，由哥伦比亚大学电气工程教授埃德温·阿姆斯特朗发明。西屋电气公司购买了这项可令广播音质大幅提升的技术，把它推广开来，并沿用至今。今天的移动电话和移动互联网，都是无线电通信技术应用的拓展。

由于无线电报和广播不需要电线传输，发射与接收装置的成本及技术门槛也不高，便出现了一波非常有意思的"万众创新"现象。很多喜爱无线电的年轻人利用业余时间在自家车库或地下室里鼓捣零部件，组装无线电发射和接收装置，然后与其他爱好者通过广播七嘴八舌地聊天。据估计，1912年美国的业余无线电爱好者约有40万人，各种电台近20万部。

第一次世界大战爆发后，政府开始管控和垄断无线电广播。"一战"结束后，美国政府制定了一些规则后，于1919年把广播权归还给业余无线电爱好者。可惜的是，此时无线电领域的商业机构力量强大，成为无线电网络中的超级节点，它们通过销售收音机等设备赚取商业利润，并制作广播节目吸引受众。

超级"玩具"——互联网

互联网浪潮把人类卷进了信息的汪洋大海，大众的生活方式因此发生了巨大的变化。这是何等浩瀚汹涌的信息洪流！

时至今日，互联网每天新增数据量达到2.5×10^{18}字节，全球90%的数据都是在过去的两年间产生的。科技史上不乏这种现象：重大科技成就与其应用一脉相承，而科技创新者与财富收获者却擦肩而过——前者创造历史，后者获得金钱。在现在这个"你方唱罢我登场"的时代，如果我们回顾互联网的历史，是否有人记得这一波信息革命始于象牙塔里的科学家创造"玩具"和"工具"的小目标，是否有人会想起互联网的前传里出现过物理学家的身影？

科学家是一个充满想象力和善于构建虚拟世界的群体。20世纪60年代初，由于美国科学家需要进行跨机构远距离信息交流，所以他们希望把不同地点的计算机连接起来。这项计划得到了美国国防部高级研究计划局的资助。从计算机通信原理到交流协议和标准的构建，再到国家实验室和大学计算机的连接，以及一些关键应用的实现，计算机网络的硬件和软件在探索过程中同步成长，最终形成了互联网的前身——阿帕网（ARPANET）。

要构建跨越区域、连接多台计算机的网络，最大的挑战是制定一套开放、易用、可拓展、高效并受大家认可的通信协议。1978年，在斯坦福大学任教的温顿·瑟夫和当时任职于美国国防部高级研究计划局的罗伯特·卡恩合作完成了TCP/IP协议的基础架构搭建。

同一年，该协议成为开放式通信系统互联参考模型（OSI）的国际标准。接下来，它陆续被多国政府采用为基础网络通信技术，科研院所和大学的计算机也逐渐加入，形成科教界广泛使用的互联网。实际上，此时的互联网就只是科学家们的超级"工具"和"玩具"。但很快，互联网就取代了基于其他技术的计算机网络成为主流，发明互联网核心技术的两位科学家也因此获得2004年的图灵奖。

互联网之所以能走进千家万户，成为普罗大众能够使用的技术，关键在于相关技术、基本协议和算法的制定，英国计算机科学家蒂姆·伯纳斯–李作为万维网的发明者，在其中起到了至关重要的作用。

1984年，伯纳斯–李加入欧洲核子研究组织（CERN），接到了一项极富挑战性的工作：开发一个软件，使分布在欧洲各地的物理实验室研究所可实时共享最新的信息、数据和图像等。1989年，他成功开发出世界上第一个网页浏览器和网页服务器。后来，他将自己发明的HTML（超文本标记语言）和HTTP（超文本传输协议）等万维网技术与计算机通信协议TCP/IP等结合起来，建立了世界上第一个万维网网站http://info.cern.ch/，即CERN的官方网站，于1991年8月正式上线。从此，科学家们的超级"玩具"更好玩了。

早期在网上冲浪的理工科学生们毕业后，在社会上广泛宣传这个新事物，互联网技术和文化传播开来。后来，美国政治家、投资者和创业者成为推动和开发互联网应用及服务的主力，互联网商业化浪潮在美国如火如荼。

这二十几年来，世界各地的人纷纷成为网民，社会的结构性变化也在进行中："中间人"和"中间商"的概念逐渐弱化和消失，制造业依托于网络技术产生了崭新的全球化合作方式，传统媒体受到新媒体的冲击，教育体系在解构和重建⋯⋯

值得一提的是，中国互联网的发展迅速而不失稳健，网民数量居世界第一，电子商务欣欣向荣。互联网之所以能走进中国，得益于一个特别的机遇和一个重要的推手。这个机遇是中国与世界物理学界的学术合作，这个重要的推手是物理学家李政道。

李政道：种豆得瓜

作为理论物理学界的世界级领军人物，李政道非常了解高能粒子物理实验领域及相关技术前沿的情况，也非常了解中国科学界与世界脱节的状况。从1979年开始，李政道就在中国国家领导人的支持下，推动中美高能物理领域的合作。

20世纪90年代之前，中美科学家合作的重点在于，探讨北京正负电子对撞机、北京谱仪、北京同步辐射装置的建造等。到了90年代初，建造完成的实验设施开始产出数据了，合作的重点便转到实验设施的运行和改进、物理实验的设计以及数据处理和分析上。进入21世纪之后，合作的重点又转向了北京正负电子对撞机重大改造工程、上海光源工程、大亚湾中微子实验和散裂中子源工程等项目。

图12–3　退休后的李政道，他手里拿的书是由本书作者主编的庆祝他90周岁生日的文集

图片来源：王垂林2017年1月4日摄于旧金山。

关于中美两国高能物理科学家的主要合作内容，有大量的文献记录，然而，合作产生的多项"副产品"却鲜为人知，比如互联网进入中国。

如果说李政道是中国互联网发展史上的关键节点和连接中美的"路由器"，许榕生就是李政道"构建"并发送回中国的一个核心"软件包"。

目前担任中国科学院高能物理研究所研究员的许榕生，经由李政道倡导的"中美联合培养物理类研究生计划",于1982年春赴美,进入美国加州大学圣克鲁斯分校攻读博士学位。获得博士学位后,许榕生进入圣克鲁斯粒子物理研究所从事博士后研究。因为大部分时间都在斯坦福直线加速器中心学习和工作,所以他对加速器和阿帕网都比较熟悉。

许榕生回忆说:"1988年的一天,李政道先生应圣克鲁斯粒子物理研究所所长的邀请来所里做讲座,他特意跟到场的中国留学生讲到北京正负电子对撞机的建设成果,并强调这个项目急需软件和物理分析人才。他热切地希望我能回国到中国科学院高能物理研究所工作,我当即请他帮我写推荐信。他答应了,并从他在北京建立的中国高等科学技术中心拨给我一笔赞助金。"

1988年秋回国后,许榕生就加入了中国科学院高能物理研究所,并迅速投身到高能实验数据分析和软件编程的工作中,而当时的中国科学界还不太了解互联网已经在国际科教界成为重要通信手段的情况。1988年年末,斯坦福大学的教授沃尔特·托基提出,中美之间应该架设一条网络专线,但该提议出于某种原因而搁浅。在1991年举办的中美高能物理合作联合委员会会议上,美国科学家再次提出基于北京正负电子对撞机实验的合作,建设一条中美之间的计算机网络专线,以解决实验数据传输与通信等方面的问题。

李政道为此事特别与中国国家领导人沟通,并由国家自然科学基金委立项和资助该项目。同时,李政道又与托基等美国科学家一道说服美国政府。两国政府同意之后,熟悉网络技术的许榕生成为这项计算机网络专线工程的中方负责人。

20世纪80年代,中国也有一些高校和科研机构通过电话拨号方式接入国外大学或研究所的网络服务器,进行电子邮件通信。1986年8月25日,中科院高能所的吴为民通过远程拨号连接的方式给欧洲核子研究组织斯坦伯格教授发了一封电子邮件，这是从中国发往世界的第一封电子邮件。

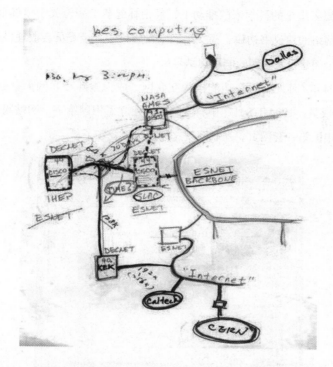

图12-4　中美两国科学家于1991年草拟的中美计算机网络专线设计手稿

图片来源：许榕生博士。

经过许榕生团队18个月的努力，从北京中科院高能所到美国斯坦福直线加速器中心的计算机网络专线于1993年3月2日正式开通。从技术上说，这是中国的第一条国际互联网专线。

这条专线开通后，在国家自然科学基金委员会的资助下，科教领域的专家和教授很快就在高能所的网络上开设了账户，率先使用电子邮件等方式与全球联通。从此，中美之间不但可以传送电子邮件、文章，而且实现了实验数据的实时传输。

　　早期在互联网上冲浪的中国用户大都是科教界人士。1993年年底，在几位德高望重的科学家的推动下，郝柏林起草了一份关于建设全国性计算机网络的建议书初稿，提交给国家自然科学基金委员会数理科学部，为中国全面建设互联网吹响了集结号。

　　1994年4月，中国全功能接入互联网，成为国际互联网大家庭中的第77个成员。1994年5月，中科院高能所建立了中国第一个网站服务器，推出了中国第一套网页。互联网就这样在中国登场了。

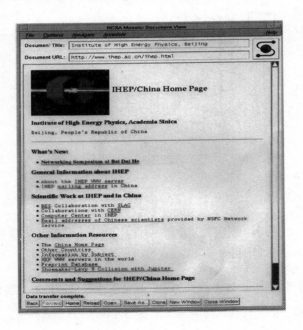

图12-5　中科院高能所于1994年5月建立了中国第一个网站服务器，推出了
　　　　中国第一套网页

　　　图片来源：许榕生。

　　未来难以计划，也不可预测。在人类科技发展史上，"种豆得瓜"的情景时有发生。李政道推动中美高能物理合作项目、中美联合培养物理类研究计划、国家自然科学基金委员会等的本意，是为了提升中国的科学水平，却无意中结出了中国互联网之"瓜"，这真是奇妙极了！

　　互联网在中国的商业化发展，得益于两类人才。第一类人才是海归派，他们携带着最新的互联网技术和理念，从美国回到中国创业和工作。例如，亚信公司创始人田溯宁和丁健，瀛海威公司创始人张树新，搜狐公司创始人张朝阳，百度公司创始人李彦宏等。

　　第二类人才是本土派，他们的商业嗅觉灵敏，熟悉中国市场和文化，以独特的视角发现了互联网在中国的应用场景。例如，阿里巴巴公司创始人马云，腾讯公司创始人马化腾，小米公司创始人雷军等。在有些方面，中国互联网公司提供的服务，已超越了美国。

　　互联网会不会给中国社会带来"相变"，我不知道。到目前为止，国人"移民"网络世界的过程虽充满张力，但秩序井然。希望百年后的华夏子孙回望互联网在中国起步和发展的前30年时，对当下的这一代人创造的万物互联技术心存敬佩，对今天互联网上的冲浪者、思想者与管理者的种种"猫鼠游戏"可以会心一笑。

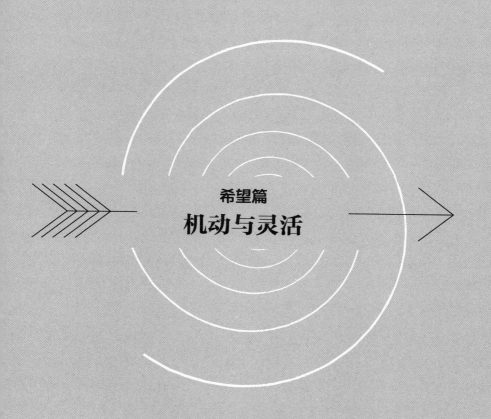

希望篇

机动与灵活

翻山越岭追逐猎物是早期人类的基本生存方式，人类发明技术工具来协助自己在陆地和水上移动的历史十分悠久。人们在远方发现了更多食物，也找到了更大的生存空间和希望。这是推动机动/灵活类科技发展的来自个人欲望的力量。

推动这类技术发展的更重要力量来自社会需求。远古时代，人类各部落之间就出现了以物易物的活动，这对增加人类的生存概率和提高生活水平意义重大，也成为机动/灵活类科技发展的一大动力。

进入青铜时代后，地球上的人口越来越密集，贸易和商业活动规模更大也更频繁，社会对物流、人流的速度和载重需求更高。同时，部落之间的战争也多了起来，战场上的机动能力关乎生死成败。国家政权建立后，君王管理广大疆域的政治需求，对机动能力也提出了独特的要求。

人类一步步地连接村与村、城与城、国与国、大洲与大洋，千万年来积累的机动/灵活类科技成果呈现为今天地球上庞大的海陆空交通网络。这些网络产生的价值，与网络上的节点数构成非线性关系。当节点数和节点之间的连接增加时，其价值增加更快，推动了世界整体和各地经济的发展。

图Ⅳ–1显示了1万年来机动/灵活类科技创新的累积和发展趋势。随着5 000多年前马的驯化和车的发明，这类科技出现了一轮快速发展，形成了青铜时代的社会需求和技术供给的新局面。公元前6世纪前后，这类技术又出现了一轮加速，因为这是一个战争频发的时代，西方的地中海地区战火纷飞，东方的中国也处于春秋战国时期。与此同时，商业发展在加快，国家规模也在升级。这些因素都促进了水陆交通的发展。

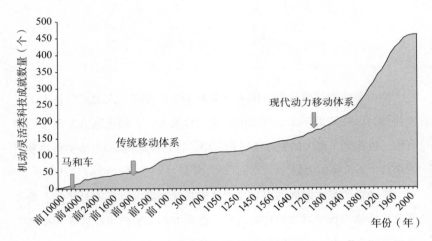

图Ⅳ-1　过去1万多年，机动/灵活类科技成就的累积数量和发展趋势

数据来源：重大科技成就数据库。

18世纪以来，机动/灵活类科技开始突飞猛进地发展。首先，15世纪末16世纪初的大航海活动，推动了商业的全球化，这对机动能力提出了强劲的需求。其次，蒸汽机的出现，让工程师和创业者有了一次千载难逢的创新机会，对海、陆运输载体进行全面提速，并增加载重量，也重建了能与之匹配的基础设施。20世纪发明的飞机以及后来建立的航空体系，更让人类实现了古老的梦想，物流和人流达到了前所未有的速度和高度。

"进步性"是这类科技的一个明显特征，衡量该特征的指标主要有两类：一类是网络指标，比如交通网络的节点有多少，连接性如何。今天广泛联通的全球化网络，与古代离散的聚落相比，价值有天壤之别。另一类是人流和物流的速度、载重量、灵活性和可续航性等指标。

当然，陆、海、空移动载体各有特色，可满足不同的需求。水上载体的移动速度不如陆地上的车辆和空中的飞机，但船的载重量一直远大于同时代的其他载体，在同等运载量的情况下是最便宜的运输方式。另外，海洋面积占地球面积的71%，有效利用这部分地球空间来从事运输，不仅可以让更多地方的人们获得工作机会，也减轻了陆地的拥挤程度，并助力了大量沿海城市的崛起。空中飞行除了速度很快之外，其所能达到的空间高度和运输距离，是其他交通方式难以企及的。

图Ⅳ–2比较了不同时期世界几个主要地区在机动/灵活类技术方面的积累情况。首次开发这类技术的地方主要是中东地区。轴心时代后，以地中海为中心的欧洲处于世界领先地位，这与该地区注重商贸以及海上航行和陆地移动需求强劲有关。古代中国对机动/灵活类科技的需求，则主要来自军事和国家管理。

人创造了技术，技术反过来也会塑造人、社会和文化。如果一个自由和秩序互相平衡的社会有助于商人更好地逐利，商人们就会设计出巧妙的规则以保持这种平衡。这正是古希腊的手工业者和地中海的商人，以及后来英国和荷兰的企业家和小业主所做的事。

这一篇从4个方面阐述了机动/灵活类科技发展的历史及其与社会发展的互动。"游牧民族和农耕民族的恩怨情仇"一章回顾了游牧民族和农耕民族的形成过程，讲述了马被驯化后，游牧和民族农耕民族之间的互相依存和长久的血腥斗争。此外，该章还剖析了古巴比伦文明消失而中华文明能延续至今的根本原因。

"水上活动的科技力量"一章回顾了水上技术的发展如何受到生活需求、商业需求和军事需求的推动。在比较了欧洲人、中国人自古以来与

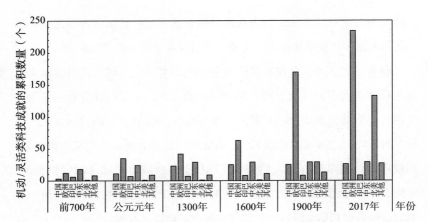

图Ⅳ–2 过去1万多年的一些关键时间节点上，主要地区的机动/灵活类科技
成就的累积数量

数据来源：重大科技成就数据库。

海的关系之后，该章认为，明朝郑和下西洋只是以大陆为中心的中华文明
昙花一现的海上活动。与此同时，凭借小船横渡大西洋和太平洋的欧洲人，
自古就把大海看作与陆地一样的资源，因此大航海是他们生活的自然延伸。

"滚动的车轮：为便利和速度赋能"一章从轮子的发明讲起，回顾了
陆地上各种交通工具的发明和改进过程。比如，马车的发明和推广过程，
铁路体系的建立及其在全球的推广，100多年前的蒸汽机车、燃油汽车和电
动车的竞争历史等。陆地交通运输技术体系给我们的一个启示是：一个地区
的先发优势不只是某个技术点的卓越，而是下至材料上至服务的整个技术体
系的综合优势。一旦某地区建立了这种先发优势，其他地区将很难超越它。

"放飞人类的集体梦想"一章讲述的是飞机的发明和航空业的发展。
飞行是人类的古老梦想，所有早期参与航空技术开发的人，都没有赚到
钱，很多人还为此丢了性命。该章还强调了科学是如何给人类插上翅膀
的，因为仅靠直觉和试错是不可能飞上蓝天的。

马的驯化对于游牧民族是天赐神兵，对于农耕民族则是一场持续数千年的噩梦。在农耕民族和游牧民族的长期较量中，一些伟大的早期农耕文明消失了，另一些则跌跌撞撞走到了今天。一个文明得以延续至今的原因，主要在于后世对其具有身份认同的人群的人口规模，而这主要由地理因素决定。

第13章　游牧民族和农耕民族的恩怨情仇

人类喜欢区分"我们"和"他们"，然后彼此厮杀。1万多年前，智人发生了大分流，形成了农耕民族和游牧民族。随着时间的推移，两大群体的技术发展、生活方式和文化特点渐行渐远，演绎了一场长达几千年的恩怨情仇的大戏。

农耕文明的摇篮是两河流域，在这块被称为美索不达米亚的沃土上，诞生了最早发明文字和使用青铜器的苏美尔人。在4 000年前到3 500年前的古巴比伦王国时期，这里的科技高度发达。

然而，时至今日，中东曾有的多个古文明都衰落了。除了考古学家和历史学家，世人似乎已经遗忘了它们曾经的辉煌。这是为什么？更令人揪心的是，在今天的中东土地上，各方力量仍在彼此厮杀。这又是为什么？

答案就在于农耕民族和游牧民族的生存竞争。由于农业革命，农耕民族取得了生存优势，但5 000多年前马被驯化后，游牧民族获得了空前强大的机动能力和生存力量。在接下来的2 000多年里，马背上的游牧民族的主要目标是扩大牧场、增加人口。到了大约3 000年前，骑兵出现了，农耕民族的噩梦就此开始，多个文明的消亡成为必然。

也许你还会问，中国的农耕民族和游牧民族也经历了2 000多年的生死搏杀，为什么中华农耕民族创造的文明可以一次又一次地同化游牧民族？简单来说，最主要的因素就是地理条件。

中国适宜农耕的土地面积广大，从农业革命开始到骑兵出现之前的8 000年时间里，中国的农耕人口规模达到2 000多万人。春秋战国时期，骑兵出现在中国边疆地区，起初不成规模，直到西汉时期才成为袭扰边疆的大问题。中国游牧民族对农耕民族的压力，只来自西北这一个方向。

西亚两河流域的面积只有约40万平方千米，况且一年中只有半年可耕种。这种规模和条件的农耕区，可以养活的人口很有限。更糟糕的是，美索不达米亚平原周边到处都是游牧人。南方是阿拉伯沙漠的游牧人，东方是中亚草原的突厥人，北方是伊朗草原和山地的游牧人。这片农耕区与其四周的游牧区之间没有任何天然屏障，骑兵进犯时，它就是一只待宰羔羊。古埃及的情况也与此大同小异。

你也许会接着问，文明的质量和魅力对它的延续性难道不重要吗？文明的质量与魅力对于文明的延续性虽然有一定的重要性，但文明的规模更重要，而规模主要是由地理因素决定的。

事实上，从古巴比伦文明和古埃及文明留给我们的遗产来看，其文明的发达程度令人惊叹。但是，这些古代文明独立的"群体身份"消失了，后世再无"人群"来"认领"这份宝贵财富。而无论是中华文明，还是古希腊文明、古印度文明，从其发端到今天，一路上都有自己的"传人"，这才是文明的延续性。

17—18世纪，游牧民族在世界上统治的疆域达到巅峰。当时亚洲大陆上并存三个帝国——奥斯曼帝国、清王朝和莫卧儿帝国，其统治的人口超过世界人口的60%，即由2%的游牧人口统治着98%的农耕人口。

　　在这一章中，我们先回顾农耕民族和游牧民族的形成及分流，再讨论马的驯化如何改变了这两个族群的力量，然后讲述古巴比伦文明消亡的过程，并回顾中国的农耕民族与游牧民族长达 2 000 年的拉锯战。最后，我们将讨论游牧民族对人类社会发展的贡献。

农耕民族和游牧民族的形成及分流

　　游牧民族和农耕民族的形成原因，虽有人的主观选择因素在其中，但运气和地理条件是主要因素。

　　人类自诞生以来，在绝大多数时间都是靠狩猎采集为生。几万年前在智人走出非洲并扩散至全球的过程中，动植物资源丰富的地方会先被强者占领，弱者则不得不远行。后者也许可以找到一条狩猎采集资源丰富的河谷，也许不得不落脚在草原深处或沙漠边缘，这些都由运气说了算。地球上沧海桑田的变化让一些野生动植物资源原本丰富的地方变得万物凋零，而不那么繁茂的地方后来却变得生机勃勃。

　　旧石器时代的男女也有分工，男性大多负责狩猎和捕鱼，他们对动物的习性比较了解。如果一个族群由男性领导，那么他们更有可能以狩猎为核心生存能力，倾向于占领动物和坚果较多的山头，而这为驯化动物奠定了基础。

　　第一种被驯化的动物是狗，在世界上的很多地方都发现了约两万年前人类驯化狗的证据。人类驯化狗可能是想让它们成为猎犬，帮助捕捉其他野生动物，也可能只是把它们当作伙伴，后来才发现其可以作为猎犬。

　　约 15 000 年前，最早的家猪在土耳其被驯化成功。野猪资源在世界多个地区存在，也不难驯化，因此家猪可能是在多地先后独立被驯化成功的。而羊和黄牛只在少数地区才有野生品种，七八千年前它们在原生地相继被驯化后，逐渐传播到全世界。

饲养驯化动物主要有三种方式：畜牧、放牧和游牧。畜牧是指把动物限制在特定空间里喂养，即圈养，农耕民族大多用这种方式养殖动物。

如果把动物控制在一个以家为中心的野外区域活动和吃草，就是放牧，而如果牧人需要为寻找充足的水源和草料带着动物迁徙，就称为游牧。放牧人可以过定居生活，早出晚归；而游牧者不定居，带着帐篷和其他物品跟随牧群迁徙。在驯化动物的过程中，人类也在不断改变自己的生活方式。当驯化动物的品种向外传播时，与之匹配的人类生活方式也传播开来。

旧石器时代的女性大多在住处附近采集野果和野生稻谷，她们对植物的了解更多。如果一个部落以女性为头领，那么它的攻击力往往较弱，常被排挤到动物资源较少的地方，不得不依赖植物资源为生，采集成为他们的核心生存能力。

新石器时代伊始，狩猎群体和采集群体就开始了分流。这是人类历史上最早的一次职业大分工。随着时间的推移，农耕区和游牧区在空间上也分离开来，生活方式和文化特点方面的差异越来越大。

由男性领导的游牧部落拥有力量和攻击优势，把由女性领导的采集部落从动物丰盛的地区赶去了水系平原。后者到新环境后必须想办法生存下去，农耕就是他们找到的生存之道。食物增多后，他们又发明了食物的储存和腌制技术，从而更好地应对冬季的食物短缺等问题。稳定的农耕生活也有利于女性怀孕生子，因此农耕部落的人口增长较快。

久而久之，以狩猎和放牧为主要生活方式的部落，无论在人数、实力、技术还是文化方面都落后于农耕部落，他们占领的那些最适合狩猎的山地也变成了边缘地带。而原本零星的农耕区却连成片，农耕部落逐渐产生了优越感，他们视放牧者为"蛮人"。

在风调雨顺的年头，农人和牧人可以相安无事。但如果年景不好，野生动植物资源减少，牧人的生存就变得非常艰难。而农人的日子则相对好过一些，他们除了可以吃种植的粮食，也可以依靠存储的食物渡过难关。于是，牧人为了生存下去，会下山抢劫农耕区，冲突就此产生。

面对牧人的攻击，农人的应对方式是扩大族群规模和倡导集体主义，即构建规模更大的聚落和城镇，构建更有效率的组织和管理机制，同时发展更加坚固的防御力量。由此形成的城市逐渐成为社会的中心。

由于土地逐渐被开垦为农田，森林、草原和野生动物资源相应减少，游牧部落的生活变得越发艰难。他们不得不一次又一次地面临无奈的选择：有些转变为农人，有些远走他乡，有些则与农耕民族作战。

由于居无定所，牧人群体不像定居的农人群体那样能在物质上自给自足，因此早期的牧人不能离农耕区太远。他们四处奔走放牧，不能携带太多财产和工具，他们需要的很多东西，例如粮食和手工制品，都需要与农耕区交换得来。

在农业革命开始后的头几千年里，农耕人口稳步增多，放牧人口则日趋减少。这种趋势似乎不可逆转，但大约五六千年前，牧人驯服了马，使之成为交通工具和动力来源，游牧民族因此获得了空前的机动灵活性与作战实力。

已知最早驯化马的地区是今哈萨克斯坦地区。马是牧人的好伙伴，使他们能够在更大的区域放牧更多动物。从此，一些牧人成为游牧民族。

车轮和马车是 5 000 多年前在中亚地区发明的。这种工具对农耕民族似乎更有用，既可以作为战车，也可以助力远距离运输。

同时，骑术在世界各地的牧人群体中日益普及，更多的放牧和畜牧

图13-1 英国不列颠博物馆收藏
的叙利亚地区阿拉米时
期（约3 000年前）的
骑兵浮雕

图片来源：作者摄。

群体转变为游牧民族。从马背上的牧人变成骑兵是一件自然的事，刚开始骑马作战可能是出于自我保护的需要，后来一小部分有组织的骑兵逐渐演变为以武力威胁农耕部落的寄生群体。骑兵大概产生于3 000年前，一幅亚述帝国留下的浮雕展现了最早的骑兵英姿。

慢慢地，美索不达米亚变成了农耕民族和游牧民族的战场，这里的技术和经济发展由此变得缓慢甚至停滞不前。骑兵的速度和作战能力是马拉战车上的士兵所难以匹敌的，于是战车逐渐销声匿迹。

中东地区的古代文明

欧、亚、非三洲连接地区，泛称为中东。这里既孕育了农耕文明，也是游牧民族的发源地，农耕和游牧两种生活方式在此混杂。

美索不达米亚的农耕区周围环绕着游牧区，两者之间没有天然屏障。自农业革命以来，游牧民族一次次地入侵农耕民族的家园，战争频发。现在，这里依然是世界上种族冲突最多、最频繁的地区。

阿拉伯半岛就像一块楔子插在非洲大陆和亚洲大陆之间，它三面临海，可以通过船只方便地与非洲和欧洲往来。早期的阿拉伯国家即发源于此，如今世界上几亿讲闪-含语系语言的人，可以说都是阿拉伯人的后裔。骆驼是阿拉伯人的重要交通工具，陆地上的运输活动大都靠骆驼，它们被称为"沙漠之舟"。

5 000多年前，两河流域最早的农耕文明——苏美尔文明经常受到来自阿拉伯半岛的游牧民族的攻击。公元前2334年前后，闪米特人建立了阿卡得王国，消灭了苏美尔文明。公元前22世纪，苏美尔人再度兴起，建立乌尔第三王朝，统治延续百余年，此后势衰，最终被古巴比伦王国取代。

公元前2000年左右，游牧的闪米特人的一支——阿摩利人开始在这里安营扎寨，随后建立了古巴比伦王国，最终成为这片农耕区域的统治者。他们在统治这片农耕区的600多年时间里，发展出了高度发达的古巴比伦文明，创造了伟大又灿烂的古代科学、数学和技术。

中东地区除了巴比伦王国之外，还有几个古国并存：一是小亚细亚地区的赫梯帝国，是由讲印欧语的赫梯民族统治的农耕国家；二是北非的古埃及农耕国；三是正在黎凡特地区兴起的亚述国，也是闪米特游牧民族国家。几国之间长期互相作战，并不断遭受周边游牧民族的侵扰。公元前16世纪古巴比伦王国为赫梯帝国所灭，公元前8世纪赫梯帝国为亚述帝国所灭。

公元前6世纪，波斯帝国在伊朗高原地区建立，这是一个农牧混杂的文明。阿契美尼德王朝击败了当时统治波斯的米底人，又征服了美索不达米亚的新巴比伦王国和古埃及新王国，成为世界上版图最大的帝国。之后波斯人建立的多个帝国在中东地区称霸了1 000多年。但波斯帝国与古巴比伦文明之间没有继承关系，在科技成就方面乏善可陈。

通常，从牧人转化为农人需要较长的时间，对农耕民族创造积累的科技和文化的学习难以速成。另外，牧人转变为农人后，在马背上的战斗力会急剧下降。特别是统治阶层，安逸富贵的日子会导致这个群体腐化堕落。农耕化后，他们又成为周边虎视眈眈的游牧民族的进攻目标，如此循环往复。

7世纪，波斯萨珊王朝被新兴的阿拉伯帝国灭亡。两河流域多个独立的古文明，就此消失。

610年，伊斯兰教先知穆罕默德开始在麦加传播伊斯兰教。伊斯兰教一方面继承了犹太教和基督教的思想，一方面比照了很多游牧民族的价值观，吸纳如财富共享、平等自由等思想，这是其在游牧民族中得以普及的重要原因。伊斯兰教在阿拉伯半岛迅速传播开来，犹如一盘散沙的各游牧部落逐渐统一，形成了阿拉伯帝国。

阿拔斯王朝统治时期出现了阿拉伯帝国的黄金时代，在文化和经济上都取得了不俗的成就。此时的阿拉伯人一方面利用波斯的文官体系从事管理，另一方面利用中亚游牧民族作为军队，在亚洲大陆拥有较大影响力，还控制了欧亚之间的海上交通。当时世界各主要经济体之间的物流和信息流都由阿拉伯帝国把控，财富向他们滚滚而来。

得力于文化传统深厚的波斯人相助，此时的阿拉伯帝国在科技方面也有不少建树，在化工材料和工艺、能源、金属冶炼和导航仪器等方面有诸多创造发明。阿拔斯王朝还花重金在巴格达建立了包括翻译局、科学院和图书馆等机构的全国性综合学术机构——智慧宫，保留和翻译了大量古希腊著作，这一时期也出现了一些原创作品。

中亚游牧民族的金戈铁马

从狭义上说，中亚包括今天的土库曼斯坦、乌兹别克斯坦、哈萨克斯坦、塔吉克斯坦和吉尔吉斯斯坦等国；从广义上说，中亚还包括蒙古和中国新疆等地。

这个地区大部分为温带大陆性气候区，降水少、温差大，多丘陵、草原地带，有大片沙漠，也有内陆河、绿洲和湖泊。绿洲可以滋养小型农耕文明，但气候变化对中亚绿洲的存亡影响很大。考古学家发现，在过去的1万年间，中亚的一些绿洲及曾出现在这些绿洲上的古城都消亡了，楼兰就是典型的例子。

中亚草原和绿洲上的野生植物品种丰富，豌豆、蚕豆、亚麻等都起源于中亚。这里也是四蹄动物的乐园，野羊、野牛、野骆驼、野马、野猪、狼等撒欢奔跑。中亚人自古就是狩猎、放牧、驯养动物的高手，现代世界的羊、马、牛等动物的基因都可以追溯到中亚的野生动物。

中亚并不适宜人类居住，但既然他们的祖先来到了这里，后辈就只好想办法在这里生存下去。对中亚人来说，马的驯服和利用是改变命运之举。虽然中亚疆域广大，但骑马的话便可以来去自如。因此，从3 000年前开始，中亚游牧民族就对农耕民族进行了规模越来越大的袭扰。中国的农耕民族和中亚游牧民族有2 000多年的恩怨情仇，西亚农耕民族与中亚游牧民族的对抗开始得更早，冲突也更激烈。东西方的故事有很多相似之处：游牧骑兵先组织起来抢劫和勒索农耕民族，后为农耕国家的统治者提供雇佣军服务，再后来游牧民族大规模地组织起来，征服并占领农耕国家，统治和剥削广大农民。

中亚的种族很多，但由于文字出现晚、文献记录少，所以历史沿革情况不清晰。马被驯化后，语言在游牧地区可以更快地传播开来，很多部落都改说突厥语并自称为突厥人。突厥骑兵在西亚的大量出现是从做雇佣军开始的，其中最出名的是塞尔柱突厥。10世纪左右，长期在哈萨克斯坦一带活动的塞尔柱突厥人，来到现在阿富汗地区的突厥伽色尼王朝成为雇佣军。

11世纪中期，塞尔柱雇佣军趁伽色尼王朝内乱，夺取了中亚及拜占庭统治的一些土地和城池，建立了自己的王国。由于塞尔柱人曾协助阿拉伯帝国的阿拔斯王朝打败布韦希王朝，阿拔斯王朝的哈里发认可了塞尔柱王国的合法性。此后，塞尔柱王国把大量突厥人从荒凉的中亚沙漠和草原移民到较为肥沃的西亚农耕地区。但13世纪蒙古人扫荡欧亚大陆的凌厉势头，暂时遏制了塞尔柱突厥的野心。

在成吉思汗的领导下，囊括了蒙古、突厥等不同游牧民族的蒙古帝国于13世纪崛起。它的铁骑以迅雷不及掩耳之势，先后占领了东亚的中国、中亚地区、除伊斯坦布尔之外的西亚地区，以及东欧的大片土地。在100年左右的时间里，蒙古铁骑不仅扫荡了农耕民族的社会，也征服了游牧民族控制的广大地区，蒙古帝国成为世界历史上疆域最辽阔的国家。

蒙古人不仅具有游牧民族的速度和力量优势，也掌握了很多农耕民族的先进军事技术，例如攻城工具、火器等，这让他们无往不胜。然而，由于他们缺少统一的文化体系和意识形态，也缺少管理广袤疆域的经验和技术手段，不同的地域很快就各自为政，帝国形同虚设，最终分裂为一些独立的汗国。

位于西北亚和中东欧（包括今俄罗斯、乌克兰等地）的钦察汗国，由成吉思汗的长子术赤创建和统领，汗国人口中有很多突厥人。从14世纪中叶开始，蒙古人的领导权弱化，汗国各地基本突厥化。它在15世纪又分裂为几个独立汗国，16世纪初彻底灭亡。

成吉思汗的次子察合台统治的地区是今中亚乌兹别克斯坦、中国新疆一带，1222年建立察合台汗国。14世纪中叶，它分裂为东、西两个察合台汗国。帖木儿帝国的崛起是从1370年灭西察合台汗国开始的，野心勃勃的帖木儿很快就征服了钦察汗国和伊利汗国的一些地盘，他还与奥斯曼帝国多次交战，并重创对手。14世纪末，他征服了印度、巴基斯坦等地区，成为这块肥沃的农耕土地的统治者。

伊儿汗国由成吉思汗之孙旭烈兀所建，其领地包括今伊拉克、阿富汗等地。成吉思汗的另一位孙子忽必烈占领了中国和蒙古地区，建立元朝，成为蒙古帝国各汗国的共主。

　　蒙古帝国的疆域很不稳定，在各处受到多种力量的挑战。奥斯曼土耳其部落原本依附于鲁姆苏丹国，13世纪末期独立建国。穆拉德一世（1360—1389年在位）时，改称苏丹。至14世纪末叶，他们侵占巴尔干半岛大部，兼并了小亚细亚。1453年，奥斯曼土耳其人灭东罗马帝国，1478年收服克里米亚汗国，1517年灭埃及马穆鲁克王朝，最终形成了一个地跨亚、非、欧三洲的大帝国。然而，在奥斯曼帝国统治的几百年中，虽然其治下有多个古老的农耕文明，但偌大的国家的重大科技创新几乎为零，没有跟上欧洲工业文明发展的步伐。

　　19至20世纪，英、俄、法、奥各国争夺帝国领土，奥斯曼帝国的势力大衰，境内民族解放运动亦纷纷兴起，多地独立。1922年，末代苏丹被废，帝国告终。近100年来，土耳其努力学习西方的社会治理方式，利用和追赶西方科技。

中国农耕民族和游牧民族的"楚河汉界"

　　从周朝开始，中国人就形成了一种"天下观"，但"天下"的边界在哪里并不清晰。模糊地说，农民耕种和定居到哪里，哪里就成为"天下"的一部分。古代中国的边界随着农耕民族和游牧民族之间的战争，一直在变化。

　　有关农耕部落与狩猎部落的战争，殷商晚期的甲骨文即有记录，比如商王武丁伐鬼方的卜辞，周朝也有与狄、戎部落的战争记录。成书于春秋时期的《左传》、西汉的《史记》都提及戎、狄等部落，他们很可能是新石器时代后逐渐被农耕部落排挤到山林和草原的牧人群体。

在中国历史上，马车出现于殷商（也许更早），最早的骑兵记载是对赵武灵王"变俗胡服，习骑射"的描述。赵武灵王是一位致力于令国民兼具农耕和游牧本领的政治领袖。他推行的"胡服骑射"政策很有效，一方面利用骑兵击败并吞并了中山国，另一方面组织农人生产粮食和发展手工业，大大增强了赵国的国力，令赵国成为"战国七雄"之一。

此后，农耕民族和游牧民族在中华大地上的博弈拉开了帷幕。本质上，农耕民族和游牧民族之争，是为了生存和安全而展开的较量。

中国大地上的降水量取决于来自东南亚的季风强度。1935年中国地理学家胡焕庸提出了一条划分中国人口密度的对比线，即胡焕庸线，它在地理学和人口学方面具有重要意义。胡焕庸线是适宜人类生存地区的界线，与400毫米等降水量线重合，它起于黑龙江黑河，经大兴安岭、张家口、榆林、兰州、昌都，至云南的腾冲。该线以东居住的人口超过95%，而在该线以西生活的人口少于5%，西北地区在降水量多的年份可以农耕，缺水时则没有收成，人们的生存模式深受气候影响，不得不在农耕和放牧之间被动转换。

唐中期之前，关中地区气候温暖湿润，能够承载较多的人口。这也是自秦汉至隋唐的各王朝多选择建都长安的原因。唐中期之后，淮河以北的气候变得越来越干冷，人口日益减少。至南宋末年，中国的人口分布基本固定下来。明清两代，虽然中央政府曾用心经营西北地区，但该地区的生态环境日益恶化，粮食不能自给，人口比例越来越小。

西汉初期，中国的农耕人口不到2 000万。当时农耕民族需要抵御的游牧民族主要是匈奴，规模的有百万人。他们集中骑兵力量快速袭扰抢掠农耕地区，以武力逼迫西汉皇帝缔约和亲，西汉将公主嫁于匈奴单于为妻，赠送金、絮、缯、酒、米等给匈奴，开放关市，准许两族人民开展贸易。面对凶悍且来去如风的匈奴人，初建的西汉王朝只能忍辱，直到公元前141年汉武帝刘彻登基后，才逐渐扭转了这种局面。

汉武帝统治时期，农耕人口达3 500多万，国力蒸蒸日上。汉武帝对袭扰抢劫汉人的各游牧民族均采取强兵政策，东并朝鲜、南吞百越、西征大宛、北破匈奴，极大地拓展了西汉的版图。特别是对北方匈奴的打击，令王朝北方此后安宁了许多年。但是，汉朝的农民是怎样摇身一变成为马背上能征善战的骑兵的呢？

那时候，游牧民族骑马一般不需要任何马具，偶尔会用软马镫作为上马的辅助工具。在这种情况下，无论是上马还是在马上骑射都需要高超的技巧。对于出生后就开始马背生活的游牧民族，骑射颇为简单，但对很少骑马的农民来说，则难如登天。于是，硬马镫应运而生。

湖南长沙的西晋记宁二年墓葬出土的骑马青瓷俑，其上可见清晰的三角状马镫。最早的硬马镫实物出土于辽宁的北燕冯素弗墓，这是一对铜鎏金马镫。这些证据表明硬马镫是在中国发明的，但其发明时间很可能早于这些出土文物的时间。

最早的硬马镫应该是木头做的，至今早已化作尘土、了无踪迹。后来，人们把马镫做得越来越精美，金属马镫越来越多，并作为陪葬物遗留至今。

这项发明对人类社会的影响力不容小觑，它使得人们成为优秀骑手的门槛大幅下降，骑兵在马上的战斗力也大大增强，是农耕民族提升机动灵活能力、抗衡游牧人的利器。中国北方的游牧民族发现了马镫的好处后加以利用，并传播到中亚和东欧。得益于马镫的发明和传播，冷兵器时代的马上"超级战士"骤然增多，欧洲身披盔甲的重装骑士阶层亦由此形成。从此，个人之间以及族群之间的对抗都变得更加激烈和残酷。

汉朝灭亡后，中国陷入了长期的战乱。东汉鼎盛时期人口约6 000万，到西晋只剩下约3 000万，减少了一半。之后，中国又陷入了五胡十六国和南北朝的割据局面，汉族人口继续大幅减少。

隋唐时期，中国再次实现了统一。唐太宗李世民开启了对农耕民族和游牧民族的二元治理模式，基本上把守卫北方边疆的任务外包给游牧民族，并给他们提供稳定的生存物资。这与西亚农耕国家雇佣突厥兵类似，是一种短期有效但长期来说可能是引狼入室的做法。

唐朝晚期，朝廷驾驭游牧民族的能力越来越弱。到唐玄宗统治末期，边疆节度使叛乱，国家又一次陷入动荡。唐朝覆灭后，中国北方先后有5个政权，南方则先后出现了十国割据。

赵匡胤建立宋朝后，于979年基本统一全国。宋朝推行重文抑武的政策，受北方游牧民族侵扰，版图大幅缩小，到了南宋只剩下长江中下游的小块领地了。但周边的游牧民族没有给宋人安居乐业的机会，新一轮战争即将来临。

13世纪初，铁木真率蒙古军队南下，摧毁了西辽国、金国和西夏国。1215年，成吉思汗攻占金国都城大都（今北京）。之后，他和大臣们讨论如何攻打南宋和处置汉人的问题。一位大臣说："汉人无益于国，宜空其地为牧场。"另一位大臣耶律楚材说："陛下将南伐，汉人可以缴纳大量的税，资助军需，岂能说无用？"

幸运的是，成吉思汗采纳了耶律楚材的建议，避免了一场种族大屠杀。1276年，偏安江南的南宋投降，中国在成吉思汗之孙忽必烈的统治下再次统一，进入元朝。

由于蒙古人和汉人数量悬殊，加上汉人历史悠久、文化深厚，蒙古人治理起来确实不易。此外，游牧民族进入农耕地区安居后，他们的机动能力和战斗意识很快被财富和安逸削弱，蒙古人也不例外。另外，元朝统治阶层不愿融入汉文化，一直以外族自居，于是在新一轮灾荒来临时，人口基数庞大的汉人揭竿而起，元朝的统治变得不堪一击。

终结元朝统治的人是明朝开国皇帝朱元璋，他把加固长城当成首要防御战略，并对北方游牧民族采取了打压政策。这种闭关政策虽然导致边疆战争频繁，但基本上顶住了北方游牧民族的进攻。200多年里，长城内人们的日子过得还算安稳，经济和人口规模也有所恢复。

但是，明军的士气和机动能力却日渐式微。与先前的多个朝代的倾覆一样，摧毁明朝的部分力量来自内部的农民起义，部分来自外部的游牧民族进攻。

16世纪末至17世纪初，满族以建州女真、海西女真为主体，融合其他各族形成。满族统治者较为重视学习汉文化和国家治理方法。清军入关后，统治者用儒家思想和官僚文化管理汉人，同时以游牧民族的方式管理游牧民。

清朝治下的中国疆土幅员辽阔，人口数量和经济规模也很大，1800年前后，清朝的GDP占世界GDP总量的比例超过35%。然而，在中国大地上的农耕民和游牧人经过2 000多年的互相争斗、学习和磨合，变得你中有我、我中有你后，新一轮危机悄然逼近。

这一轮危机并非来自北方草原上的骑兵，也不是内部的农民起义军，而是来自经历了科学和工业革命洗礼的西方人，他们驾驶着强大的战舰，携带着现代火器，出现在中国的领海上。

现代科技不仅让西方人拥有了远超骑兵的机动能力，也大大提升了他们的生存能力、健康水平、通信技术，以及生产效率。面对这种在科技层面突飞猛进的民族，无论是马背上英勇的游牧民族，还是人口和经济规模兼具的农业文明，都无法与之抗衡。

19世纪，清朝和西方列强、日本进行了几次战争，均以失败告终。一败涂地的清朝政府最终于1912年退出历史舞台。

农耕民族的傲慢与偏见

由于历史多由发明了文字和擅长书写的农耕民族记载，难免对游牧民族带有偏见。一些文献认定游牧民族寄生于农耕民族，记述了他们是如何抢掠农民和侵扰农业社会的。

本章也讨论了几千年来游牧民族和农耕民族的恩怨情仇，但这并非全部事实。

其实，历史上农耕群体和游牧群体之间的和平岁月多于腥风血雨的战争岁月。而且，游牧民族也为人类文明的发展贡献了很多，只是大多由于不善书写和记录而流失。

在科技创新方面，四处迁徙的游牧民族比定居的农耕民族取得的成就少得多。游牧人的生存模式不需要他们发明、生产太多东西，而他们对驯化动物、发明马具和马车等划时代技术的贡献，对人类文明进程影响深远。另外，游牧民族将学来的农耕民族的技术和知识传播至多地，使它们可以造福更多人，也流传得更久。

世界各地贸易网络的建设和维护，都离不开游牧民族。他们常出现在条件最艰苦的地方，比如茶马古道、丝绸之路、红海等。是他们支撑起了世界上最早的物流体系，以及世界各地文化和科技交流的网络。

由直接遭受游牧民族侵扰之苦的农耕民族书写的史书，可能夸大了游牧民族的野蛮程度，这种心理偏见是可以理解的。但如果从每次改朝换代造成的人口减少数量来看，农民起义的破坏力不亚于游牧民族入侵。例如，从东汉人口最多的时期到西晋，中国的人口减少一半还多，这基本上源于汉人群体之间的斗争；而从宋朝到元朝，汉族人口并没有减少太多。

纵观中国的农耕民族和游牧民族几千年的关系，有几个共同点。其一，虽然农耕民族和游牧民族争斗不断，但他们相互依存，兴则俱兴、衰则同衰。其二，农耕王朝从建立到盛世，人口总是从少到多。当人口到达峰值时，如果遇上天灾，即使没有外患，也可能会饿殍遍野，人口开始减少。其三，农耕民族和游牧民族的对抗周期与气候密切相关。历史上有记录的农耕民族和游牧民族的战争，大都与气候恶劣的时期高度吻合。其四，每当外部有游牧民族大举侵犯之时，王朝内部也常常流民四起、盗贼横行，由天灾而起人祸。

事实上，大自然才是主宰人类社会变迁的重要力量。

无论是游牧民族还是农耕民族，人们的生活习惯和价值观都与生存条件有关，而没有绝对的高下和对错之分。农民们习惯安居一隅，日出而作、日落而息，吃苦耐劳、安土重迁等成为他们的美德与传统，而这对农耕社会的发展无疑是有利的。

游牧人的生存模式和价值观则与他们从事狩猎采集的祖先更接近，保留了远古的平等思想，喜好自由，并由此形成了一种粗放的部落组织和合作机制。无论是在沙漠里还是草原上，如果你有食物，就必须与他人分享，这是游牧民族的美德，这种美德有利于游牧民族的生存。

人类作为狩猎采集者生存了几百万年，而从农耕文明起源到今天的工业文明只有1万年。什么样的生活方式和社会规范更符合人性，更适应人口越来越密集、技术日新月异的社会的环境，一直是人们探索的问题。

地中海地区的居民靠大海生活、经商，以及战斗。他们把依靠海生活的本领和对海的了解都留给了后来的欧洲人。中国虽有漫长的海岸线，但各朝各代的统治者都是"旱鸭子"，对海洋缺乏探索的兴趣，还经常抑制海边居民的贸易活动。欧洲开启大航海时代，并从中获取巨大利益，而中国的下西洋活动却收获甚少，这是为什么呢？

第 14 章　水上活动的科技力量

1405 年，明朝太监郑和率领规模庞大的皇家船队，开始了中国第一次海上远航活动。郑和船队前后 7 次下西洋，共拜访了 30 多个国家和地区，目前已知最远曾达非洲东岸和红海海口。

几乎与此同时，葡萄牙的亨利王子正站在葡萄牙圣维森特角的海岸边，沉默地目送自己资助并精心挑选的第一艘帆船离海远航，内心暗暗祈祷船员带着好消息平安归来。那时，葡萄牙航海船的载重一般不到 200 吨，仅为郑和船只的 1/10。仅以吨位来衡量，明朝初期的中国造船技术可以说是领先世界。

中国的海上活动随着郑和的去世戛然而止，欧洲的大航海时代则持续了 200 多年。欧洲人驾船绕过非洲大陆来到东亚，穿越大西洋发现了美洲新大陆，开拓了多个殖民地，进而推动了近代世界势力范围的重新划分，东西方科技、经济和政治力量的对比由此变化。

为什么中国不缺大航海的先机，最后却输了？

虽说历史不能假设，也不能重来，但通过设想另外一种可能，或许能为这个问题找到一种合理的解释。通过同一时期郑和船队与葡萄牙航海船的对比，我们可以合理假设15世纪中国和欧洲的海上活动产生了截然不同的结局，船舰技术差异并不是主要原因。刨除了这个因素，笔者有以下分析：

原因之一是中国大陆人和欧洲人自古以来的生活方式不同，中国大陆人几乎都是"旱鸭子"，而欧洲人则有地中海的"水鬼"基因和"海盗"传统。郑和船队之豪华庞大正好可以说明他们内心对大海的恐惧，需要靠庞大的船只和浩浩荡荡的气势获取安全感。相较之下，欧洲人驾驶较小的船只就敢进行全球大航海，这显示了他们征服大海的愿望和勇气，以及船长和水手们丰富的海上经验。

笔者并非试图否定船舰技术的重要性，对人类的水上活动而言，相关技术的发明、发展和传播不可或缺。但是，技术与需求及目标应该匹配。当然，匹配不是严格的科学，而是权衡的艺术。人的心理因素、经验，以及社会资源，都会影响人们对匹配与否的判断。

原因之二在于欧洲和中国开展航海活动的目标不同。对商业传统深厚的欧洲人来说，大航海的目标是获取利润，所以他们首先考虑的是投资回报和风险。几条200吨载重量的船，可以满足大航海活动所需，对达成商业目标的投入和风险也比较小。而郑和下西洋可能主要是为了彰显明朝国力而非出于商业目的，只有派出千吨载重量的大船才显得不辱使命，成本和花销并不重要。

随着欧洲大航海活动的持续，欧洲人的获利不断增加。然后他们又拿出部分利润进行有关技术的研发，使得船的吨位、速度、安全性能及其他配套技术日趋完善，世界的"贸易距离"越来越短，商业效率进一步提升，这正是"资本主义"逻辑中隐含的正反馈循环。大航海的成就不仅在于发现新大陆、新物种以及赚取金银，更在于建立起了巨大的航路网络，把地球上的几个大陆连接了起来。

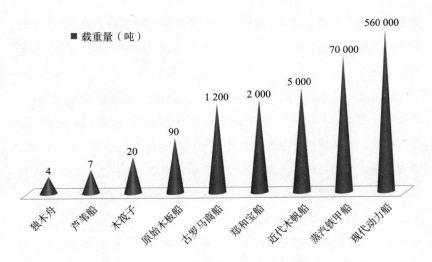

图14-1 历史上部分典型船只的载重量变化

数据来源：重大科技成就数据库。

接下来，让我们回顾一下人类几千年的水上活动历史，看看今天的海洋格局是如何形成的。

地中海上的争霸史

欧洲的精彩历史是从地中海沿岸开始的。但是，地中海并不属于欧洲，它被欧洲大陆、亚洲大陆和非洲大陆包围着，是世界上最大的陆间海。

自从文字在中东地区出现后，很多活跃在地中海地区的部族及其故事，都在历史上变得活跃起来。尼罗河流域的埃及人，北非海岸线上的腓尼基人，黎凡特海岸线上的亚述人，红海和地中海之间的阿拉伯人，爱琴海周边的希腊人等，相继登上了历史舞台。

舒适的气候和大大小小的岛屿，让地中海人很早就靠海为生。顺风时，人们乘帆船从埃及到希腊也就十来天时间，较为便捷。船的载重量比陆地运输工具的载重量大出许多，性价比高。地中海周边的各个部群自古就有通商传统，移民和通婚现象也较为普遍，知识和文化随之传播。

从约 3 200 年前开始，一些神秘的"海洋人"以强大的海上机动能力，在地中海地区展示出毁灭性的威力。他们就是海盗，以抢劫岛上和陆地居民的财富为生。他们在地中海地区活跃了 200 多年，对此地的秩序、经济和文明造成重大打击。

但是，在黑暗的废墟上，新文明的曙光总会再次降临。

黑暗时期过后，最早在地中海地区活跃起来的是非洲北海岸的腓尼基人，他们世代在海上讨生活，以渔民、水手、商人为业，活动范围逐渐扩大，至公元前 10 世纪，已建立多个殖民地，迦太基（今突尼斯境内）为其中最大者。

腓尼基人是最早将商船和战舰专业化的民族之一，战船的使命是保护海中的商船和岸上的家园。商船的设计重点是载重量，而战船则以速度为主要目标。他们最早发明了双层桨船，还创造了字母，后来商船载着这些字母越过爱琴海来到希腊。腓尼基字母在传入希腊后产生了希腊字母。希腊字母后来又衍生出拉丁字母和斯拉夫字母，因此腓尼基字母成为欧洲各国字母的共同来源。

公元前 8 世纪，爱琴海东岸的爱奥尼亚崛起，先后涌现出多位著名哲学家。希腊人以腓尼基字母为基础，创造出希腊字母。从此，希腊文明与两河流域文明、古埃及文明相互交融。

到了公元前 6 世纪，小亚细亚西海岸和希腊各地出现了许多以城市为中心的小国，在历史上被称为城邦。其中，最重要的两个城邦是雅典和斯巴达。这些希腊城邦的人种、语言和信仰都一样，它们之间虽然通商频繁，但彼此独立，也常有冲突。这些城邦大都耕地少，仅靠农耕养不活多少人，因此手工业和商业是它们主要的经济活动。他们的主要通商对象是地中海周边的农耕国家，包括埃及、波斯等。

就这样，以迦太基城和希腊城邦为中心，地中海地区形成了一个犬牙交错的繁忙的海上交通和经济网络。

公元前5世纪，雅典成为希腊诸城邦中最发达的一个，聚集了很多优秀的哲学家和政治家。它的科学和技术都很发达，造船和航海能力有了明显进步，发明了载重量更大的帆船和快速灵活的三层桨战船。

以雅典为代表的希腊城邦，开了民主制度的先河。梭伦（前638—前559）等古希腊先贤对制度的精心设计和逐渐完善，促进了古希腊民主政治经济和文化的发展。

公元前477年，波斯第一帝国入侵希腊，雅典联合其他上百个城邦，组建联合海军，抗击侵略者，史称"希波战争"。这场战争前后持续了将近半个世纪。从军事实力和经济规模来说，盘踞亚洲大陆的波斯帝国无疑远胜希腊城邦联盟，而希腊人最后取胜靠的是海战经验和对海岛环境的熟悉。

希波战争结束后，希腊诸城邦分裂为两个海军同盟，分别在雅典和斯巴达的领导下，对战了几十年，史称"伯罗奔尼撒战争"。可见，在公元前5世纪的地中海地区，希腊人海战频繁。这段时期产生了多部历史巨著，影响了后来欧洲文明的发展。

公元前4世纪中期，希腊半岛东北部的马其顿王国崛起。这是一个以农耕为主的国家，国王腓力二世领导组建了重装骑兵和步兵，国力不断增强，疆域日益扩大。

腓力二世的儿子亚历山大大帝于公元前336年继位之后，以迅雷不及掩耳之势镇压了希腊各城邦的反马其顿运动，大举远征东方，后又征服了埃及、波斯帝国并南下印度。公元前323年，亚历山大大帝建立了亚历山大帝国，成为当时世界上领土面积最大的国家。亚历山大大帝的东征促进了东西方经济和文化的交流。

这个时期科技创新层出不穷。地中海的水手们用星盘作为导航仪，用风信鸡测量风向，还发明了安提凯希拉天体仪。科技成就最亮眼的地方有：埃及托勒密王朝的首都亚历山大城，塞琉古王朝都城安条克城，小亚细亚和西西里岛的希腊各城邦等。

在古希腊式微之时，亚平宁半岛上的罗马王国崭露头角。公元前509年，罗马废除了"王政"，改行共和制度，开始了近500年的罗马共和国时代。农耕文明下的罗马人守秩序、守纪律，有很强的团队精神。罗马军团在陆地战争中所向无敌。

公元前3世纪，为争夺地中海沿岸霸权，本来是"旱鸭子"的罗马人与迦太基人打了一个多世纪的海上战争，史称"布匿战争"。罗马人一面虚心学习对方的造船和海战技术，一面独立发明可以让罗马步兵在海上战斗中发挥优势的技术，比如被称为"乌鸦吊桥"的装置等，一步步成长为海上强国。

战船和商船是罗马共和国国力的两翼，战船的速度和威力持续提升，商船的载重量超过1 200吨，源源不断地从埃及等农耕地区将粮食、油和酒等物资运至罗马城，保障居民的日常生活。

在公元元年到来前的几十年里，罗马人已成为地中海的新霸主。此时罗马的行政官恺撒，对外穷兵黩武，扩展疆土，对内实行专制，共和国政体形同虚设。恺撒被刺身亡后，经过一段时间的过渡，奥古斯都成为罗马的第一位元首，为罗马帝国之始，罗马帝国继续进行海陆扩张。

2世纪初是罗马帝国的巅峰时期，版图最大时西起西班牙、不列颠，东达两河流域，南至非洲北部，北迄多瑙河与莱茵河一带，是世界古代史上国土面积最大的君主制国家之一。

然而，自3世纪下半叶开始，罗马帝国在科技创新方面乏善可陈，仅依靠从富裕地区掠夺财富来维持帝国奢华生活的模式已难以为继，衰落也就不可避免了。罗马帝国于286年分裂为西罗马帝国和东罗马帝国，476年西罗马帝国灭亡，欧洲进入中古时期。

8世纪，维京海盗开始登场。他们乘快船一路侵扰欧洲沿海和不列颠岛屿，有时也会顺着河流深入欧洲大陆进行抢掠。维京人的活动持续了几百年，他们一边打劫，一边学习文化，这使得他们的老巢北欧几国，也慢慢开始与地中海地区在经济和文化上并驾齐驱。

维京海盗的活动刺激了欧洲沿海各国航海技术和军事防卫技术的发展，使这些地方的海上活动能力大大增强。几百年后争霸海洋的英国海军，是由西撒克斯的阿尔弗烈德大王于9世纪创建的，其初衷就是抗击维京海盗。

大航海时代和发现新大陆

11世纪末开始的十字军东征，在地中海周边地区重新掀起了战争的风暴。当时，地中海西北边的欧洲奉行天主教，东边的小亚细亚奉行东正教，而东南边的阿拉伯半岛则奉行伊斯兰教。这场持续近200年的宗教战争给东方和西欧各国造成了巨大的物质损失，但也对欧洲的文明、经济、军事都产生了长远的影响，推动欧洲从一个黑暗的时代走向开放的现代世界。

在此期间，伊比利亚半岛的葡萄牙在战火中日渐发展起来。12世纪中期，葡萄牙成为一个独立王国。开国君主阿方索一世是高卢人，在欧洲圣殿骑士团的协助下，他领导了该地区反抗和推翻阿拉伯人统治的战斗。经过几代人的抗争，伊比利亚半岛上的阿拉伯人被赶走，葡萄牙变得强大起来。

1415年7月25日，葡萄牙的亨利王子率领大约由200艘船组成的船队扬帆起航，跨越直布罗陀海峡，希望征服北非的要塞休达港。这次征服行动成为葡萄牙帝国全球扩张的起点，也开启了欧洲的大航海时代和地理大发现。

　　在这个时代，航海技术又有了一系列新进展：中国人于 10 世纪发明的水浮法指南针逐渐在世界传播开来，12 世纪时地中海的能工巧匠把它改良为磁罗盘，15 世纪初，航海罗盘在欧洲普及。阿拉伯人于 10 世纪发明的四分仪、六分仪等，可以帮助水手在海上较为方便地确定方向，这些仪器也在航海活动中被广泛使用。15 世纪葡萄牙人发明了适合海上航行的卡瑞克帆船及计程仪等技术。

图 14-2　大航海时代早期欧洲人用过的一些仪器：中间的三个铜制星盘收藏
　　　　于葡萄牙里斯本航海博物馆，上下两组指南针收藏于荷兰航海博物馆

　　图片来源：作者摄。

在这些技术的支持下，由葡萄牙王室贵族达·伽马率领的葡萄牙船队，于1497年7月出发，并于次年5月底到达印度西南部的卡利库特港。自此以后，欧洲人就可以绕过阿拉伯人建立的商业网络和中亚强悍的游牧区，直接从东南亚进口各种香料了，财富也源源不断地流入葡萄牙里斯本。而原本繁荣的中东地区则陷入萧条，据统计，1506年，埃及亚历山大港的香料贸易量与1496年相比下降了75%。可以说，新航路兴起是中东经济衰落的重要原因。

在大航海时代，葡萄牙四处建立殖民地，成为历史上的第一个全球性殖民帝国。从1415年葡萄牙于北非休达港建立第一个殖民地开始，到1999年澳门回归中国，前后将近600年，有50多个国家和地区都有过被葡萄牙殖民和统治的经历。

最早开始大航海活动的葡萄牙人犯过一个有名的错误。1476年，移居葡萄牙的意大利航海家哥伦布向葡萄牙国王提交了一个计划：向西航行，去探索通往印度和中国的航路。但拥有丰富航海经验的葡萄牙专家觉得哥伦布的计划并不可行，葡萄牙国王未采纳他的计划。

哥伦布的计划确实错得离谱，据他估计，从欧洲西海岸到亚洲最近的海岸（即日本海岸）只有不到3 000英里（约4 800千米）。但葡萄牙人确认，地球比哥伦布所认为的还大，各大洋也更宽，前往东方更方便的是经非洲绕行，而不是横越大西洋。现在我们知道，从西班牙向西穿越大西洋到亚洲，中间其实还隔着美洲。如此绕行，必须穿过太平洋，最短航行距离也有约2万千米。

经过十几年的奔波与碰壁，哥伦布最终得到西班牙国王的资助，开始了横渡大西洋的航行。哥伦布的运气极好，在大西洋强劲信风的推动下，这支只有三艘船的船队仅花了两个月就到达了巴哈马群岛。

1493年3月，哥伦布回到西班牙，西班牙举国上下皆因哥伦布带回的财富兴奋不已。之后，哥伦布又进行了三次西航，抵达牙买加、波多黎各诸岛及美洲大陆沿岸。

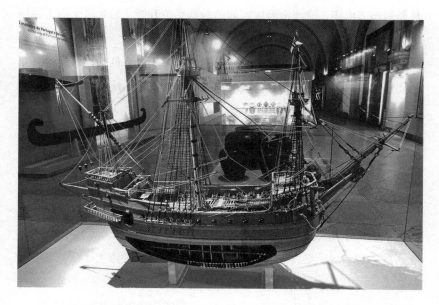

图14-3　葡萄牙里斯本航海博物馆制作的15世纪葡萄牙卡瑞克帆船模型

图片来源：作者摄。

16世纪初，葡萄牙人麦哲伦登上了航海史的舞台。他拥有丰富的航海经验，曾跟随葡萄牙船队绕过非洲到过东南亚。1513年，他先向葡萄牙国王提交了向西航行寻找香料群岛的计划，但被葡萄牙国王拒绝了。1517年他来到西班牙，并于1518年获得西班牙国王的资助。

麦哲伦船队于1519年9月出发，一路向西航行，穿过大西洋，绕过南美洲，又穿过太平洋，终于到达菲律宾群岛。不幸的是，因干涉菲律宾群岛岛民内争，麦哲伦被当地居民所杀。船队中的维多利亚号于1522年返回西班牙，完成了人类首次环球航行，证实了地圆说。

　　葡萄牙和西班牙在大航海时代成就斐然。达·伽马发现印度新航道、哥伦布发现新大陆和麦哲伦环球航行的成功，掀起了欧洲人进行全球贸易和殖民的浪潮，欧洲沿海国家间的激烈竞争升级。另外两个海上强国也迅速崛起，它们是荷兰和英国。

　　荷兰是欧洲西北部的一个湖泊与河流较多的沿海低地国家，1463年正式建国。作为尼德兰历史区域的荷兰早期被罗马人统治，12世纪时为神圣罗马帝国采邑。12世纪后，荷兰的阿姆斯特丹成为区域性的商业物流中心，承担了欧洲大陆西北部与英国的大量贸易流通任务。

　　1568年，为了争取独立，荷兰开始了与西班牙长达80年的战争。战争的导火索并非宗教，而是西班牙的封建专制制度束缚了荷兰资本主义的发展。荷兰于1648年独立后，善于经商和航海的荷兰人一面在全球开疆拓土，一面为欧洲内陆国家提供航运服务，被称为"海上马车夫"，由此创造了17—18世纪荷兰的黄金岁月，在大航海时代添上了浓墨重彩的一笔。

　　荷兰的崛起离不开两股重要力量：东印度公司和西印度公司。其中，荷兰东印度公司成立于1602年，旨在对亚洲地区进行殖民掠夺和垄断东方贸易，具有国家职能。他们的首要目标是葡萄牙在东南亚的殖民地。在接下来的几十年里，荷兰东印度公司的航船在亚洲所向披靡，先后在包括今中国台湾在内的很多地方建立了贸易基地和殖民地。

　　1621年，荷兰西印度公司成立，其使命是为荷兰构建在美洲的贸易网络，夺取西班牙、葡萄牙在美洲未牢固占领的殖民地，它也参与了臭名昭著的奴隶贩卖活动。现在的美国纽约市，在17世纪早期被称为"新阿姆斯特丹"，是荷兰西印度公司的殖民地，后被英国人夺占，于1664年改名为纽约。

日不落帝国的全球化遗产

英国位于欧洲大陆西北边的不列颠群岛，是一个岛国，总面积约20万平方千米。岛上居民是从公元前13世纪开始，一波又一波地从欧洲大陆漂洋过海来到这里的。罗马人、丹麦人、法国人先后统治过这个岛国。

15世纪中期，岛上的两大家族为了争夺王位，发动了"玫瑰战争"，最终结束了金雀花王朝的统治，开始了都铎王朝的统治。该王朝持续了约120年，其间英国跟随欧洲大陆的文艺复兴步伐，奠定了英国走向现代化的基础。看到葡萄牙和西班牙在大航海活动中得到了丰厚的回报，英国决心迎头赶上。在都铎王朝晚期的伊丽莎白一世时期，英国人依靠海军和海盗，逐渐成为新兴的海上霸权。

1585年，英国在美洲建立了第一个殖民地——弗吉尼亚，但当时几乎无人愿意移民美洲。1620年9月，五月花号轮船从英国普利茅斯港起航，驶向美洲，但它未能到达预期的目的地，而是停靠在波士顿附近，这是英国对美洲大规模殖民的起点。经过100年的努力和追赶，18世纪的英国海军称霸全球，不仅从其他国家手里抢夺了不少殖民地，还发现并占领了澳大利亚和新西兰，从此取代西班牙成为"日不落帝国"。

除了地理大发现和全球权力格局的重新洗牌，欧洲大航海活动还是一场前所未有的商业革命，点燃了人们追求财富的激情，孕育了企业家精神。

大航海时代诞生的一项商业副产品是跨国公司。其中，风头最劲的是英国东印度公司，成立于1600年12月31日。这是一家由英国国王特许授权的私营公司，独家垄断英国与印度的贸易活动，主要经营的商品有香料、棉花、丝绸、茶叶、陶瓷和鸦片。之后，除了贸易，该公司还被赋予了军事和行政功能，代表英国国王管理印度殖民地。

早期英国东印度公司有两个主要的竞争对手，即荷兰东印度公司和葡萄牙商队，它们都是具有军事、政治背景和经济实力的商业机构。后来，又有其他国家的商队加入亚洲商业的竞争，例如法国商队和西班牙商队。

这个时代的商战可不是戴着白手套、坐在紫檀木桌边文质彬彬地谈判，而是硝烟滚滚的战争。当时海上局势颇为混乱，除了各国的海军，还有海盗和官方默许的私掠船，商船也有自己的武装。在百年的竞争之后，不管是以规模、商业领地，还是以经济回报来衡量，英国东印度公司的战绩都远超其他对手。

英国东印度公司的技术和武装力量曾一度超过英国海军，该公司直接参与了多场战役，对世界格局影响巨大。1839年英国开始使用复仇女神号蒸汽战舰，并于1841年和英国海军一起发动了对中国的鸦片战争。

由于东印度公司垄断了英国与亚洲的贸易活动，其他英国殖民地不得不为亚洲产品缴纳很高的税赋，这成为1773年美国波士顿倾茶事件发生的导火索，最终导致美国独立战争爆发。

具有270多年历史的英国东印度公司于1858年被撤销，1874年6月1日正式谢幕。导致东印度公司被撤销的直接原因是1857年印度民族大起义，当时欧洲市场的结构性变化也扮演了重要角色，比如工业革命使得一些亚洲产品（丝绸、棉质布、陶瓷等）失去竞争力，造成远东贸易利润大幅下降。此外，在英国国内，王室力量式微而国会力量增加，新兴资本主义崛起，也是英国东印度公司失势的重要原因。

在英国东印度公司运营期间，世界经济格局发生了巨大的变化，工业革命开始在欧洲蓬勃兴起。英国东印度公司为英国称霸世界立下了汗马功劳。

英国东印度公司虽已成为历史，但它创新性的商业模式和企业文化，仍然影响着今天的西方乃至世界的商业运转。所谓"机构记忆"，指的是

图14-4　1841年，第一次鸦片战争中，英国东印度公司的蒸汽战船"复仇女神"号（右边有烟囱的船）与清朝海军作战

图片来源：1841年《伦敦新闻画报》。

一些经验、能力、文化被一些人掌握、记住并流传下去的现象。由于英国东印度公司的运营时间很长，它给欧美公司留下了不可磨灭的机构记忆。可以说，现代跨国公司的结构、运作、管理和文化，或多或少都带有英国东印度公司的商业基因。

英国东印度公司把人类在军事领域积累多年的经验带入商业领域，包括：决策精准及时，组织结构高效，后勤供应充分，恰当鼓舞士气，以及情报的收集和运用等。此外，为了一次次地续展其垄断亚洲市场的特权，东印度公司必须进行政府公关。它还需要灵活地适应市场需求，不断地找高附加值的新产品，不断地采纳新技术，以保持领先地位。

英国东印度公司是一家王室授权的垄断性质的企业，也是最早的股份公司之一，奉行当时最先进的金融和管理理念。1693年，它的股票开始在伦敦非正式的股票交易场所交易，1773年伦敦证券交易所成立后，它的股票是最早上市交易的股票之一。作为贸易股份公司，英国东印度公司还建立了股东大会、董事会等公司制度。

英国东印度公司也遭遇过数次财务危机，不得不向英国国会请求拨款资助，其中最能说服国会的理由我们并不陌生：大到不能倒。这也是2008年金融危机时期，美国政府不得不拨款7 000亿美元救市的原因。由此可见，历史不是从过去至未来的单向旅程，而是一次次地上演着类似的情节。

如今，英国东印度公司已经退出历史舞台140多年了，但中国人不会忘记，鸦片战争中它的坚船利炮如何轰开了中国的国门。印度人的"东印度公司综合征"更严重，直到现在，仍有一些人用怀疑的目光审视进入印度的西方跨国公司：它们是不是打着贸易的幌子，妄图插手印度的事务，掏空印度的财富？

毕竟时代不同了，现代西方跨国公司不是英国东印度公司，今天的亚洲也不同以往。但在全球经济日益紧密的格局下，重温东印度公司的历史，对人们了解西方公司，更好地参与当前的全球商业游戏，仍然有意义。

总的来说，欧洲几百年的大航海活动，极大地推动了相关技术的发展，比如造船技术、航海技术和地图制图技术。1569年，荷兰地理学家、地图制图学家墨卡托使用等角正圆柱投影编制《世界地图》，后人将此投影命名为"墨卡托投影"。18世纪，英国人约翰·哈里森发明了精确的航海钟，对海上计时和船只定位有重要作用。

1776年，英国发明家瓦特制成了第一台有实用价值的蒸汽机，1803年，美国发明家富尔顿制造出第一艘蒸汽轮船，并在法国试航成功，从此人类的水上航行进入机械动力时代。19世纪下半叶，蒸汽动力的铁甲舰问世，成为当时水战中威力最强大的船舰。现代轮船多用涡轮机发动机驱动，燃料一般是重油、柴油，也可以使用核动力。

古代中国的海洋宿命

在中国的黄河、长江流域，河流大都从大陆西部的高原发源，蜿蜒穿过广袤的农耕地区，流入东边的大海。中国的海岸线很长，加上黄河、长江两大河流，江河湖海既养育了这片土地上的人们，也孕育出独特的水上技术和文化。

长江下游河姆渡遗址出土的木桨表明，早在7 000多年前，这里靠水而生的先人已经发明了划竹筏和木排用的木桨。木板船应该是在青铜斧出现之后才能制造出来，这要等到3 000多年后的商朝。商王武丁时期的甲骨文中有"舟"这个字，说明木板船此时已经在中国出现了。周武王伐纣的金文记录中也有船载军士的文字，可见此时木板船的制造工艺应该较为成熟。

1974年，中国广州意外发掘出一个规模巨大的秦代造船遗址，有专家认为，这表明2 000多年前中国人的造船技术和能力已达到很高的水平，可以造出宽8米、长30米、载重五六十吨的木板船。这个造船厂应建于秦始皇统一岭南时期，但造船技术应该与西北的秦人无关，而是岭南本地的技术。当然，秦人积累了几百年的军事化管理经验，对南方造船效率的提升也有帮助。

在造船技术方面，中国人有多项重要而独特的发明，水密隔舱就是其中之一。这可能是由于竹子在中国生长茂盛，激发了人们发明水密隔舱的灵感。有水密隔舱的船，即使一部分漏水了，其他部分也不会有问题，只要快快把漏洞补上，船就不至于沉没。目前发现最早的水密隔舱出现在唐朝的木船上，欧洲直到15世纪才开始采用此项技术。

南北朝时期中国人还发明了车船，即用脚力驱船前行，这比用手划桨更省力。唐朝李皋曾设计制造战舰，对车船的发展起到了承前启后的作用。宋代的车船盛极一时。

虽然中国的长江流域、黄河流域及东南沿海等地识水性的人不少，但在史书中他们鲜少出场，仿佛只是历史的看客。中国的古代史，基本上是一部"旱鸭子"的历史。

春秋战国时期，一些靠海的诸侯国留下了零星的海上活动记录，比如"齐景公游于海上而乐之，六月不归"。秦国统一六国后，秦始皇先后五次东巡国土。当他来到黄海之滨，初见波涛汹涌、一望无际的大海时，内心受到的震撼可想而知。

图14-5　车船

图片来源：1726年出版的清朝陈梦雷主编的《古今图书集成·戎政典》。

修筑运河是大河文明的典型特征，早期运河只是为了农耕灌溉，后来也作交通之用。运河修筑工程规模浩大，官方投入必不可少。中国现有记载的最早的运河是胥河，开凿于公元前506年，上游连接长江在今安徽芜湖的支流水阳江，下游连接太湖水系荆溪，全长约31公里，由春秋时期的吴国大夫伍子胥负责修建。后来，古代中国历朝历代的君王对修建运河都很重视，从而形成了一个连接天然河流与湖泊的庞大运输网络。

1913年，法国汉学家沙畹把从中国东南沿海经中南半岛和南海诸国，穿过印度洋，进入红海，最后抵达非洲东部和欧洲的海上贸易通道，称为"海上丝绸之路"。这条商道的雏形在秦汉时期便已形成，秦代造船遗址说明，在秦始皇统治时期东南沿海居民与海外的贸易往来就存在了。

汉王朝打败了叛乱的南越之后，朝廷较为积极地支持沿海民众与东南亚的贸易往来。唐代时有"广州通海夷道"的说法，这是海上丝绸之路的最早叫法。此时中国对外贸易的范围已经扩大到波斯湾诸国、红海沿岸、东北非等地，商品主要有丝绸、瓷器、茶叶和铜铁器。

指南针的前身司南发明于战国时期，唐代后期渐渐发展为罗盘。到了宋朝，水浮指南针开始被用于航海。同时，福建的泉州港、浙江的宁波港也发展起来，与广东的广州港一起成为中国与海外商贸往来的重要枢纽。指南针于宋朝中期传入西亚和欧洲，改进后成为欧洲人地理大发现的利器，被誉为中国的四大发明之一。

明朝建立之后，为防止倭寇等海上敌对势力的袭扰，明太祖朱元璋颁布了"片板不许入海"的禁海令，思路与建长城阻挡游牧民族如出一辙。15世纪初，明成祖朱棣取消了禁海令，并派郑和七下西洋。

一些文献说郑和宝船"长44丈4尺、宽18丈"，但这并非正式记载，关于郑和宝船的载重量并没有确切资料。不过，南京龙江宝船厂遗址可以为我们推测郑和宝船的大小提供些许线索。有学者根据目前已有信息估计，郑和下西洋乘坐的最大宝船的载重量不超过2 000吨。考虑到当时葡萄牙和西班牙人远航所用的船，载重量大都不超过200吨，也没有使用水密隔舱技术，认为15世纪初中国的造船技术领先世界是合理的。

1433年郑和第七次下西洋途中病死于印度。之后，明朝放弃了远洋航海活动，重新实施禁海令。

由于找不到郑和下西洋更确切的正史记载，我们不清楚明朝皇帝为什么决定开展远洋航海活动，其成本、成就如何，最后为什么又放弃了。但可以肯定的是，郑和船队的出行在经济上是得不偿失的。从后来的历

史可知，禁海令让中国失去了一
个探索地球、建设海上机动能力的
机会。

到了19世纪，无论是科技，经
济还是军事实力，世界格局已经发
生了翻天覆地的变化。而令统治中
国的清王朝没有想到的是，1840年，
洋人会驾驶着铁甲舰，从海上长驱
直入，用利炮轰开了沿海口岸。

遗憾的是，清朝在输了两次鸦
片战争，见识了西方蒸汽铁甲舟
和火炮的威力之后，并没有急起
直追。虽然在部分有见识的官员的
推动下，中国也建起了几座现代造
船厂，比如左宗棠支持的福州船政
局，李鸿章支持的江南机器制造总

图14-6 郑和第七次下西洋前在
福建铸造的刻有"风调
雨顺、国泰民安"等字
的郑和铜钟

图片来源：作者摄于中国国家博
物馆。

局等，但朝廷大员始终就"中学"与"西学"孰本孰末争论不休。

清政府也出钱委托欧洲国家制造铁甲舰，如定远号、镇远号等，并
于1888年正式成立北洋水师。中国设计制造的第一艘全钢甲军舰，是福
建船政局于1889年完成的龙威号，后与北洋舰队会合，更名为平远号。
此时距离第一次鸦片战争已有50年了。

中国的近邻日本，也是在这个时候见识了西方现代铁甲舰的厉害，
但举国上下的反应与清朝颇为不同。1853年，美国海军准将佩里率舰队
驶入日本海面，要求日本幕府开国。这件事令日本朝野震动，史称"黑
船事件"。面对来自现代铁甲舰的挑战，日本幕府决定开放国门，并学习

和追赶西方技术。19世纪60年代末，日本开展明治维新运动，掀起工业化浪潮，建立海军，培养海军军官。

自明朝以来，日本倭寇就不断骚扰和抢劫中国船民及沿海居民。在明朝戚继光、清朝刘起龙等人的抗击下，倭寇对明朝来说只是癣疥，并非大患。1894年是，日本海军驾驶着自造的铁甲舰和欧洲进口的舰船，来到了中国和朝鲜的海域。此时，由于拥有数艘从欧洲购来的先进战舰，再加上庞大的军队，清政府信心满满，认为日本必败。然而，这场战争让北洋舰队损失惨重，清政府被迫签订中日《马关条约》。

回顾19世纪的海上战争，可以说清政府主要输在没有海权、海战和海军的概念，仓促成军的北洋水师缺乏海上作战经验，对现代枪炮和船只的操控水平不高，而装备落后只是次要原因。有军事学家对甲午战争进行了仔细剖析，认为日本海军对大海和战舰的操控能力较强，作战方式灵活，而中方主帅丁汝昌是北洋大臣李鸿章安徽老乡的淮军部下，对海战基本不熟悉，他手下称职的舰长也不多。20世纪初，八国联军又一次重创清政府，加上国内的农民起义等动乱，内忧外患下，清朝终于灭亡。

从欧洲和中国的水上技术发展史可见，水上技术的发展需要三股力量的推动。一是生活力量。如果人们的日常活动与大海密切接触，就会积累大量的海上知识和经验，并对大海有亲切感而少恐惧感。二是商业力量。这需要人们有意识地把大海当作一种资源，利用它来经商赚钱，只有这样海上活动才能经久不息。三是军事力量。战争需求可以从上到下地广泛调动人力、资源，进行相关技术的开发。

在欧洲，这三股力量一直都较为强大，并常形成合力。地中海的古老传统让后世的欧洲人一直把大海视为与陆地同等重要的资源，他们依靠大海生活、经商，彼此间也战斗不息。因此，欧洲与海上机动能力有关的科技创新在个人欲望和社会需求的推动下持续不断地出现。

图14-7　1890年，北洋水师赴德国克虏伯兵工厂购买大炮、并学习大炮使用
　　　　方法

图片来源：作者摄。

虽然中国的海岸线也很长，沿海居民由于生活需要而与大海打交道，并自发进行一些海外贸易，但直到清朝晚期，中国沿海地区都属于"天下"的边远地带。历朝历代的统治者既没有探索海洋的愿望，也没有从海外贸易中获利的兴趣，沿海居民的海上活动不仅没有得到朝廷的支持，反而常被干涉和禁止。

军事上，古代中国的战争主要发生在农耕民族与游牧民族之间。明朝之前，来自海上的威胁一直很少，因此中国没有海军传统。

由此可见，郑和下西洋只能是古代中国航海史上的昙花一现。中国在全球性的大航海活动中的缺席，是地理和历史条件共同作用的结果。

一个地区的先发优势不仅是某个技术点的优势，而是下至材料、上至服务的综合优势。先发优势的建立需要大量的持续投入，某个国家或地区只要建立了这种优势，就很难被超越，除非有新技术体系出现并提供崭新的赛道。

第15章　滚动的车轮：为便利和速度赋能

从靠双脚蹒跚步行的直立人，到今天乘坐汽车、高铁、飞机出行的我们，在几百万年的时间里，人类的陆地移动技术发生了三次革命性创新。两三万年前，人类开始驯化动物，除了用作食物，也用作交通运输工具；约6 000年前人类发明了轮子，继而有了动物拉车的交通方式；200年前，人类开始发明用机械动力驱动的车，先是火车，接着是汽车。

陆地移动技术的高下有较为明确的测量指标，比如灵活性、总成本（能源消耗、材料和制作等成本）、载重量和速度等。因此，这类技术的进步方向很明确：更快捷，更灵活，更便宜。每一次陆地移动技术的革命，都会对社会产生深远的影响。

动物的驯化催生了游牧民族，并引发了持续几千年的农耕民族和游牧民族的恩怨情仇。动物拉车的交通方式，优化了社会交易网络和国家管理体系，推动了相应的基础设施建设，支撑了农耕国家的运转。汽车、火车等机械动力车的发明，使全球货物移动量飙升，令人们的出行变得越发轻松、快捷，支撑了现代工业社会和全球贸易体系的高速运行。

陆地运输体系有几个彼此相关和联动的层次。最上面的是基础设施层，这是一个网络，里面有"路"（马路、公路、铁路等），也有各种服务机构（驿站、加油站、火车站等）。接下来是设备层，包括供人直接使用的整体设备，比如马、马车、汽车、火车等。再下面是部件层，包括整体设备里的各种零部件，比如马镫、轮子、齿轮、内燃机等。最下面是材料层，比如金属、玻璃、塑料等。

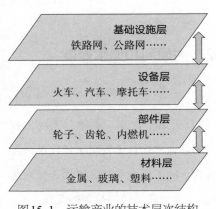

图15-1 运输产业的技术层次结构

一些其他技术产业，比如信息产业，也呈现出类似的结构。如果一个地区要形成产业优势，必须在各层次上都有足够的技术积累和优势。

陆地移动领域的三次革命性技术创新，都聚焦于设备层，由设备层的革命带动其他层次的变革。细看的话，每一层上都有很多重要的科技创新。例如，一辆燃油车包含1万多个零部件，每个零件在人类创新史上自有其闪光时刻。

轮子发明于5 000多年前，齿轮诞生于2 000多年前，古希腊著名学者亚里士多德和阿基米德都研究过齿轮，瓦特制造出第一台有实用价值的蒸汽机，成为驱动火车和轮船的引擎。19世纪晚期，三位德国人发明了汽车的核心零部件：罗斯·奥古斯特·奥托制造出第一台四部冲程内燃机，戈特利布·戴姆勒发明了汽化器、变速箱、离合器等，卡尔·本茨发明了火花塞点火系统。之后，汽车产业蓬勃兴起。

在这一章，我们主要讨论以下几个问题：车轮的产生如何影响了社会发展？矿山轨道车如何演化为今天的高铁？100年前，在燃油车、电动车和蒸汽汽车之争中，燃油车为什么能最终胜出？今天电动车重现江湖，它能笑到最后吗？现在，人工智能的发展正在推动自动驾驶汽车的商业化，这对未来社会将产生什么影响？

古人的永恒礼物——轮和车

　　马拉的战车发明于 5 000 多年前的青铜时代早期。波兰出土的公元前 3500 年前后的陶器上有四轮车的图案。约 4 500 年前的苏美尔壁画上也出现了驴拉车的形象。目前发现的最早的实物马车，出土于哈萨克斯坦，制造于约 4 100 年前。

　　作为车的关键部件，车轮的生命力远超过车。现代社会中，轮子无处不在，它让路上的人流和物流变得灵活、快捷、省力。

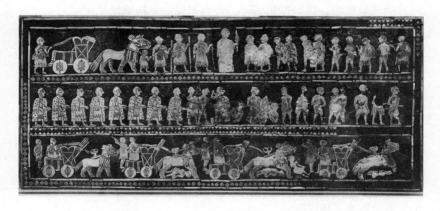

图 15-2　约 4 500 年前的苏美尔地区驴拉车画

图片来源：作者摄于不列颠博物馆。

　　古人用过多种动物来拉车，包括牛、马、驴和骡子等。骡子比黄牛快，比驴载重量大，比马温顺易控，是拉车的理想选择。马的速度比其他几种动物都快，当人们对马的驾驭能力更强之后，马便成为拉车的主力，特别是战车。

最早的车轮是用实心圆木做的,工匠们先要砍倒大树,然后用锯子把它截成圆木块,再把这些圆木块修整得大小一致,之后定圆心、插轮轴,将它们连接为两轮或四轮车架,上面安一个车板或车厢,一辆车就做好了。这么复杂的工序,使用石器很难做到,青铜工具则容易一些,因此车轮的发明和使用发生在青铜时代是合理的。

4 000多年前,外面为一圈木框、中间有木条支撑的轮辐结构的轮子被发明出来,这是一项重大的技术改良。目前发现最早的轮辐结构的车轮出土于西伯利亚草原(安德罗诺沃文化)。从此,轮子的制作不再受树木的大小限制,匠人们可以用更少的材料制作出更大、更轻便的轮子。

轮辐的发明,很可能也是促进人类追求圆周率的精确值和探索圆的性质的重要因素。在制作轮辐时,人们不仅需要精准地确定圆心,还需要使用圆半径的概念,并对圆周做等分处理,因此找到圆周率的精确值十分必要,成为制作车轮的工匠们必须掌握和传承的知识。

轮辐对圆周进行等分,这给古人求取圆周率带来了一种直观方法,即把圆周分为若干等份,测量每个三角形的底边长,然后把所有底边长加起来,除以圆的半径,即可得到近似的圆周率。这就是所谓的"割圆术"。目前发现的关于圆周率的最早记录,是在一块拥有3 800多年历史的古巴比伦土石匾上,其上清楚地写明圆周率 = 25/8 = 3.125。这比轮辐的发明时间晚了几百年。

最早用割圆术求圆周率近似值的人是公元前3世纪的古希腊科学家阿基米德,这比轮辐的发明晚了2 000多年。古巴比伦和古埃及的工匠们也许很早就采用这个方法了,但他们的文献里只留下了圆周率的值,并没有留下具体求解方法。5世纪,中国数学家祖冲之首次将圆周率的值精确到小数点后第七位,他的方法很可能也是割圆术。

图15–3 约3 200年前河南安阳殷墟出土的马车

图片来源：作者摄。

河南安阳殷墟出土的马车，是中国目前发现的最早的马车，距今约3 200年。这些都是造型美观、制作精良、车体轻巧的轮辐结构马车。考古学家还发现，偃师商城遗址（约3 500年前）有车辙印，更早的二里头遗址（约3 600年前）也有隐隐约约的车辙印，也许此时"车"已经在中国出现了。

由于马车在中国的出现时间比西亚、中东等地晚了两三千年，也没有证据显示中国有从原始马车到成熟轴轮辐结构马车的发展过程，因此中国的马车很可能来自中亚，是由把青铜技术带来中国的中亚人带来的。也有学者认为马车是中国独立发明的，但在找到相关考古证据之前，这种观点缺乏说服力。

商朝晚期和周朝早期，马车既被用作王公贵族的交通工具，也被用作战车。但在战国时期之前，战争的参与者以贵族及其子弟为主，交战双方的仪式性很强，希望用阵势吓退对方，从而避免不必要的伤亡。到了战国时期，战争的残酷性升级，将领们乘马车指挥步兵厮杀。秦汉之后，马车逐渐退出战场，主要作为运输工具使用。这是因为骑兵的出现颠覆了古代战场的游戏规则，马拉战车已经不能适应新型战争的需要了。

西汉晚期，独轮车被发明出来，一人推动就可前行，可用来载人，但主要是载物。其长处是制作简单、成本低，而且可以在道路较窄和路况不好的情况下使用。

为方便车马行走，人们一直在进行各种道路修建工程，而这需要投入大量的人力和物力。约3 000多年前，中东地区的一些国家率先开始修马路和驿道，供军队通行，也用作商道。2 000多年前，国力强大的西汉王朝和罗马帝国，建起了规模庞大的道路网络。

中国从秦朝开始实施"车同轨"标准，以增加车辆的行进速度。罗马人在陆地交通系统方面有很多独特的发明，比如道路铺设方法、路标、里程碑、里程表、量角仪等，有了"条条大路通罗马"的盛况。

总的来说，以牲畜作为动力的车，几千年来只有一些小改进，基本结构并没有变。19世纪初，终于出现了一种崭新设计的"车"，古老的车轮有了新的应用。1817年，德国发明家卡尔·德莱斯发明了一款可供人骑行的两轮交通工具。但骑车时人需要用两只脚一下一下蹬踩地面，才能让车子前行，速度较慢。这就是世界上第一辆自行车。

1861年，法国的米肖父子给自行车的前轮安装了能转动的脚蹬板。1869年，英国人雷诺使用钢丝辐条拉紧车圈，将其作为自行车的车轮。1874年，英国人罗松给自行车加上了链条驱动，骑车人可以用脚踏小轮带动大轮前行。至此，现代自行车的基本设计就完成了。自行车投放市场之后，受到了很多名人的喜爱，名人效应促发广大民众跟风购买。制造厂商针对自行车进行了很多微创新，例如轮胎、刹车、链条传动方式等，让自行车变得越来越好用和耐用。

200 多年来，自行车造福了普罗大众，为古老的轮子写下了灵动的现代篇章。

图15-4　自行车演化历程。左图中的早期自行车没有传动链条，右边三张图
　　　　片是后来的自行车，增加了传动链条，各部分比例也优化了

图片来源：作者摄于苏格兰国家博物馆。

从矿山轨道车到高铁系统

2012 年伦敦奥运会的开幕式上，一位扮演英国著名工程师伊桑巴

德·布鲁内尔的演员缓缓走向舞台中央，用低沉的声音吟诵道："不要怕，这岛上充满了各种声音。"他引用莎士比亚作品《暴风雨》中的名句，描述了工业革命带来的种种变化。

布鲁内尔于1836至1841年设计并完成了大西部铁路的建设，他还在英伦大地上留下了不少的桥梁、隧道等作品。因此，他被评选为"100位最伟大的英国人"之一。

像火车运输这么复杂、庞大的系统，涉及的零部件和技术创新不计其数，不可能仅靠一人之力在短时间内完成。布鲁内尔是英国工业革命的一个代表和缩影，他把工业革命早期的技术发明和人类社会数千年累积的经验集成起来，设计并建立了完整的火车运输系统。发明一个关键的零部件是一件了不起的事，把各种零部件和技术集成为系统，同样涉及大量创新，也非常了不起！

火车和铁路的很多关键部件都出自矿山轨道车。17世纪初或者更早，英国的一些矿山就采用木制轨道和在轨道上运行的车辆来运送矿石。早期的矿山轨道车是由人驱动和控制的，也可用马拉。为了使其省力和易于控制，特别是适用于矿山和隧道的地形，工程师们设计了很多巧妙的机械装置，比如刹车。这些轨道、轨道车及相应的机械装置，后来也在不断改善，比如木轨被换为铁轨。

蒸汽机最早的应用是用于矿山抽水。欧洲人从17世纪初就开始发明和设计蒸汽机，18世纪有了长足进展，比如纽科门和瓦特的蒸汽机。后来，各行各业的工程师也开始动脑筋应用蒸汽动力。第一台实用性轮轨蒸汽机车（火车的原型）是在1802年由英国工程师理查德·特里维希克设计发明的，以此为标准，蒸汽机在多领域的应用开始了。

英国的第一个蒸汽机车轨道系统于1812年在矿山投入使用，布鲁内尔和其他多个团队在此基础上进行了大量技术改进。与此同时，他们还制定了很多铁路技术标准，比如铁轨宽度、信号体系和统一标准时间体系等。这些技术与标准今天仍在世界铁路运输体系中广泛运用。

图15-5　建于1830年的世界上第一个火车站

图片来源：作者摄于英国曼彻斯特。

　　19世纪初，独立不久的美国开始在铁路运输技术领域紧紧追赶英国，于1830年修建了第一条铁路。1863年1月，美国开始建造横跨东西海岸的太平洋铁路运输线，这是美国铁路系统腾飞的起点，也是美国制造业迅猛发展的起点。

　　当时正值美国南北战争时期，这条铁路对北方赢得战争胜利具有十分重要的战略意义，帮助北方在战争中获得了更大的人员和物资机动优势。这一铁路建设项目是由备受美国人尊敬的林肯总统亲自说服国会通过的。最终，美国的南北战争以北方的胜利告终，这条铁路也成为战后美国商业运输和发展的大动脉。

　　华人劳工为这条铁路的建设立下了不可磨灭的功劳。最早的华人为了淘金于1849年来到美国，这条铁路动工后，越来越多的华人来到美国成为铁路的建设者。

这条铁路的建设主要由两家公司负责，其中联合太平洋铁路公司负责东部铁路的修建工程，主要劳工是来自爱尔兰的新移民，西部铁路则由中央太平洋铁路公司负责。中央太平洋铁路公司的总工程师是西奥多·朱达，他是一个有远见、政治能力出众的人，也是主张修筑这条铁路的推手之一。

中央太平洋铁路公司雇用的劳工中约有80%是华人。美国西部多山，铁路修建过程中经常需要穿山打隧道。当时修建铁路用的都是手工工具加炸药，工作难度很大，也很危险。华人劳工吃苦耐劳，学东西快，最重要的是服从管理。通过修建这条铁路，华人的劳动能力和美德在美国受到了认可和肯定。

图15-6　美国的太平洋铁路通车时，参加修筑这条铁路的华人欢呼庆贺

　　清朝末年，在欧美工业革命的滚滚大潮中日显贫弱的中国，开始思考和寻找强国之路，洋务运动拉开序幕。1873年，年仅12岁的詹天佑作为政府派遣的第一批留美学童之一，赴美国上小学、中学，最后进入耶鲁大学土木工程系求学，并于1881年学成归国。他是中国第一条自主设计并建造的铁路——京张铁路的总工程师，该铁路于1909年完工。中国铁路的起步只比西方晚了几十年，完全有可能赶上去。可惜之后几十年，在日本侵华战争的影响下，中国铁路的发展处于停滞状态。

　　中华人民共和国成立后，铁路建设投资力度加大，今天已全面进入高铁时代。虽然德国和日本等国是高铁技术的发源地，但中国在这类复杂铁路系统的集成和大规模使用的过程中，进行了很多独特的创新，目前已拥有完整的高铁技术体系，为人们的出行提供了极大的便利。现在，中国拥有完善的高铁技术、系统性经验和成本优势，正雄心勃勃地把高铁技术推广到全世界，造福全人类。

图15-7　中国高铁

图片来源：作者摄于苏州火车站。

从激烈竞争中胜出的燃油车

火车的载重量很大，具有长途运输优势，这对航运体系是重要的补充和拓展，但也给其造成了一定的冲击。火车的缺点是灵活性较差，不适用于短途运输。古代的短途运输主要靠马车，人们发明并大规模使用汽车后，马车运输行业和马车夫这个职业基本上就消失了。

在发明汽车之初，找到合适的动力系统是关键的一步。当时，有三种动力技术可供选择：蒸汽驱动、电驱动和汽油/柴油驱动。其中，最先发明出来的是蒸汽车，1769年，法国工程师尼古拉斯·古诺制造出世界上第一辆蒸汽驱动三轮汽车。这辆车问题很多：效率低下，必须频繁补充煤炭；稳定性差，动不动就翻车；很难控制，一不小心就撞上了墙……但这并不妨碍它开启了一段伟大的历程。

燃油车的故事开始于德国。1834年，以普鲁士王国为核心的德意志关税同盟在战火纷飞中建立。1864年，普鲁士联合奥地利击败丹麦，收回被丹麦占领的北方土地。随后，它又闪电般地击败盟友奥地利王国，获得德意志联邦的领导权。1870年，普鲁士发动了普法战争，德国南部的多个邦脱离法国统治。1871年，普鲁士在普法战争中取得胜利，建成了统一的德意志帝国。

在战争中，运输与机动能力显得格外重要，于是战场成为发明家的灵感来源和主要应用场景。德国发明家尼古拉斯·奥托对比利时人艾蒂安·勒努瓦发明的内燃机进行了重大改进，于1876年制造出第一台四冲程内燃机，并得到广泛应用。

奥托还教出了一个出色的徒弟——戈特利布·戴姆勒，戴姆勒发明了燃油车的很多关键零部件，后来还创建了自己的公司，制造摩托车和汽车。1886年，戴姆勒制造出了世界上第一辆四轮汽车。

另一位汽车行业的传奇人物是德国发明家卡尔·本茨，他设计和制造了世界上第一辆三轮燃油车，只比戴姆勒晚了几个月，他还发明了齿轮变速箱、火花内燃机等，也成立了自己的汽车公司。

戴勒姆和本茨的公司你追我赶地进行技术赛跑，有过激烈的市场竞争，双方甚至曾对簿公堂。1926年，两家公司合并为一家，名为戴姆勒–奔驰公司，著名的梅赛德斯–奔驰汽车品牌即为其所有。

由于在汽车技术方面有先发优势，再加上持续创新和精益求精的精神，德国人在过去100年里一直执世界燃油车技术之牛耳。汽车产业现在仍然是德国的重要支柱产业。

图15–8　德国工程师奥托于1876年发明的四冲程燃油发动机仿制展品

图片来源：作者摄于英国曼彻斯特。

美国于20世纪初进入汽车行业时，汽车的核心零部件都已经被发明得差不多了，领先设计地位也已经有人占据。于是，美国人把创新重点放在汽车零部件的标准化、制造过程的优化和市场推广方式等方面，主要目标是降低汽车成本，让它成为大众消费品。福特汽车公司的流水线生产体系是一项伟大的发明，后来成为制造业的典范。通用汽车的市场宣传和推广之道也被众多厂家仿效。

美国的另一类相关创新是高速公路体系的建设，这对大量汽车投放市场后，降低人流和物流成本，提升灵活性和安全性来说非常重要。显然，马车时代的道路已经不能支撑飞驰的汽车了。第一条专为汽车设计的公路建于纽约长岛，于1911年完工。从1919年开始，美国通过了一系列联邦资助修建高速公路的法案，并大张旗鼓地开始了修建全国和地方高速公路的工程，这表明了政府的投入对技术创新和经济发展的作用。

与此同时，美国的石油公司也在全国各地修建加油站。这些基础建设和服务系统的建设对汽车行业的发展而言如虎添翼，显著提升了人流和物流的效率。

电动车的发明其实比燃油车要早。1835年，荷兰的斯特拉廷和贝克尔两人尝试制作以电池供电的两轴小型铁路车辆。电动车的优点是车的零部件少，制造工艺较为简单，无污染，无噪声。其局限性则主要来自电池，充一次电跑不了太远，续航能力差。

1859年，法国物理学家加斯顿·普兰特发明了世界上第一块铅酸蓄电池。1884年，英国发明家托马斯·帕克把自己设计的大容量可充电电池用于电动车，并批量生产投放市场。电动车上市后，得到了欧美各地的发明家和投资者的热捧，他们纷纷投入到电动车的研发之中，主要致力于改进蓄电池的续航能力和提高车速。

19世纪末20世纪初，蒸汽汽车、燃油车和电动车在技术方面各有优缺点。当时业界的很多人认为，未来的市场属于电动车，鼎鼎大名的爱迪生也是这么认为的。然而，从下表列举的三类车在美国的市场份额可以看出，燃油车在竞争中逐步胜出。

表15-1　三类车的市场份额

年份	电动车	蒸汽汽车	燃油车
1900	38%	40%	22%
1901	16%	42%	42%
1903	20%	13.5%	66.5%
1905	8%	5%	87%

数据来源：*The Evolution of Technology* By George Basalla 等书籍。

回顾三种技术体系的演化和竞争过程，蒸汽汽车开发得最早，有先发优势；电动车的优点最令人欣赏；燃油车的整体技术（特别是行驶速度和续航能力）进步最快，这正是它最后胜出的理由。

100多年前，虽然电动车没有赢得那场技术竞赛，但人们对它的显著优点始终念念不忘。如今，世界石油储量不断减少，人们的环保意识日益增强，也对全球变暖越发忧虑，电动车呈现出了强势回归的势头。

近十几年来，锂电池等关键技术进步显著，使电动车的续航能力和速度都得到明显改善。像特斯拉这样的汽车行业新进者，以研发超级电池为突破口，用高端电动车切入市场。丰田、奔驰等传统燃油车企业，则从油电混合车入手，致力于为普通家庭提供代步工具。各国政府也出巨资补贴充电桩的铺设，以方便电动车使用者充电出行。

然而，今天运输行业的局面与百年前已经完全不一样了，燃油车技术日趋完美，不仅成本有所降低，其一直遭受批评的尾气排放、污染环境等问题也有了显著改善。而且，时间培养和固化了消费者使用燃油车的习惯，大大小小的加油站随处可见，十分方便。电动车想要撼动燃油车的市场地位并不容易。

在这种情况下，政府的政策导向变得至关重要。很多国家都有补贴电动车和充电桩安装的政策，有的国家甚至出台了让燃油车逐渐退出历史舞台的时间表。截至2016年年底，全球上路行驶的电动车数量达到200万辆，增长势头良好。

未来正在到来：自动驾驶时代

未来，人们会开什么车？这是一个极具价值的问题。今天的科技创新者给出的一个响亮答案是：自动驾驶汽车。也就是说，一辆车无须人操控，就能载着乘客去往目的地。

在汽车工业刚刚起步的20世纪20年代，一些有好奇心的人就开始探索自动驾驶的可能性了。一个伟大的创意，从灵感到最终实现，过程往往十分漫长，需要添加很多必要的技术元素。

现代自动驾驶汽车，实质上就是一台装有人工智能系统的移动机器人，以几大类技术为必要的前提条件：传感器、局部定位或全球定位系统、计算机和人工智能。传感器对于车的作用，就相当于感官对于人的作用，让车能够"看见""听见""感知到"周围的情况，从而判断该做何反应。定位系统可给汽车提供准确的位置信息，引导车以最优路线到达目的地。计算机是"大脑"，会尽快处理来自传感器和定位系统的信息，给出最佳行驶方案。人工智能让计算机用最佳算法快速处理复杂的情况，并具有自我学习和提升的能力。

这些高科技手段的开发难度不小，将它们应用于汽车也不是一蹴而就的事，需要大量的实验和数据来支撑。在20世纪八九十年代，欧美在自动驾驶技术方面都取得了不错的进展，可以做到在路况简单（路上没人，车也很少）和天气良好的情况下，绝大部分操作（比如行驶、刹车、转弯等）都由汽车自主进行，只有一小部分动作由人操控完成。

但从简单路况到普通路况，从好天气到任何天气，从很少的人为干预到零干预，还有很长的一段路要走。美国政府对这个领域的研发资助起到了重要作用，其中，美国国防部高级研究计划局从2004年开始举办的自动驾驶汽车挑战赛功不可没。

2004年的首届挑战赛地点选在美国西部沙漠的一段车辆稀少的路程，约240千米。其中，行驶距离最长的是卡内基-梅隆大学团队设计的自动驾驶汽车，汽车跑了约12千米后卡在了路堤上。2005年的挑战赛上，车辆的表现进步很大，有22辆参赛车辆超过了上届比赛的最远距离，有

5辆车完成了全部212千米的比赛。第三届比赛举办于2007年，这次的赛程增加了一段97千米的城市路段，挑战难度增大了许多。这次比赛的冠军仍然是卡内基-梅隆大学团队，亚军是斯坦福大学团队。

2007年比赛结束后，美国斯坦福大学自动驾驶汽车研发团队的负责人塞巴斯蒂安·特龙加入了谷歌公司，负责谷歌的自动驾驶汽车开发项目。2011年，一位受邀试乘谷歌自动驾驶汽车的《纽约时报》记者发表了一篇生动详尽的报道，在汽车行业业内和公众层面均引起巨大反响。

2015年10月，谷歌推出了一辆名为"豆荚车"的自动驾驶汽车：无方向盘，无油门踏板，无刹车踏板，也没有备用司机。双目失明的史蒂夫·马汉作为第一个体验者，独自乘坐这辆车在普通公路上行驶。最终，这段10分钟的旅程非常顺利。对谷歌来说，这是一个重要的里程碑。

自动驾驶汽车不再是科幻小说的情节，而是活生生的现实。人们已经意识到，自动驾驶时代即将到来。这意味着什么？

乐观主义者认为这项技术将造福很多不能自己开车的人，比如老人、残疾人和孩子等，也会改善普通人的出行体验，提升物流效率。创业家们纷纷在这场正在发生的变革中寻找商机：有人在寻找自动驾驶最合适的应用场景，并投身到新车型的设计和制造中；有人想到了自动驾驶汽车可能带来的运输服务业的商业模式变化，着手于改造出租车、卡车运输等服务。

悲观主义者则看到，这场变革可能会造成大量人失业的悲剧。当出租车和汽车运输服务都由自动驾驶汽车提供的时候，很多司机将失去饭碗。另外，共享经济商业模式在汽车使用领域的普及，也将导致汽车销售规模大幅下降，据估计，降幅可能高达80%~90%。再加上汽车制造业的机器人化，汽车制造业和售后服务业的雇员规模或许会缩减90%。这是一支如此庞大的失业队伍，他们的生计怎么办？这又是否会影响社会稳定？

另外，自动驾驶汽车的安全性也让很多人心里不踏实。具有自主学习能力的人工智能会发展出什么样的决策思路？这些复杂的算法，人类能看懂、能控制吗？未来自动驾驶汽车大量在路上行驶时，它们会如何应付突发交通事故，遵循什么样的道德标准？如果黑客和恐怖分子利用计算机网络破坏或劫持了自动驾驶汽车，该怎么办？

这些问题在自动驾驶汽车的普及过程中，必须得以解决。人类社会也需要时间来适应自动驾驶汽车满街跑的新世界。

有人预测，在不远的未来，汽车产业将呈现出电动车和自动驾驶汽车平分秋色的局面。事实上，这是两项彼此独立的技术。电动车这一轮卷土重来有让燃油车退出历史舞台的胜算，但如果自动驾驶汽车成功实现商业化，汽车产业的规模将显著减小，建设一套电动车基础设施的庞大投资想要全部收回成本，可能需要更长的时间。目前，一些国家政府

图15-9　中国驭势科技生产的无人驾驶汽车

图片来源：驭势科技。

在用税收补贴电动车基础设施建设，这需要纳税人有足够的耐心和资金来支持。

对于错过了过去百年的发展先机、未建立完善的燃油车体系的国家和地区来说，电动车体系的投入产出比可能比发达国家要高。中国是从改革开放后才大举进入汽车制造业的，努力以"市场换技术"的策略加入这个成熟的产业链。

目前中国政府支持电动车和自动驾驶汽车这两项技术研发的政策力度都很大，虽然与美国、德国、日本等国现阶段的发展水平仍然有差距，但差距并不大。到目前为止，中国市场上出售的电动车数量位居世界第一。

在电动车和自动驾驶汽车的新赛道上，中国有机会站在世界汽车产业未来的潮头。

历史上杰出的创新者中成为富翁的人并不多，但在航空领域，所有的重大技术发明者都没赚到钱，这种现象却也绝无仅有。航空业是一个风险大、投资多、周期长的领域，激励发明家前行的力量是人类的飞翔梦想。

第16章　放飞人类的集体梦想

人类做的最浪漫的事之一，就是不约而同、不计得失地追逐一个看似不靠谱的梦想。

什么事算靠谱，什么事又算不靠谱呢？按商业逻辑来说，能在可见的未来赚到钱的事就算靠谱的事。商业逻辑是筛选项目的硬标准，但商人的视线不会太远，短则一两年，长则5年，至多10年。

可以在军事上应用的技术，常常被评价为"有战略意义"。这类技术的买家一般是国家、政府或大的商业集团，它们对成本不那么敏感，也更有耐心等待技术和产品的完善。如果能成功完成有战略意义的技术项目，会得到国家或政府的认可和奖励，这对发明者来说也是不错的回报。

可是，历史上还有一些发明创造，在很长时间里既找不到商业应用场景，也不具有战略意义，但仍有人为之苦心钻研，付出了巨大的代价，甚至是生命。飞行相关的技术就属于这类创造，数千年里一直有人为之不计代价地付出努力、投入资金。这种现象不能仅用个人情怀来解释，而更像人类的集体梦想。这些创新者既没有赚到钱，也不一定得到了官方认可，但他们在历史上留下了不可磨灭的印记。

回顾人类长久以来追逐飞行梦想的历程，我们可以发现在绝大多数情况下，如果仅在同一个认知框架下不断进行改善，时间再长、再努力也不可能实现技术的突破和革命。来自不同维度的崭新的科学思想，是将技术提升到新的发展轨道的不可或缺的力量。在过去的 200 年里，空气动力学等科学理论和相关技术，让人类在简单滑翔的基础上实现了质的飞跃：先是发明了动力飞机，后又实现了太空航行。每当发生认知的结构性变革和突破时，那些既拥有传统经验又能主动拥抱新知识的人，就会成为历史的赢家。

早期飞行尝试

1452 年，列奥纳多·达·芬奇诞生于佛罗伦萨共和国托斯卡纳地区的芬奇镇（今属意大利）。年少时，达·芬奇离家前往当时最负盛名的世界艺术中心佛罗伦萨，在一家艺术工作室做学徒。后来，他逐渐成长为著名画家，与米开朗琪罗和拉斐尔并称"文艺复兴三杰"。

但绘画似乎只是达·芬奇的谋生手段，他真正的爱好是设计，有 6 000 多页手稿保存至今。为了做好设计，他孜孜不倦地学习天文学、数学、生理学、建筑学、工程学等方面的知识，是一位学识渊博的全才。

他痴迷于飞行，在长期观察鸟类飞行和学习前人文献的基础上，达·芬奇写下了多篇手稿，后收录为《鸟类飞行手稿》结集。达·芬奇画过一张飞行器的草图，在草图旁边，他写道：这架飞行器的升力是由旋转着的螺旋桨产生的。这就是今天直升机的飞行原理，达·芬奇也因此被许多人视为第一个设计直升机的人。1496 年，他亲自测试了一架自制脚踏飞行器，但失败了。达·芬奇还设计过降落伞等飞行器，是人类探索飞行的一位伟大先驱。

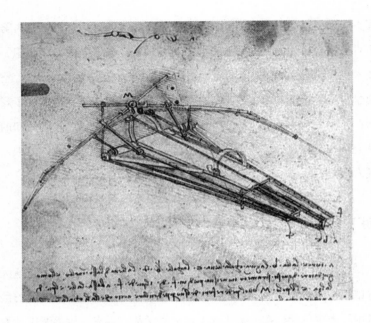

图16-1　达·芬奇1488年绘制的扑翼机草图

图片来源：公有领域。

其实，早在达·芬奇之前，地球上很多地方的人就都幻想过离开地球表面，像鸟儿一样在天空中自由飞翔。中国神话中有嫦娥奔月；阿拉伯神话中有载人飞毯，巫师可以坐在上面随心所欲地飞行；古代印度人幻想过马车在天上奔驰；古希腊神话中被囚禁在克里特岛的代达罗斯，用鸟的羽毛和蜡做成翅膀，装在他自己和他的儿子伊卡洛斯身上试图逃离克里特岛。但伊卡洛斯忘记了他父亲的告诫，飞得太高，以至于翅膀上的蜡被太阳融化，最后掉到海里淹死了。

从9世纪开始，欧洲文献便有了人们借助翅膀飞行的记载，但这些尝试都失败了。虽然这种屡败屡战的精神颇为可嘉，但截至20世纪初，飞行技术的进步微乎其微。如果缺少对飞行原理的正确理解，仅凭直觉去模仿鸟的飞行，是不可能成功的。

古代中国人大多通过间接方式来实现飞行梦，即让一些东西飞上天空，从而获得精神上的飞行快感。相传春秋时期墨子用木头制成木鸢，这应该就是风筝的起源。后来，鲁班用竹子改进了风筝的材质。纸发明之后，民间开始用纸裱糊风筝，放风筝成为人们喜欢的户外活动，今天仍然如此。

古代中国的另一项重要飞行技术是孔明灯，相传是三国时期的诸葛亮发明的。孔明灯的设计也很简单：用竹篾扎一个方架，外面糊上纸，下面点上一支蜡烛，灯内的空气被蜡烛加热后变轻，孔明灯就可以飞上天空。孔明灯在古代多用于军事，现代人则用它来许愿祈福。

一地的技术创新传播到另一地后，与当地人的偏好结合，很可能结出新的果实。也许正是蒙古人于13世纪横扫世界的时候，把孔明灯传到了其他地方，包括欧洲，成为欧洲人后来发明热气球的灵感来源之一。热气球的应用范围不广，但至今仍出现在人们的生活中，多用于比赛、旅游和摄影。

明朝晚期，一些来华的传教士把风筝带回了欧洲，后来风筝又随欧洲移民传入美国。风筝传至欧洲后，一些欧洲人从中获得了飞行的新灵感。英国人乔治·凯莱从1792年开始探索飞行器，1804年他做出

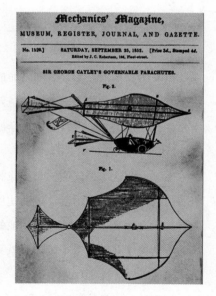

图16-2　英国发明家乔治·凯莱发明的滑翔机设计图

图片来源：公有领域。

了一架滑翔机模型，1809年他成功地制造出航空史上第一架全尺寸滑翔机并进行试飞。

同一年，凯莱的论文《论空中航行》在英国《自然哲学、化学和艺术》杂志上发表，被后人视为航空学说的发端。

之后，经过40多年的改进，在时间即将走入1849年的时候，凯莱制造的滑翔机终于带着一个体重较轻的10岁孩子飞了起来。1853年，凯莱又制造了一架滑翔机，进行了历史上第一次成年人乘坐滑翔机的自由飞行。

然而，无论是风筝、孔明灯、热气球，还是滑翔机，以及千百年来人类模仿鸟类飞行的经验，都无法促生现代航空业。想让一个庞然大物克服地球引力飞上天空，人类需要截然不同的思路和重大的理论突破。

动力飞机翱翔高空

当发明家不惜付出金钱和生命的代价勇敢试错的时候，象牙塔里的科学家则在一条貌似完全不同的道路上钻研飞行原理。1687年，英国科学家牛顿在他的《自然哲学的数学原理》一书中，提出了物体在气体中运动所受阻力大小的数学公式。

牛顿发明这个公式的初衷与飞行没有关系，而是为了解决"既然万有引力会使物体的自由落体运动速度越来越快，那么从高空落下的雨滴为什么没有砸死人？"的问题。他的结论是，由于空气阻力的存在，雨滴的下落速度在达到某个极限后就不再增加了，牛顿还得出了一个数学公式，这成为空气动力学的起点。

1738年，出身数学世家的瑞士物理学家丹尼尔·伯努利出版了他一生中最重要的著作《流体动力学》。流体即气体和液体，他针对流体的运动规律提出了自己的原创性定理。不过，伯努利研究这些并不是为了飞行，而是想从理论上解释著名的玻意耳定律及其他流体现象。伯努利的好友之一数学家欧拉，把伯努利方程简化并总结成了如今常见的形式。

在这几位大师的推动下，流体力学、空气动力学逐渐成为专门的学科，越来越多的科学家投身其中。到了19世纪下半叶，经过100多年的辛勤耕耘，科学家对流体的运动规律和物体在空气中的运动规律已经了解了不少，对其的描述也越来越抽象化和精准化。

在空气动力学的实验方面，一项里程碑性的发明是密封式风洞，于1871年由英国的两位科学家弗朗西斯·赫伯特·韦纳姆和约翰·布朗宁建成。从此，流体力学便与飞行联系起来了。

风洞是一种管道状实验设施，可以把飞行器放在其中，以人工方式产生并控制气流，模拟飞行器周围气体的流动情况，得到精确的实验数据，从而完善飞行器的研制。风洞不仅在航空航天领域起着重要作用，它在交通运输、风能利用等领域也得到了广泛应用。

19世纪末，美国的两位飞机发明者莱特兄弟登上了历史舞台。威尔伯·莱特和奥维尔·莱特出生于美国俄亥俄州，他们的父亲是一位主教，家庭收入还不错，在当地属于中产阶层。

童年时，在外地传教的父亲给莱特兄弟俩带回了风筝作为礼物，这是他们飞行梦的起点。他们仿制风筝，崇拜设计制造滑翔机的人，还通过观察鸟类飞行，思索和研究它们起飞、升降和盘旋的原理。

兄弟二人性格不同，哥哥威尔伯沉稳细致，有学者风范；而弟弟奥维尔外向好动，天生适合做飞行员。然而，仅凭玩风筝、观察并模仿鸟类，并不足以令他们飞上天空。于是，勤奋好学的兄弟俩从19世纪90年代开始慢慢学习和积累发明飞机所需的知识和技能。

莱特兄弟开过印刷厂，也开过自行车店，销售自己组装的自行车。他们有时还会帮别人修理发动机，因此积累了不少的机械技能和知识。

兄弟俩偶尔还会仿制别人设计的滑翔机，积累飞行感受和体验。自行车店的销售收入给他们提供了足够的资金用于研发飞机。

1896年，滑翔机之父、绰号"蝙蝠侠"的奥托·李林塔尔在一次滑翔飞行中不幸遇难。他一直是莱特兄弟的偶像，李林塔尔的逝去让兄弟俩备感震惊和悲伤。但他们并没有因此退缩，反而更加坚定地投入到飞行器的研究之中。熟悉机械装置的莱特兄弟意识到，在空中保持机身稳定是实现安全、长时飞行的关键，这成为他们之后的研究重点。

为此，威尔伯查阅了大量的书籍和资料，但它们并非前沿研究成果，很难帮他取得技术突破。于是，他写信给美国史密森尼学会请求获取相关资料。这是一家由美国政府资助的著名研究机构和博物馆。1899年6月，莱特兄弟收到了来自史密森尼学会的回信和包裹，里面有最新的技术资料，还有一份书单。

在空气动力学理论的指导下，莱特兄弟调整了思路和研究方法，并于1901年建造了一个风洞，测试和收集飞行数据，优化机翼和螺旋桨的设计。在这个过程中，他们有很多新发明，例如，给滑翔机安上形状合适的机翼，以及三轴飞行姿态控制技术、螺旋桨技术等。他们把实验室里的新发现迅速应用于新版飞机，然后实地试飞。新制造的滑翔机稳定性大大提升，飞行员在空中能够更好地操控滑翔机的上升、转向、着陆，实现长时滑翔飞行。

1902年，他们基本解决了滑翔机的主要问题，开始着手研发安装发动机的飞机。当时市场上并不存在"飞行器发动机"这种商品，汽车发动机厂商也不愿意按他们的要求制造发动机。于是，莱特兄弟决定自己动手设计、制造飞行器发动机，还有螺旋桨。经过反复实验，1903年12月17日，莱特兄弟发明的第一架动力飞机——飞行者一号试飞成功，人类动力航空史就此正式拉开序幕。

图16–3　1903年12月17日，莱特兄弟发明的飞行者一号飞机首次试飞成功

图片来源：公有领域。

令人遗憾的是，美国政府和公众并不相信如此复杂的飞机是由两个名不见经传、未接受过高等教育的年轻人发明的，大多数报纸都拒绝报道他们试飞成功的消息。

直到1908年，莱特兄弟在欧洲、美国等地进行了多次成功的飞行表演后，世人才在惊奇之余确信：人类的飞行时代的确到来了。

一时间，一些欧洲企业家看到了商机，开始争相购买他们的专利，美国军方也向他们购买飞机。至此，莱特兄弟声名鹊起。1909年，莱特兄弟创立了莱特飞机公司，但因为商业化的条件不成熟，他们并没有赚到钱。1912年，威尔伯因病去世。1915年，奥维尔于1915年出售了公司和技术，之后一直担任美国国家航空航天咨询委员会的顾问。

莱特兄弟能打败专业科研人员并非偶然，而是因为他们拥有大量关于滑翔机的实际经验。在从滑翔机到动力飞机的十几年的研发过程中，他们一次次地试飞，获得了在空中操控飞机的直接经验，并采用风洞实验室等方法对飞行器进行改进。专业科研人员虽然具备前沿科学知识和更好的科研条件，但在载人试飞方面一直很保守，试飞者也大都不是研究者本人，因此缺少一手经验，难以快速地对飞行器做出有效的改进。

1928年奥维尔把飞行者一号租借给英国伦敦科学博物馆展出，在他去世那年——1948年，美国人把这架飞机迎回国。现在，前往美国华盛顿史密森尼博物馆的参观者，都能看见这架飞机。

第一次世界大战开始后，各参战国都认识到飞机对战争胜利的重要性，于是投入大量人力、物力改善螺旋桨飞机的各方面性能。到20世纪30年代，空军已经成为大国的重要军事力量。但螺旋桨飞机的局限在于速度慢、载重小。于是，开发喷气式飞机的竞争又展开了。

德国工程师汉斯·冯·奥海因于1937年率先研发出喷气发动机。1939年8月，安装了喷气发动机的飞机首次试飞成功。尽管喷气式飞机有着巨大的潜力，但德国空军却对其缺乏兴趣。直到1944年8月，德国空军才开始使用实用的喷气式战斗机，不过这并未挽回第二次世界大战中德国的战败结局。

"二战"之后，人们开始思考和探索如何把战争中开发的航空技术民用化。英国德·哈维兰公司专注于开发可以载人的商用喷气式飞机，于1949年研制出彗星号客机。可是，从军用到民用的转化过程并不容易，彗星号客机正式投入运营后就发生了一系列空难，并在新闻界的大肆报道下引起民众恐慌。

调查这几起空难事故的专家发现彗星号客机存在有几个致命性问题：一是机体金属在某些情况下会出现"疲劳"现象而发生断裂；二是彗星号客机的方形舷窗较大，虽可以让乘客更好地欣赏高空美景，但这种窗户抗压能力差，在高空中容易破裂。

成立于 1916 年的美国波音公司，在很长一段时间都只是一个技术跟风者。直到 1957 年，波音公司研发出波音 707 喷气式客机，并获得了上千架的订单，波音公司就此成为世界商用飞机行业的领头羊。

最近 100 多年来，航空业已成长为一个庞大的行业。国际民航组织报告称，2015 年全球定期航班客运量达到 35 亿人次。莱特兄弟和航空领域前前后后的其他创新先锋实现了人类的飞行梦想，在史册上书写了辉煌的篇章。

宇宙航行

如果说航空领域风险大、投资高、回报周期长，航天领域就更加如此，并且投资十分巨大。有人认为航天活动的战略意义不可限量，有人认为它只是国家之间力量较量的游戏，有人认为太空探索活动是受人类的好奇心或信仰驱使。

对航天飞行而言，火箭技术至关重要。火箭是克服重力、把航天器送入太空的载体，冲天炮可以称得上是它的原型之一。冲天炮出现于宋朝，是逢年过节人们用来庆祝的一种玩具。

据称作于明朝早期的中国古代火器大全《火龙经》介绍了几种火箭武器，比如飞刀箭，其箭头是锋利的刀，箭杆上绑着冲天炮，被点燃后可以飞行得快且远，杀伤力较大。明朝军队还把这种火箭集合在一些装置中，同时发射多支飞刀箭，比如群豹横奔箭。16 世纪中期，明朝又出现了火龙出水等二级火箭武器，可水陆两用。当然，从宋朝的冲天炮到明朝的火箭，再到现代火箭，其间存在着遥远的技术距离。

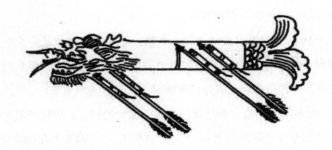

图16-4　明朝中期的火龙出水武器，也是二级火箭的始祖

图片来源：明朝著作《武备志》。

火箭为什么能飞起来？它能够飞多快和多远？在什么条件下它才能飞得又快又稳？这些是早期的火箭科学家研究的基本问题。1922年，德国海德堡大学的赫尔曼·奥伯特提交了一篇以《飞往星际空间的火箭》为题的博士论文，被教授们讥笑为"荒诞的想法"。教授们想当然地认为，推动火箭前行的动力来自空气对燃烧物产生气流的反作用力，而在没有空气的太空中，火箭根本无法飞行。

1929年，奥伯特的论文经过修改和充实后改名为《通向航天之路》，对早期火箭技术的发展和航天先驱者产生了很大影响。1940年他加入德国国籍，第二次世界大战期间，他成为德国火箭研究项目的负责人，被尊为现代航天学的奠基人之一。

科学和历史都可以证明，奥伯特的想法是对的，而讥笑他的教授们则大错特错。因为火箭燃烧化学推进剂产生热气，通过喷管高速喷出气流，即使在无空气的太空中也可以直接产生推力，推动火箭前行。现在，火箭搭载着航天器，不仅冲出地球大气层进入了太空，更有美国的旅行者一号探测器以超过第三宇宙速度的发射速度，向太阳系之外飞去。

液体火箭的发明者是美国科学家罗伯特·戈达德。他高中时期喜欢读科幻小说，并因此迷上了太空飞行。在毕业典礼上，他发言说，"昨天的梦想，就是今天的希望和明天的现实"，这成为他一生的座右铭。1913 年，他开始研制多级火箭。1913 年 10 月，他完成了第二项火箭计划；1914 年 5 月，他又完成了一项火箭计划。1919 年，他的论文《一种到达极限高度的方法》是关于早期火箭理论的经典文献。可惜当时公众对这种尖端科技所知甚少，学界的很多人也认为火箭不可能在太空中飞行。媒体的嘲笑和挖苦如潮水般涌来，他还被"赠予"了一个叫作"月球火箭狂"的绰号。

戈达德是一位动手能力很强的发明家。燃料是现代火箭科学家需要解决的一个关键问题，而像黑火药这样的传统燃料很容易在火箭点火时或飞行途中引发爆炸。戈达德是第一个用液态燃料（液氧）将火箭发射升空的人，那是在 1926 年 3 月 16 日。到 1945 年去世前，戈达德进行了 34 次火箭发射的实验，撰写了多篇科学论文，并获得了 214 项专利。由于早期与新闻媒体打交道的不愉快经历，他之后都尽量远离公众视线，因此知道他工作的人不多。

不过，戈达德的工作引起了一位年轻德国工程师冯·布劳恩的关注。冯·布劳恩于 20 世纪 30 年代初访美时曾与戈达德有过一面之缘。戈达德向他说起了自己的登月理想，这在年轻的冯·布劳恩心里埋下了一颗种子。1936 年，冯·布劳恩开始设计 V–2 火箭，并得到了纳粹的资金支持，1942 年 10 月，V–2 火箭

图 16–5　美国科学家戈达德于 1926 年发射的第一枚液态燃料火箭

图片来源：公有领域。

首次发射成功，"二战"中，德国大量发射V–2火箭，给英国造成了巨大损失。战后资料表明，V–2火箭在英国炸死2 742人，有6 467人受伤。

1945年5月初，冯·布劳恩带领他的V–2火箭科研团队向美军投降，成为美国研发新一代火箭技术的中坚力量。

"冷战"时期，美、苏两国针锋相对，苏联一度领先。苏联科学家研发火箭起步较早，康斯坦丁·齐奥尔科夫斯基在这个领域做了大量奠基性工作，被视为火箭理论的第三位奠基人。他最先论证了利用火箭进行星际交通、制造人造地球卫星和近地轨道站的可能性，指出发展宇宙航行和制造火箭的合理途径。

1957年10月，苏联成功发射了人类历史上第一颗绕地球运行的人造卫星——斯普特尼克1号，其运载火箭是由苏联工程师谢尔盖·科罗廖夫设计的。

斯普特尼克1号卫星项目从开始到成功发射仅花了两年时间，显示了苏联科技人员在这个领域的强大实力。1961年，由科罗廖夫担任总设计师的东方1号宇宙飞船成功飞入太空，宇航员尤里·加加林成为人类历史上首个从太空中看到地球全貌的人。

苏联在航天领域的迅猛进步令美国朝野深感震动。1961年5月，美国总统肯尼迪向美国国会提议，表示美国应在20世纪70年代之前把人类送上月球，这就是阿波罗计划。

此时已加入美国国籍的冯·布劳恩，被任命为该计划的技术负责人之一，设计土星5号运载火箭。1969年7月16日，土星5号火箭载着阿波罗11号载人飞船飞向月球，并于20日登陆月球。21日，两位宇航员踏上了月球。这是人类向太空迈出的巨大一步。

美苏两国接下来的较量主要是在各种航天器的设计方面，比如人造卫星、航天飞机、空间站等。人造卫星是一种在近地轨道上长期运行、执行特定任务的无人航天器，比如科学卫星、通信卫星、气象卫星、定位卫星等。航天飞机是一种可重复使用的、有人驾驶的、往返于地面和太空之间的航天器。空间站是在近地轨道长时间运行、可供多名航天员长时间工作和生活的载人航天器。现在在这类技术上，美国和俄罗斯有竞争也有合作。

近年来，美国的私营公司也开始参与航天技术和应用的研发。由埃隆·马斯克创建的SpaceX（太空探索技术公司）开发了可重复使用的火箭，期望以此降低太空飞行的成本，或许也能让普通民众有机会进行太空旅行。

中国的现代航空科学与航天技术事业是从钱学森1955年回国开始的。回国后，钱学森立刻投入到中国的导弹和火箭开发项目中。他主持规划了中国喷气和火箭技术的建立，参与了近程导弹、中近程导弹和中国第一颗人造地球卫星的研制，以及近程导弹运载原子弹的"两弹结合"试验。

1970年4月24日，中国第一颗人造卫星发射成功。60多年来，几代人的共同努力，让中国的航天事业有了长足的发展，时至如今，中国在世界航天领域已经有了一席之地。

在人类飞往太空的轨迹上，有很多伟大的发明者。但要取得像火箭的神奇速度和航天器的空前飞行距离这样的成就，仅靠聪明、直觉和试错是不可能的。很多科学家在相关或不太相关领域的大量洞见和理论，为此做出了不可或缺的贡献。在人类探索神秘宇宙的旅途中，再多的聪明才智也不够用。所以，我们应该坚持梦想，求知若渴。

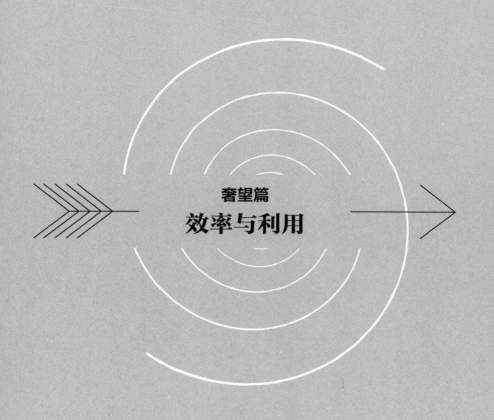

奢望篇
效率与利用

人类为什么追求效率？从个人欲望方面说，是为了活得轻松一些。农耕非常辛苦，农民们便想尽办法减少劳动量、增加收成。如果改进工具可以让他们达成目的，他们就会进行技术创新。

从社会需求方面说，商业是效率类科技创新的重要推手，效率高、产品新颖就意味着能带来更多的利润和财富。这类科技的另一个推手是国家和军事需求，更多地使用新材料、高效技术，意味着国家更富强。

这些欲望和需求说白了就是"少干活，多赚钱"，为了满足这些欲望和需求，人类在效率/利用类科技上投入了大量精力，可以说是6个类别中最多的。这类科技包括：开发和利用各种原材料及各种天然能源，发现可以提升效率的科学原理，并以此发明新的技术、工具和机器，探索提升社会和组织运转效率的方法。

如图V-1所示，在过去的1万多年中，效率/利用类科技有三个较快的发展阶段。一是5 000多年前青铜时代和铁器时代，人类把很多原本用石头制造的工具改换为金属工具，并用畜力来耕种和运输。二是公元前6世纪到16世纪的古代机械时代，出现了一些简单的机械工具，水、杠杆、轮子、车床等也被发明和利用起来。三是17世纪后开始的效率革命。当然，如果没有化石能源利用方式的重大突破，这一轮效率/利用类科技创新将很快偃旗息鼓。18世纪后，世界人均GDP开始不断增长，在最近200多年里上涨了十几倍，各类有形和无形资产保有量也在迅速增加。

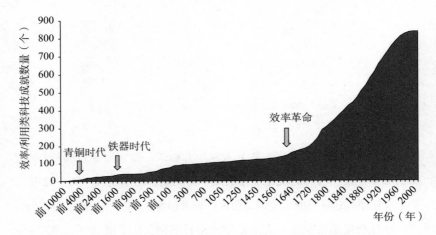

图 V–1　过去1万多年里，效率/利用类科技的累积数量和发展趋势

数据来源：重大科技成就数据库。

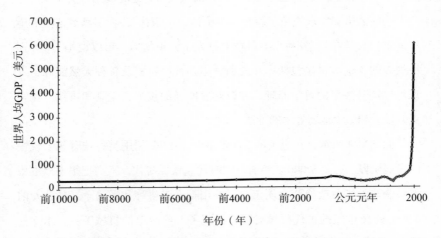

图 V–2　世界人均GDP（以1990年的美元价值计算），从公元前20000年到2000年

数据来源：Prof. J. Bradford DeLong, Univ. of California, Berkeley。

　　如图 V–3 所示，主要地区间的效率/利用类科技成就差别很大。这对世界各地早期社会发展，特别是近几百年来世界人均 GDP 的变化可以做出较好的解释。

　　在轴心时代之后的 2 000 年里，欧洲显示出对效率/利用类科技的偏好。而某个地区在一个方面的成就积累得越多，就会产生更多优势，催生新的需求，从而发明出更多技术，形成正反馈循环。

　　从 14 世纪开始，欧洲在这类科技创新方面的成就远远领先于其他文明。17 世纪开始的欧洲工业革命，本质上是一场效率革命，因为从 1600 年到 1900 年的 300 年间，效率/利用类科技成就占比接近 40%。而且，其最重要的结果是增加社会财富，提升人均 GDP。

　　总的来说，历史上的效率/利用类重大科技成就约有 64% 是欧洲人的贡献。以西欧移民为主的北美地区，最近几百年里在这个领域也做出了大约 25% 的贡献。这些成就大部分都是工业革命时期产生的。中东、中国、印巴及其他地区在这个领域的贡献加起来，只占约 1/10。

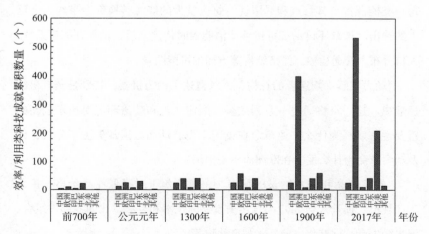

图 V–3　在过去 1 万多年的一些关键时间点上，主要地区的效率/利用类科技成就累积数量

数据来源：重大科技成就数据库。

欧洲人为什么重视效率？工业革命为什么从欧洲开始，而不是中国、中东或印巴等古老文明发源地？这一篇分4章来讨论这些问题，内容涵盖效率/利用类科技中最重要的几个领域，即材料、能源、动力及其他与提升效率直接相关的技术和方法。回顾这类科技与人类历史上不同社会的相互作用，既有助于我们理解世界各地区的现状，也有助于我们展望科技和社会的未来趋势。

"青铜王国、铁血帝国和炼金术士的华丽转身"一章重点介绍了与材料相关的科技成就及其对社会的意义。材料往往是人类最基本、最重要的突破性发明之一，它可能引发整个技术体系的变革，全面提升社会运转效率，甚至可能会改变国家的命运和世界的格局。该章以青铜材料为例，阐述它如何伴随王权国家诞生，也谈及冶铁技术如何催生了铁血帝国。

"能源更替与增长的极限"一章以天然能源为纲，讲述人类如何从草木能源时代转向化石能源时代，未来又会如何走向可持续清洁能源时代。每一类能源都有其特点和局限性，每次重大的能源转换都会带给人类巨大的冲击。该章还讨论了可持续清洁能源时代到来后，世界在能源系统、人口分布、交通运输、经济结构等方面的可能图景。

"动力飞跃：叛逆者的礼物"一章概述了动力机器，特别是蒸汽机的发展史。这一章将通过一系列故事，阐述文化和政治环境对技术创新的重要性，解释为什么工业革命在英国率先启动而法国却失去了先机，以及动力革命为什么发生在欧洲而不是中国。

"便宜革命和GDP增长的秘密"一章聚焦于对降低商品价格、扩大生产规模、提升人均GDP而言至关重要的技术和方法，比如零部件组合、流水线生产、标准化、电气化和自动化等。

新材料是基础技术，可能会引发多层次技术的变革，进而全面提升社会运转效率。青铜技术促使王权国家诞生，冶铁技术催生了铁血帝国，工业革命的重要内容之一就是新材料蓬勃涌现。现代社会的军事力量、工业和商业运转，甚至是国家治理，都建立在硅基信息技术体系的基础之上。

第17章　青铜王国、铁血帝国和炼金术士的华丽转身

1941年12月7日清晨，在美国夏威夷珍珠港，太阳刚刚升起。日本军队从海上和空中突袭了美国太平洋海军舰队的这个基地，造成3 600多个美国人伤亡，大量舰船和战机被炸毁，港口和发电站等重要军事设施遭到严重破坏。第二天，美国政府向日本正式宣战。

从19世纪到20世纪初，日本学习和消化欧美科技的速度很快，"二战"前已成为世界上制造业最发达的国家之一。这让部分好战的日本人认为日本可以凭借制造业的后发优势，打破世界秩序，成为20世纪的新的日不落帝国，并借助强大的军事力量在原材料丰富的地区广泛建立殖民地，剥削当地民众。

虽然都是岛国，但日本和英国在实力等多方面都大不相同。

英国当年成为日不落帝国，凭借的是遥遥领先的科技创新实力，以及由此形成的巨大的工业先发优势。此外，英国当年占领的殖民地，大都地广人稀，来自他国的竞争很小。而到了20世纪，在殖民地纷纷进步的情况下，英国也不得不从这些殖民地黯然退出。

而"二战"前的日本以民族主义为黏合剂，以军国主义为执行体系，勉强跻身世界先进制造业国家的行列。在少有独到的科技创新，也缺乏

资源的情况下，他们竟敢挑衅科技和工业都很发达的美国，可谓自不量力。显然，美国只要在原材料上卡住日本的"脖子"，日本的很多工厂就得停工，经济就会衰退。因此，对20世纪的日本而言，最好的策略就是维护世界和平，从全球商业繁荣中分一杯羹。这正是"二战"后的日本学到的教训。

"二战"结束后，钢铁产能从美国转出，曾经的世界钢铁中心宾夕法尼亚等地沦为"铁锈地带"。而令今天的美国得以独步全球的新材料是硅。几十年来，虽然有些国家与美国的信息技术产业的差距越来越小，但具有先发优势的美国仍然执世界信息业之牛耳。

材料经常是推动社会"相变"的技术，其技术寿命较长，不仅对现代世界很重要，对古代社会的影响巨大而深远。这一章主要讨论的问题是：为什么王国和人类文明诞生于青铜时代？为什么铁器时代与大型帝国的崛起同步？古代的炼金术士如何转变为现代的科学家？这些问题不仅有趣，对我们理解今天的世界也颇具启示意义。

青铜时代和早期人类文明的形成

为什么人类历史的一个阶段被命名为青铜时代？简单来说，发掘这个时代的许多墓葬，我们会发现很多青铜器。仅此而已吗？当然不是。在青铜时代，还诞生了王国，也出现了文字体系。

从人类的认知方式和技术能力来说，青铜的制造和使用表明人类探寻创新资源的目光从地面延伸到了地下矿藏，也表明人类已具备创造和传播复杂技术体系的能力。青铜技术体系包括探矿、采矿、选矿、合金配方、冶炼、锻打、制范、铸造等多个复杂工序，它不是某些聪明人灵光一现的简单发明，而是很多人的辛勤探索和优化工作的成果。

在进入青铜时代之前，一些地方处于红铜时代，以红铜的使用为标志。埃及、美索不达米亚等地在公元前4000年左右进入红铜时代。红铜即天然铜，质地偏软，不太适合制造工具。

从红铜时代到青铜时代在技术上是一步很大的跨越。青铜是纯铜和其他金属（锡、铅等）的合金，具有强度高、耐磨、不易生锈等特点。此外，青铜的熔点比纯铜低，冶炼、锻打和铸造都相对容易。但青铜配方复杂，需要找到多种金属矿物，先分别冶炼，再混合冶炼。如果想得到可用作武器的高质量的青铜，淬火是很关键的步骤。这也是为什么在红铜被使用了很长时间后，青铜才出现。

最早的锡青铜，于5 000年前出现在锡矿含量丰富的巴尔干地区。差不多同时，中东地区也出现了砷青铜。不同配方的青铜在这两个地方被发明之后，技术很快传至周边地区，1 000多年之后就覆盖了西亚、中亚、地中海地区以及尼罗河流域。

最早的王权国家在文字发明前就产生了，5 000多年前的两河流域和古埃及早期文明的发展都呈现出这样一种顺序：先进入青铜时代，然后王国崛起，之后文字出现。这是巧合还是必然？

所谓王国不是仅有一座城池的政体，王的权力至少覆盖包含三层聚落的区域。比如，以某个城市或大聚落为中心，周边有多个直接由王统治的城市或大聚落，这些城市和聚落又管理着许多中小聚落（部落、村庄等）。王权国家是人类的一项重要发明，它比城邦辐射的区域大、管理的层次多，社会管理效率更高，能抗击较大规模的外来侵略，也可组织民众建设较大的工程。

历史上最古老的王国出现在美索不达米亚。5 000多年前，苏美尔人在这里建立了乌鲁克城。青铜时代，他们又以乌鲁克城为中心建立了苏美尔王国。

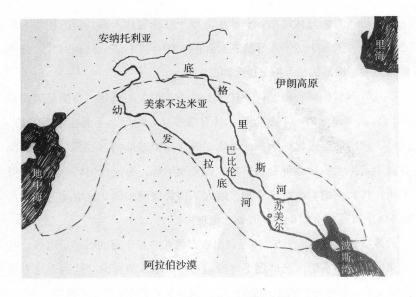

图17-1　两河流域和苏美尔王国

图片绘制：梁爱平。

关于这个古老王国的形成原因，目前存在多种假说。

一是资源有限假说。农耕技术经过几千年的发展，两河流域的人口密度增加，聚落变多变大，彼此间的矛盾和冲突也频繁起来。

5 000多年前，乌鲁克城的苏美尔人掌握了青铜技术，相较其他部落有明显的技术优势，所以，可以依靠富余的粮食养活不参与农耕活动的统治阶层、军人等，使部落得以不断对外扩张，王国由此形成。

二是贸易和技术假说。在苏美尔王国建立前的1 000多年时间里，美索不达米亚的显著变化是，聚落之间的贸易往来增多，从完全自给自足的封闭社会变成半自给自足的开放社会。

由于乌鲁克城的苏美尔人率先掌握了青铜技术，他们对周边地区形成了一种技术优势和管控能力。为了保持这种优势，他们必须强化对周边贸易渠道和相关矿产资源的控制，以巩固其统治地位，于是以乌鲁克城为中心的苏美尔王国建立了。在这个假说中，贸易和技术元素共同起了作用。

以上两种理论都包含青铜这个元素，可见青铜的出现对苏美尔王国的诞生起到了重要的推动作用。苏美尔人有悠久的农耕历史，他们率先发现了青铜这种新材料的价值，并利用它强化自己的优势，较快地形成了权力高地，得以统治周边地区。

关于古代王国的形成还有一些其他假说，例如气候变化假说、治水假说等。但国家的起源是一个很难找到确定性答案的问题，各种假说都只是猜测。

夏朝诞生的假说

据《史记》记载，古代中国的第一个王朝是夏朝。关于夏朝的诞生，大禹治水是最常见的说法。但到目前为止，尚未发现确凿的证据支持该假说。因此，关于中国王朝的起源，我们可以有更大的想象空间。

让我们先看看4 000多年前的气候情况。那时是全新世中期，地球上又出现了一轮气候波动，从约4 500年前开始，到约3 500年前结束，地理学家称其为"全新世事件3"。这场气候事件极大地影响了世界多地的历史演变节奏和方向。

此时的中华大地上，来自西伯利亚的冷风干燥强劲，而来自印度洋的温暖湿润的季风却大幅减弱，致使中国的北方和西北地区变得寒冷，失去了农耕条件。这场跨越千年的全新世事件3，无疑会造成中国人口的大迁移。以这个视角重新审视当时各部族的战争，逻辑也许更清晰。

4 000多年前，中国大地上约有500多万人，人口密度不大。如果没有天灾，人人都可以过"鸡犬之声相闻，老死不相往来"的安稳日子，没必要争抢地盘，更没必要相互厮杀。

在新石器晚期，黄河中下游的蚩尤部落和长江中游的三苗部落，都在各自的地盘上安居乐业，相安无事。全新世事件3发生后，生存环境的变化使得西北地区和黄土高原的夏人一波又一波地南下东进至黄河中下游地区，导致那里的人口密度空前增加，新老居民间经常发生激烈冲突。

几百年混战的结果是夏人获胜，占据了黄河中下游的广袤良田，而蚩尤和三苗部落则节节败退。蚩尤部落中的一部分人退到黄河下游今山东一带，后被夏人称为"东夷"，还有一部分蚩尤人和苗人退至长江流域，后被称为"南蛮"。

战争的结果是一些部落俯首称臣，获胜方的领袖可以从中获得前所未有的权力。于是，中国古代史上的第一个王国在这样的背景下诞生了。

然而，如果这场战争的胜利者最终在黄河中游建立了王国，那么具体是在什么时间？夏都又建在哪里呢？

位于山西襄汾的陶寺遗址是一个可能的选择。据考古发现，陶寺文化的年代是公元前2300年到公元前1900年，而出土文物表明陶寺人善于学习、懂技术。

陶寺城早期就有少量移民，之后移民数量一直在增加。考古专家分析发现，在陶寺文化的最后200年间，这里有超过75%的人口属于第一代移民。头骨和DNA分析表明，这些移民大多来自今天的内蒙古、青海、甘肃等西北地区。

外来移民对原住民的暴力行为在该遗址中也留下了清晰的痕迹。而且，这些移民并未形成新的社会等级结构和秩序，最后，这个城市在混乱和贫穷的状态下退出了历史舞台。

如果说陶寺文化早期的贵族就是夏朝的统治者，那么他们似乎逐渐被移民驱逐了，根本没有建立王朝的实力。如果说陶寺文化晚期才是夏朝的建立时间，那么这个缺少秩序的地方与一般王国早期欣欣向荣的景象并不相符。所以，这两种说法都难以让人信服。

夏都的另一个可能选址是位于山西夏县的禹王城遗址，但这个城规模很小，是凭何统治周边区域的呢？

也有学者认为，位于河南新密的新寨遗址可能是大禹的儿子、夏朝的开国君王夏启的都城。该城防御系统周密，有三道环城沟壕和城墙。但该城的活跃期应该是公元前1850年到公元前1750年，最后因遭到武力攻击衰落，这与文献所述的夏朝开国时间和灭亡时间都相差甚远。

另外，考古发现这些城池遗址有一些零落的小件铜器，但并未发现青铜冶炼痕迹。考古学家认为，这些古城的文化和技术辐射范围十分有限，因此称它们为方国①更合适。也就是说，全新世事件3虽然把古代中华大地搅得天翻地覆，但并无迹象表明在约4 000年前，中国出现了统治广大区域的王国。

青铜器和古代中国的起源

让我们换个思路，通过梳理青铜技术在中国的发展路径，看能否找到一些中国古代王国起源的线索。我们需要先搞清楚的问题是：青铜技术是中国本土原创，还是从西方传入的？

虽然商朝中晚期遗留至今的青铜器数量大，技术水平高，器形精美，但目前的证据大多支持青铜技术的"西来说"。青铜技术可能经两条路径来到中国：一是两河流域的青铜技术经中亚传入中国西北地区，再传到

---

① "方国"是中国早期历史中发展程度处于邦国和王国中间的阶段。——编者注

中原地区；二是巴尔干的青铜技术经欧亚草原传到北亚，之后从蒙古传入中国北方地区，再传到中原地区。

无论是哪条路径，青铜技术的传播应该是分多阶段完成的。大概的过程是：小件青铜器（艺术品、器皿和武器等）较易携带和运输，是商人们的常备货物，商人把它们带到附近的城市和部落换得一些生活必需品，比如粮食、染料、布匹、香料等。因此，一个地区在拥有青铜冶炼能力之前的很长时间里，就会零零星星地出现一些青铜器。

久而久之，一些经常购买青铜器的部落意识到，青铜器物还可以用作身份和地位的象征，可以威慑四方，比如武器。于是，如何自行冶炼制造青铜器而不是一次次地购买，成为他们的迫切需求。

但青铜冶炼技术十分复杂，商人一般不具备技术能力，学习者也很难从研究青铜器物搞清楚配方和方法，必须有一个熟悉完整青铜冶炼技术的团队才行。因此，人才的流动对青铜技术的传播至关重要。

在几千年前，技术人才如何流动呢？主要有这样几种可能的方式：其一，一个善于制作青铜器的部族因为战败，或因当地气候条件不再适合生存，不得不远走他乡。当发生战乱和饥荒的时候，部落集体迁徙是正常现象。

其二，部落首领认识到青铜技术的战略价值，花重金委托卖青铜器的商人引进一个完整的技术团队。

其三，统治者派使者外出寻找青铜技术团队，并将其带回。

其四，部落首领派一群能工巧匠外出学习青铜技术。

上述的几种方式在技术传播领域都发生过，但很难确定青铜技术传播到中国到底是如何发生的。公元前2000年前后，一群欧洲人来到今天的新疆一带，神秘的小河公主和她的族人们都拥有欧罗巴血统，他们是不是青铜技术的使者呢？

可能性更大的传播方式是，很多人一棒接一棒、一程接一程地把完整的青铜冶炼制造技术，从它的发源地通过中亚和欧亚草原，于 4 000 年前传入中国的西北和北方地区，再扩散至中原地区。

二里头遗址是最早发掘出青铜器和冶炼设备的中原地域，其城市规模、布局和文化元素都展现出王朝气派。于是，学者们把寻找夏都的目光集中到二里头遗址上，它也是目前主流观点认可的夏都。

不过，时间是个大问题。经最新测定，二里头遗址的年代是从公元前 1700 年前开始到公元前 1500 年结束，其对周边地区的影响开始于公元前 1600 年，也是此地冶炼青铜的起始时间。这与夏商周断代工程项目得出的"夏朝始于公元前 2070 年"的结论之间存在几百年的时间差。因此，即使二里头确与夏朝有关，也只可能是夏朝晚期的都城，与夏朝的诞生没有关系。

我们知道，在大约 4 000 年前，青铜技术已经在中国的西北地区出现了。在公元前 1700 年前后，一群携带着最新青铜技术的西北人来到二里头，此时的中原地区已经有很多夏人了。

二里头遗址出土的青铜器大多为铜、锡、铅合金，而位于河洛地区的二里头周边缺乏这几种冶炼青铜的原材料。出土青铜器和中国各地区矿物的同位素比对分析结果显示，铜可能源自今山东、内蒙古和辽西等地区。古代一般先在采矿区附近对矿石进行初步冶炼，然后把炼好的金属材料运输到二里头进行青铜冶炼，以及最后的器具制造。

当时铜、锡等都是贵金属，长途运输十分不易，需要有路

图 17–2　二里头遗址出土的青铜酒具

图片来源：作者摄于河南博物院。

和运输工具,并保证路途安全。于是,一个以城市为中心,控制矿产资源运输和青铜冶炼的产业链就形成了。

青铜既可以用于制造与周边方国礼尚往来的器物,也可以用于制造锋利的武器。技术优势使得二里头人在与其他部落的地盘争夺战中胜出。就这样,古代中国的第一个王国诞生了。可问题是,这算哪个朝代呢?

图17-3 四川三星堆遗址出土的青铜头像

图片来源:作者摄于中国国家博物馆。

二里头遗址出土的很多文物,与一些商代遗址出土文物的风格相似,显示出文化上一脉相承、技术上不断进步的趋势。另外,考古发现二里头是和平衰落的,城里的人有很多都搬去了几千米之外的偃师商城。这些研究结论很好地支持了二里头是早期商都的假说。

此后,黄河、长江流域的人们发挥聪明才智,发明了很多独特的青铜冶炼铸造技术。无论是河南殷墟还是四川三星堆遗址出土的青铜器,器型之大、造型之精美、技术之高超,都堪称青铜时代的巅峰之作。

铁血帝国的崛起和衰落

公元前17世纪出现的赫梯帝国,是由小亚细亚的赫梯人建立的,鼎盛时期是公元前15世纪末至公元前13世纪中叶。

赫梯帝国崛起的最大助力是铁冶炼技术,他们是最早发明冶铁技术和使用铁器的国家，并且最早进入铁器时代，而当时其他国家和民族还只会铸造青铜器。

苏美尔人在五六千年前就用陨铁来制造工具，西亚地区也零零星星地发现了四五千年前人工熔化的铁块。纯铁的熔点高达 1 538 摄氏度，比纯铜高400多度。含有其他元素的铁矿石熔点要低一点儿，但仍高于青铜。冶铁的关键在于提升熔炉温度，所以鼓风设备的发明是必要的。另外，无论是锻打、淬火还是铸造，铁处理起来都更复杂。

铁矿石储量丰富，所以铁的最大优点就是成本低。但是，铁易生锈、不美观，因此与被用来制造大量礼器和艺术品的青铜不同，铁从一开始就是为制造武器和效率工具而生的。锋利的铁制武器和战车赋予赫梯人巨大的军事优势，但他们没能长时间地垄断冶铁技术，中东地区的其他帝国也逐渐学会并掌握了冶铁技术。

在农业方面，赫梯帝国具有区域优势，那里的土地本就肥沃，铁制农耕工具的使用令他们的粮食生产效率更高。他们还用铁制工具修建大型公共设施，用来蓄水和灌溉田地的水坝。土耳其境内的恰塔霍裕克遗址附近有赫梯时代修筑的一座水坝和一条水渠，现在仍被当地农民使用。

赫梯帝国的都城是哈图沙，哈图沙遗址是100多年前偶然被人们发现的。在这座被世人遗忘了几千年的古城里，考古学家发现了大量泥板，面上刻有多种古代文字，都是苏美尔人发明的楔形文字的变种。学者们最终破译了赫梯文字，让赫梯帝国的辉煌历史重现人间。

其中一块泥板上的文字是一份和平协议，于公元前1258年由赫梯国王哈图西里三世和埃及法老拉美西斯二世签订。这份协议的背景是，赫梯人和埃及人同意停止持续了16年的战争，双方讲和。这块泥板目前收藏于联合国总部。

图17-4　赫梯帝国都城哈图沙的城门

图片来源：作者摄于土耳其。

　　然而，公元前12世纪，赫梯帝国开始瓦解并趋向衰亡。公元前8世纪，赫梯为亚述人所灭。

中华帝国的技术骨架

　　文献记载和出土文物表明，在商朝和西周早期，中国人已开始用玄铁（陨铁）来增加青铜武器的硬度和锋利度。冶铁技术很可能是从西亚经中亚传入中国新疆，再经过河西走廊传入西北地区，之后再传入中原的，与青铜技术的传入路径类似。冶铁技术发明后的1 000年时间里，就从小亚细亚传到了中国，比青铜技术的东渐过程快了不少。

　　有人认为，冶铁技术有可能是赫梯人带入中国的。赫梯帝国瓦解后，一群赫梯人在公元前1000年前后来到新疆定居下来。考古专家在新疆发现了那个年代的铁制品、冶炼遗址和欧洲人的遗骨。这群欧洲人到底是不是赫梯人，还有待进一步考证。

西亚的冶铁技术传入中国后，很快就被手艺精湛的中国匠人发展到新的高度。虽然铁在西周和春秋时期就被部分贵族用于制造武器，但由于铁的锻造难度较大、质量不好控制，所以未能普及。

中国匠人的一项创新是，把青铜铸造技术用于冶铁和制造铁器，到了春秋中晚期，铸铁技术已相当成熟。铸铁不仅适用于制作农耕工具，也便于批量制造，这大幅降低了铁制品的成本。后来，匠人们又研发出铸铁柔化技术，这为铁的广泛应用奠定了重要的技术基础。

春秋时期，率先掌握铸铁技术的秦国先用铁来制作工具，目前发现最早的铸铁工具出土于陕西凤翔的秦公一号大墓。

战国时期，当中原的大部分地区还在使用耒耜耕田时，秦国已经开始推广铁犁牛耕和其他铁制农具了。战国晚期，铸铁工具逐步取代了石制、木制等工具。

秦孝公任用商鞅，推行新政"为田开阡陌封疆"，规定新开荒的土地属于开垦者本人。据历史学家估计，由于铜、铁等金属工具的使用和商鞅变法新政，到秦孝公末期，秦人的农耕水平已经比西周高出了2.4倍。显然，铁具的普及提升了农耕和手工业水平，经济发展增速，人口也增加了。

可见，秦国最后能统一中国，一个重要的原因就在于其区位优势——秦国位于今甘肃和陕西地区，那里是最早开发冶铁技术并将铁制工具用于农耕的地区。当然，秦国的统治阶层也很好地顺应了铁器时代的潮流，在制度、技术、管理等多方面进行变革，国力日益强盛。

回过头看，从进入中国的那一刻起，青铜技术推动中华大地从新石器时代进入王权国家时代，冶铁技术则推动古代中国从战国时代进入大一统的秦帝国。

自秦之后，铜和铁的冶炼技术水平越来越高，生产规模越来越大，应用也越来越广泛。

西方炼金术士的华丽转身

人类有两个古老的梦想：发财和长寿。从2 000多年前开始，世界几大古文明的技术偏好发生了分化。西方人更看重财富，而东方人更看重长寿，这种差别在炼金术方面表现得尤其明显。

发财和长寿的梦想都不错，但2 000年后历史却呈现出完全不同的选择：西方的炼金术士华丽转身为现代科学家，而东方的炼丹术士则黯然退出历史舞台。历史的分岔口在哪里呢？

古代中国的炼金术和炼丹术源于战国时期的道教，道教徒对自然有浓厚的兴趣，通过观察、试错和经验积累的方式探索物质转化的奥秘。

公元前144年，汉景帝颁发禁令，不许民间"擅自"炼金，由官方垄断炼（赝）金的权力。这种政策虽然阻止了一些江湖骗子的敛财行为，但也将民间炼金的创新探索扼杀在襁褓之中，迫使炼金术士将更多的精力投入到以追求长寿为目标的炼丹术上。

中国古代君王对长寿的需求特别强烈。秦始皇派徐福东渡寻仙求药的故事大家耳熟能详，因服用"仙丹"而中毒身亡的帝王和达官贵人也不在少数。

当然，炼丹并非全无收获，中国四大发明之一的黑火药就是炼丹的产物。但总的说来，中国的炼丹史混杂着人们的长寿梦想、贪欲和试错实践，弥漫着神秘主义的色彩，但始终未对物质本质进行深入的探索，也没能促使人们构建相关理论。

　　相较之下，西方炼金术士的目标简单明确，即让铅、铜等贱金属变为金等贵金属，然后从中获利。其实在经历了长时间的失败之后，很多炼金术士对假金不能变成真金早已心中了然，他们乐此不疲地尝试新的赝金配方和工艺，不过是为了让买家更难识破。古希腊时期也有少数对炼金术感兴趣的学者，他们卷起袖子在小作坊里炼金不是为了赚钱，而是对各种金属混合后的变化感兴趣。他们认为金属可以嬗变，思索着物质嬗变的规律，并留下了初步的理论。

　　在后来的罗马帝国时期和中世纪，欧洲精英人群的意识形态几经蜕变，但民间工匠制作赝金的活动仍在继续。文艺复兴时期，大量的古希腊书籍混杂着阿拉伯人的知识，以及世界上不同流派的炼金经验，再次进入欧洲人的视野。欧洲学者对重见天日的古希腊文明感到兴奋不已，但他们并不教条，对其他地区的文明也欣然接纳，还有一些学者走出象牙塔向工匠们学习。

　　英国自然哲学家罗吉尔·培根是最早提倡采用实验方法而不能仅依靠逻辑演绎来探索自然的学者。他还有一个身份是炼金术士，但今天的科学史学者视他为实验科学的先驱。

　　英国化学家罗伯特·玻意耳于1661年出版其代表作《怀疑派化学家》（ *The Sceptical of Chemist* ），这本书是实验科学的里程碑性质的著作。在这本书中，他用对话的方式批判了古希腊的一些没有根据的理论（比如四元素说），也提出了化学研究如何从炼金术和炼丹术的迷思和神秘主义中走出去的思路，并建立了物质结构理论。他还阐述了一套科学研究方法，认为一切理论必须经实验证明才能确立其正确与否。

　　比玻意耳年轻十几岁的牛顿，深受玻意耳思想的影响。在他29岁成为剑桥大学教授后，他建立了一个炼金实验室，希望通过炼金术证实物质嬗变的性质，并了解物质世界的本质。经济学家凯恩斯收藏了大量的牛顿手稿（包括炼金文字记录），他评价道："牛顿不是理性时代的第一人，他是最后一位炼金术士。"

从客观的角度说，这个评价并不恰当。虽然牛顿是上帝的信徒，也对炼金术非常投入，但牛顿留下的大量手稿显示，他是怀着验证一些关于物质世界的假说的目的投入炼金实验的。尽管这些假说中掺杂着古代炼金术士的臆想，以及玻意耳对物质本质的假想，但他采用的实验、观察和分析的方法，与现代实验科学家并无本质差别。当然，他使用的设备与现代的粒子加速器等设备无法相提并论，因此他根本不可能发现物质的基本元素。

玻意耳和牛顿之后，欧洲的炼金术士黯然退出历史舞台，现代化学家一一登场。法国科学家拉瓦锡被尊为现代化学之父，他提出了一套化学定量方法和"元素"的定义，于1789年发表第一份现代化学元素表，列出了33种元素。不幸的是，这位伟大的化学家在法国大革命中被送上了断头台。

通过几代自然哲学家、数学家和技术工匠的持续努力，源自古典哲学但又迥然不同的现代科学研究的基本范式和原则得以确立。这个新范式融合了逻辑演绎、数学模型和实证研究三大传统方法，其中关键的一点是摒弃了古代炼金术的神秘主义，强调研究过程的公开性和结果的可重复性。可以说，这些新思维和科研范式的突破是欧洲科学革命最重要的成就。

17世纪中期，英国人发明了把煤转变成焦炭的方法，并用焦炭炼钢，使钢铁的产量大幅提高。18世纪欧洲现代化学的发展有助于优化炼钢过程，研制和冶炼新的合金材料，现代冶金学逐渐发展起来。

18—19世纪，德国、瑞典、瑞士等国家在非金属材料方面的发明和科研成就突出。从合成硫酸钠、合成尿素到发明现代炸药，欧洲科学家不仅发现了很多材料的制作步骤和程序，还试图搞清楚各种材料的性质，材料科学因此有了突飞猛进的发展。

20世纪上半叶，欧洲的钢铁产能转移到美国，"二战"期间美国宾夕法尼亚州的匹兹堡市是"世界钢都"，世界大部分的钢铁产能都集中于此。美国在有机化工材料的发明和制造方面发展迅猛，特别是以石油为原材料而产生的有机化工原料和高分子合成材料，被广泛地用于制造建筑材料、家居用品、衣物布料等。

1947年12月，美国贝尔实验室的科学家约翰·巴丁、威廉·肖克利和沃尔特·布拉顿发明了晶体管。之后，发明家们用这种半导体器件制造出助听器、收音机、微处理器等产品，掀起了电子和信息产业革命，形成了以美国为龙头的从科研到制造再到应用和服务的庞大产业网络。更重要的是，现代社会的军事、工业、商业与国家管理，都建立在这套技术网络之上。

这个庞大的产业网络过去几十年的发展一直遵循摩尔定律，但是，任何技术的发展都终将见顶并扩散全球，最后各大国达到一种你中有我、我中有你的平衡状态。

需要强调的是，硅不是人类最后的战略材料。所以我们应该思考的问题是，为什么西方炼金术士华丽转身为现代科学家，让沙子变成了芯片，让碳变成了石墨烯，用各种各样的新材料装点了今天的大千世界。这才是未来在新材料领域形成优势的正确思路。

人类的衣食住行和财富，无一不跟能源有关，产品和技术创新也与能源息息相关。历史上每一次能源体系转换，都会带给人类巨大的惊喜和冲击。可持续清洁能源必将是人类的未来能源，它能否给我们带来更美好的世界？

第18章　能源更替与增长的极限

如果以一级能源的使用来划分历史阶段，那么自直立人以来，人类的200多万年的历史只分为两个时代：草木能源时代和化石能源时代。

人类的绝大部分时间都是在消耗柴草能源中度过的，因此我们称之为草木能源时代。这一漫长的阶段有两个特点值得指出：其一，人类的能源消耗量增长很慢，从几百万年前的原始人到200多年前农耕社会的成熟期，富人的能源消耗量只增长了十几倍，而穷人的能源消耗量则几乎没有增长。其二，草木生长与水土密切相关，这使得世界人口的分布与水土的分布高度吻合。

化石燃料主要包括：煤炭、石油和天然气。如果定义化石燃料消耗占比最大的社会视为进入化石能源时代，17世纪早期的英国在煤炭成为其主要能源后，就率先进入化石能源时代了，欧洲大陆和美国紧随其后，也相继进入了化石能源时代。20世纪初，煤炭超过柴草成为世界第一大能源，石油和天然气的消耗量也快速上升，可以说全世界都进入了化石能源时代。

在化石能源时代，人类的能量消耗量增长很快，富裕阶层每天消耗的能量比200年前增加了一个数量级。化石能源的分布与草木能源时代的人口分布和自然水系分布很不一样，但由于化石能源密度高，可满足原有人口分布，让古代名城更大更强，因此仅推动了少量新城市崛起，改变了局部人口分布。

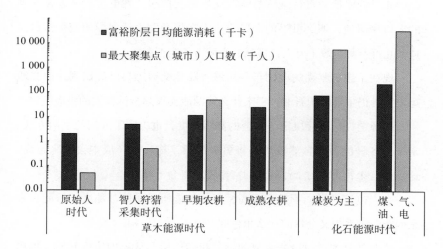

图18–1　每个能源时代的富裕阶层日均能源消耗量，以及最大人口聚居地的人口数

数据来源：伊恩·莫里斯的《文明的度量》等。

近几百年来化石能源的利用和生机勃勃的科技创新，让人类享受到空前的繁荣和富足，但也产生了很多副作用，比如环境污染、全球变暖等。然而，化石能源毕竟是有限的，目前人类的生活方式终将随着化石能源的耗尽而烟消云散。能源更替是正在来到人类社会的一头巨大的"灰犀牛"，人类必须充分了解其给世界带来的冲击，并想出对策。

近几十年来，可持续清洁能源已成为科研重点，也成为各国政策的重点。可持续清洁能源是指水能、风能、潮汐能、地热和太阳能等自然能源，这些能源可再生，副作用也不像化石能源那样大。然而，目前已知的可持续清洁能源，其能量密度比化石能源小很多，可移动性差，需要先转化为电力才能传输和利用。另外，这类能源在地球上的分布与现有人口分布的差别也很大。

在这种情况下，以可持续清洁能源为主的人类社会，将是什么样子呢？

如果低密度的可持续清洁能源既不能支撑超大发电厂，又远离现有的人口聚居地，那么世界的人口分布未来将会发生什么样的变化？目前这些几百万甚至数千万人口规模的大城市还能否存在？

现在，靠电驱动的电动车和高铁等陆地交通工具已经出现，但交通运输工具仍主要依赖石油，将来什么能源能支撑起全球庞大的供应链？

能源消耗量直接决定了社会的富裕程度，也决定了人们的生活方式。未来，各种能源和自然资源都将更加昂贵，物质生产成本会越来越高。这是否意味着我们的子孙后代的富裕程度将会下降？

有人也许会说，不是还有高密度的核能吗？是的，那么，核能在未来的能源体系中又会扮演什么角色呢？

这些就是本章讨论的主要问题。我们仍然会从梳理历史开始，再用历史的视角审视未来。

图18–2　人类的三个能源时代

草木能源时代

学会使用火，是人类进化过程中最重大的一次技术跃迁，是人与其他动物分流的标志。而在此之前，人类与其他动物一样，能量来源基本上是野生植物的根茎果籽，偶尔猎捕几只小动物，勉强度日。

考古学家在非洲发现了100多万年前的篝火堆，可见此时的直立人已学会如何保留火种。之后，人类消耗的能量明显增加，除了用火来烤肉、取暖，也用火来制作简单的工具。

火还改变了人类的居住方式，人们不必再睡在树上了，可以在地上的火堆旁入眠，害怕火的虫兽只得远离。40多万年前北京猿人居住过的洞穴里留下了火塘的痕迹，这是目前发现的最早室内火堆。

人类最早保存火种的方法可谓简单粗暴，就是让火堆长燃不灭。但这么做太费柴草了，于是人们想出了更好的办法，让火堆处于无明火的木炭燃烧状态，或是找到一种燃烧速度慢的植物，将其搓成草绳，保持一种熏烟状态，需要时再把它吹燃。有了长期不灭的火种，人们就可以常常吃熟的食物了。

狩猎采集者经常迁徙，需要把火种从一个地方带到另一个地方，途中火熄灭的风险较大。没有火的人群时刻面临着危险，必须尽快重新得到火种。他们要么得从另一个部落偷取火种，要么得找到野火，这都十分不易。

晚上的篝火也是照明的"灯"，延长了人类的活动时间。早期人类围着火堆席地而坐的无数个夜晚，是感情交流的美好时刻，催生了语言、故事和口述历史。

智人发明生火技术应该是近5万年前的事。他们生火的基本方式有两种：一是燧石取火；二是钻木取火。掌握了生火这种先进技术的智人部落昌盛，不会生火的部落则难以生存。

图 18–3 非洲马赛人在演示钻木取火

图片来源：作者摄。

有了生火技术后，人们可以随时随地重新燃起火堆，吃上烤肉，得到温暖和光明。这对智人在寒冷的冰期生存下去而言至关重要，也为人从温暖的地区移居至较寒冷的地区提供了条件。考古研究显示，约3万年前在北京一带活动的山顶洞人，已经掌握了生火技术。

后来人们发明的很多点火工具，仍然采用这两种方式。人们也一直在改善生火材料，让点火变得更容易，成功率更高。比如隋唐时期中国人发明的硫黄火柴，19世纪瑞典人发明的安全火柴，19世纪德国人发明的打火机，以及20世纪发明的汽车火花塞等。

农业革命开始后，刀耕火种成为第一代农耕技术。此时，定居的生活方式越来越普遍，盖房子等需要消耗草木，用柴草烧制陶器等成为经常性的活动，因此柴草能源的消耗量显著增加。这个时期人类的另一项重要活动是驯化动物，有些动物是用来食用的，有些则用来辅助狩猎、农耕和运输，这些动物也都需要消耗柴草能源。

早期的农耕人露天燃烧柴草，烟雾大、效率低，燃烧物产生的能量只有大约5%能被有效利用，其他都耗散了。因此，农耕人一直在提升柴草燃烧所产生热能的利用效率。例如，新石器早期人们把陶坯放在火堆里烧成陶器，火堆温度低，陶器质量不好，柴草消耗量却很大。后来人们发明了封闭的窑，显著提升了烧制温度，陶器质量上升，而柴草消耗量减少。中国的龙窑出现于商代，可以一次烧制很多件陶器，能源利用效率较高。

5 000多年前开始的青铜冶炼和3 000多年前开始的铁冶炼，是柴草能源的新用途，并催生了很多相关发明，比如用来提升柴火温度的风箱。木炭的发明也很重要，它是木材在隔绝空气的条件下经过不完全燃烧留下的深褐色或黑色多孔固体，适合作为居家能源或用来冶炼金属。另外，对烹饪灶台和烟道、烟囱进行综合设计，集烧饭、取暖功能为一体，可以把柴草燃烧后产生能源的利用效率提升到15%~20%。

在青铜时代和铁器时代，农耕效率也提升了很多，一方面是由于大量农耕工具的发明和改进，另一方面是因为畜力的使用变得越来越普遍和高效。牛、马等用作耕种田地和运输的动力，既大大减轻了人的劳动量，也提升了生产力。

进入农耕时代的成熟期后，人们发明了使用可持续能源的机械。例如，公元前1世纪的古希腊人用水力驱动磨石加工谷物，在中国，关于水力机械的最早记载是在公元元年前后的汉代。后来的2 000多年中，水力机械的效率不断提升。风车是一种以风作为能源的动力机械，7世纪在中东地区出现了第一批早期风车，12世纪末欧洲出现了第一批风车。尼德兰等一些多风地区的人倾向于使用风能作为补充能源，现代风力发动机的最大功率可达30千瓦。

对农耕社会而言，水力和风力机械产生的能源只占其社会能源需求量的很小比例，但这些能源比人力和畜力都强大，也为后来的工业化积

图18-4　上图为荷兰18世纪建造的一座抽水用的风车，下图是现代风力发电机

图片来源：作者摄。

累了机械的设计和使用经验。

　　有水资源和柴草能源是古代人安居的必要条件，于是农耕社会呈现出千家万户燃烧柴草，依靠畜力和人力耕种和运输的景象。在人口密集的地区，不仅水草丰茂，天然的交通条件也较好（比如靠近河流和海洋）。能源利用效率高的地方，经济发展较快，人口规模也较大。

　　虽然柴草能源是可再生能源，但其生长速度和地理分布受自然条件的限制，不可能无限制地支持人口规模的增长。如果某一地区的能源消耗量与供给量不匹配，这个社会及相应的文明就会崩溃，这也是历史上很多城市变成废墟的原因。

化石能源时代和工业革命

化石燃料是地球上数亿年累积的资源，由死去的植物等有机物在地下分解而成，储量虽大却有限，是非再生资源，比如煤、石油、天然气等。2 000年前，人类就已经发掘出地表浅层的煤，但原始的采矿技术限制了人们对煤炭的开采和使用量。所以，直到18世纪之后，化石燃料才逐渐成为人类社会的主要能源。

化石燃料的优点十分突出：矿藏集中，燃烧热值高。平均来说，化石燃料的能量密度比柴草高出大约4个数量级。也就是说，1平方千米面积的煤矿产出的煤蕴含的能量，相当于10 000平方千米的土地上的草木产生的能量。

工业时代的最重要的特征之一就是消耗化石燃料。"为什么是英国而不是其他国家率先进入化石能源时代？"则是历史学家们一直在争论的话题。

英国使用化石燃料的转折点可追溯到1603年，这一年英国发生了两件大事。

第一件事是终身未嫁的女王伊丽莎白一世去世，都铎王朝至此终结，苏格兰国王詹姆士六世继承英国王位成为英国詹姆士一世，斯图亚特王朝开始统治英国。接下来的100年是王权与议会、新教与天主教激烈斗争的时期，也是英国从封建社会过渡到资本主义社会的时期。

英国煤炭储量丰富，居民用煤的历史亦较为悠久。但自然煤燃烧后

图18-5　中国明朝出版的《天工开物》
　　　　里的采煤插图

气味难闻，只在缺少柴草的地方，或是用不起木炭的穷人才会用煤，也有少数铁器作坊用煤作为燃料。詹姆士一世成为英王后，开始在王宫中使用煤炭，此举带动了英国社会。

1603年英国发生的第二件大事是焦炭的发明。焦炭由煤高温干馏而获得，其燃烧热值高，也是极好的冶铁燃料。1709年，英国人亚伯拉罕·达比成功地用焦炭冶炼出生铁，焦炭就此成为英国炼铁的主要燃料。

其实，中国人发明焦炭的时间比英国早得多。北宋时期甚至是更早的唐朝，在缺乏柴草而煤炭储量丰富的河北地区，就有人用焦炭做饭、取暖和炼铁了。

市场的强劲需求使得煤炭的开采量越来越大。矿井挖得深了，就会面临排出地下水的问题。当然这也不算什么新问题，人类采挖矿石已有几千年历史了，一直用人力或畜力排水，也在想办法用机械动力排水。18世纪初，英国出现了一项重大技术发明，即托马斯·纽科门发明的蒸汽机，可用于煤矿排水。

1765年，瓦特改良了纽科门蒸汽机。瓦特改良的蒸汽机是一款通用蒸汽机，不仅可以用于矿井抽水，也可广泛地应用于其他行业。从此，蒸汽机逐渐成为工厂生产和交通运输的主要动力，而这也进一步增加了煤炭的使用量，英国就这样率先进入了化石能源时代。

继英国之后，世界多国的一级能源陆续从柴草转换到煤炭。20世纪初，按世界能源消耗总量计算，煤炭成为第一大能源。今天，煤炭是仅次于石油的世界第二大能源，中国是最大的煤炭生产国和消费国。

石油是驱动工业社会的另一种重要的一级能源。石油含量丰富地区的人们很早就用原油做燃料了，而石油成为主要能源和化工原材料是在20世纪。19世纪下半叶发明的一系列技术是石油得以充分利用的基础，例如，1848年英国化学家詹姆斯·杨发现了精炼石油的方法，并开办了世界上第一家炼油厂。1891年，俄国发明家弗拉基米尔·舒霍夫发明了石油裂化工艺。

这些发明使原油可以经炼制加工变成不同性质的产品，比如汽油、柴油、煤油、重油、渣油、润滑油等。这推动了石油的勘探开采，也推动了一系列依赖石油的技术产品的发明，比如汽车、卡车、飞机和拖拉机等。现代运输业从此兴起，古老的农业也开始现代化。

石油能源和相关技术引发了世界财富和权力的重新分配，其中最大的受益者是美国。美国的第一家炼油厂于1850年在宾夕法尼亚州的匹兹堡开张，美国的第一口油井也在宾州，宾州还是煤炭基地和钢铁冶炼重镇。很多美国大亨都在这里发迹，例如钢铁大王安德鲁·卡内基和石油大王约翰·洛克菲勒等。

1870年，洛克菲勒创立了标准石油公司。此前美国的能源结构基本上是柴草能源和煤炭能源一半一半，而后石油能源的占比迅速增加，想尽一切办法垄断美国石油市场的洛克菲勒家族和标准石油公司成为最大赢家。1911年5月，美国最高法院判决标准石油公司为垄断机构。根据这一判决，标准石油公司被拆分为各自独立经营的34家地区性、专业性子公司。今天美国最大的几家石油公司，比如埃克森、美孚等，都是当年标准石油公司拆分后的产物。

1925年前后，石油成为美国的第二大能源，仅次于煤炭。"二战"之后，石油跃升为美国的第一大能源，煤炭降至第二位。20世纪50年代中期，天然气超过煤炭成为美国的第二大能源，煤炭降至第三位。

世界各个地区从草木能源时代进入化石能源时代的步伐不一致。化石燃料率先在欧美等地成为主要能源，之后，其他国家也越来越多地使用化石燃料。在中国，煤炭使用量超过柴草能源是在20世纪70年代中期，改革开放后，中国的化石燃料使用量突飞猛进，现已经成为世界第一大化石燃料消费国。

20世纪初，煤炭成为世界第一大一级能源，标志着整个世界进入化石能源时代。1960年前后，石油成为世界第一大一级能源。现在煤炭、石油和天然气这三种化石燃料，满足了全世界能源总需求的超过80%。

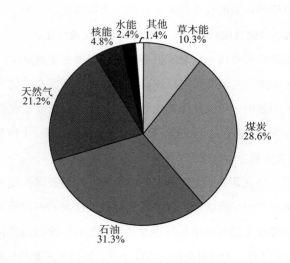

图18-6 2014年各种一级能源的使用比例

数据来源：IEA Key world energy statistics 2016。

万家灯火和电力时代

从直立人首次使用火的那一刻起，火的照明属性就与之如影随形，所以才有"灯火"这种说法。灯的核心价值是让黑夜如白昼，让暗淡的地方变明亮，帮助人类扩展活动的时间和空间，提升工作效率。

专用于照明的灯从火中分化出来，始于"火把"（火炬），大概有几十万年的历史了。它既是移动的光源和火种，也可在洞穴之内用作固定照明工具。很多后来的灯具，比如灯笼、手电筒、矿灯、车灯等，都是在用新技术、新方法来满足对移动光源的古老需求。虽然现在使用火炬照明的人很少，但在一些重大仪式中，火炬仍然有着不可替代的象征意义，比如奥林匹克运动会的火炬接力和点火仪式。

专用于室内照明的灯至少有7万年的历史了。旧石器时代的灯大多是用石碗或贝壳盛点儿动物或植物油，用软草浸泡其中作为灯芯。在法国的一个名为拉斯科的洞窟里，考古学家发现了几百盏石碗灯，还有大约1 000幅精美的壁画，它们都是旧石器时代的史前人类留给我们的宝贵遗产。在人类发明了制陶技术后，陶碗灯是最早制作的物件之一。油灯既可用来照明，也可用作火种，并沿用至今。

蜡烛是用固体油脂或蜡包裹灯芯做成的照明工具。大约在5 000年前，埃及人把芒苇插在牛羊的固态脂肪中点燃，这可以算作蜡烛的雏形。后来人们不断寻找更多的油脂做蜡烛，包括蜂蜡、鲸蜡等。从1 000多年前开始，蜡烛成为一种流行的室内照明方式。

司马迁的《史记》中有这样的记载：2 200多年前的秦始皇陵墓"以水银为百川江河大海，机相灌输……以人鱼膏为烛，度不灭者久之"。有人认为"人鱼膏"即鲸蜡，这种解读并非定论。"人鱼"不一定是鲸鱼，"膏"也未必是蜡，"烛"在古代指火把，后泛指照明工具，所以，秦始皇墓中的照明工具不一定是现代意义上的"蜡烛"。

到了化石能源时代，如何利用新能源去满足人类社会的照明需求成为重要科研领域。1792年，英国发明家威廉·默多克发明了煤气灯。1804年，德国发明家弗里希·温泽第一个获取了煤气灯专利权。1810年，戴维·梅尔维尔第一个获得美国煤气灯专利权。19世纪，美国和欧洲的大多数城市的街道已开始用煤气灯照明。

1846年，加拿大科学家亚伯拉罕·格斯纳发明了从煤炭中炼制出灯用煤油的方法，煤油灯很快问世。煤油灯亮度足、不冒黑烟、防风性好，室内室外都可使用，也可代替火把、灯笼等作为移动光源。19世纪晚期的马车上经常挂着"马灯"，时至今日，仍有人使用煤油灯。

文艺复兴晚期，欧洲的一些城市，比如伦敦、巴黎等，城市规模和人口规模都有了显著增长，这给城市管理带来了压力。特别是晚上，黑暗的街道不仅不方便人们行动，还成了犯罪事件多发之地。于是，一些城市出台政策，鼓励民众在自己家门口挂灯笼，照亮门前的街道。1667年，法国国王路易十四下令用税收收入在巴黎的街道上安装路灯。

煤气灯问世后，成为当时城市照明的最佳选择。1807年，伦敦市首先在一条繁华的商业街道上安设了照明煤气路灯，很受欢迎。之后的几十年里，伦敦、巴黎等欧洲城市的大街小巷逐渐被煤气灯照亮。再后来，也有一些城市用煤油灯做街灯。公共街灯的举措改善了城市人的生活质量，提高了城市的运转效率，也降低了犯罪率。

直接利用一级能源有很多问题，比如能效低、污染大等。用电力作为二级能源是一个伟大发明，对现代能源供应和人类社会结构的影响非同小可。

19世纪上半叶，欧洲物理学家在电和磁有关的实验和理论方面取得了重要进展。丹麦科学家汉斯·奥斯特于1820年发现了电流的磁效应；

法国科学家安德烈·安培于1827年提出了安培定律；1831年英国科学家迈克尔·法拉第发现了电磁感应现象；英国科学家詹姆斯·麦克斯韦于1865年建立了电磁场理论。

19世纪末的美国工程师则是电力体系的主要建造者。大名鼎鼎的发明家爱迪生提出了从一级能源到发电厂，再到电力传输网络和供电设备等电力体系的完整框架，并发明了大量相关产品和技术。尼古拉·特斯拉发明的交流发电机和电动机，既解决了电力传输的效率问题，也解决了终端设备（比如生产机器、家庭电动工具等）把电能转为机械能的问题。

照亮千家万户的电灯是爱迪生最重要的发明之一。在电能使用早期，照明用电的占比很大。随着工业化的深入，电能的应用越来越多，照明在其中的比重逐渐下降。比如，今天仍处于工业化早期的坦桑尼亚，其大约85%的发电量都用于家庭、工厂、城市和政府的照明，而在工业化十分成熟的美国，仅有约7%的发电量用于照明。

很多人都不约而同地想到用新的电力技术满足古老的照明需求的做法。当爱迪生团队在实验室中研发白炽灯泡的时候，耗电量大、光线刺眼的弧光灯已经被发明出来了，而且欧美有很多发明家都在研究电灯。而爱迪生的过人之处，就在于在激烈的竞争中以最优的设计胜出。

爱迪生发明的白炽灯泡的基本设计是：在真空的玻璃罩里放一根电阻较高的细碳丝，碳丝通电后变热发光。但碳丝寿命太短，早期只有几十个小时。1909年，美国工程师威廉·库利奇用钨丝替代碳丝，白炽灯才成为真正有市场价值的照明工具。

过去100多年里，照明领域的发明多如牛毛，基本沿着以下4条主线进行：一是增加灯光的亮度，比如卤素灯、微波硫灯；二是增加光源的种类，颜色更多，适用于不同的场景，比如信号灯、霓虹灯、闪光灯等；三是在增加亮度的同时减少能源消耗，比如荧光灯、LED（发光二极管）

灯；四是增加灯光系统的智能程度，比如智能灯……在各种照明设施的装点之下，地球成了一个五光十色的美丽世界。

与此同时，发电设备也一直在进步。最重要的里程碑之一是1884年英国发明家查尔斯·阿尔杰农·帕森斯发明的蒸汽涡轮机，1888年它被用于驱动发电机。1878年，英国首次设计出了水电站的方案。1881年，美国第一座水力发电站开始发电，既无污染又可持续的水力资源成为能源结构中的重要组成部分。

"二战"后，另一种迅速发展的能源是核能，即通过核裂变反应产生的能量来发电，这是研发原子弹的科学家带给世界的一件副产品。自从1948年世界上第一座可发电的核反应堆在美国田纳西州橡树岭开始运行以来，核能发电量增长较快。到20世纪60年代中期，美国的核能使用量超过了日益下降的柴草能源。目前，全世界核能发电站提供的能量占总能源消耗的比例为4.8%。核裂变反应产生的能量密度很大，是优质的一级发电能源。但铀等元素在地球上的储量有限，核电站还有放射性污染的巨大风险。

现在，人类社会消耗总能量的20%是由多种一级能源转化而来的电能供应的。尽管电网传输存在能量损耗（现代电网的平均能量损耗约为12%），但电能由于其巨大的方便性而得到了迅速普及。

电力能源系统的建立和普及，是最近100多年来城市规模扩大、人口密度迅速增加的重要条件。进入20世纪后，城市街道的照明设施从煤气灯换成了电灯，市民取暖做饭也从用煤转换为用电和天然气，安装了电力照明系统、空调和电梯的摩天大厦一座座拔地而起、鳞次栉比。与此同时，能源成本大幅下降，人们能够使用更多的能源，过着方便的生活。

走向可持续清洁能源时代

在利用化石燃料的几百年里，人类社会发生了翻天覆地的变化。世界人口从1700年的约6亿增长到2017年的75亿，世界人均GDP增加了十几倍，城市可承载的最大人口规模从农耕时代的约100万人增加到今天的约3 000万人。林林总总的产品，夜如白昼的城市，快速运行的车辆、船只、飞机等，无不以化石燃料为支撑。

这种生活方式和发展模式可持续吗？这个问题困扰着很多学者和专家。

基于地球上资源有限的思考和历史数据，美国地球物理学家金·哈伯特于1949年提出了矿物资源的钟形曲线规律。他认为，地球上的石油产量在某个时间会达到峰值，之后会不可避免地下降，直到耗尽。1956年哈伯特大胆预测美国石油产量将在1967—1971年达到峰值，之后美国的石油必须依靠进口才能满足需求，历史证明他的预测是正确的。

1973年10月，第一次石油危机爆发，这让生活在化石能源时代的人们产生了强烈的危机感。1972年，环保组织先驱、全球智囊组织罗马俱乐部发表研究报告《增长的极限》，预言经济增长不可能无限地持续下去，因为石油等自然资源的供给是有限的。

这两个预测的影响力都很大，也引发了全球范围的大辩论。然而，当时对化石燃料储量的估计不太准确，模型也不够精确，需要做出调整。几十年来，不少科学家一直在更新相关数据，改进后的哈伯特钟形曲线预测世界化石燃料产量的峰值会在最近几年出现，这也是罗马俱乐部预测的资本主义繁荣期的顶点。

众所周知，化石燃料的利用会污染空气、水和土地，核能发电可能造成辐射污染，而人类对这些污染的承受力是有限的。全球变暖是近年人很多人担忧的问题：碳排放量与地球平均温度升高有什么关系？全球变暖会不会导致地球生态环境发生巨变？这些会给人类的生存带来什么风险？

可以肯定的是，地球上的化石资源都是有限的。虽然我们并不知道地球上化石燃料的准确储量，这些数据每年都会因为发现新资源而被修正，但它们总有一天会被耗尽，这毫无疑问。人们争论的不过是化石燃料的储量到底有多少，以及什么时候用完。

当化石燃料耗尽时，人类的生活方式将发生极大的变化。因此，节约使用化石燃料，延长化石能源时代的时间，并为有限的化石燃料竭尽的那一天做好准备，这些是极其必要的。因此，节能减排并寻找可持续清洁能源成了人类重大的科技、经济和政治目标。

目前已知的可持续能源有：柴草能、风能、水能、太阳能、地热能等。让我们来看看它们各有什么优劣势，相关技术的缺口在哪里。

表18-1 三个能源时代的技术特征

能源时代	能源	动力源	最高效的移动与运输方式
草木能源时代	原始社会：不能控制火	人	步行
	狩猎采集社会：柴草	人	步行、船筏
	早期农耕社会：柴草	人、牲畜	牲口拉车、舟船
	成熟农耕社会：柴草、水、风	人、牲畜为主，少量水力和风力	骑马、马车、帆船
化石能源时代	早期：煤炭、柴草、水、风	人、牲畜、蒸汽机，少量水力和风力	蒸汽火车、蒸汽船、马车
	成熟期：煤、气、油、柴草、水、核能、电	蒸汽涡轮机、内燃机、柴油机、电动机	高铁、飞机、汽车、油动力船
清洁能源时代	太阳、柴草、水、风、地热、电 缺口：高密度能源	光伏，水力、风力、地热等发电机，电池 缺口：高功率发电厂，高密度储能技术和移动动力源，分散而高效的直接耗能工具	高铁、电动车、电动船 缺口：由于移动能量密度不够高，远距离空运、海运难以为继

现在，柴草能源仍占总耗能量的10%，它是只要有阳光和水就可以再生的能源，未来也会起到重要作用。但由于柴草能源密度低，生长、收集、运输的成本都比较高，难以满足发电厂的需求，只能作为局部能源。

无论是水能还是风能，由于受地理条件限制，基本只能用来发电，难以直接使用。最近几十年，水能发电量持续上升，目前在各种一级能源中位列第二，占比超过16%。但有的季节河流会干枯，不能提供稳定的电能。而且，建造大量水坝带来的环境和生态问题也令很多人担忧。另外，能够建坝发电的河流越来越少，无法填补未来化石燃料耗尽后的巨大能源空白。

风能发电量现在的占比约为2%。但风能也有多种弱点，比如不稳定、能量密度小、地理位置分散等，所以未来也不可能承担大比例的能源供应量。

地热发电是利用地下热水和蒸汽为动力源的一种新型发电技术。从理论上说，地下蕴藏的热能规模巨大，可以供人类使用很长时间。1904年意大利建造了世界上第一座小型地热电站，地热发电至今已有100多年的历史了。国际能源专家认为，环保的地热发电在未来有可观的发展前景。

太阳能是被很多人看好的可持续清洁能源之一。早在1839年，法国物理学家亚历山大·贝克勒尔就发现了光电效应，之后赫兹等人相继研究了将光转化为电的原理，并发明了相关材料和技术。最早的硒光电池是1883年由美国人查尔斯·弗里茨制造出来的，当时转换效率只有1%；第一座1兆瓦的光伏电站于1982年在美国加利福尼亚州建成。最近几十年来，太阳能技术进步较快，太阳能电池的转换效率已经达到34.5%，光伏电站的功率达到1 000兆瓦。不过，目前太阳能占世界一级能源消耗量的比例仍然很小。

从理论上说，太阳光足以支持现在乃至未来人类的能源消耗。但太阳光分散、能量密度小，并随着昼夜和阴晴变化而变化。把分散且不稳定的阳光收集起来，无论是发电还是局部使用，都需要很大的占地面积和很高的成本，面临的技术难题也很多。另外，地球上赤道附近的地方光照多，而高纬度地区光照少，光照多的地区与水资源丰富的地区往往并不重合。把光照多的地区生产的电能长距离输往其他地方，不仅电能损耗大，还需要投入巨额资金重建发电和输电体系，也涉及多国利益分配等复杂的问题。

化石燃料的能量密度比上述可持续能源至少高出两个数量级，且储量较为集中，开采和运输成本低，既可用于发电，也可直接驱动运输工具。目前，绝大部分运输工具都是化石燃料直接驱动的，比如飞机、船、汽车、卡车、农用机械等；一小部分运输工具，比如高铁、地铁等，则用电驱动。

电池是填补电能系统和运输工具之间缝隙的关键技术之一。在电磁学成熟之前，人们就发明了电池。意大利物理学家亚历山德罗·伏打不仅是电学先驱，还于1800年发明了一个电池组——伏打电堆。1860年，法国人乔治·雷克兰士发明了锌锰电池。1887年，英国人赫勒森发明了最早的干电池。1890年，爱迪生发明了可充电的铁镍电池。

20世纪70年代，美国化学家斯坦利·惠廷厄姆在埃克森公司工作期间率先发明了锂离子电池。经过多年改进和优化，商业化的可充电锂离子电池于20世纪90年代初在日本推出。锂离子电池电动汽车目前最长的续航里程不超过500千米，这对通勤人群来说已经足够，但对长途运输的需求来说还是远远不够。

因此，当人类社会从化石能源时代进入可持续清洁能源时代时，将面临以下重大技术缺口：

一是高密度一级能源。目前市场上的可持续能源的能量密度都较低。科学家们正在研究的可控核聚变技术（俗称人造太阳），是一种可能的弥补技术。这项技术与氢弹爆炸的原理类似，与太阳发光的原理也相似，即两个较轻的原子核聚合为一个较重的原子核并释放出能量的过程。目前常用的核聚变原料是氢的同位素氘和氚，反应产物是没有放射性污染的氦。

可控核聚变发电站与现有的核电站相比，发电功率会更大，而且没有放射性污染，是理想的高密度能源。只可惜相关技术并未成熟，什么时候能够真正投入使用，还很难说。

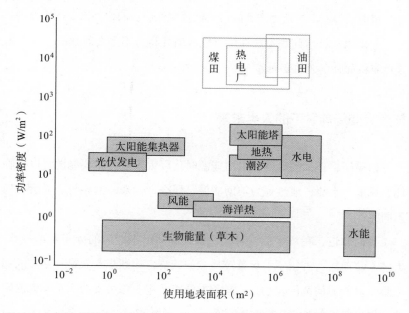

图18–7　各种能源的功率密度与所需的占地面积。灰底框代表可持续能源，白底框代表化石能源

数据来源：Vaclav Smil. *Energy Transitions: History, Requirements, Prospects*. 2010。

　　二是高密度储能技术。由于各种可持续清洁能源的间歇性和不稳定性，加上分布极不平衡的问题，高密度的储能技术不可或缺。这一方面可以保证能量供应的稳定性，另一方面可以把储备的能源方便经济地运输到其他地方。

　　三是高密度移动动力源。目前的电池技术能量密度小，只能支持小型车船的短途移动，难以支持飞机、海运船等长途而高载重的运输载体。氢燃料电池技术已经取得初步成功，小型的核聚变发动机也是努力方向之一，然而，这些技术什么时候能够才能臻至成熟，仍是未知数。

　　四是直接使用新能源的高效设备。一些设备可直接由一级能源驱动，比如太阳能热水器、太阳能路灯等，可分散利用能源，为家庭和公众服务。目前已经有不少这类产品问世，但效率低、折旧快，需要尽快改进。

　　如果以上技术问题不能在化石能源消耗得差不多之前解决，那么未来世界将面临巨大的变局。

能源大变局前景下的人类未来

　　如果即将到来的可持续清洁能源时代以太阳能为主要能源，以生物能、风能、水能、地热等为辅助能源，那么，未来的世界与今天会有何不同呢？

　　我们知道，在草木能源时代，水资源和草木能源的分布基本一致。人随水草而居，占领了水草繁茂地盘的族群，逐渐步入农耕社会。人们采集草木能源的范围较小，一般是方圆十几里，这可支持一个不大的聚落。如果聚落变大，人群就得分开。

　　燃烧热值较高的木炭发明后，由于它具备可长途运输的优势，因此可支持较大规模的城市运转，这是成熟农耕社会形成较大人口规模（几十万乃至百万人）城市的重要条件之一。

人类社会进入化石能源时代后，人口分布有了相应的变化。由于化石燃料的能量密度更大、燃烧热值更高，而且可以便利地进行长途运输，因此，人们通过建设和布局新的基础设施，便可维持草木能源时代的人口和城市分布。

当然，这个时期也产生了一些以化石能源为核心的新兴城市，比如美国匹兹堡。

人类进入清洁能源时代后，如果上述技术缺口未能及时填补，人类社会将会出现巨大变化，能源体系、人口分布、运输网络和经济趋势也将随之变化。

能源体系变化。化石燃料的密度较高，因此现在的普遍做法是先把煤炭、石油等从原产地运输到特定地点（炼油厂、炼焦厂等）集中进行精加工，然后进入一个庞大的供给网络（煤炭运输系统、加油站、煤气管道等），最后到达最终用户（电厂、工厂、家庭）。可持续清洁能源的开采、加工和传输方式将与之显著不同。

由于所有可持续能源的能量密度都比化石燃料小几个数量级，因此需要更大的占地面积来生产等量的能源。这样一来，目前化石燃料支撑的超大型发电站将会逐渐消失，而代之以分散的小型发电厂，它们必须坐落在能够提供一级能源的地方附近，再以电网传输或电池储能等方式把这些二级能源产品供给世界各地的终端用户。目前电网的平均传输损耗是12%，再加上电网投资和维护成本，这比运输化石燃料的成本高出不少。

人口分布变化。人口分布受制于能源成本和分布。现代的高能耗、摩天大楼林立的大城市，必须依靠高能源密度的发电厂发电、供电。而可持续清洁能源密度低且不稳定，难以支持大城市的运行，所以未来城市的人口密度将减小。化石燃料耗尽后，少量大城市可由核电支撑，但其他很多城市必须减小规模。

在中国，胡焕庸线以东地区水资源充足，农耕发达，人口密集。在工业时代，中国东南地区依靠远道输送的化石能源和核电站，获得了持续发展。而中国西北地区一直缺水，人口不多。进入可持续清洁能源时代之后，西北的沙漠和草原等人口稀少之地，太阳能充足，可以获得一定的能源优势。那些耗能多、耗水少的设施，例如计算机网络中心等，可尽量布局在西北地区。

中国东南地区人口密集，人口规模数百万甚至超千万的大城市不在少数，而可持续清洁能源时代的分散式能源体系难以继续支撑这种大城市的运行，因此大城市的数量和规模都将减少。

运输业变化。进入清洁能源时代后，运输业也将发生显著的变化。就短途交通而言，电动车等将取代汽油车，充电系统将取代加油站，自动驾驶技术会减少上路车辆的数目。当然，锂等原材料也是有限资源，人类需要早做准备。

就长途运输而言，像高铁这样的电力驱动体系在可持续清洁能源时代变得更加重要和普及。在沿途地理条件合适的地方，必须设立很多太阳能、风能发电站，以及时补充电能。如果没有革命性的便携高密度能源技术出现（例如小型核聚变发动机、超高能量密度电池等），长途船运和空运交通体系可能会显著萎缩，部分沿海港口城市也将衰落。

经济变化。在过去几百年里，经济迅速增长是化石燃料驱动的结果。最近几十年开发的节能技术有效地提升了单位能耗的GDP产出，使一些国家在能耗减少或保持不变的情况下，经济保持上升势头，这些节能技术将继续造福人类。然而，可持续清洁能源的成本比现在的化石燃料高出不少，这将造成生产、物流、出行、照明等各方面的成本全面上升。

能耗较高的新科技，比如人工智能、机器人等，也会由于能源的限制而遇到发展的"天花板"。

地表面积利用率的变化。海洋占据了地球71%的表面积，其余29%则是陆地。如果将来海运和空运都大幅减少，人们将主要依靠电力驱动的陆地运输体系，那么陆地上的运输网络将变得非常密集。再加上分散太阳能发电厂、地热发电厂、风能发电厂、水力发电站形成的更密集的电力网，以及分散的人居分布，地球无疑会变得非常拥挤。而且，这会挤占耕地、森林和草原的面积。所以，如何在清洁能源时代更好地利用海洋和空中的资源，是人类接下来重要的创新方向。

无论人类是否愿意，这场正在到来的一级能源的更替是大势所趋，人类别无选择。而且，完成这场转变的经济成本和社会成本都将十分巨大。人类所能做的，就是尽快提升化石燃料的利用效率，从而拉长这场能源更替的过渡期，减小其对社会造成的冲击。与此同时，人类还必须尽快开发和提升新能源使用技术，特别是像核聚变这样的高密度能源技术和储能技术，让进入清洁能源时代的人类社会未来仍有高密度能源的支撑，不会变得过分拥挤。

要产生一项重大技术发明，仅靠天才的灵光一闪是远远不够的。悠久的历史、合适的社会和自然条件，都或隐或显地在发挥作用。中国人没有发明蒸汽机，一部分原因可能是中国水资源丰富地区的人们吃米饭，而不像欧洲人那样以面粉为主食。另外，创新者与异类是一枚硬币的两面。发展出创新技术的人，多少都要有一些叛逆精神。

第19章　动力飞跃：叛逆者的礼物

历史的进程是必然的还是偶然的？历史学家孜孜不倦地寻找其规律和模式，而小说家则偏好从偶然事件中发现精彩。历史有规律性，也有偶然性。近代社会最伟大的事件之一是18世纪的工业革命，历史学家常把瓦特蒸汽机的发明看成是工业革命开始的标志，这并非信口开河。

把草木、煤炭、石油等一级能源转化为动力，需要一种载体。在蒸汽机发明前的漫长岁月里，这种转化载体就是人和牲畜，他们消耗柴草能源，并将其转化为力气。人的力量有限，最强壮的大力士的输出功率也不超过200瓦。牲畜中力量最强的是马，也不超过1 000瓦。农耕时代，人类还发明了功率较大的风力机械和水力机械，但它们受到自然环境的制约，应用范围有限。

蒸汽机的发明，开启了以化石燃料为主的工业时代。由化石燃料驱动的机械应用范围广，动力的提升空间大。蒸汽机的功率从最初的3.7千瓦提升至1万千瓦，并引发了内燃机、柴油机、蒸汽涡轮机等一系列动力机器的发明，这些动力机器成为普遍的能量转换载体，驱动陆地上的汽车、海洋中的船只和空中的飞机，还为电力等二级能源体系输入一级能源。

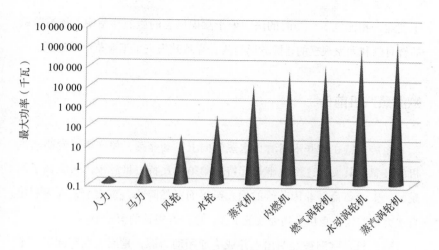

图 19–1　各种动力的功率比较

数据来源：Vaclav Smil. Energy Transitions: History, Requirements, Prospects。

工业革命开始于英国而不是其他国家或地区，这让很多错失工业革命先机的国家反复思考其中的原因。本章着重讨论两个问题：为什么是英国而不是法国率先开始了工业革命？为什么是在欧洲而不是在中国？

事实上，蒸汽机的发明并非灵光一闪，而是一个漫长的演化过程。欧洲人从古希腊时期就开始研究蒸汽动力了，其他地区的人虽然也注意到了蒸汽的力量，但坚持不懈进行探索的唯有欧洲人。

另外，某种新技术或某台新机器能够在一个地区掀起一场革命，在另一个地方则未必。蒸汽机之所以能在欧洲启动工业革命，主要是因为当地对通用动力的需求由来已久。蒸汽机诞生后很快就成为通用动力源，应用于很多方面，这与欧洲的文化传统和社会结构有很大关系，这些都是长期因素。

而英国之所以能在与其他欧洲国家的竞争中脱颖而出，则主要是政治因素使然，这是相对短期的因素。英国政治环境宽松，经济环境有利于创业。相比之下，当时的法国处于意识形态的激烈斗争中，统治阶级的暂时胜利和大规模的排除异己行为，导致其失去了工业革命的先机。

欧洲蒸汽机前传

相传瓦特在烧开水时看见水蒸气向上推动壶盖，便产生了发明蒸汽机的灵感。其实，这个故事是瓦特的弟弟在瓦特去世后编出来哄孩子们玩的。工业革命并非因英雄的偶发灵感而突然降临，事实上，人类利用自然力量取代自身从事高强度的工作，已经有很长的历史了。

蒸汽机在欧洲被发明出来并成为通用动力源，是因为在欧洲历史上一直存在的三条平行的技术发展线，终于在18世纪结合在了一起。这三条技术发展线是：利用蒸汽、制造机器和使用煤炭。

对动不动就从古希腊、古罗马时代寻找现代欧洲科技成就源泉的做法，一些人可能不以为然。然而，希腊和罗马时代对后世欧洲的影响的确非常大。另外，科技史呈现出了这样一种规律：好的技术有强大的生命力，一旦被发明出来，就会在人类社会不断地寻找新宿主而得以传承，寿命极长。这正是科技进步的奥秘之一。因此，我们的故事还是得从希腊和罗马时代讲起。

约2 000年前，古罗马发明家希罗发明了汽转球，这是有文献记载的第一部使用蒸汽动力的机器。

如图19-2所示，汽转球主要是由一个空心球和一个装有水的容器构成的，两根空心管把它们连接在一起。当水加热沸腾后，水蒸气从管子进入球，之后水蒸气从球两旁的气孔里喷出，让球转动起来。

这个装置符合最基本的火箭原理和涡轮机原理，实现了热能和机械能的转换，但在当时没有产生实用价值。希罗也发明了风轮，这是最早

利用风能的设备之一。此外，他还发明了
水力管风琴等。希罗的发明反映出 2 000 年
前人类就已经在探索能源和动力机械之间
的关系，并寻求可行方案了。

　　中世纪的欧洲，一切进展缓慢，有关
科技成就的记载寥寥无几，希腊和罗马时
期的科技成就要么遗失，要么被人们遗忘。
文艺复兴之后，人们对技术创新的兴趣才
开始慢慢复苏。

图 19-2　希罗发明的汽转球

图片来源：公有领域。

　　在与蒸汽机有关的发明方面，16 世纪
之后涌现出一系列成就。比如，1606 年，
西班牙矿工杰罗尼莫·德·阿扬兹发明了一台用于矿井抽水的蒸汽抽水
机。1663 年英国发明家爱德华·萨默塞特提出了蒸汽泵的设计方案。1698
年，英国工程师托马斯·萨弗里基于萨默塞特的设计方案，发明了一台被
命名为"矿工之友"的蒸汽抽水机……但这些发明要么仅停留在设计方
案阶段，要么实用性很差。

　　欧洲机械的发明和应用是第二条重要的技术发展线，其中特别值得关
注的是水力机械。蒸汽机发明前欧洲的主要动力是人力和畜力，也有少量
水力和风力设备。以面粉为主食的欧洲人，需要把麦粒磨成面粉，这个过
程实在是太费劲了。所以，欧洲人很早就用牲畜拉磨，也尽量让它们干些
榨油、酿酒的活儿。这些饮食习惯和技术工具来自古老文明的发源地中
东地区。

　　约公元前 250 年，拜占庭帝国的费隆在他的《机械原理手册》中记录
了一种用平行水车驱动磨坊的装置。公元前 1 世纪，罗马工程师维特鲁威
在他的《建筑十书》中记录了一种用垂直水车驱动磨坊的装置。垂直水

车比平行水车效率高，后来欧洲采用的水车大多是垂直水车。

据推测，罗马帝国前前后后总计安装了两三万台水动装置，大都在罗马城周边和今法国南部的一些地方，主要用于磨面、榨油和提水。但水提供的动力比例仍然很小，不到总需求的1%。这是因为当时安装一部水力机械难度不小，投资也不少，还需要有合适的水源。

欧洲中世纪是信仰时代，教堂承载着人们对上帝的信奉，遍布欧洲大陆和英伦岛屿。与此同时，教堂成为安装和使用水力机械的主要机构，一方面供教堂内部使用，一方面供周边民众使用。

图19-3　意大利小镇松奇诺建于10世纪的城堡和配套的水力磨坊

图片来源：张立军女士拍摄并提供。

中世纪对水力的需求还来自欧洲的贵族，贵族的水力机械除了自用，也向周边民众提供收费服务。

中世纪晚期，有生意头脑的创业者扩展了水力技术的应用，使之成为生产工具，提高自己作坊或矿山的效率，也会向同行出售。他们还对水力机械进行改进，使之应用于更多领域，比如皮革软化、矿石运输和粉碎、榨油、造纸、纺织等。

在这些需求和创造力的推动下，到17—18世纪，欧洲遍布水力机械。

第三条重要的技术发展线是煤炭的利用。一些煤炭矿藏位于浅层甚至暴露于地表，所以人类很早就用天然煤炭作为燃料。16世纪，由于欧洲人口增长较快，加上工业的能源需求增长，传统的柴草能源已经不够用了，价格大幅上升。于是，便宜的煤炭使用量迅速增加，人们不得不挖掘地下更深处的煤炭，矿井抽水问题亟待解决。这种从柴草能源转向煤炭能源的趋势，在煤炭储量丰富的英国尤其明显。

图19-4　1556年出版的《矿冶全书》，它的作者是德国科学家格奥尔吉乌斯·阿格里科拉。书中有多幅插图显示当时人们用垂直水车来运输和粉碎矿物，这是其中一张

但是，煤炭燃烧时的烟和气味都很大，污染严重，人们开始研究如何消除煤烟和呛人的气味。1603年，英国人发明了一种方法，把煤通过干馏炼成焦炭。焦炭的燃烧热值较高，并且去除了大多数导致冒烟和异味的成分，是优质能源。炼焦产生的副产品——煤焦油，后来也成为宝贵的化工原料。

接下来，英国人发明了多种使用焦炭的方法，比如，英国人亚伯拉罕·达比成功地用焦炭冶炼出生铁，焦炭从此成为英国炼铁的主要燃料。

煤炭的工业应用进一步推高了市场需求，英国人不得不疯狂开采煤炭以满足不断增长的需求。然而，矿井越深，就越需要抽水。此时在欧洲，发明蒸汽机的市场需求和基本技术条件都已具备，只等创新者登场了。

排除异己的法国与招降纳叛的英国

当人类社会进入18世纪，工业革命的曙光出现。我们知道是英国启动并领导了这场工业革命，但仍有国家对此心有不甘，其中最具代表性的要数与英国只隔着英吉利海峡，并且统治过英国这片土地的法国了。

的确，工业革命前的法国在哪个方面看似都不比英国逊色。17世纪，英国和法国取代西班牙和葡萄牙，成为新的全球霸主，殖民地的财富源源不断地流入伦敦和巴黎。在科学领域，英国有牛顿、玻意耳等巨匠，法国也有笛卡儿、帕斯卡等大师。

对"为什么历史上没有发生某个事件"这类问题，历史学家大多不屑一顾，而小说家则有更大的发挥空间。如果以更具想象力的视角看16世纪宗教改革在法国和英国的情景，或许可以发现一些有意思的细节。

那时胡格诺派是法国的一个主要的新教派别，他们与占统治地位的天主教发生了激烈冲突。在政治上，胡格诺派反对国王专政，因此受到王权和天主教的双重排斥。在天主教眼中，这群新教徒就是一群离经叛道的异类。于是，16世纪的法国一共发生了8次宗教战争。

1598年，法国国王亨利四世颁布南特敕令，赐予胡格诺派宗教信仰自由和政治自由。然而好景不长，路易十四亲政后，于1685年宣布废除南特敕令，胡格诺派再次成为非法教派。数十万胡格诺教徒只好逃离法国。

17世纪末18世纪初，路易十四终于如愿以偿，法国成为一个君主专制的中央集权国家。同时，在与周边国家的几次战争中，法国均取得了胜利，成为当时欧洲军事力量最强大的国家。然而，王权的过分专制和贵族的过分压榨埋下了法国大革命的导火索。1789 年 7 月，法国大革命爆发。巴黎的工人、手工业者、城市贫民涌上街头，夺取武器，最终攻占了巴士底狱。路易十六于 1793 年被革命者处死，波旁王朝的君主专制被推翻。

17 世纪末被从法国驱逐的胡格诺教徒中有很多知识分子和技术人才，其中一位是科学家和发明家丹尼斯·帕潘。他从 1671 年开始研究蒸汽动力，1673 年与著名科学家克里斯蒂安·惠更斯和戈特弗里德·莱布尼茨在巴黎共事期间，曾经反复讨论蒸汽动力的工作原理。

1679 年，帕潘发明了一款蒸汽压力锅。之后，他流亡德国，于 1690 年发明了对蒸汽机至关重要的一个部件——活塞，并设计出活塞蒸汽机。

1707 年，帕潘又来到了英国伦敦。喜爱科技的英国人读了帕潘关于蒸汽机的原理和设计的论文，未经他本人同意就在英国皇家学会发表了文章。此时身处异国他乡又年老多病的帕潘虽然生气，但已无力制造蒸汽机，于 1712 年在伦敦病逝。他的有关蒸汽机的研究成果就这样成了法国人送给英国的一份大礼。

17 世纪初的英国，煤成为人们的日常生活燃料和炼铁的主要燃料，需求量巨大。随着煤矿的开采深度不断增加，矿井抽水问题变得越来越急迫，人工抽水和畜力抽水都无法很好地解决这个问题，矿井抽水成为蒸汽机的刚需市场。

托马斯·纽科门出生于英国达特茅斯的一个商人家庭，仅受过初等教育，早年做过锻工，后与人合伙经营铁器，共同研制蒸汽机。

基于英国发明家托马斯·萨弗里和法国发明家丹尼斯·帕潘的设计，纽科门于 1705 年取得"冷凝进入活塞下部的空气，把活塞与横梁连接以产生可变运动"的专利权。1712 年，纽科门推出了一款可用于矿井抽水的大

图19–5　现存于英国格拉斯
　　　　哥大学博物馆的纽
　　　　科门蒸汽机的复
　　　　制品

图片来源：作者摄。

气式蒸汽机。

虽然这台机器仍存在诸多缺陷，但它的确是世界上第一台实用的蒸汽机。纽科门蒸汽机的发明，使煤矿开采得以进入地下更深层。纽科门蒸汽机在欧洲的很多矿场使用了半个多世纪，直到瓦特的改进版蒸汽机问世。

詹姆斯·瓦特出生于英国格拉斯哥附近的港口小镇，他的父亲是造船工人，并拥有自己的造船作坊。瓦特17岁时母亲去世，父亲的生意又不好，无力供瓦特上大学，瓦特便前往伦敦一家仪表修理厂开始做学徒。1757年，格拉斯哥大学给了瓦特一个机会，允许他在大学里开设一间修理店，帮助实验室修理仪器。

1762年，在约翰·罗宾逊的启发下，瓦特开始了对蒸汽机的实验。他对蒸汽机的实质性研究则始于1763年为格拉斯哥大学修理一台坏了的纽科门蒸汽机。

在修理纽科门蒸汽机的过程中，瓦特彻底了解了它的结构和原理，并认识到这种蒸汽机存在诸多弊端，大量的热能在做功过程中被浪费了。如果加以改进，蒸汽机就可能被应用到更多领域，瓦特因此萌发出改进蒸汽机的想法。

然而，新技术、新产品的发明和改善需要较长的过程，设计和试验新机器也需要很多资金投入，这对瓦特来说难以承受。瓦特得到的第一笔"天使投资"来自约翰·罗巴克，他是一位煤矿主。

在罗巴克的资助下，瓦特从多个方面对纽科门蒸汽机进行了改进，极大地提高了蒸汽机的效率。1769年，瓦特设计并制造出带有分离冷凝器的蒸汽机，从而获得了他的第一个蒸汽机专利。遗憾的是，罗巴克中途破产，没能与瓦特携手完成蒸汽机走向市场的事业。

瓦特的第二位"天使投资人"是企业家马修·博尔顿。当瓦特于1769年获得冷凝式蒸汽机专利的时候，博尔顿以企业家的远见和精明，立刻认识到这个产品不仅适用于自己的工厂，还可以卖给他人获取巨额财富。于是，在罗巴克经济困难之时，博尔顿接力成为瓦特的"天使投资人"。

为了集中精力开发蒸汽机，瓦特搬去了博尔顿所在的伯明翰市。经过几年的改进和完善，瓦特蒸汽机的效率显著优于纽科门蒸汽机，并于1776年开始应用于矿山抽水。从1781年开始，瓦特蒸汽机作为一种通用动力源被应用于越来越多的领域。

瓦特版蒸汽机的发明，激励了很多工程技术人员和科学家朝着改进动力机器的方向努力。1884年，英国发明家帕森斯发明了蒸汽涡轮机，该设备可使用煤炭、石油、核能等多种一级能源来发电，是现代发电机的主力。

图 19-6　19世纪初瓦特和博尔顿制造的蒸汽机，现收藏于爱丁堡苏格兰国家博物馆

图片来源：作者摄。

热力学是现代科学的一个非常重要的领域，其中的很多重要发现都是工程师做出的。比如，卡诺定理是由提升蒸汽机做功效率的法国工程师尼古拉·卡诺提出的。1824年，他出版了《论火的动力》一书，其中的"火"指的就是"热"。卡诺在这本书中阐明了限制蒸汽机效率的问题，并提出了卡诺定理。英国科学家开尔文在热力学第二定律建立后重新审视了卡诺定理，并意识到卡诺定理其实是热力学第二定律得出的推论。所以，卡诺被视为热力学奠基人之一。

由此可见，历史学家把瓦特蒸汽机的问世当成工业革命的起点是合情合理的。当然，人们也没有忘记，瓦特蒸汽机最后能够取得成功，离不开企业家的远见卓识和承担风险的勇气。因此，瓦特和博尔顿的头像同时被印在今天的英镑纸币上，时时提醒现代英国人，不要忘记工业革命时期发明家和企业家携手创新的历史。

中国为什么没有发生动力革命

由于工业革命引发的巨大社会变革，几乎每一个有辉煌历史的社会或国家都会自问："为什么我们没有启动工业革命？"对中国而言，这个问题最著名的表达就是"李约瑟之问"：尽管古代中国对人类科技发展做出了很多重要贡献，但为什么科学和工业革命没有在近代中国发生？

到今天，"李约瑟之问"产生了很多变种。有人认为宋朝的手工业技术水平与工业革命前的英国不相上下，并感叹宋朝已经到了工业革命的边缘，却擦肩而过。有人慨叹明朝的郑和海队比同期的欧洲船队更壮观，但既没有开拓殖民地，也没有启动工业革命。还有人觉得清朝初期长三角地区的经济繁荣程度比工业革命前的英国有过之而无不及。由此可见，有关中国与欧洲的大分流何时发生，以及为什么发生，存在多种多样的解释。

前文从欧洲人利用蒸汽、制造机械和利用煤炭的历史，推导出这三条技术发展主线的交叉成为蒸汽机发明的契机，也阐述了为什么是英国而不是法国率先启动了工业革命。遵循同样的逻辑，让我们再来回顾一下中国的相关历史。

如果仔细找寻中国历史上与蒸汽利用有关的发明，最早可追溯到殷商时期妇好墓中出土的一件青铜汽柱甑形器。它是一款用来蒸煮食物的器具，与今天的汽锅原理类似。这表明3 000多年前的中国人已经在探索如何利用蒸汽，蒸煮食物是我们的先人找到的最佳应用方式之一。但是，这与欧洲发明的用于提升效率的蒸汽机没有共同之处，走的是两条完全不同的技术创新之路。

图19–7 殷商时期妇好墓中出土的青铜汽柱甑形器

图片来源：作者摄于北京首都博物馆。

中国的煤炭储量十分丰富，人们用煤做燃料的历史相当悠久。焦炭在宋朝已经出现了，比欧洲人早了几百年。当时华北富煤区已在用焦炭炼铁，但其他地方很少使用焦炭。清朝中晚期才后，煤的使用和煤矿开采越来越普遍。到20世纪70年代中期，煤炭成为中国消费的一级能源中比例最大的一种。

从水力的利用来说，古代中国与欧洲类似，也以分担人力为主，以分担畜力为辅。东汉初有文献记载了帮助人们分担繁重劳动的水力装置。成书于元代（约1300年）的《王祯农书》收录了一些古代用水作为动力的机械，例如，由脚踩杵臼发展而来的"水碓"在东汉或魏晋时期就已发明，它的功能是碾碎物体，可用于舂稻、造纸打浆等；"连二水磨"则由晋代水力机械改进而成，用垂直水车带动一系列齿轮，把动力传到石碾和石磨上碾米、磨面。此外，王祯本人也发明了一些新机械，例如"水轮三事"，即用平行水车驱动三种机械，可实现磨面、砻稻、碾米三种功能。

图19-8 《王祯农书》中的"连二水磨"（左）和"水轮三事"（右）插图，表明人们可以用平行和垂直水车驱动不同的机械装置磨面、砻稻、碾米等

《王祯农书》还记载了一种"水转大纺车"，是南宋时期发明的水力编织工具，可见此时中国已有较高水平的水力技术。有人以此为据，认为宋朝末期的中国已具备了工业革命的基础，只缺少蒸汽机了。这种说法似乎颇有道理，宋朝的中国与中世纪欧洲在水力技术水平方面似乎差别不大，但魔鬼往往藏在细节之中。

事实上，两者的主要差别有二：一是中国的水力机械种类比欧洲少，应用也很不广泛；二是中国水力机械的安装量比欧洲少很多。中国主要在一些城市周边安装水力机械，以满足部分城市人口的生活需求。城市周边可供利用的水资源较为稀缺，往往由统治阶层垄断，普通百姓无法从中受益。广大农村使用水力机械的情况则更少。

中国使用河水的一贯传统是以灌溉为主，航运次之，水力排在最末。追根究底，除了重农轻工的文化之外，还源于水稻和小麦的吃法不同。众所周知，欧洲是小麦区，中国的西北地区也是小麦区，人们习惯于吃面食。中国的东南地区则是水稻区，人们习惯于把稻谷去壳后煮成米饭食用。磨面、舂稻分别是小麦区和水稻区人们的日常劳动，但磨面的工作量比舂稻要大得多，前者对机械力的需求比后者要强得多。

然而，中国西北地区水资源并不丰富，没有自然条件建设很多的水力机械。因此，磨面工作虽然繁重，却还是主要依靠畜力或人力来完成。

而对于水资源丰富的中国东南地区的人们来说，舂稻的工作并不繁重，用小工具即可完成。另外，东南地区人口稠密，特别是明朝之后，人口快速增长，劳动力成本低廉，缺乏发明和使用水力机械的经济动力。因此，尽管中国较早就发明了水力机械，但应用并不广泛。

上文通过分析中国西北和东南地区的地理条件，以及主食加工的劳动量，解释了中国对水力机械的需求不强和应用不广泛的原因，但这并不是"地理决定论"的注脚。因为水稻也可以磨成米粉食用，小麦也可以煮着吃。煮饭或磨面都是人为选择，而不是地理因素决定的。如果水稻一族选择磨粉吃，而小麦一族则选择煮粒吃，那么后来动力系统的发展史和工业革命的历史都有可能改写。

至于为什么水稻一族最终选择了煮饭吃，而小麦一族选择了磨面吃，很可能与人类偶然发明陶器的时间有关。一项1万余年前的发明是否历经漫长的时空影响了后世的发展，这个问题很难进行逻辑验证。但假如这是真的，历史的演进就不能不令人拍案称奇。换个角度看，如果是陶器的发明形成了人们煮饭吃的饮食习惯，此举也为人类节省了很多能量，悠悠万年，其贡献不在只有几百年历史的蒸汽机之下。

此外，中国也没有研究并利用蒸汽动力的传统和技术积累，可以想象，即使"空降"一位像瓦特这样异想天开、发明了蒸汽机的天才到宋朝或明朝，当时的中国对蒸汽动力的应用场景和市场需求也是不清晰的。再加上与新型动力源配套的机械装置较少，能够持续改善蒸汽装置及推广应用和维护机械的人才也十分缺乏，又怎会触发工业革命呢？

动力革命的启示

用后见之明看历史，人们总会忽略很多细节，尤其是一些技术创新的背景信息。本节主要讲述蒸汽机发明前的故事，让一些细节清晰化，从而带给我们更多的启示。

一项重大发明往往来自多条各自发展的技术线的最终交汇。蒸汽机在欧洲被发明出来，不是因为某个天才的灵光一闪，而是两千多年来许多人努力进行技术探索的结果。在这个过程中，供给侧的发明者、生产者和维护者的培育，需求侧人们的消费习惯，恰当的市场结构，以及当地政治、文化、地理和经济等多方面因素与这项创新的磨合，这些因素都缺一不可。

由于中国没有关于蒸汽动力的研发传统和技术积累，也没有普遍安装水力机械作为前提条件，因此不可能发明出技术成熟的蒸汽机。

一场技术革命的发生，仅靠几个天才的伟大发明是不行的，它需要很多微创新作为基础，还需要人们拓展其应用，从而充分实现其在经济等方面的价值。社会也需要聚集能量，以开展一场启蒙运动。因为当一个社会从原有的平衡态转变到一个新的平衡态时，新、旧平衡态的知识体系、价值观和社会结构都很不一样，人们需要花相当长的时间去传播新知识、达成新共识、建立新体系。

　　启蒙这个词很容易给人一种居高临下的感觉，让人误以为知识从上层向下层渗透是理所当然的事，实则不然。在 17 世纪晚期到 19 世纪早期，英国发生了一场启蒙运动，其中中下层的"草根"创业者是主要推手。他们有追求精准的基本态度，也十分接地气，了解现实世界面临的问题，再加上他们对财富的渴望，这一切促使他们满怀热情地投身到对新技术和新产品的发明之中。在这个过程中，他们一方面把积累的经验和知识传递给更多人，另一方面让象牙塔里的科学家也参与其中，推动了新科学的诞生。

　　其实，率先发明一项革命性技术的社会，未必能领先于其他社会去启动一场工业革命，比如法国。法国人比英国人更早发明了蒸汽机，考虑到法国当时良好的经济和科技条件，它并非没有实力启动工业革命。然而，法国长期的宗教革命，令它失去了大批科技人才，以致错失良机。

　　同样地，通过对动力技术自身的发展逻辑和社会环境的剖析，我们也可以得到这样的结论：即使是 18 世纪的欧洲人携带蒸汽机技术穿越到宋朝或明朝时期的中国，也难以启动一场动力革命。事实上，蒸汽机技术是在晚清时期进入中国的，过了 100 多年才普及开来。

　　如果说中国没有发明蒸汽机主要是历史和地理因素造成的，在这个环境中生活的人们无力改变，那么，法国排挤教徒的做法则完全可以避免。近代参与蒸汽机发明的法国和英国的发明家几乎都是新教徒。如果我们把视野扩展到 17—18 世纪的科学家和发明家群体，就可以发现他们中的绝大多数都与各新教派别存在千丝万缕的关系。

　　也就是说，社会的反叛者和科技创新者基本上是同一群人。这群人中有思想先驱，有道德模范，科学大家，有工匠能人，也有充满激情和梦想的创业者。他们从科学、技术、经济、宗教等多方面挑战了原有社会的体制和价值观，成为工业革命的中坚力量。

　　时至今日，我们很难估计帕潘被迫逃离法国来到英国的这个历史小插曲，对工业革命的浪潮有什么影响。当然，任何一个事件都不是改变人类历史进程的充分条件，但涓涓细流汇成大海，亦自有其内在逻辑。

　　过去几百年中，从水力和水力机械，到煤炭和蒸汽机及石油和内燃机，再到把化石能源、水能、核能等多种一级能源转化为电能的发电机……每次能源和动力设备的重大技术变革，都带来了工业基础的巨变。这是一个国家根本竞争力之所在，不容忽略。

　　目前，新一轮的能源和动力变革正在如火如荼地进行。随着从化石燃料到太阳能和其他可持续能源的转换，动力体系也必将发生巨变，各种生产和生活工具将全面升级换代。这是一个机会和挑战并存的时代。

工业革命时期，大量新物品的发明激起人们追求物质享受的欲望，而满足这种欲望靠的是便宜革命。凭借制造、能源利用和运输等领域的诸多创新，商品从上层社会使用的奢侈品转变为绝大多数人都用得起的一般商品。就这样，市场规模扩大了，人们的生活更加丰富，GDP也有了快速增长。

第 20 章　便宜革命和GDP增长的秘密

18世纪以来席卷欧美的工业革命，打开了"潘多拉盒子"。盒子里既装着创新的激情，也装着人类追求物质享受和财富的欲望。创新激情在新能源、新动力和新材料等领域发力，为提升整个社会的运转效率打下了基础。

对经济学家来说，评估历史上的经济发展状况等同于追踪人均GDP的变化趋势。当经济学家看见一个又一个国家的人均GDP持续增长的时候，他们意识到，一场前所未有的革命真的发生了。

如图20–1所示，人均GDP的持续增长是在17世纪晚期率先从英国开始的，当时英国已进入了化石能源时代，发明了大量动力机器，启动了工业革命。约一个世纪后，欧洲其他国家和美国也先后进入工业时代。工业革命的浪潮于19世纪下半叶席卷日本。又过了约100年，中国和印度相继进入工业时代。

普通人和家庭难以直接感受到基础工业的重要性。从工业革命开始到普通民众感受到其成果，有一段滞后期。在这段时间里，技术创新者和企业家做的最重要的事，就是令商品生产规模化和便宜化，并更快地销售给千家万户。

每一种商品刚面市时，它的市场和经济规模往往都不大。只有当普通百姓买得起的时候，其市场才会放大千百倍，形成巨大的经济规模，即引发便宜革命。这个转变过程离不开新理念、新方法和新技术的支撑。

历史上的很多商品，比如陶瓷、玻璃器皿、纺织品等，其生产的规模化和便宜化是工业革命的重要任务，等同于今天传统产业的转型升级。后来，创新者又发明了很多新商品，例如自行车、汽车等。它们面市之初，会率先被推向有钱人的市场，由他们充当新产品的代言人，激起其他人的购买欲望，从而形成更大的潜在市场。

时至如今，企业家已经充分理解了便宜的力量，无论是新产品还是

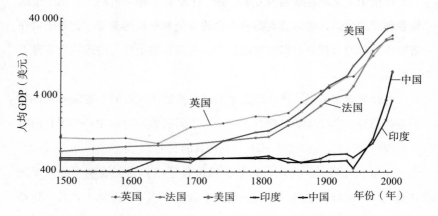

图20-1　过去500多年间部分欧美和亚洲国家人均GDP变化趋势（以1992年美元价值为单位）。英国的人均GDP从18世纪初开始领先其他国家，19世纪西欧诸国及美国和日本的人均GDP快速增加，美国人均GDP从20世纪初开始领跑世界，20世纪下半叶中国、印度等国的人均GDP快速上升

数据来源：Maddison Project 2013年数据库。

新服务，都会想方设法让它们尽快变得更便宜，推向大众市场，实现销量最大化。进入互联网时代，从新产品发明到大众化后送达普通消费者的时间越来越短了，成本也越来越低了。

便宜革命是由人类的很多巧思整合而成，这是工业革命推动人均 GDP 迅速增长的重要奥秘。本章将从产品组合、生产管理、电力普及、标准化和自动化等方面，揭示自工业革命以来创新者和企业家提升生产效率、降低生产成本、减少劳动力需求和扩大消费市场的巧妙设计。

产品组合巧思

传统手工艺品是匠人们用刀、锉刀、剪刀、锤子等工具，一件一件亲手做出来的。培养匠人费时费力，匠人的水平也参差不齐，能工巧匠难求，艺术大师更是凤毛麟角。另外，每个匠人的每件作品都不一样，工时长，成本高，想把这种生产方式规模化几乎不可能。

幸运的是，人类在漫长历史进程中发明的每一项技术和产品，都会积累在看不见的"科技创新池"里，成为一块乐高积木般的基本组件，供后来的发明者或创新者选用，组合出新的产品。

人类早期科技创新的重要贡献就在于发明这些基本组件，对人类社会的发展产生了深远影响，比如车轮、螺丝、齿轮等。关于车轮，前文已做了详细的讲述。螺丝和齿轮可能是古希腊科学家阿基米德发明的，也可能更早就出现了。在很多产品上，都能够看到几千年来人们使用和改进的痕迹。

科技创新池里的基本组件如果积累得太多，就会变得杂乱无章，所以，如何高效地利用这些基本组件成了一个重要的问题。其中一个解决方案是"可更换标准部件"，即只允许基本组件以有限几种规格和型号出现，所有组合产品都采用这些标准化的基本组件。这样一来，同种规格的螺丝、齿轮便都一模一样，可以很方便地批量制造。这不仅大大降低了制造成本，提高了制造速度，也让组合产品的设计变得更容易，售后服务变得更简单。

其实，可更换标准部件的方法由来已久。殷墟出土的大量青铜器就采用了模块化生产方式。考古专家还发现，秦朝弓弩的青铜锁扣也是用批量铸造出来的可更换标准部件。但这种做法在古代民间很少见，因为需要有一定的制造规模才能显现出经济效益。机床是降低标准部件的制造成本和增加标准部件的制造精度的重要工具。

制作陶器的快轮可以被视为机床的古老雏形，而现代精密机床则令加工生产的零部件做到了一模一样、质量优良。

英国发明家亨利·莫兹利于1797年发明了现代螺丝机床，这一发明具有划时代的意义，莫兹利也因此被称为"英国机床工业之父"。最近200多年来，机床与能源和数字等技术一起进步，现代机床已由电脑控制，可以高效灵活地生产很多种零部件。

基本组件不仅包括像轮子、螺丝这样的基本元件，也包括由基本元件组合成的部件。例如，芯片是信息时代的一种非常重要的基本组件，存在于很多产品之中，但它包括很多更基本的元件。所以，基本组件池是一个层层叠叠的系统，最基层的不可分割的基本元件不多，更多的是组合部件。

古人发明的往往都是基础层的基本元件，可用于组合成大量产品且寿命很长。而后来者发明的更多的是组合部件，由基本元件组成，但其用途不如基本元件多，寿命也不如基本元件长。

现代人用的智能手机至少包括了20多万个基本部件，这些部件不仅蕴含着现代科学家和工程师的智慧，也凝聚着古代智者的心血。发明基

图20–2　英国人亨利·莫兹利发明的螺丝机床

图片来源：公有领域。

本元件，再将其组合成新的基本部件，让基本组件池越来越丰富，这是科技进步的奥秘之一。

人类的早期技术创新从一个地方传播到另一个地方的速度很慢，因此基本组件池是本地化的。有很多因素会导致一些本地化知识失传，后人或其他社会在需要的时候不得不再"发明"一次。

知识产权制度建立后，人类积累知识的方式发生了两个非常重要变化：一是更多人受到鼓励开展发明创新，快速增加创新池中基本组件的数量；二是原来很多的保密技术得以公之于众，让了解技术的人从个别人或个别家族变为全社会。

进入互联网时代，任何地方的本地化知识都可迅速变成全球化知识。有了如此巨大的基本组件池，现代科技创新的竞争前沿就在于发明最好的产品组合。"站在巨人的肩膀上"既是一种幸运，也是一种不幸。幸运的是，今天的科技创新者拥有可选的"乐高积木组件"；但另一方面，他们再也没有机会发明"轮子"了。发明新技术的难度越来越大，其边际价值却越来越低。

生产管理的巧思

对于一项需要很多人共同参与的复杂活动，分工协作显然有利于完成任务，人类很早就懂得了这个道理。殷墟出土的青铜器做工精美、器形多样，在3 000多年前制造它们的难度非常大。考古学家在殷墟发现，殷商青铜作坊采取了一环衔一环的分工合作模式。分工合作模式在其他古文明中也有迹可循，比如古埃及金字塔的修建等。

从古代主要靠常识的分工合作到现代的精细分工，思想家构建的理论让人类社会的运行变得有据可依。现代西方经济学之父亚当·斯密是第一位清晰地阐述人类劳动分工的经济学意义的学者。面值为20英镑的纸钞背面印有亚当·斯密的肖像，下面还写着一句话："别针制造过程的劳动分工，极大地提升了工作效率。"

在1776年出版的《国富论》中，亚当·斯密以别针制造为例，分析了劳动分工提高生产效率的奥秘。他认为，劳动分工有助于提高每个工人在某个方面的劳动熟练程度，专注于某个工序的工人可以节省做无用功的时间，不同的专业工人并行或串行工作，可以更高效地完成整个产品的生产。另外，劳动分工也有利于发明和改进专门针对某一道工序的工具和机器，从而进一步提升生产效率。

亚当·斯密还把这种劳动分工思路推广至更大的范围，比如对某个行业内不同环节的零部件生产进行分工，形成拥有上下游的价值链，提升行业整体的生产效率。他还分析了各国之间基于不同的资源禀赋而进行的分工和交换，并指出如果各地的资源、劳动力和资本得到最有效的配置，就会推动国际经济的增长，由此形成了国际分工理论。

在经济理论的指导和财富的激励下，工业革命时期的创业者和管理者在提升生产效率的道路上前行着。20世纪初，工业革命的"火炬"从欧洲传到了美国。汽车大王福特发明的流水线生产方式是企业管理史上的一个里程碑，大大提高了劳动生产率。

19世纪末，当福特在美国潜心设计汽车时，汽车已经在德国问世了。然而，当时人工装配的汽车价格不菲，只有权贵才买得起。

在汽车技术方面，福特并无过人之处，但他的理想很特别，希望所有人都能买得起汽车。于是他做了三件事。一是设计出福特T型车，这是一款可让普通人买得起的汽车。二是发明了流水线生产方式，大大降低了汽车制造成本，同时提升了劳动力效率和规模生产的能力。1908年，每辆福特T型车的售价为825美元，远低于当时市场上的其他汽车。1916年，福特汽车的售价降至每辆360美元，年销售量达50多万辆。

图20-3　福特汽车公司生产的T型车，现收藏于英国曼彻斯特科学与工业博物馆

图片来源：作者摄。

三是大幅提高工人工资。1914年，福特公司把工人的日工资提高到每天5美元，远高于其竞争对手。福特认为，如果连汽车工人都买不起汽车，汽车市场的规模就不够大。后来，他又推出了给工人分红的福利制度和八小时工作制，让企业界大吃一惊。

　　然而，在生产线生产方式普及的同时，也有很多讥讽和反对的声音。著名喜剧演员卓别林主演的电影《摩登时代》，就反映了流水线工人的悲惨生活。这也为后来的自动化生产方式埋下了伏笔。

图 20–4　福特汽车公司 1913 年的生产流水线

图片来自：公有领域。

电力普及的巧思

　　便宜革命的另一个关键点是，电力系统成为现代世界的主要能源供给体系。该体系把许多不同的一级能源高效地利用起来，用发电机将其转换为电能，然后通过电网输送到各地，应用于多种场景。电力催生了现代大城市和超级工厂，也成为千家万户都用得起的能源。值得一提的是，电力系统的主要设计师之一是爱迪生。

　　1881 年，爱迪生在英国伦敦建起了第一个电力系统，它包含现代电力系统的一些基本元素：一级能源发电系统、输电网络、供电站、终端设备和客户。爱迪生为构建这个电力系统做了大量的技术发明，他在发电设备领域拥有 60 项专利，在照明系统领域拥有 16 项专利，在电力传输方面拥有 12 项专利，在电表等测量仪器领域拥有 10 项专利，还有 90 多项专利与白炽灯的设计和改进有关。

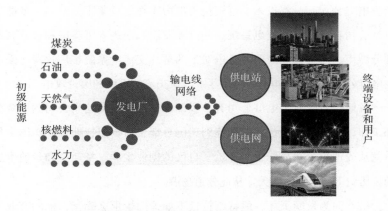

图 20–5　19 世纪 80 年代爱迪生设计的电力系统框架

爱迪生无疑是美国历史上最伟大的发明家之一，他创建的实验室是历史上最早的企业研发机构，他拥有 1 093 项专利，涉及电力、照明、声音、影像等很多领域。他参与创立的通用电气公司，至今仍是世界上最大的公司之一。

爱迪生设计的电力系统框架沿用至今，而他很多具体的专利技术都被后人改进或超越了。其中众所周知的是直流电和交流电之争，爱迪生推出的是直流电系统，而如今人们广泛使用的却是交流电系统。在支持交流电技术的阵营中，尼古拉·特斯拉是领军人物。

特斯拉出生于克罗地亚的一个塞尔维亚家庭，他于 1884 年来到美国纽约，进入爱迪生实验室工作，那一年他 28 岁。三年后，特斯拉改进了交流发电机并设计了交流电系统。1888 年，他把自己的交流电动机专利授权给乔治·威斯汀豪斯创办的西屋电气公司，西屋电气公司当时已经在交流电技术领域研发了相当长一段时间，也积累了不少必要技术，比如变压器等，特斯拉的交流发电机对西屋电气公司来说可谓如虎添翼。

当时的电力三巨头——西屋电气公司、爱迪生电灯公司和汤姆森-休斯敦电气公司——都投入了巨资抢占电力市场，竞争十分激烈。爱迪生电灯公司首推的是直流电系统，并已先发制人地进入了美国和世界其他部分城市。面对西屋公司等竞争对手凶猛的交流电系统推广攻势，爱迪生电灯公司为保卫既得利益开展了一波反交流电系统的舆论攻击。

特斯拉与爱迪生电灯公司有一段渊源。他曾在爱迪生公司的巴黎分部工作，由于表现出色，被推荐到美国总部工作。但特斯拉到美国半年后就从爱迪生公司辞职了，开始了自己的创业生涯。特斯拉和爱迪生这两位历史上杰出的发明天才从此分道扬镳。

虽然同为发明天才，但特斯拉远不如爱迪生那么幸运，他的商业才能也不及爱迪生。特斯拉虽然通过专利授权得到了不少钱，但又都投入到新的技术研发中了。离开人世的时候，他可谓是穷困潦倒。当年特斯拉选择与西屋电气公司合作，可能与他之前在爱迪生公司工作的不愉快经历有关。不幸的是，西屋电气后来陷入了财务危机，无法持续投入巨资与爱迪生电灯等电气公司巨头在新一代电力系统的竞争中一较高下，不得不减少在交流电领域的投资。

然而，交流电的技术优势非常强大，爱迪生公司即使凭借强大的财力和政治力量也难以扼杀这项技术。而且，爱迪生公司的直流电系统在世界蓬勃发展的工业和不断增长的需求面前，已经难以担负起提供电能的重任。此外，很多小的电力公司纷纷创立，给爱迪生公司造成了一定压力。1892 年，爱迪生通用电气公司与汤姆森-休斯敦电气公司合并，成立通用电气公司。1893 年，通用电气与西屋电气一起倡导安装特斯拉的多相交流供电。之后，交流电的时代正式开始。

让交流电进入千家万户的功臣，是爱迪生曾经的助手塞缪尔·英萨尔。他 21 岁时移民美国，加入了爱迪生的公司，担任爱迪生的助理。之后，他凭借自己出色的管理才能，于 1892 年成为芝加哥爱迪生公司的总经理。1897 年，他创立了联邦电气公司。

那时电价很贵，电力用户仅限于城市中心的商业区。而英萨尔从夜晚一片漆黑的广大区域中看见了电力应用的光明前景，他探索"人人都能用得上也用得起电"的历程从此开始。用一句话总结他的"魔法"，那就是：大规模集中发电以降低单位电力成本，用纵横交错的电网把电能送到千家万户。

电是一种很特殊的商品，生产出来后无法存储，必须立刻消费，否则便会浪费，因此用户规模和用电时间的分散性对发电厂的生存和效益而言至关重要。英萨尔采取的第一项商业措施就是降低电价，甚至降至低于其生产成本。这项反常识的举措，不仅击垮了一些竞争对手，也使得很多本来自己发电的用户开始向他的电力公司购电。

另外，他对高峰期和低谷期用电制定不同的价格，即"两部制电价"，用经济手段诱使用户在别人不用电的时候用电，由此提升发电厂的效益。这些措施使英萨尔公司的成本远低于其竞争对手，并实现了盈利。

通过收购竞争对手的发电厂和建造新发电厂相结合的扩张方式，英萨尔的电力公司取得了巨大的成功。1907 年，英萨尔促使芝加哥爱迪生公司和联邦电力公司合并，成立了联邦爱迪生公司。

1912 年，英萨尔拥有的公司的资产规模为 9 000 万美元，公司的主营业务是为芝加哥提供电力服务。截至 1917 年，他的资产规模增加了三倍多，达 4 亿美元，为美国 13 个州提供电力、天然气和通信服务。然而，在美国20世纪30年代的大萧条时期，英萨尔的公司遭到了华尔街投资银行家的恶意收购，英萨尔被迫交出了他手中多家公司的股份和控制权，成为当时最著名的一位失业者。政客们落井下石，把他丑化为恶魔资本家，说服大陪审团对他提出了挪用公款等多项指控。

1932年，一无所有的英萨尔逃亡国外。1934年，他被土耳其政府逮捕并移交美国大使馆，后被带回美国，关进监狱。在法庭上，75岁的英萨尔讲述了他如何从一个伦敦平民成长为美国大亨的故事，以及他的"人人都能够用得上也用得起电"的理想，他为之奋斗一生的历程……最终，陪审团裁定对英萨尔的所有指控均不成立。

英萨尔回忆录的编辑说："英萨尔凭借一己之力，把为有钱人服务、处于实验状态的电力行业，变成了一个重要的、为所有人服务的公用事业。"

运输标准化巧思

河道可以说是人类最早的"高速公路"。由于河道可以提供交通和贸易便利，有不少城市都是在河道旁兴起的。在天然河流不能到达的地方，人们修建了运河，还陆续修了路和桥，把城市与城市、城市和乡村连接起来。海上也有航道，把远隔重洋的大陆连接了起来，海港和灯塔是海上航道的重要节点。

经过年复一年的积累，一个全球性的物流和人流网络在地球上形成了。交通网络的规模越大、越密集，使用的人越多，其价值就越大。但在漫长历史进程中，不同地方演化形成的交通网络多种多样，彼此不一定兼容。所以，增加交通网络中各部分的连接性和兼容性，既可以提升物流速度，也可以减少物流成本。制定一些相关标准，是达成这个目标的必要举措。

秦始皇时期推出的"车同轨"政策，就是这样一项标准化措施。古代中国的道路基本上是土路，马车车轮在路上反复碾压之后会形成与车轮宽度相同的两条硬地车道。如果所有的车轮间距都一样，就都可以在宽度一样的硬地车道上行驶，一来可以加快速度，二来可以减少运输成本和车辆损耗。战争期间，车同轨尤其有利于军队和给养的快速移动，抓住胜利的先机。

车同轨这一标准化思路到了铁路时代发挥了更大的作用。今天，绝大部分公用铁路的轨距都是 1.435 米，这是国际标准轨距。轨距一旦确定，后来修建的铁路为了与之前的兼容和连接，就必须采用同样的轨距。中国的高铁也沿用了这一轨距，这就是历史的惯性吧。

图20-6　商鞅变法的一项重要内容是度量衡的标准化，秦始皇统一中国后，又颁布了统一全国度量衡的诏令。图为出土于陕西的秦始皇时期的标准量器

图片来源：作者摄于中国国家博物馆。

1825 年，世界上的第一条铁路在英国建成。美国的第一条铁路于 1830 年建成通车，第一条横跨美国东西海岸的太平洋铁路于 1869 年完工。中国自主设计和修建的第一条铁路，是 1909 年由詹天佑主持建成的京张铁路，全长 200 多千米。今天，中国已成为世界上铁路规模第二、高速铁路规模第一的国家。四通八达的标准铁路网为降低运输成本做出了巨大贡献。

第一次世界大战后，汽车工业开始腾飞。当时经济实力较为强大的美国政府，开始着手修建高速公路。经过20多年的努力，美国联邦政府完成了所有州际公路的修建，各州政府也依据自己的实际情况修建州内公路。由于汽车的灵活性，高速公路的宽度无须像铁路轨距那么严格。公路运输能到达城市的各个角落，也能覆盖遥远的农村。"二战"后，欧洲也开始修筑高速公路。近40年来，中国投资修建了许多高速公路。现代高速公路网助推了很多区域的经济发展，进一步降低了人流和物流成本，增加了人类活动的灵活度。

航运是最古老的物流方式之一，有的港口和码头距今已有数千年的历史了。大航海时代后，航运在全世界范围开始蓬勃发展。蒸汽机发明后的200多年里，船只的速度越来越快，船体越来越大，载重量也越来越多。

消除铁路、公路和航运的连接瓶颈的重要发明是集装箱。在仓库里、货运站和码头上，人们可以用机械轻易地把集装箱堆叠起来，节省了大量空间。目前，世界上绝大多数集装箱都是宽和高约2.5米，长度则有6米、9米、12米和30米4种。集装箱的使用，大大减少了货物装卸时间，也降低了运输成本。

集装箱的发明与一位名叫马尔科姆·麦克莱恩的运输公司老板有关。十几年从事货运行业的麦克莱恩目睹码头货物杂乱无章的状况，萌生了用标准化的集装箱装货，然后用机械吊臂装卸这些集装箱的想法。1955年，他着手将自己的想法付诸实践，把公司的油轮改造成能储运标准化大金属箱的货轮，这就是现代集装箱运输的雏形。

1956年，麦克莱恩购买了一家小型海运公司，开始了航运，由此对海运和陆运如何接轨有了更多的了解和想法，并开始在自己的公司内部采用集装箱运输货物。这使得他的公司效率显著提升，运费大幅下降，公司的业务也因此蒸蒸日上。之后，麦克莱恩致力于说服政府和其他利益相关方投资改造港口、码头，使其适应集装箱的装卸。

集装箱运输方式的问世令全球运输业发生了革命性的变化，实现了海陆联运，大大提高了运输效率，麦克莱恩也被誉为"集装箱运输之父"。

鉴于标准化的重要性，"一战"后多国讨论并成立了国家标准化机构国际联合会。"二战"后，在联合国的主导下，全球性的非政府组织国际标准化组织正式成立，致力于在世界上促进标准化及其相关活动的发展，以便于商品和服务的国际交换。

图20–7 装卸集装箱的码头

图片来源：作者摄于葡萄牙里斯本。

偷懒巧思及机器人崛起

懒惰是人类的天性，在几百万年的漫长狩猎采集时期，如果自然界可以提供足够的野果、野味，人类就没必要花时间去耕种。

"勤劳"是进入农耕社会之后人们才树立的价值观，由于农耕过程实在太繁杂、太劳累，人类需要有强大的价值观驱使自己辛苦地劳作，这都是为了生存。

与此同时，也有人在思考如何减少人类的劳作量。几千年来，这场探索活动的主要目标，就是让其他东西代替人干活。先是用牲畜替代人干苦活、累活，后又发明机器来替人干活。

机器人的英文单词"robot"是捷克作家卡雷尔·恰佩克于1920年在他的科幻剧本中提出来的，源自捷克语"robota"，意思是"苦工"。之后，"机器人"就成了科幻作品的主角，也成为发明家和科学家追逐的目标。

人类在自动化领域一直都在进步。自动化的关键在于，在没有人为干预的情况下，通过反馈机制来操控系统的行为。古希腊发明家克特西比乌斯发明的水钟和水风琴，已包含信号反馈成分。北宋宰相苏颂设计制造的水运仪像台，也采用了信号反馈机制。

机器自动化在工业革命之后才起步。很多新型水力机械都采用了一些自动化控制的思路。比如法国人雅克·德沃康松于1745年发明的世界上第一台自动织布机，英国人理查德·阿克莱特于1769年发明的水力纺纱机等，其中都包含了信号反馈机制。

蒸汽时代，自动化思路在机器和工厂中变得更加普遍。瓦特蒸汽机采用离心式调速器来控制机器的运行速度，这是一种自动控制系统。英国物理学家詹姆斯·麦克斯韦还特别研究了蒸汽机自动调速器，并于1868年发表了《论调速器》一文，这是自动控制领域的第一篇论文，开辟了一个崭新的科学领域。电力时代，自动化技术一路突飞猛进，不仅在工厂随处可见，也深入农场和家庭的各个方面。例如，现在家家户户使用的空调就有自动控制装置。

"二战"后美国数学家诺伯特·维纳教授创立了控制论，使人们得以全面系统地了解自动化系统和机器人背后的逻辑。再加上最近几十年来，传感器变得越来越先进，反馈的信息和数据越发丰富，计算机可以更快地进行数据分析和系统调控，机器变得越来越灵敏和"聪明"。随着自动化和智能化程度的提升，现代工厂车间里的工人越来越少，甚至一整条生产线或整个车间都不需要人，在那里忙活的都是聪明的机器人。

机器人不需要领工资，不会抱怨工作繁重，可以一天 24 小时埋头苦干。它们不仅是人类自古追求的模范"苦工"，更能完成很多人类不能胜任的工作，显著提高生产效率，让产品和服务的成本变得更低。

当人类为获得永久性"苦工"、实现不劳而获的愿望而欢呼时，却不能不注意这样一个事实：历史的教训一再告诉我们，人类往往在好不容易爬出一个陷阱的同时，又掉进了另外一个陷阱。机器人的出现将给人类挖下一个什么样的陷阱呢？

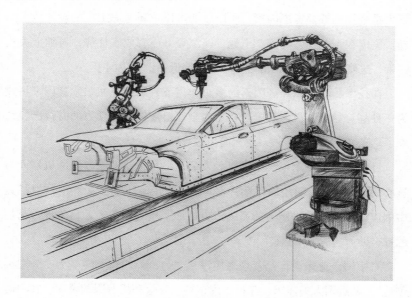

图 20–8　汽车装配流水线上的机器人

图片绘制：梁爱平。

近几十年掀起的全球化浪潮，其主要驱动力量源自发达国家的企业家在世界各地追逐便宜的劳动力和原材料。这样一来，不发达国家有机会赚一些辛苦钱，也有机会学习先进的工业化和市场化知识，提升本国的科技水平；发达国家的消费者则享受到物美价廉的商品，全球化企业也可取得较高的投资回报。当然，其副作用是造成一些发达国家制造业的空心化。

让制造业（特别是科技含量高的制造业）回归美国，是美国政界目前的共识，其可行性也很大。以美国的苹果公司和它的代工厂中国台湾的富士康公司为例，苹果手机的最后组装都是由富士康完成的。富士康从2010年就开始用机器人取代工人，一小部分生产线甚至完全机器人化了。由于机器人取代了人，手机行业成了资本密集型产业，劳动力成本不再是企业的首要考虑因素，所以企业可以重新考虑工厂的设置地点问题。美国在企业税、物流、土地、能源等方面有成本优势，再加上关税因素，这使得美国制造的综合成本有可能低于发展中国家。

在技术、政治和经济因素的多重作用下，制造业回归发达国家将成为一种趋势。可以说，跨国企业家在全球追逐便宜劳动力的游戏已经结束了。未来充满不确定性，也充满无数可能性。

目前机器人技术正在中国蓬勃发展，显然，这一轮以智能机器人为核心的技术创新，对中国存量巨大的制造业转型升级是一个重要的机遇。中国应认真研究先进制造体系的方方面面，培养相关人才，并投入充足的资金助力这波转型升级。

对中国企业来说，经营理念应该从"为世界制造"转变为"为中国创造"，贴近国人的需求，深耕国内市场，高效利用有限的资源。在中国市场上表现出类拔萃的产品，也有很大机会跻身世界市场。

当然，机器人技术的推广可能带来的失业问题将成为一个巨大的挑战。它不仅是发展中国家亟须面对的问题，更是全人类必须共同面对的问题。

针对这个问题，硅谷已经未雨绸缪地开展了社会实验。例如，有些风险投资人选择了一些样本人群，向他们发放"基本收入"，即每人每月 1 000~2 000 美元的生活费，供其无条件使用。主持实验的人希望从中了解，在机器人普及造成很多人失业的情况下，社会治理模式应该如何调整。

除了技术之外，还有很多其他因素影响着未来趋势，例如，发达国家的生育率一直在下降，老龄化问题突出。每个国家都必须审慎地观察和权衡多种因素，才能更好地把握未来。

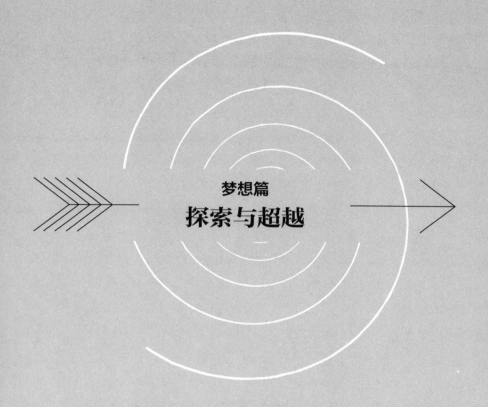

梦想篇

探索与超越

人类有超越自我的诉求，有好奇心，有梦想，会在无明确实用价值的情况下去探究一些问题。但梦想无疑是驱动人类一次又一次地突破已知的知识和物理疆域，创造新世界的重要力量。

前文介绍的5类科技创新成就对人类社会的影响，往往可以找到相对直接的量化指标进行衡量，比如人口规模、人口密度、人均寿命、信息量和传播速度、人流/物流量和移动速度、人均GDP等，但探索/超越类科技创新，则很难找到现成的量化指标来测量其社会影响力。不过，我们仍能感受到它们对人类巨大深远的影响。它们短期看来无用，长期来看则可能有大用处。

如果一定要找一个指标，那么人类知识的种类是一个可能的选择。知识之树不断向上生长，开枝散叶、枝繁叶茂。对科技领域而言，科学学科数目、技术专业数目、产品品种等，都会随着历史的进程呈现出新"物种"不断涌现的局面。例如，在科学诞生之初，只有关注自然的哲学这么一个学科，后来随着知识内涵的增加而不断细化。根据中华人民共和国国家标准学科分类与代码表，目前三级学科分类已有约6 000个种类。每个学科的起源，都是一个关于人类探索和超越的精彩故事。

与知识种类数目对应的一个指标是专业知识工作者占总人口的比例。

随着知识爆炸和知识分类数目的增加，这个比例越来越大。从某种角度来看，巫师可被视为最古老的知识阶层，部落一开始只有个别兼职巫师，慢慢有了专职巫师，之后巫师的技能又细化为王、医、史、祭祀、占卜等多个专业，最后演化为今天庞大的知识分子群体。

但是，无论是用知识种类数还是知识分子数来证明探索/超越类科技的价值，似乎都会陷入循环论证的陷阱。探索/超越类科技的本质就是目的不明确的。

图VI–1呈现了1万年来人类的探索/超越类科技的发展趋势。由此可见，这类科技于三四千年前诞生，在2 600年前到2 100年前这几百年里有一段活跃期，对应于古希腊哲学的兴起和发展。16世纪之后，这类科技又开始了新一轮的加速发展，对应于欧洲的科学革命。

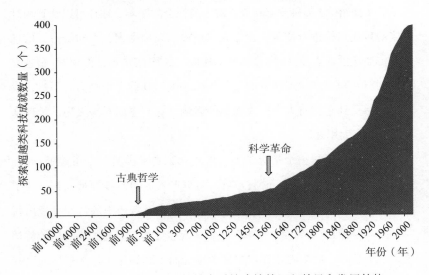

图VI–1　过去1万年探索/超越类科技成就的累积数量和发展趋势

数据来源：重大科技成就数据库。

从地域看,探索/超越类科技起源于古巴比伦,后来经过古希腊哲学的繁荣期,地中海地区巩固了其在探索/超越类科技方面的领先地位。而其他文明地区仅就一些较为粗浅的问题进行过零星的思索,鲜少取得成就。欧洲科学革命开始之后,欧美在这类科技方面的成就可谓一骑绝尘。

图 VI–2 显示了主要地区的探索/超越类科技在一些历史关键时间点的数量。其中,欧美的占比接近90%,远超其他文明。

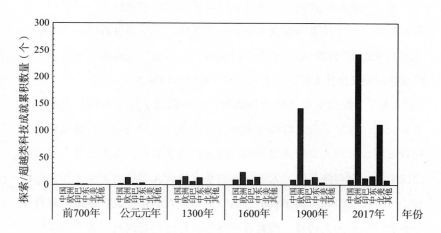

图 VI–2　在历史上的一些关键时间点上,主要地区的探索/超越类科技成就的累积数量

数据来源:重大科技创新数据库。

由于探索/超越类科技成就主要是科学,而技术较少,因此本篇主要讨论科学思维和方法的由来及科学与技术的关系等问题。另外,目前发展较为迅速的人工智能技术是前沿科技之一,将对人类社会产生很多价值,也会带来很多挑战。一般来说,制度不算科技,但制度也是人类知识体系的重要组成部分,会对科技活动产生巨大影响。本篇的4章内容概述如下:

人的认知方式是引导人类探索活动的明灯，也是限制人类认知突破的桎梏。每一次认知突破，都会引爆新一轮的科技创新活动。"认知跃迁：从巫术到科学"对经验、宗教和科学等认知方式的起源和变迁进行了梳理，指出了它们对人类过去、现在和未来的影响。

"科学和技术：缘起千年终相遇"一章以一些测量工具的发明和改进为线索，探究科学与技术的接口。测量工具是一类特别的技术，拓展了我们关于世界的认知边界，也使我们对世界的理解更精准。科学产生的前提条件之一是技术和数据积累到一定程度，科学的发展反过来又推动了新技术的发明和产品的创新。科学的产生在时间上远滞后于技术，而科学的内涵又指导人们进一步发明有实用价值的技术。

"人工智能究竟是天使还是魔鬼"一章简述了人工智能的发展史和主要流派，讨论了人工智能可能对未来社会产生的影响。科技创新是一柄双刃剑，在给人类带来福利的同时也造成了痛苦。人类自进入农耕社会以来，一直奔波劳碌。人工智能似乎有望让人类过上无须工作的轻松日子，但这又引起了很多人的恐慌。另外，人工智能也将造成全球行业分布和供应链的大转移，面对这些挑战，各地都必须及早着手寻求解决方案。

"制度是创新的阻力还是动力"一章回顾了近代历史上对科技创新影响深远的一些制度的产生及其意义，主要聚焦于现代产权概念和法律、知识产权体系、大学和研发平台、包容性政治体制、商业文化等内容。从中短期来说，制度因素对创新的影响比地理、文化和历史等因素更直接、更有力。在制度的长时间作用下，一些外在的约束和激励制度可能会转化为一个社会根深蒂固的文化和历史惯性，并影响其科技创新的走向。

古人的认知方式是经验加巫术，它产生了很多有意义的知识，也带来了不少迷思。古希腊时代以来，欧洲知识分子不断驱逐巫术，为自己的知识体系加入科学元素。于是，发源于巴比伦的古代自然知识，经过古希腊哲学的兴起和近代科学革命，进化为现代科学。

第 21 章　认知跃迁：从巫术到科学

人类在漫长的探索世界的过程中，认识方式不断发生变化。在大部分时间里，这种变化都是渐进且连续的，而在一些关键时间点上，认知方式会出现重大转折和突破，触发新一轮科技创新活动和社会变革。总体来看，大致可以把人类认知方式分为三大类型：经验型、宗教型和科学型，这三类认知方式的特征不尽相同。

经验型认知的起源非常古老，动物也有其"经验"。人类自产生以来，大的认知跃迁只有两次，巫术的出现是第一次，大约由10万年前还

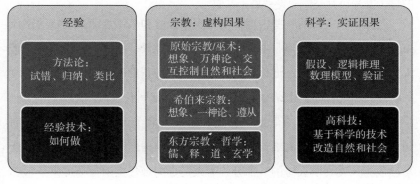

图21-1　人类的三种认知方式

未走出非洲的智人发明，后来的各种宗教几乎都是与巫术相关的原始宗教的演化和变种。科学的出现是第二次，有文献记载的古代科学活动可追溯至4 000年前的古巴比伦，而古希腊哲学和16世纪的欧洲科学革命，依次推动了科学的两次升级和完善。

每一个古文明都有经验积累和宗教，也有一些原始的科学活动，但为什么欧洲产生了现代科学，与其他传统社会在认知方式上发生了大分流？

我们不妨把世界各地人们的思想发展过程想象成跟随人的认知方式在一个虚拟空间里行走，这个空间十分黑暗，地形地貌十分复杂，探索者爬上哪座山、跨过哪条河存在很大的偶然性，也有某些必然性。早期人类交流不畅，各自试错的结果就是产生了五花八门的思想。

现代科学成就堪称辉煌，但从人类思想发展史的角度说，科学诞生之前的知识积累才是人类知识大厦的根基。所以，原始宗教的产生可能比科学的诞生更石破天惊。因为从能人诞生到智人诞生，其间数百万年的经验性探索是线性积累，而产生一个由人类想象出来的世界，则是一种突变。原始宗教是人类想象出来的人格化的虚拟世界的代表，为后来的科学等思维方式的出现提供了养料。

包括中国在内的一些古国，沿着实践经验和巫术这两条交错的路径爬上了传统文明之山巅，看见了一片独特的风景。欧洲人则沿着古希腊人开辟的哲学之路，在近代数学和实验方法的帮助下，爬上了科学的险峰，他们不仅看见了独特的美景，也发现了很多科技宝藏。

当然，现代科学并非欧美独创，而是汲取了人类历史上各地人们的智慧和成就，如涓涓细流汇入大海。古代中国的经验积累和技术成就早已成为人类文明大海的一部分，为人类走向现代文明社会提供了重要助力。

认知方式的演化十分复杂，线索颇多，这一章主要聚焦经验、巫术（宗教）和科学这几个粗略的框架，先介绍经验型和宗教型认知方式的主要特征，然后概述古希腊哲学和欧洲科学革命的历史，以及欧洲走向现代科学的历程。最后，我们将讨论中国人的认知方式和特征，并以此理解传统文明的局限性。

从经验世界到巫师的想象

科技创新活动必然伴随着人类对自然的某种认识和理解。早期人类的认知方式是经验性的，即先通过感官获知外界事物的信息，然后进行思考和归纳，在信息间建立某种关联。直到现在，经验认知仍然是人们认识和理解自然及社会的最简单、最直接的方式。

经验型认知有三个基本方法，一是试错法，二是归纳法，三是类比法。试错法指人们试着采取某种行动，如果结果符合预期，就接着采取同样的行动；如果结果不符合预期，就改变行动继续尝试，直到结果符合预期。无论是人类还是动物，都会经常有意无意地采用试错法。

归纳法指人们根据一类事物的部分个体具有某种性质，推导出这类事物都具有这种性质。如果某类事物包含的个体数量不大，那么可以考察所有个体的某种性质，从而得出结论，这叫完全归纳推理，由此得到的结论是准确的。

而对包含很多甚至无限个体的一类事物来说，人们只能从部分个体的性质来推断该类事物的普遍属性，这是不完全归纳推理。这种方法的优点是简便，缺点是推导出的结论可能在很多情况下都不成立。

类比法则指人们发现一类事物具有某种性质和结构，便推断其他类似事物很可能有相似的性质和结构；或者说，当人们发现两个事物有某些相同或相似的性质时，推断它们的其他性质也可能相同或相似。

依靠这些方法，人类积累了很多经验，获得了大量知识。这些知识经代代相传成为常识，不仅为技术创新提供了有力的支撑，也为认知突破打下了坚实的基础。

然而，仅凭常识不能解决人类遇到的所有问题。意料之外的自然灾难更是让人类感受到自然力量的强大和变幻莫测，以及自身的脆弱和无助。于是，原始宗教作为人类社会的第一个不依托于经验的理论体系出现了，其最大的价值是帮助人们解释未知现象，消除不确定性。

原始宗教起源于何时？这个问题很难有确切答案。一些创作于几万年前的岩洞壁画里已隐约出现了原始宗教的影子，土耳其的哥贝克力遗址大约建于12 000年前，是目前考古发现的最早的宗教祭祀场所。

世界各地的原始宗教在细节上有很多不同之处，但基本理念大同小异。一是相信人有灵魂，死后鬼魂仍在；二是相信万物皆有灵，灵界之内以及神灵与人的世界之间都会相互发生作用；三是有些人能通灵，可祈求神灵做一些事情。巫师就是通灵者，他们可以操控自然和人，通过施展巫术达到某种目的，如呼风唤雨等。

基于对世界各地原始宗教的基本了解和观察，笔者认为，它们是同源的。这些原始的宗教行为应该产生于人类学会说话之后，目前的研究认为，智人的说话能力产生于15万年前到10万年前间的某个时期。结合人类走出非洲的学说，可推测智人在走向世界各地之前就已创立了原始宗教。

走出非洲之后，智人携带着原始宗教来到世界各地。在漫长的进化历程中，由于各地不同的地理环境和彼此的隔离，各智人群体的巫术也发生了一些变化，形式和内涵都有所区别。

从遗留至今的古文字看，古老的数字和文字都有可能是巫师创造的，他们是人类中最早的"知识分子"。最早的文字产生于两河流域的美索不达米亚，即苏美尔人的楔形文字，主要用于记录人们向巫师和庙宇捐献的财物，古埃及文献中也有不少关于巫术的记载。可见，无论是在古巴比伦还是古埃及，巫术都是其文明的重要组成部分。

在发展原始宗教的过程中，人们越发意识到一些事物之间似乎存在"因果关系"，这是一种比"相关关系"更密切的联系：A事件与B事件不仅在发生时间上存在先后顺序，而且A事件是导致B事件发生的原因。当然，自然界和人类社会都很复杂，很多貌似有因果关系的事件并不能明确地找到"因"和"果"——一个"因"可能产生很多"果"，一个"果"又可能有很多"因"。

图21-2　印度瓦拉纳西恒河边的印度教寺庙

图片来源：作者摄。

这些复杂性让早期人类难以理性地了解事物的因果关系，只能凭借想象力来填补。比如，较为罕见的天象是灾祸或好事降临的原因或预兆。

通过对知识体系的深入研究，一些现代学者将巫术定性为"伪技术"，因为所谓的法术根本不能产生预期的结果。他们也把所谓的巫术学定性为"伪知识"，因为它并不是正确的、可验证的知识。

虽然现代人对巫术嗤之以鼻，但不可否认，这类原始宗教提出了很多永恒的问题，例如，事物之间是否存在因果关系，人是否有灵魂，人为什么会生病，大自然为什么变化莫测，人类能否改造和掌控自然，等等。现代人仍在追寻这些问题的答案。

科学萌芽和古希腊突破

古代科学有两个源头：数学和天文学。从目前已有的文字记录来看，两河流域是古代科学的最早发源地，古巴比伦的数学和天文学达到了一种令今天的我们感到惊讶的复杂程度。

只可惜留存至今的古巴比伦泥板文献，大都是零碎的数学、天文问题和解答。我们无法知道当时他们为什么提出了这些问题，解答这些问题的步骤是什么，这些科学活动又对当时的社会产生了什么影响。

古埃及也有一些数学和天文学方面的活动，用于土地测量的几何学更是一大亮点。但古埃及留下的科学文献很少，我们很难了解其达到的高度和其他细节。不过，古希腊学者对古埃及的数学成就有不少赞美之词。

地中海地区是欧、亚、非文明交流和融合的重要地带，早在4 000多年前，这里就有自己的神、神话和巫术了。两河流域和古埃及的巫术也传入了古希腊，但它们对古希腊而言是外来事物，受到排挤也很正常。

公元前 8 世纪之后，无论是本地还是外来巫术，都暴露出重重弊病，巫师们的预测不准，法术也不灵，一些害人的"黑巫术"更是令人心生恐惧和厌恶。

在这种社会背景下，古希腊的哲学崛起，成为一种崭新的思想力量。古希腊早期的科学家，比如毕达哥拉斯、泰勒斯等，都曾在古埃及和黎凡特地区游学，汲取了中东地区的古代科学知识。除了学他人之长，古希腊哲学家还另辟蹊径，探索获取有效知识的方法和路径。

他们首先从原始宗教的想象世界中走出来，认为大自然是独立于人的存在，有其客观的运行规律，并能为人所理解。另外，在试错法、归纳法、类比法等方法，以及古巴比伦和古埃及的古代科学知识的基础之上，古希腊人开创了独特的自然研究方法。

古希腊人的一个重要突破是，更清晰地理解、定义和描述世界。在此之前，人类对世界的认识是模糊的，由此得到的知识也不太精确，古希腊哲学家苏格拉底刨根问底地追求对语义和词汇的精确定义，以及了解事物本质的做法，成为模糊的经验性知识升级为精确的科学知识的梯子。以数学为工具描述问题，是使问题精准化的重要方法。柏拉图视数学为哲学的基础，在他开办的雅典学园门口，竖着一块上面写有"不懂几何学者勿入"字样的牌子。

采用逻辑演绎法是古希腊人的另一个重要突破。开形式逻辑先河的人是亚里士多德，他在柏拉图学园学习过。他以简单的三段论——大前提、小前提和结论——展现了逻辑推理方法的魅力。古希腊人还发现，自然界存在一些不证自明、不能被其他定理证明的公理，这往往是逻辑演绎的起点。

古希腊数学的另一大亮点是几何学的兴起。柏拉图的学生之一欧几里得在他的《几何原本》中，使用了公理化方法，提出了平面几何的五大公设，创立了欧几里得几何学体系。

阿基米德在数学领域的成就举世瞩目，他在《方法论》中提出了十分接近现代微积分的思想。

希腊化时代晚期，科学领域的巅峰代表作是天文学家托勒密的《天文大全》，它用数学构建了一个以地球为中心，太阳、月亮和其他行星绕地球转动的模型，之后一千多年，欧洲人一直把这一"地心说"当成真理。

大部分古希腊哲学家都不重视知识的实用性和功利性，主要关注知识的内在逻辑和预测的准确性。古希腊哲学开启的思维方式也超越了人类的经验，但与巫术完全不同，这是人类认知方式的一次跃迁。

值得强调的是，古希腊的哲学家除继承了古巴比伦和古埃及的数学和天文学成就之外，也从中东的原始宗教中吸收了营养。从泰勒斯提出的"水是万物的本原"的学说到亚里士多德的四元素说，以及后来对各种元素之间的转换关系的讨论，都可以看到原始宗教的影子。

欧洲科学革命的历史背景

从亚平宁半岛农耕区走出来的罗马的文明起点并不高。在罗马帝国成为地中海地区的新霸主后，他们对古希腊的精英文化推崇备至，但务实的罗马人并不热衷于看似用处不大的科学。在扩张过程中，罗马帝国一般对各地的神灵都采取包容的态度，但来自古希腊的哲学流派一直对巫术有所排挤。

西罗马帝国晚期，基督教成为国教，这对欧洲后来的发展影响巨大。基督教于公元1世纪发源于巴勒斯坦，继承了犹太教的许多传统。

早期的基督教也受到罗马帝国精英阶层的排挤，但它在缓慢的传播过程中不断适应当地文化，去掉了很多巫术成分，并纳入了一些古希腊哲学元素。4世纪初，罗马帝国承认了基督教的合法性，并于392年将基督教定为国教。从此以后，基督教成为地中海地区和欧洲大陆的主流宗教。

西罗马帝国灭亡之后，基督教在欧洲大陆普及开来，成为国王和军阀之外的又一股强大力量。排斥巫术的行动在基督教统治的中世纪欧洲常常发生，异教徒在欧洲也很难生存下去，比如犹太人。

尽管如此，巫术并没有在欧洲绝迹。炼金术士仍然躲在地下室里炼金，巫医仍然悄悄"医治"病人，占星师则以"顾问"身份出入贵族家的后院，这是因为人类对发财、长寿、掌控未来的需求一直没有得到满足。

12世纪初，基督教在欧洲进入鼎盛时期，而世俗化的大学在欧洲也悄然出现，并掀起了辩论风潮，颇有古希腊之风。尽管这个时期的经院式辩论经常是为了证明基督教义的正确性并对异教充满偏见，有时讨论的问题也很无聊，例如"针尖上能站立多少个天使"，但有时这类辩论也指出了基督教教义中的自相矛盾之处。另外，辩论还采取了逻辑和推理的方法，培养了一批形而上的严谨学者。

十字军东征从阿拉伯地区带回来的大量古希腊著作引发了欧洲的文艺复兴运动，使得大量知识分子可以更全面地学习古希腊的思想、方法和知识。15世纪中期印刷机发明后，科学和哲学著作等各种信息在欧洲的传播加快。宗教革命则削弱了教会的权威性，促使人们重新思考和验证现有的知识和观点。

此时进入欧洲知识分子视野的不仅有古希腊先贤的著作和理论，也有古代巫术方面的书籍。其中《赫尔墨斯文集》在欧洲民间广泛流传，其内容包括炼金术、通神术和占星术，直到近代仍被西方巫师奉为经典。这本著作相传成书于大约4 000年前，作者是集巫师、先知和埃及王三重身份为一体的赫尔墨斯。

在欧洲的主流社会对巫术充满敌意的背景下，仍然有少量愿意独立思考的学者在验证巫术理论和实践的真伪，并从中汲取了些许精华。

精华之一是实验方法，即人们可以通过实验来验证一些理论的真伪。炼金术士为了将贱金属炼成贵金属，已做过千余年的实验。虽然没有成功，但这些实验提供的知识是有用的，这与人类古老的经验试错传统一脉相承。

许多著名的欧洲科学家在当时的另一种身份都是炼金术士。英国自然哲学家罗吉尔·培根倡导的科学实验方法就源自他进行的炼金活动。

精华之二是相信大自然是可以控制和改造的。古希腊哲学家以观察和总结自然规律为己任，基督教提倡顺从上帝旨意，而只有巫师一直在试图控制和改造外部世界。新一代的知识精英洞见了通过自然规律控制自然的可能性，并把它当成新思维加以宣导。英国哲学家弗朗西斯·培根提出了一句非常鼓舞人心的口号："知识就是力量。"

如果恰如吴国盛教授所说，"古希腊科学是求知，现代科学则是求力"，那么这种求力的愿望并非文艺复兴和科学革命时期一些欧洲知识精英的突发奇想，而是来自远古经验和巫术的"洪荒之力"。当然，源自古希腊的科学方法论是让这股"洪荒之力"得以释放的必要条件。

1543年，哥白尼提出了"日心说"，颠覆了已存在1 300多年的托勒密"地心说"，有人认为这是欧洲科学革命的起点。

让我们再来看看传统经验与科学是如何接轨的。

大航海时代的欧洲，获得了大量来自远东和新大陆的信息（比如动植物的新品种）。这些新信息令欧洲科学家产生了很大的触动，不少科学家踏上了探险的船只，远渡重洋寻找新鲜事物。这拓展了欧洲科学家的认知边界，他们对原有的学术结论做出更正，形成了很多新理论。

另外，地中海地区及后来欧洲大陆的技术发展的一个特征是，这里的人很早就表现出对普适技术的偏好。比如，2 000多年前人们发明了水力磨坊，此后类似的水力机械被广泛地用于打桩、造纸和纺织等。再比如，18世纪用于矿山抽水的蒸汽机被发明出来后，很快就被改造成一种通用动力源，用于驱动磨坊、纺织机、火车、汽船等。这也是英国工业革命得以蓬勃开展的重要因素。

16世纪到19世纪初，欧洲的科学理论发展得很快，但它与技术创新的联系主要体现在科研仪器上，例如天文望远镜、显微镜、摆钟等。后来，是一些民间发明者把科学家拉入崭新的科学领域，例如瓦特蒸汽机的发明及包括卡诺在内的很多人对蒸汽机的改进催生了热力学；法拉第发现的电磁感应现象激发了麦克斯韦对电磁理论研究的兴趣，最后建立了麦克斯韦方程组。

从19世纪下半叶开始，科学理论在技术创新领域不断发力，成为驱动现代高科技发展的重要力量。19世纪末20世纪初大量新材料的问世，离不开诸如元素周期表、化学反应规律等化学领域的重大发现。19世纪空气动力学领域的研究和突破，于20世纪初帮助人类发明了飞机。

原子物理学不仅能让原子弹爆炸，也能让核反应堆发电；现代信息技术体系建立在量子力学的基础之上；现代医疗技术和药品使人类的平均寿命显著增加……

如果把18世纪以来的工业革命分成几个阶段（如图21-3所示），那么第一阶段的和第二阶段的蒸汽驱动都是由民间发明家主导的。直到19世纪晚期开始的第三阶段的电气化，以及第四阶段的机动化和第五阶段的信息化，科学家和科学成就才变得重要起来。

迄今为止，无论是在改变人类对世界的认知，还是在推动高新技术的发展方面，科学的贡献都举足轻重。但是，科学并非"绝对真理"，它

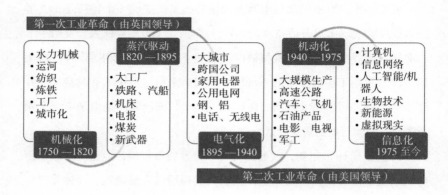

图21-3　工业革命的5个阶段

最重要的特征是知识体系的开放性，这与标榜"绝对且永远正确"的宗教截然不同。科学家提出假说，建立理论，做出预测，然后通过观察和实验来验证这些理论和预测，把正确的纳入知识体系，把错误的舍弃掉，迭代前行。

　　科学结论之所以会不准确或者错误，其一方面是因为科学家的认知局限性和验证手段的局限性，另一方面是因为科学家的私心经常会让他们拒绝认错。正如物理学家普朗克所说："一个真理取得胜利并不是通过让它的反对者信服并看到真理的光明，而是因为这些反对者终将死去，熟悉新科学的一代成长起来。"

图21-4　欧美知识体系

　　有人说欧洲科学革命实质是一场"无知的革命"，因为经历过文艺复兴的欧洲科学家意识到，无论是被奉为"绝对真理"的宗教还是被顶礼膜拜的古希腊经典著作都有不少错误，人类对世界的了解其实很少。今天，欧美知识体系的基底是古老的经验技术，上面一层是古希腊哲学和基督教教义，顶层是现代科技。成就辉煌的现代科学家共同体仍然应该保持清醒和谦卑，因为人类真的不知道还存在多少未知之事。

中国知识流的发展史

中国为什么没有产生现代科学，这是困扰现代中国人多年的问题。从前文中的分析可见，自古希腊时代开始，欧洲人对自然的探索轨道就与包括中国在内的其他古文明产生了大分流。下面让我们回顾一下中国知识流的发展历史。

中国基于经验积累进行技术创新的历史源远流长。作为原发性农耕文明之一，中国在 8 000 多年前就完成了作为主食的水稻、黍、粟的驯化，进入了农业社会。中国人很早就发现了因地制宜的道理，战国时期的《考工记》记载了当时不同地方的工具制造，以及作物种植的方法。后世不少的技术类书籍和农学书籍在不断增加新内容的同时，也一直强调"特色"和"局部性"，以因地制宜为基本思路，不足之处则在于缺乏对通用技术的追求。

在医学方面，中国也很早就形成了一套基于经验的传统方法。从神农尝百草的传说到《黄帝内经》，再到后来的中草药著作，无不凝聚着古人试错的勇气和智慧。

宋朝虽不是中国历史上疆域最大、人口最多、军事力量最强大的王朝，但其农耕之精细，手工业和商业之发达，算术和技术创新之活跃，不仅在中国历史上光彩夺目，同时期世界其他地方也难以与之匹敌，堪称人类农业文明的巅峰。中国经验型技术的成功使实用主义有根深蒂固的基础，经验方法也较为完善。

让我们再来看看中国巫术的发展过程。如果巫宗教在人类走出非洲之前就已发端，那么巫文化在中国的历史可能与中华民族一样古老。商王武丁时期留下的甲骨文让那段历史变得相对清晰。最初的甲骨文大多是问凶吉的占卜卦辞，表明中国当时巫术盛行，文字可能也是巫师创造的。

春秋战国之后，巫师细分化为几个专业群体：史家用文字记录历史，巫医治病救人，阴阳家占卜问卦看风水，天文家看天象制定历法、预测凶吉，礼乐家主持祭祀仪式等。古代中国的巫术虽然与世界其他地方有共同之处，但也有自身的特点：

其一，王权国家认识到全民行巫术的害处，很早就开展了一场"绝地天通"行动。于是，行巫术的权力基本上被统治阶级垄断。

其二，很多地方的原始宗教都有"天人合一"之说，即自然与人相关联。古代中国版的"天人合一"主要说的是王权天授，天子是天和人的沟通桥梁，此外，敬畏自然、与自然和平相处也是其倡导的价值观。

其三，以害人为目的的黑巫术很早就受到了统治阶层的压制和排斥，只能在民间和边远地区悄悄进行。

春秋战国时期，理性思维在中国兴起。墨子观察和记录了很多自然现象，也尝试着总结这些现象背后的规律。与此同时，古代巫术也有了变化。基于周代的《易经》，阴阳家邹衍创立了五行学说，通过阴阳五行说明事物运动变化的规律，并用其解释和预测王朝的兴衰，深得当权者赏识。

中国古代也有科学，比如数学和天文学。它们身上都有古巴比伦文明的影子，但目前尚没有证据表明它们是从西亚传来的。也许随着牛、羊、小麦、青铜的传入，西亚的数学和天文学也悄悄传入了中国。

考古学家在陶寺遗址发现了最早的测日影天文观测系统，陶寺文化的年代约为公元前2300—前1900年。有文字记录之后，各个王朝都设有专门的观天象机构，几千年来记录了大量的天文现象，也发明了一些天文仪器。

几百年前，当西方的现代科学初传入中国之时，少数中国的知识精英受到了极大的触动。1606—1607年与欧洲传教士利玛窦合译《几何原本》前6卷的徐光启充分认识到几何学的重要意义，"窃百年之后，必人人习之"。然而《几何原本》中译本出版之后，虽然得到了个别知识精英的夸赞，但很快就被束之高阁了。

清末西方的枪炮把更多人从梦中惊醒，有悠久的经验和技术积累传统，追求实用价值的中国人，终于开始走上科学之路。

最近100多年来，中国社会认识到现代科技才是强国强民之路，于是大力倡导和推广之。但一个拥有悠久历史的国家不得不接受外来文明，这一过程的确十分艰难。现代中国的知识体系是融合了经验、传统文化、外来文化的混合物。

显然，古代的经验方法和巫传统里虽然有孕育科学所需的营养，但都不会自动转化为科学，科学的诞生要求人类在认知方式上产生突变。在不断与巫文化的斗争中，古希腊产生了某种突变，这成为现代科学产生的必要前提。突变具有

图21-5　中国知识体系

偶然性，并非每个文明都会自发产生。欧洲人在近几百年里，延续了古代的经验方法，发扬了古希腊的精准和逻辑推理方法，创造了现代实验方法，悄悄地把巫师控制自然的愿望转化为推动科学发展的动力。

由此可见，"中国为什么没有产生科学"这个问题，根子在于中国从原始巫文化向传统文明转型之时，新崛起的理性流派与巫文化没有彻底决裂，而只是把巫文化的理论稍加包装，摇身一变成为上层精英和普通民众的主流意识形态。这些貌似自洽的理论强大到完全屏蔽了人们寻找新认知的想象力，它既不能被质疑，也无须验证，因此无法让人们产生认知突破。

历史可以追溯，但已然不能改变。在现代科学进入中国100多年后的今天，如何彻底告别巫文化仍然是很重要的挑战。现代科学这种舶来品在中国落地生根绝非易事。古老文明拥抱科学和现代化的道路，不会是一路坦途。

科学和技术本在两条路上各自奔跑，科学仪器让它们产生了交集。自此，哲学家与匠人精诚合作，基于经验和常识的传统技术也蜕变为现代高科技。现代高科技产品不仅有很大的经济价值，也改变了人类的行为和社会的发展方向。

第 22 章　科学和技术：缘起千年终相遇

人类有与生俱来的"传感器"，接收周围环境中的信息。眼看光影，耳听声音，鼻闻气味，舌尝百味，我们还拥有让我们感受到周围事物的形状、大小、干湿、轻重、冷热等性质的触觉。来自这些感官的原始信息碎片，在大脑中形成一幅幅图景。

然而，每个人周围的环境不一样，也都在变化，因此每个人接收到的外界信息不尽相同。每个人的大脑也不一样，而且会产生错觉，因此每个人脑中的图景及因此得出的结论千差万别。

世界太复杂，"盲人摸象"怎么能让我们看到世界的"真相"？

于是，试图得到客观信息的人开始不断发明工具和寻找方法，以收集和处理信息。由此收集的信息，以及基于这些信息拼凑起来的图景，与未使用这些工具和方法时当然很不一样。通过语言文字的横向和纵向传播，这些信息不仅是个人的，也为社会所共有。工具帮助人类得到关于某些问题的确定答案，但也产生了更多新问题。

人类发明的收集信息的工具和方法是技术，而用某种模型拼凑信息，进而还原自然本质和描绘世界图景的理论是科学。从问世的时间看，技术的历史比科学长得多。现代科学只有几百年历史，如果把古希腊哲学的诞生看作科学的起点，那么科学只有2 000多年的历史；如果把苏美尔文明的数学和天文学看作科学起点，那么科学发端于5 000多年前。然而，技术从人类诞生之日起就存在了。

数千年来，人类发明了拓展自身信息接收能力的技术，用于测重量、测温度、测长度、测风向、测气压、测位置、测时间、测光强、测电流……很多技术自发明之日起就有实用价值，但也有一些技术和工具只是为了描绘世界图景而发明的，它们就是科学仪器。

利用科学仪器来构建世界图景不一定有实用价值，但非常有趣。从事这类发明和使用这类工具的人，在人类历史的任何时刻，都是少数。但恰恰是这少数人发明的科学仪器，让人类得以更深入地观察世界，不断拼凑出更确切的世界图景。

古代科学家和现代科学家"看见"的世界差别很大，原因之一是古今技术水平的差异。显然，古人肉眼看见的星空和今天天文学家用大型望远镜看见的星空非常不一样，由此绘制的宇宙图景自然不一样。

原因之二是古今积累的信息量差别很大。前人收集和积累的信息及构建的模型，让现代科学家得以站在"站在巨人的肩膀上"看世界，山顶的风景与山腰或山脚的风景自然不一样。

科学从诞生之日起就是少数衣食无忧者的智慧结晶。象牙塔里的科学家与身处市井靠技艺过日子的匠人是在两条路上行走的人，少有交集。科学仪器的发明和制造担负着一项至关重要的历史使命：把科学家的智慧和匠人的技艺结合在一起。科学家发现的自然规律，可被匠人用来发明更多技术，制造出有用的产品，从而推动人类社会进入高科技模式。

本章通过讲述望远镜、显微镜和时间测量仪器的发明故事，探讨科学仪器是如何拓展了人类看见的世界，又是如何让各自独立行走了数千年的科学和技术牵手催生了高科技的。

改变宇宙观的望远镜

仰望天空是人类的一项古老的兴趣，在很久以前，人们就开始用肉眼观察斗转星移，并辩论着宇宙的中心是太阳还是地球。2世纪，古希腊天文学家托勒密提出了"地心说"模型：地球是中心，太阳、月亮及各大行星都围着地球转。这个模型描绘的世界图景十分精巧，对行星运行的预测也比较准确，所以在长达1 300多年的时间里一直被欧洲人奉为真理。

1543年，天文学家哥白尼提出了以太阳为中心，地球等行星绕着太阳转的"日心说"模型。这个模型在预测方面并不比经典的"地心说"更精确，因此在学者中引起了激烈的辩论。如果除了肉眼之外，没有新的天文观测工具出现，这两种学说的辩论即使进行再长时间也未必会有结果。1609年，伽利略制作的望远镜让人类看见了从未见过的崭新天空，从此天文学进入望远镜时代。

早期的望远镜很简单，是由凸透镜和凹透镜组合而成的。用它看远处的物体时，可以将物体放大数倍。事实上，凸透镜和凹透镜在公元元年之前就被发明出来了。

大约在1289年，意大利人发明了眼镜，这种有用的产品后来逐渐成为视力不佳者不可或缺的工具，对后续各种光学仪器的发明也是重要的铺垫。

荷兰眼镜商汉斯·利伯希于1608年制造了人类历史上的第一架望远镜，并申请了专利。但望远镜在发明后的一段时间里并未得到广泛的应用，只有少数人用它欣赏远处的风景。

17世纪初，使用和改良望远镜的是象牙塔里的科学家。这种有趣的新仪器发明的消息很快就传到了意大利物理学家伽利略的耳中，他了解望远镜的原理后，自制了一台望远镜。伽利略不是科学家自制科学仪器的第一人，但他的举动引领了科学家制作科学仪器来观测自然现象的潮流，也促进了实证科学的发展。

1609年，伽利略用自己制作的望远镜观察天空，他看见了月球上的山脉。在增加了望远镜的放大倍数后，他又看见了木星的卫星、土星的光环、太阳的黑子……根据这些观测结果，伽利略完成了一系列振聋发聩的著作：1610年出版了《星际使者》，1613年出版了《关于太阳黑子的书信》，1632年出版了《关于托勒密和哥白尼两大世界体系的对话》，在学术界和宗教界掀起了滔天巨浪。

伽利略用"看得见"的证据，否定了托勒密的地心说，证实了哥白尼的日心说。这对1 300多年来一直信奉地心说的欧洲学术界和宗教界来说，就像一次大地震。当时的意大利仍处于教会的统治之下，许多人都不肯承认与教义相违背的新思想、新事物。1613年，哥白尼的《天体运行论》被宗教裁判所列为禁书。

1632年《关于托勒密和哥白尼两大世界体系的对话》一书的出版，彻底激怒了教会，宗教裁判所于1633年判处伽利略终身监禁，1637年，被软禁在家的伽利略双目失明，1642年去世。

接下来的两三百年里，在科学家的推动下，望远镜的放大倍数慢慢增加，成像质量也逐渐改善。与此同时，自制先进的观测仪器和实验设备的做法，在科学家群体中也变得越来越普遍，成为实验科学的重要传统。

进入20世纪，对望远镜的更强劲的需求仍然来自天文观测，望远镜的建设与维护主要由各国政府的科研基金资助。除了大幅提升光学望远镜的放大倍数，更灵敏地探测宇宙深处微弱的可见光以外，科学家还挖空心思设计出观测电磁波谱的其他波段的新型望远镜，比如射电望远镜、伽马射线望远镜、X射线望远镜、红外望远镜等。

近年来，随着火箭和卫星等空间技术的进步，科学家把太空望远镜发射到宇宙中，以减少背景噪声干扰，清晰地"看见"更深远的宇宙。哈勃空间望远镜由美国国家航空航天局于1990年发射到地球轨道上。近30年来，经过5次维修一直坚持工作的哈勃空间望远镜告诉了我们很多关于宇宙的奥秘，比如"宇宙是不是还在膨胀""星星是怎么形成的"等。

广义地说，激光干涉引力波天文台（LIGO）也是一种望远镜。利用LIGO，科学家于2015年9月首次探测到爱因斯坦100年前预言的引力波，它是由宇宙深处的两个黑洞合并产生的。利用各种各样的望远镜，科学家现在最远可观测到距离地球300万光年之遥的星系。

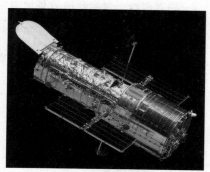

图22-1　哈勃空间望远镜

图片来源：公有领域。

开启微观世界的显微镜

就在伽利略用望远镜仰望天空的同时，显微镜问世了。1590年，荷兰人扬森父子发明了世界上第一台显微镜，但并未发现显微镜的真正价值。结果半个多世纪过去了，显微镜没有像望远镜那样给人们带来科学上的重大发现。直到英国科学家罗伯特·胡克于1665年出版了《显微制图》一书。胡克也是一位才华横溢且动手能力极强的物理学家，设计制作了真空泵、望远镜和显微镜等仪器。

由于科学成就卓著，胡克担任过英国皇家学会主席，还与牛顿就天体运行理论的首创权闹起了矛盾。胡克去世后，牛顿继任英国皇家学会主席。据说讨厌胡克的牛顿派人拆除了胡克的实验室，还把胡克在皇家学会的肖像也销毁了。看来伟大的科学家胸中放得下整个宇宙，却未必容得下一位竞争者。

胡克留给世界的科研成果很多，其中包括他在显微镜下发现的微观世界。他把对微观世界的观察和发现，亲手绘制成58张精美图画，收录在《显微制图》中，并用cellua一词来命名植物细胞。

图22-2　胡克在显微镜下观
察后绘制的跳蚤图

图片来源：公有领域。

图22-3　胡克设计制造的显微镜
手绘图

图片来源：公有领域。

《显微制图》展示的微观世界激起了不少人的兴趣，其中包括荷兰科学家安东尼·列文虎克。他因此成为显微镜发烧友，并用自己磨制的独特透镜制造出当时世界上最先进的显微镜，放大倍数超过300倍。他用显微镜对微生物世界进行了更细致的观察，看见了细菌、红细胞、精子等物，开辟了微生物学领域。

在物理学的助力下，显微镜的成像质量在20世纪突飞猛进。基于德国的奥古斯特·科勒教授发明的照明技术，荷兰物理学家弗里茨·泽尔尼克于1933年发明了相差显微镜，让显微镜的成像质量大大提高。泽尔尼克因此获得了1953年的诺贝尔物理学奖。

进入20世纪，大多数新型显微镜的研发方向是，用比可见光波长更短的电磁波来"看"更小的微粒。20世纪30年代，科学家发明了电子显微镜和干涉显微镜，"二战"后发明了X射线显微镜，20世纪80年代发明了原子力显微镜，20世纪90年代又发明了荧光显微镜。这些显微镜都是科学家基于科研的前沿发现发明的。

现在最高精尖的显微镜的放大倍数可达几十万倍，能"看见"纳米级别的东西。多种多样的显微镜形成了一个颇具规模的高科技产品市场：它们有的用来研究金属，有的专为非金属材料设计，有的长于观察细胞、DNA等生命物质，对物理学、材料科学和生命科学等多个领域的发展做出了巨大贡献。在物理学领域，粒子加速器、X射线同步辐射光源等设备，在广义上也可以称之为"显微镜"，协助科学家探索原子和其他粒子的奥秘。

自从诺贝尔奖于1901年开始颁发以来，有8次颁给了发明各种显微镜的成就，共14位科学家获奖，比如，2017年的化学奖颁给了发明冷冻电子显微镜的三位欧洲科学家。然而，尽管也有不少科学家因使用望远镜发现新的宇宙现象而获奖，但望远镜的发明者鲜少获奖。或许诺贝尔奖委员会更偏爱实用性强的工具吧。

时和光

时间也可叫作时光。很久以前，人类就注意到"日出日落""天亮天黑"等自然现象有一个固定周期，于是，"时"和"光"成为不可分割的概念。一个日出日落周期也成为最早的自然时间单位，被称为"日"或"天"。后来，人们又发现自然界中存在一个更长的周期——植物从生长到成熟再到凋零，他们把这个周期命名为"年"。

农业革命开始后，弄清季节的周期性变得至关重要，因为这决定了农民何时播种才能获得好收成。人们便把目光投向天空，仔细观察日月星辰的运动规律，并将其与万物的变化和人类社会联系起来。古代天文学最初的使命就是确定"年""月""季"等周期。

图22-4 古埃及方尖碑，东罗马帝国时期被运往君士坦丁堡

图片来源：作者摄于土耳其伊斯坦布尔。

驯化动物也是农业革命的重要成就之一，在这个过程中，人们发现有些动物对自然现象和时间周期有很高的敏感度，例如天亮时公鸡会鸣叫，这就是最早的"闹钟"。

世界各地最早的计时方法，是通过影子的长短和方向来估计时间。基于这个方法，6 000多年前两河流域的人们开始用日晷做测时工具。古埃及人用方尖碑的影子测时，5 000多年前就陆续制造了很多座。中国最早的测时工具是圭表，也是通过影子的长短和方向来测量时间。目前发现的最早圭表是在陶寺遗址，距今大约4 000多年。人们常说的"一寸光阴"，是指日晷的影子移动一寸距离所花的时间，对于较好的日晷，一寸光阴可以做到相当于今天的一刻钟的精度。

这些借助太阳光影的工具只能白天使用，后来又出现了月晷，在月光好的晚上可以用来测量时间。有人按照夜间星辰升起的顺序把晚上分为12份，后来又把白天也分为12份，这可能就是一天24个小时的起源。

图22–5　中国目前发现的最早的测时工具——圭表实物，出土于西汉汝阴侯墓

图片来源：作者摄于安徽省博物馆。

钟与天文学自古就有密切的关系，它"出身高贵"，一直是精英阶层的玩具。1901年，人们在希腊安提凯希拉岛附近打捞出一艘古代沉船，其中一堆锈迹斑斑的机械装置碎片震惊了世界。多领域的科学家经过100多年的研究，推断这是一座公元前1世纪制造的机械天文钟。这座钟融合了当时的天文学家对天体运行规律的理解，可以计算太阳、月亮甚至是某些行星的运行周期，是一种能确定自然时间的重要装置。2 000多年前的人能制造出如此精巧复杂的装置，实在是太不可思议了。这表明古希腊不仅有象牙塔里的思想家，也有动手能力强的工程师。

公元前1世纪的古罗马著名工程师和发明家维特鲁威在其著作中描述了13种不同的日晷，它们也许是当时常用的东西，但显然不是先进的仪器，无论是科学还是技术含量都比安提凯希拉机械装置差太远。欧洲进入中世纪后，古希腊时期的很多先进的科技成就都失传了，计时工具也没有明显的进步。

在东方的中国，自古以来统治者就供养着一群相当于天文学家的人。他们的工作之一是改进观天象的工具，准确地记录天象、了解自然周期，制定出准确的农耕历法。唐朝著名僧人一行是一位杰出的天文学家，他主持编制了《大衍历》，还设计制造了类似于天文钟的水运浑天仪。

几百年后，北宋宰相苏颂等人又制造了一台大型的综合性观测仪器——水运仪象台。它集观测天象的浑仪、演示天象的浑象、计量时间的漏刻和报告时刻的机械装置于一体，应该是当时世界上最先进的天文钟，也是中国历史上原创计时工具的巅峰之作。

中世纪，伊斯兰世界的发明家也在绞尽脑汁地改进时钟，其中比较出色的有：11世纪阿拉伯科学家穆拉迪建造的水钟，以及12世纪阿拉伯发明家萨阿迪建造的水钟，它们都兼具天文时间和钟表时间的功能。这些计时技术随着伊斯兰势力在欧洲的扩张和欧洲后来的十字军东征，从阿拉伯地区逐渐传入欧洲大陆。

欧洲使用水钟最积极的是遍布各地的教堂，一方面时钟可以满足教士准时祈祷的需求，另一方面每日定时响起的钟声也是一种服务民众的方式。到14世纪中期，英国和欧洲大陆的多个教堂都安装了水钟，为时钟在民间的普及奠定了基础。

图22-6 北宋苏颂的水运仪象台复原品

图片来源：作者摄于中国国家博物馆。

越精准，越碎片

以日月之光影来测量时间的工具有三个致命的弱点。一是不精确，中国古代的一天分为12个时辰，每个时辰等于两个小时，没有分和秒；二是没有太阳、月亮的时候没法用；三是日月之光影天天不同，校准时间的工作只有专家才能胜任。

于是，各地人民先后发明了简单的水漏钟来进一步满足计时需求。4 000多年前，水漏计时法就已在古埃及和古巴比伦出现。从此，计时工具出现了分流：一是由天文学家掌控的天文计时系统，以天体运行为观察对象，旨在搞清楚一些自然现象的周期，制定历法，并为钟表时间提供校准体系；二是钟表计时工具，主要为人们的日常生活提供便利。

公元前600年前后，人类进入了一个至关重要的阶段：中东文明依然灿烂，古希腊文明已经崛起，中华文明也在春秋战国时期出现了百家争鸣的盛况。此时的人类社会对计时的准确性、灵活性都有了更高的要求，多种技术元素的积累和进步也为发明新的计时工具提供了更好的条件，于是，无论是天文计时系统还是钟表计时系统都取得了显著进步。

在钟表计时系统方面，除了水漏钟外，沙漏钟、烛光钟、熏香计

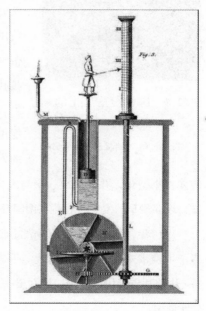

图22-7　克特西比乌斯设计的水钟示意图

图片来源：公有领域。

时器等逐渐出现。这些计时工具的长处是无须时时依靠日月光影，较为准确，制作和使用也很简单。短处是它们与自然周期脱节，需要定期校准。时间的碎片化从此开始。

基于水漏钟的基本思路，居住在古埃及亚历山大城的希腊发明家克特西比乌斯在公元前250年前后发明了一种相当复杂精巧的水钟，涉及些许自动反馈机制和擒纵机制。他是人类历史上第一位有文字记录的时钟发明者。

图22-8　海昏侯墓出土的铜漏刻

图片来源：作者摄于首都博物馆。

中国水漏钟（漏刻）的最早文字记载见于《周礼》，出土的最早漏刻来自西汉时期。2011年发掘的西汉海昏侯墓中就出土了一件铜漏刻，墓主人是西汉废帝刘贺，为汉武帝刘彻之孙，其墓葬用具和随葬品均代表了当时的最高水平。

15世纪，人们投入了大量精力研发便携式计时工具。15世纪中期欧洲出现的发条钟是一项划时代的发明，这使钟的体积小型化，并且无须频繁与天文时间校准。发条钟的原始发明者不详，现存最早的发条钟收藏在德国日耳曼国家博物馆。

1510年，德国纽伦堡的钟表匠彼得·亨莱因制造出一种怀表，从此开启了可携带式计时工具的时代。手表的历史最早可追溯到1571年，罗伯特·达德利送给伊丽莎白一世女王一只手表。欧洲钟表业初成规模大概也始于此时。

当欧洲的钟表匠挖空心思地提升钟表性能的时候，科学家队伍出其不意地在这个领域异军突起。17世纪初，伽利略用摆锤来测量物体运动，并因此发现了摆锤运动的等时性。伽利略意识到，可以利用这个性质来制作时钟。这是一个划时代的构想，但实现它并不容易。他做过一些初步的时钟设计，他的儿子改进了设计并尝试制作摆钟，却都失败了。

基于伽利略父子的前期工作，荷兰科学家克里斯蒂安·惠更斯于1657年发明并制作出第一台摆钟。摆钟是利用摆锤的周期性摆动过程来计量时间，属于机械钟，精确度很高。

更重要的是，摆钟的问世使时钟从教堂、王室进入了普通家庭，开辟了一个崭新的普通家庭和个人消费市场。

18世纪是钟表技术发展的黄金时期，其中的一项重大进展是擒纵机构的改进。

与时间赛跑的人类

由于地球自转，不同地方的天文时间不一样，地球上经度每相隔一度的地方，天文时间就相差4分钟。

在生活节奏较慢、各地往来不多的时代，各地采用自己的"标准时间"问

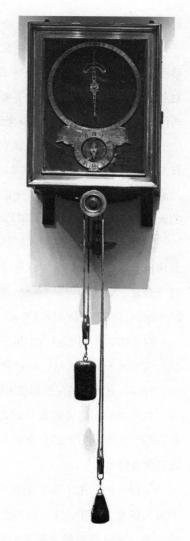

图22–9　克里斯蒂安·惠更斯于1657年发明的摆钟，同时代制造

图片来源：作者摄于不列颠博物馆。

题不大。

工业革命促进了火车等新交通体系的出现，后来又出现了电报、电话等通信技术，这些不仅使钟表的精度和普及度有了急迫的市场需求，对各地时间的同步性也提出了要求。试想一下，如果每个地方都用本地时间，火车时刻表上的时间就毫无意义。

在19世纪中期的英国，新兴资本家和创业者非常活跃，很多重要的技术里程碑都是由这些人树立的。在英国的铁路公司和民众的推动下，世界上的第一套标准时间——格林尼治标准时间诞生了，之后英国所有的火车时刻表上标明的时间都是格林尼治时间。

这套标准时间体系对铁路运输业的好处显而易见，其他国家的铁路公司也纷纷效仿。1884年，世界20多个国家的天文工作者在美国华盛顿召开会议，正式确定以英国格林尼治标准时间为世界时，把地球划分为24个时区，相邻时区相差1小时。

西方钟表于明末进入中国。1902年，中国开始实行标准时制度，按照经度分为5个时区。从1949年开始，中国统一使用一个标准时间，即北京时间，它比格林尼治标准时间早8个小时。

如果说欧洲的钟表设计和关键零部件的发明为现代钟表业奠定了基础，那么美国最主要的贡献就是让钟表变得便宜，使其从统治阶层"飞入寻常百姓家"。

美国人的"撒手锏"是让钟表零部件标准化，从而实现批量生产。美国人伊莱·特里是这方面的一位杰出代表，他被视为美国钟表业的鼻祖。钟表的量产对社会和人们生活节奏的改变产生了不可估量的影响，时钟的嘀嗒声时刻提醒人们珍惜时间，越发感受到"一寸光阴一寸金"。

日本钟表业崛起始于"石英革命"。自1880年皮埃尔·居里和雅克·居里兄弟发现石英晶体的压电效应后，石英电子技术在20世纪得到飞速发展。

1967年，世界上第一只石英电子手表在瑞士电子钟表中心实验室诞生。但瑞士企业界认为机械表才是正统，便放弃了石英表的产业化。与此相反，日本精工公司发现由电池驱动的石英钟表每月误差仅有十几秒，无须精确的手工校时，生产速度显著快于机械表，生产成本也低廉，于是投资进行批量生产。

1969年，精工推出了世界上第一款指针式石英手表，惊动了包括瑞士在内的欧洲制表商。石英表的批量面世撼动了机械制表业，爆发了"石英革命"，改变了制表业的格局。

追赶时光的人类先是仰望天空，观察日月的光影，而后通过计数摆锤和原子的节奏来测量时光的脚步。他们依据自然的节奏发明了计时技术和产品，这些技术和产品又反过来主宰了人和社会的运行节奏。

进入农耕时代后，人类一直辛苦劳动。今天，人工智能似乎可以让人类过上轻松的日子，但也有很多人对此感到忧虑。

第 23 章　人工智能究竟是天使还是魔鬼

美国南加州大学教授沈为民是人工智能、机器人领域的著名专家，曾是人工智能领域的先驱之一赫伯特·西蒙的博士生。他笑眯眯地看着自己制造出来的人工智能机器人，感叹常有如"上帝造人"般的成就感。

"上帝造人"的成就感是什么样，人类永远无法得知，但人类创造出"聪明物件"的历史由来已久。早在希腊化时代，人们就开始制造"自动机"了。公元前3世纪，古希腊发明家克特西比乌斯发明了第一台自动运行的水钟。宋朝苏颂制作的水运仪象台也采用了控制反馈系统。工业革命以来，各类机器蓬勃发展，工厂生产线逐渐自动化。

1948年，美国麻省理工学院数学系教授诺伯特·维纳出版了一部十分重要的科学著作《控制论》，提出了自动控制系统的三个基本概念：平衡态、负反馈和人机互动。同年，英国科学家罗斯·阿什比发明了一台"自动调节机"（Homeostat），成为控制论系统的原型机。

控制论很快就在一些民用领域得到应用，推动了多个学科的发展，还取得了热烈的社会反响，维纳和阿什比成为大众追捧的学术明星。但维纳在接受各种荣誉的同时，也有些忧心忡忡。他于1950年出版了《人有人的用处》，通俗地介绍了控制论的哲学思想和科技精髓，预测了控制论的一些可能的应用和对社会的冲击。他还谈及工业自动化可能造成的大规模失业，以及"能自主学习的机器"对人类可能造成的反制。这些忧思引发了人们对自动化的警惕。

尽管有很多人对自动化可能带来的负面效应提出了警告，但20世纪50年代的美国，总体来说沉浸在对自动化的向往及一切皆可实现的乐观氛围之中。包括维纳在内的很多人都相信，美国的工业自动化在20多年后就能实现，到那时工厂只需寥寥数人即可实现庞大的制造任务。20世纪70年代，美国和其他很多先进国家的工厂自动化程度虽已提高了很多，但与预期相差甚远。

为了进一步降低人工成本，资本家采取的方法是把工厂搬离发达国家，去其他国家或地区寻找更便宜的劳动力。资本在全球范围内寻求更高回报，这是全球化的本质，是美国及其他发达国家产业工人噩梦的开始，也是发达国家掉进"高收入陷阱"的重要原因。

然而，虽然美国等发达国家这一轮的产业结构性调整很剧烈，20世纪50年代令人们忧心忡忡的"革命"或是"毁灭"都没有发生。至此，

图23-1　猿、人和智能机器人

图片绘制：梁爱平。

控制论和自动化告别了高光时刻，成为普通的日常技术。但控制论留下的遗产却在寒冬中顽强地蛰伏，并暗暗生长，其遗产之一就是人工智能。

最近十多年来，人工智能大潮以摧枯拉朽之势卷土重来，其盛况可以与20世纪50年代的控制论相提并论。现在，机器学习曙光初现，智能机器人也应用于各行各业。因此，人们又开始了争论：科技创造者是带来了一群服务人类的天使，还是放出了一群为害人间的魔鬼？

一群怪才的一场豪赌

1956年，控制论在理论前沿和多个工程领域都呈现出蓬勃发展的势头。但也有不少科学家意识到，无论是控制论，还是当时问世的多种自动控制装置，都与"能自主学习的机器"这个理想有天壤之别。该如何解决这个问题呢？

这一年，任教于匹兹堡市卡内基理工学院（后改名为卡内基–梅隆大学）经济管理系的赫伯特·西蒙40岁，已经完成了他一生中最重要的一项工作，即建立有限理性模型和满意度模型，并用它们来解释组织行为和决策。他后来因此获得1978年的诺贝尔经济学奖。

同年，他还与艾伦·纽厄尔和约翰·克利福德·肖合作编制了一个模拟人推理和求解问题的计算机程序——"逻辑理论家"，这是当时唯一可以运行的人工智能软件。这年夏天，他们带着这个程序来到达特茅斯学院，参加一个暑期小型专题研讨会。

这个暑期研讨会的组织者和发起人是达特茅斯学院年轻的计算机专家约翰·麦卡锡，他提出了"人工智能"（Artificial Intelligence，AI）一词，并从洛克菲勒基金会争取到了7 500美元的赞助。虽然这只是麦卡锡申请的费用预算的一半，但在当时已是一笔不小的资金。基金会主管罗伯特·莫里森在给麦卡锡的回信中给出了将资助费用减半的理由：

> 我希望你不要觉得我们太谨慎了。你们涉足的这个给人类思维
> 建数学模型的新领域，长期来说也许是一件有意义的事，但短期看
> 不到它的价值，这应该算是一种赌博吧。因此，如果我们花更多钱，
> 风险就太大了。

参加这次会议的有十几位跨学科的学者，除了信息论创始人克劳德·香农，其他大多是当时还不出名的新人。这群智力超群的天才，立志要开启一个崭新的领域——人工智能。

那时，计算机领域刚用晶体管取代了真空管，第一台晶体管计算机于1954年在美国贝尔实验室问世，当时集成电路还未发明，计算机网络更是闻所未闻。人工智能是什么？这个问题当时的答案似乎只来自图灵测试：如果某台机器能回答人提出的一系列问题，其中超过30%的回答让测试者误以为是人类所答，那么这台机器就被视为具有人类智能。

一帮新手小心翼翼地揭开一个新领域的帷幕，充满无限可能性的未来若隐若现。

回到匹兹堡后，西蒙在他任职的卡内基理工学院正式展开人工智能研究项目，并把在兰德公司工作的纽厄尔拉来做他的博士生。他们用"逻辑理论家"的程序证明了罗素和怀特海合著的《数学原理》第二章中共计52个数学定理中的38个。1960年，他们合作开发了"通用问题求解系统"。

这些探索证明机器可以像人一样从事高级的逻辑推理活动，也使得他们成为人工智能符号主义学派的鼻祖，两人于1975年荣获图灵奖。

在20世纪60年代，西蒙深入研究了人的"热认知"方式，提出了关于人类情绪性反应的理论，还与他的学生爱德华·费根鲍姆重建人脑学习

和认知模型。后来，成为斯坦福大学教授的费根鲍姆以此为基础开发出世界上第一个专家系统程序，并因此于1994年获得图灵奖。

20世纪70年代初，西蒙拓展了心理学的分块理论，认为不同人的大脑有大小不同的"记忆块"，下棋高手的记忆块可能比其他人的大。他于1969年获得了美国心理学会杰出科学贡献奖，1993年又获得了美国心理学会终身贡献奖。

冬夏交替的人工智能

有人说，自创立以来，人工智能领域只有两个季节：火热的夏季和寒冷的冬季。20世纪50年代的美国，到处洋溢着对人工智能的乐观情绪。控制论和人工智能领域的先驱预测，十几年后或至多20年后就可以让机器达到人的智力水平。达特茅斯暑期研讨会的与会者把这份如盛夏般的热情带往各地，人工智能的星星之火开始燎原。

1957年，麦卡锡离开达特茅斯学院到麻省理工学院任教，成为维纳的同事。后来，他在美国国防部资助下，建立了人工智能实验室，领导开发了表处理语言LISP。1962年他前往美国斯坦福大学任教，将数理逻辑应用于人工智能研究，并于1971年获得图灵奖。

马文·明斯基也是达特茅斯暑假研讨会的与会者之一。他于1958年加入麻省理工学院，与麦卡锡一起建立了人工智能实验室。1963年，他发明了虚拟现实（VR）参与者使用的头盔，之后的几十年里VR技术虽然进步了很多，但仍然深受明斯基设计思路的影响。1969年，明斯基获得图灵奖。人工智能专家王飞跃评价道："明斯基是一位真正意义上的科学思想家，其思想的深度与原创性有时远超许多人的理解范围，因此受到质疑或引发争议。"

　　1957 年，康奈尔大学的心理学家弗兰克·罗森布拉特发明了感知器，这是一种人工神经网络。接着他给出了感知器的学习算法，建立了神经网络动力学理论。

　　明斯基对罗森布拉特的人工神经网络深不以为然，1969 年他与西摩·派珀特合著《感知器》，对罗森布拉特的感知器提出了严厉质疑。

　　有人认为，《感知器》一书是导致 20 世纪 70 年代人工智能"寒冬"的原因之一。此时，美国和英国政府大大减少了对人工智能领域的资助，企业界也因为迟迟看不见商业应用前景而停止投资，以致研究项目大幅减少。

　　20 世纪 80 年代初，人工智能领域开始回暖。一方面，费根鲍姆开发的专家系统程序，让当时成长迅速、竞争激烈的计算机行业看到了智能系统商业化的可能性，纷纷投入资金开发基于专家系统程序的智能计算机。在美国数字设备公司的资助下，首款商用专家系统 XCON 于 1987 年在卡内基–梅隆大学计算机系完成开发并投入使用。

　　另外，人们也在探索用其他一些思路来构建人工智能体系，比如，基于达尔文进化论的"进化学派"，基于贝叶斯理论的"贝叶斯学派"，基于古老的类比法的"类比学派"等。一些计算机公司和天使投资人也向智能计算机领域投入了大笔资金。

　　可惜好景不长，20 世纪 90 年代初，智能计算机无论在价格上还是性能上都竞争不过通用计算机，特别是个人计算机的计算能力迅速提升，使得资本纷纷转向个人计算机市场。人工智能领域的寒冬再次来临。

　　1997 年，IBM 的"深蓝"计算机打败了国际象棋世界冠军卡斯帕罗夫，让人工智能再次进入公众视野。但业界专家并不觉得深蓝获胜有什么了不起，因为从 1951 年开始程序员就一直在编写下棋软件并用它作为测试人工智能水平的手段，而几十年来计算机下棋的原理变化不大，最大的进步来自计算机速度的提升。1997年深蓝计算机的速度是1951年的计算机速度的1 000万倍。可以说，这次胜利靠的主要是摩尔定律，而非人工智能理论和算法的进步。

接下来的十几年里，人工智能领域虽然没有发生吸引公众眼球的大事，但研究者稳扎稳打地实现着各种小目标，比如数据挖掘、语音识别、图像识别、医疗影像诊断、搜索引擎等。可以说，几十年的人工智能研究成果都没有被浪费，而是被一代又一代的计算机应用吸收了。

最新的AI热浪

2010年前后，人工智能再次高调地进入大众视野。这一次，"深度学习"成为热门的关键词。它是一种基于人工神经网络的机器学习算法，让计算机从不同维度和层次挖掘数据，模仿大脑神经元之间的信息传递方式来处理信息。同时，利用大量数据对系统进行训练，最终让系统自发地找到"规律"并进行自主调整，对未来事件做出更准确的预测、判断和决策。

深度学习的思路早就出现了，但实现这个想法的相关技术，比如机器学习算法、语音分析、图像识别、数据挖掘、逻辑编程和各种数据分析模型等，花费了科技人员几十年的时间来丰富和完善。2006年是深度学习的转折年，杰弗里·欣顿等科学家发明的一些算法让这个思路变得实际起来，让基于神经网络和深度学习的人工智能渐入佳境。

这一轮人工智能突破得以实现的关键点之一是，互联网产生了海量数据，给机器提供了学习、挖掘和试错的对象。另外，计算机硬件进步明显，机器处理大数据的能力大幅提升。至此，数据、硬件和算法这三项技术条件都已具备。

概括来说，人工智能可分为两大类：一类偏爱逻辑和数理，喜欢用干净简洁的理论思路来构建系统；另一类偏爱经验和观察，比如神经网络派、感知派、类比派、深度学习派等，都属于这一类。前者可称之为"逻辑主义"，后者可称之为"连接主义"。下图概括了人工智能的发展简史。

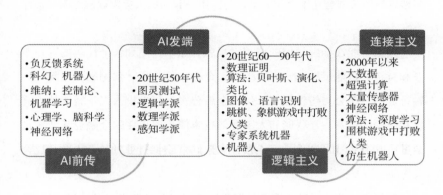

图23-2　人工智能发展简史

经过几十年的厚积薄发，人工智能在一些领域的商业化应用场景已经出现。因此，这一轮人工智能升温的最重要动力来自擅长商业化的硅谷，几乎所有的硅谷高科技公司都从不同角度切入人工智能产品和服务的开发和应用，人工智能创新呈现出全方位爆发的态势。

具有海量数据优势的搜索引擎公司谷歌处在这一轮人工智能的"台风眼"之中。2009年，谷歌的自动驾驶汽车开始悄悄行走在硅谷的大街小巷，既为了采集数据，也是在测试程序。2013年，谷歌进入智能医疗领域，目标是基于海量人体基因数据提供个性化的医疗服务。谷歌的搜索引擎于2015年正式采用RankBrain人工智能搜索排名算法系统，并推出了人工智能围棋程序AlphaGo。AlphaGo先是战胜了欧洲围棋冠军樊麾，后又打败了世界围棋冠军李世石，2017年又战胜了世界围棋冠军柯洁。

IBM也在持续不断地在人工智能领域发力。它的超级电脑"沃森"于2011年在美国智力竞赛电视节目《危险边缘》中战胜了两位"常胜将军"。沃森医疗人工智能系统通读了历史上几乎所有的医学论文，并不断阅读最新的论文，让自己变身为超级"医学专家"。目前，该系统与世界很多地方的医院都建立了合作关系，与医生一起为病人提供远程诊断和治疗方案。

人工智能在金融领域的应用很早就开始了，比如，个性化的客户服务和营销、智能反欺诈、风险控制、金融市场分析、预测和交易等。金融行业的金融公司纷纷涌现，传统金融公司也积极投入人工智能技术开发和应用的竞赛。互联网和人工智能技术使美国现在的金融业从业人员数量比10年前少了很多，有人预计未来10年金融行业的从业人数会比今天再减少一半。

在传媒领域，各种"码字机器人"出现了。机器不仅具备了"写作"规范文章的能力，还可以写作突发事件的新闻稿。成立于2007年的自动化洞察力（Automated Insight）科技公司开发出能撰写新闻的机器人，有超过3亿个模板可供新闻、体育、金融等行业使用。不少传统媒体和新媒体已纷纷启用写稿机器人，比如美联社、《纽约时报》、《华盛顿邮报》、新华社、腾讯财经等。

由于基础人工智能技术（比如语音处理、图像识别等）的进步，商用和家用智能机器人领域的创新也很活跃。迎宾、导游、导购、教育、翻译等领域都可见智能机器人的身影，聊天、陪护等领域也有不少智能机器人产品。

人工智能在创意领域也频频发力，产品和服务令人眼花缭乱，比如时装设计、照片处理、艺术品创作……谷歌"深梦"图像操作软件于2016年创作了29幅原创画作，其中6幅最大的作品拍出了8 000美元的价格。

中国企业也积极投身于人工智能的科研和产品开发大潮，以百度、阿里巴巴、腾讯为代表。百度的重点在于智能搜索、语音处理、无人驾驶、增强现实等；阿里巴巴的重点在于智能客服、智能云服务、智能化的金融科技服务等；腾讯则在智能搜索、智能文件处理、金融服务和新闻报道等多个领域发力。

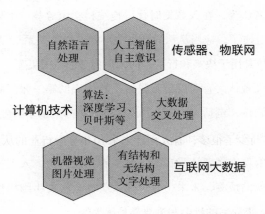

图 23-3　人工智能的部分关键技术

"无用"的人类

2016年，世界人工智能的市场规模已经超过80亿美元，进入快速上升通道，乐观主义者认为这一轮人工智能已经拿到了腾飞的"王牌"，火热的夏天将永远持续下去，直至改变整个人类社会。

乐观主义者看见的第一张王牌是计算速度的大幅提升。按照摩尔定律，集成电路上容纳的晶体管数目会呈指数级增长，其他与计算机相关的技术指标（比如信息存储密度）也显示出指数级增长的特征。未来学家雷·库兹韦尔认为，科技发展的速度越来越快，21世纪的科技成就将是过去1 000年科技成就的总和。他预言到2045年，人工智能将超越人类智慧，他把这个时刻称为"奇点"。

乐观主义者认为，大数据是这一轮人工智能腾飞的第二张王牌。互联网上的数据不仅多，而且种类丰富。正在快速发展的物联网更是可以提供海量数据，为人工智能的发展提供源源不绝的"燃料"。

数据论者认为，在大数据时代，传统科学家寻找"因果关系"的逻辑思维已经过时了，应当从浩瀚数据中寻找"相关关系"，发现前所未有的规律，并将其用于决策和行动，而无须再考虑"因果"。

乐观主义者认为，深度学习是这一轮腾飞的第三张王牌。目前的很多人工智能软件，包括AlphaGo，其核心算法都是基于深度学习构建的，其有效性亦得到了多方验证。

因此，乐观主义者认为在这三张王牌的助力下，人工智能的夏天将永驻人间。他们预测，未来一二十年人类社会将发生结构性变化。在大变革时代，人类面临的机会和挑战都是巨大的。

一个渐成共识的看法是，大量现有的工作将消失。智能机器人将取代工厂工人和货运司机，使制造和物流成本进一步降低。农用机器人会劳作于田间，进一步提升农业生产率，替代更多的农民。服务业也将成为智能机器人施展才华的重要领域，比如餐馆、商店、医院等。

与此同时，文字工作者、金融从业者人数将大幅减少。德勤公司估计，39%的司法工作岗位在未来20年将面临被机器淘汰的高风险。

如此看来，人工智能的夏天很可能是人类的寒冬。很多知名人士也对人工智能带来的风险表达了忧虑。著名物理学家霍金说："人工智能的成功可能是人类文明史上最大的事件，因为人类有可能会因此灭亡。"走在科技创新前沿的特斯拉公司首席执行官马斯克也认为："人类需要提升脑力，因为按照人工智能的发展，未来人类在智力方面将被人工智能远远抛在后面，甚至沦落为人工智能的宠物。"《未来简史》作者尤瓦尔·赫拉利预言，将来绝大部分的人类都会成为"无用阶级"。

如果说以上言论可能是危言耸听，那么我们再来看看比较严谨的预测。2017年12月，麦肯锡咨询公司发布了一份报告，对到2030年在人工智能等技术的作用下，世界各国工作岗位的结构性变化，进行了较为严谨的量化预测。其结论是，截至2030年，目前全球工作岗位中的约15%（3.75亿个）将被机器替代。

麦肯锡报告还特别指出，部分岗位被机器人取代并不意味着大量劳动者会失业，因为新的就业岗位将被创造出来。人们应该提升工作技能来应对即将来临的就业大变迁时代。

其实，以上这些预测，在控制论刚刚兴起的20世纪五六十年代也出现过，当时公众对控制论和恐慌与今天如出一辙。维纳在70年前就说过，机器的崛起让人的肌肉贬值，自动化则将让人的大脑贬值。他还警告说，当人机合一的时候，灾难也在向人类招手。

控制论问世70多年了，自动化已成为现实，人工智能正姗姗到来。然而，与自动化有关的各种悲剧化的想象已经褪色，美国和世界其他地方并未出现大规模失业，失去的工作岗位被代之以新的工作岗位，就业结构发生了变化。

那么，现在关于人工智能的各种耸人听闻的预测，将是又一场虚惊，还是灭顶之灾？

超级智能是虚惊一场吗

科技创新是一柄双刃剑，给人类带来福利的同时也造成了痛苦。如果发展过于迅猛，那么它将给人类带来不可承受之重，社会也会因此对这项技术产生排斥。目前人们对人工智能的恐惧来自两个方面：一是担心人工智能将产生超级智能（强人工智能），让人类失去在地球上"万物之首"的地位；二是担心它取代人类工作岗位的速度太快，大量失业者将造成社会动荡。

好消息是，虽然前文提到有三张"王牌"可能会让人工智能成为超级智能，但仔细思考一下，这些乐观主义者的看法可能存在不少问题。因此，这场变革的速度可能比人们预计的要慢很多，甚至可能遇到难以逾越的"天花板"。

首先，历史上从来没有一类技术会让某种指标永远提升，真实情况往往是按照S形曲线发展。最近几十年，计算速度正好处于快速上升的通道，但提升计算能力的成本会越来越高，致使计算速度的增长将越来越慢，直至停止。因此，库兹韦尔基于计算能力会永远快速增长的前提条件，预言人工智能水平将很快超越人类，这是不现实的。

其次，大数据能够为人工智能的持续发展提供燃料的思路也有漏洞。所谓"大"有两个方面的含义：一是指数据量大，海量数据为规律的准确性提供了保障；二是指数据种类多，数据的多样性有助于机器发现更多不同的规律。

但我们知道，如果一个数据库只是一个集合的一部分而不是全部，那么依据这部分数据得出的结论可能存在偏差，这是古老的归纳法不可克服的缺陷。在过去数百年里，由于计算能力有限，科学家花了大量时间研究统计学意义上的"因"，希望用"聪明"的统计方法从部分数据中，以较小的代价得到尽量"准确"的结论。但由此得到的结论不能摆脱归纳法的局限性。

大数据主义者认为，随着数据的不断增加，人类终有一天可以拥有

"完整数据集"。因此只要不断提高计算能力，就可以从无穷无尽的大数据中找到准确的规律，不给"黑天鹅"留空间。然而，大部分的数据集都是无限集，因此不可能得到"全部"数据。即使是有限数据集，量级也很大，需要巨大的计算能力，而机器的计算能力总有极限。

更大的问题在于数据种类。过去的20多年里，由于互联网的迅速发展，人们积累了种类丰富的关于人和社会的数据。尽管互联网的数据量还在快速增加，但其种类的增加速度已经慢下来了。认识到这个事实后，人工智能企业寄希望于物联网，期望从正在兴起的物联网中获得新的种类的数据，于是大肆收购可以带来新数据的公司，以期发现更多不同种类数据集的交叉相关性，从而推出更多的人工智能应用。可以想见，来自物联网的数据种类增长速度也将下降。在那之后，人工智能又靠什么来获得新数据呢？

让我们再来看看人工智能算法里有没有能穿透未来的"银弹"[①]。

在人工智能发展的前30年里，数理逻辑主义者占上风，因为他们倾向于清晰准确地定义问题，然后找到解决方法，这样做需要的计算量较小，早期取得了较大进展。而近十几年来，有关人工智能的新闻标题中频繁出现神经网络、深度学习等关键词，这种连接主义者的探索方式需要巨大的计算能力和海量数据，是计算机技术进步、互联网和物联网出现后才实现的。当然，现在的人工智能系统结合了两派科学家的智力研究成果。

目前已有的各种人工智能算法各有长处和短处。数理逻辑主义流派已把容易的"低枝果实"摘走了，现在也遇到了思维瓶颈，什么时候有

[①] "银弹"（silver bullet），西方传说中能杀死狼人的唯一武器，泛指解决复杂问题的良方。——编者注

新突破还很难说。连接主义流派虽然近来进步较快，但对计算能力和大数据的依赖性太强，当计算能力和数据规模到达极限时，其发展也将停滞不前。此外，深度学习是一种试错法，它到底能走多远、有什么隐患，我们现在都不清楚。

其实无论是经验积累还是科学探索，人类从大千世界中获得知识的这两种基本方法都由来已久，要达成认知突破谈何容易。人工智能科学家又如何能轻松跳出人类认知局限的"盒子"？

人工智能技术的不断发展，使机器能力在某些方面已通过了图灵测试，超越了人类，但总体来说还不能与人的智能相比拟。担心机器智能会超过人类智力的人可以暂时松一口气了。

产业大迁移

毫无疑问，人工智能是未来50年中最重要的技术，它对农业、制造业、服务业，以及政府管理和军事领域都将产生巨大的影响。它可以显著增强部分人类的能力，也会取代部分人类的工作，改变人和机器的关系，从而引发行业格局和世界经济形势的变化。

其实，机器造成的失业焦虑，是自工业革命以来就有的"旧闻"了。不过，人工智能不仅会取代更多蓝领阶层的工作，白领阶层的工作也是岌岌可危。掌握了话语权的各行业精英已经把这一点渲染得淋漓尽致。另一个值得关注但却很少被提出的方面是，人工智能和机器人的崛起对全球制造业布局产生的影响。

我们先简单回顾一下最近一轮企业全球化的大致过程。欧美制造业的全球化外包业务是从20世纪60年代末开始的，当时很多大公司都采用垂直整合商业模式，即从零部件生产到最后的产品组装都尽量自己做。

而且，环保运动兴起，工人工资越来越高，导致制造业成本上涨。

于是，追求利润的资本家先把污染较为严重的原材料生产（钢铁、化工等）环节搬至日本等地，后又把产品制造的部分环节外包或搬至日本。日本发展起来后，把部分制造业又移至"亚洲四小龙"（韩国、中国台湾、中国香港、新加坡）。之后，一个复杂而庞大的全球化供应链在世界各地全面铺开。欧美企业主要掌控市场和创新环节，与亚洲的制造环节对接，而与上游的原材料供应商则渐行渐远。

20世纪90年代初，中国的改革开放步入一个新阶段，欧美企业纷纷在中国投资建厂。那时中国的劳动力质优价廉，土地资源便宜，中国政府还对外商实行优惠政策，再加上中国巨大的市场，欧美企业在这里赚了不少钱。21世纪初开始，中国制造业的发展更加迅猛，频频被外国称为"世界工厂"。

在这个过程中，中国本土的技术和管理能力迅速提升，但劳动力、土地等资源要素的成本也不断上涨，出现了制造业外移至其他更低成本地区（比如印度、东南亚等地）的现象。但中国人基于其独特的关系主义文化，构建了一个庞大、分工细致、高效又不失灵活的供应链网络和产业联盟。比如深圳华强北、浙江义乌等地，方圆数十里的区域布满了中小企业，彼此独立而互补，形成了多维产业集群。这种兼顾效率和灵活性的价值网络，有力地抵消了制造成本上升的影响，使复杂产品制造业从中国外移的速度慢于某些预测。

宏碁集团创始人施振荣于1992年提出了一个描述现代全球产业布局的"微笑曲线"理论，认为具有科技创新能力的企业可获得较高附加值、接近发达市场的企业也可获得较高附加值，而制造业的附加值则很低、位于微笑曲线底部。其实，这是近几十年来大量欧美企业将工厂迁入亚洲后出现的一种产业布局，在欧美工业革命期间，制造业的附加值并不低，不存在微笑曲线现象。

原因在于，那时欧美制造业发明了大量可以显著提升自身效率的新机器，技术红利显著，这正是工业革命的本质之一。而欧美制造业迁入亚洲，机器却仍然来自西方，亚洲国家和地区只是利用发达国家的机器配上本地便宜的劳动力才在全球产业链中获得一席之地，几乎没有任何创新红利可以依托。

那么，人工智能、机器人及其他新技术的兴起会不会改变目前的全球产业布局呢？答案是肯定的。未来制造业可借助新技术重新设计生产制造流程。"未来工厂"向三个地区聚集，即市场、原材料产地和技术高地，产业链的中间环节显著减少，其效率和灵活性都可由人工智能算法保障，可以快速地根据客户需求和市场变化调整产品设计、生产流程和规模，兼顾成本和产品的个性化。

"未来工厂"的生产过程大概是这样的：由智能机器人完成产品设计，并采购原材料，工厂基本无人；3D打印机在人工智能程序的指挥下打印零部件，甚至产品；自动驾驶汽车把原材料送到工厂，并把产品运送到目的地。工厂可以较为分散地建在离市场较近的地方，以保障产品投放市场的及时性；或者选择在制造成本最低、运输最方便的地点设立中心工厂。

目前，建立这种未来工厂的基本技术元素都已具备。预计再过十几年，随着技术的成熟和整合，未来工厂就可能成规模地出现。到那时，科技实力雄厚国家的部分制造业将以未来工厂的形式回归。这些新型智能制造公司，将携自己的技术、商业创新能力和市场营销能力，重新与原材料供应商（而不是中间商）建立联系。很多产业链将被极大地压缩，一端连接原材料，另一端面向终端用户，实现崭新的产业集成，中间很多的B2B（企业对企业）环节消失。

因此，基于人工智能的未来工厂的出现，将深刻地影响未来产品和零部件制造地及原材料供给地的政治和经济，犹如上一轮全球化塑造了今天的世界经济和政治格局。显然，将来紧贴市场的高科技未来工厂，不会再屈居于微笑曲线的底部，而会在新一轮技术创新的推动下回归高附加值的位置。在人工智能时代，资本无须再在全球追逐便宜劳动力了，全球化将进入一个崭新的阶段。

作为"世界工厂"，这一波人工智能和机器人技术将给中国带来多重挑战和机会。一方面，中国需要收缩和淘汰旧产能，因为部分全球市场将被未来工厂挤占；另一方面，中国企业制造业需要"未来化"，用人工智能、机器人等技术增强甚至取代目前的关系型供应链网络，确保中国制造仍然具有国内和国际竞争力。在市场方面，中国企业需要不断开疆拓土，寻找新的增长点和全球布局的切入点。

目前，中国许多企业已在人工智能、机器人等前沿技术领域布局和发力，紧追美国成为世界第二的人工智能技术基地，这为中国赢得未来产业布局奠定了科技基础，使得中国有机会以智能机器为抓手，开展一场真正的"智能革命"。

无论是对各行业的工作机会进行大洗牌，还是对全球制造业进行大迁移，人工智能对全球经济、就业及政治的影响都将是巨大且深远的。因此，政府的政策也需要进行调整，例如产业政策、税收政策、福利政策等。

制度既可以推动也可以阻碍科技创新及其传播。社会机构、法律、政策和政治体系等的合力，可以优先调动和组织资源来实现一些创新目标，也可以激励全民创业。可惜的是，历史上不乏阻碍创新的制度。

第 24 章　制度是创新的动力还是阻力

制度对科技创新究竟有何影响？这是一个被各国学者广泛探讨的问题。从中短期来说，制度因素对创新的影响，比地理、文化和历史等因素更为直接和有力。随着时间的流逝，一些制度性的外在约束和激励，可以转化为根深蒂固的文化和历史惯性，长久地影响一个地区人们的行为习惯。

在漫长的人类历史中，建立并传承有利于科技创新的制度总是很难。这是因为其中存在这样一种悖论：对创新有利的环境和制度，需要激励更多人参与，可以包容各种不同的意见和想法；然而，这又意味着当权者需要放弃手中的部分权力和利益，这一点做起来很难。

建立开放、包容的社会不易，以制度和道德维持社会的持续运行更难。在古代，统治者绝大多数时间都致力于打造一种能稳固自身统治地位和至高无上权力的制度，而被统治者除了认命，就是期望有朝一日可以能推翻统治者。

可以说，古代历史上绝大多数地区的制度，都是不利于科技创新的。近几百年来，人类从以土地为主要生产要素的农耕社会进入多种生产要素驱动的近现代社会，其间伴随着根本的制度变革，其中产权制度的变革至关重要。

诺贝尔经济学奖获得者道格拉斯·诺斯教授的核心工作是研究经济发展与制度之间的关系。他认为，产权制度是激励个人和集体创新的基石。正是有效的产权结构和法律保障，使英国成为工业革命的领头羊。现代化产权制度的建立和传播，促进了资本主义的发展和商品经济的繁荣，也使普通创业者成为科技创新最重要的力量。

作为现代产权制度的一部分，知识产权体系的建立，激励人们不断地发明和应用新技术、著书立说，为工业革命的持续添砖加瓦，并使知识得以系统性地保存和传承。

知识的生产和传播体系是与科技创新相关的制度中不可或缺的一部分。大学、科研院所、企业研发平台等在现代科技知识的生产和传播中都发挥了重要作用。第二次世界大战结束后，欧美一些国家把战时成立的临时科研机构转变为常设机构，从此开启了国家资助的"大科学"模式。

近200年来，人们认识到科技创新之于人类的价值，由制度保驾护航的创新型社会的建设，虽然历经艰难，却也成就卓著。

如果把制度想象成科技创新的前置条件，那就错了。事实上，科技发展一直在推动社会各方面的发展，包括制度变迁。制度和科技创新之间的关系是一个非常宏大的问题，这一章仅聚焦于近几百年来几次与科技创新关系最密切的制度变迁。我们会先回顾现代产权体系诞生的过程，然后讨论知识产权体系的意义与局限性，以及科技研发和知识传播平台的发展史，最后讨论社会的商业运作方式及商人和权力的关系是如何影响科技创新的。

现代产权体系的诞生

农业革命开始后，土地成为人类最重要的财产，各地都慢慢形成了财产权的概念和保护系统。现代财产权的明确化和相关法律体系的建立，是欧洲17世纪思想革命的成就之一，也是欧美诸国发生工业革命并进入现代社会的一块重要基石。

现代产权制度的基本原则很简单：一是人人都有拥有财产的权利；二是私有财产神圣不可侵犯。现在，这个原则已经被写入联合国的《世界人权宣言》，各国也都建立了保护财产权的法律制度。另外，现代产权的内涵也比过去要宽泛得多，从过去的土地房屋等扩大到公司产权、金融资产和知识产权等。

欧美财产权制度的诞生与英国哲学家约翰·洛克有莫大的关系。洛克生活在英国历史上一个动荡的时代，当时新旧政治体系交替，宗教派别间斗争不断，新兴资产阶级和封建阶级也斗得你死我活。洛克在社会政治活动中表现活跃，见证了英国最重要的一次资产阶级革命——光荣革命。

光荣革命是一场非暴力政变，指的是1688年英国资产阶级和新贵族发动的推翻国王詹姆士二世的统治，拥立詹姆士二世之女玛丽二世和她的丈夫威廉三世作为君主共治英国的革命。这场革命最重要的成就是1689年英国《权利法案》的诞生，从此英国确立了君主立宪政体。

让洛克名垂青史的是他在政治哲学方面的著作，如《人类理解论》《政府论》《论宽容》。其中，《政府论》汇集了洛克的主要政治哲学思想。在该书中，洛克把生命、自由、财产相提并论，认为它们都是人类不可剥夺的天赋权利。他意识到，个人如果没有财产权利，那么所谓的独立与自由权将言之无物。洛克主张，政府的主要作用在于保护公民的财产权利。

随着不断深入的思想和理论探讨，体制建设也在社会自发的实践和规范操作需求的推动下向前发展。从16世纪中叶开始，股票交易就在英国开始了，伦敦证券交易所直到1773年才宣告成立。公司的概念已经模模糊糊地存在很长时间了，股份制公司后来也成为很多公司效仿的对象，其特点是公司法人和自然人分开，公司所有权分散化，股东承担有限责任。第一部现代公司法于1844年颁行，它就是英国的《合作股份公司法》。

就这样，英国的思想探索、社会改革与科技创新如齿轮般耦合前行，有序地推动着工业革命的进程。

洛克的自由、产权和社会契约理论不仅启发了英国的制度建设，对欧洲大陆的思想家也产生了深刻的影响，其中包括法国作家伏尔泰。作为法国的思想家和启蒙运动先驱，伏尔泰用多种文学形式广泛传播自由、公平、正义、权利的思想在法兰西得到，启迪了民众的心智，有力地推动了法国启蒙运动的开展。

洛克的思想也影响了美国的开国元勋，成为美国《独立宣言》的核心精神。在新大陆诞生的这个自由、独立的合众国，其最重要的制度保障就是产权法、知识产权法等现代法律体系，这成为美国在20—21世纪进行科技创新的基石。

洛克的墓志铭很有意思："躺在这里的是约翰·洛克。如果你想问他是怎么样的一个人，他会说他是一个靠自己的小财产过着满足生活的人。身为一个学者，他以追求真理为唯一目标，你可以在他的著作里发现这一点……"

中国是农耕历史最悠久的国家之一，与其他农耕社会一样，土地是古代中国最重要的财产。但在"普天之下，莫非王土"的制度下，平民的财产权无比脆弱。

在王朝出现之后的几千年间，中国社会改朝换代过很多次，每一次都伴随着财产的重新分配。如此周而复始，却鲜有制度上的改进。

最近100多年来，中国从农耕社会逐渐过渡到现代社会，其间实施了多种社会改造实验。1904年，清政府颁行了《公司律》。1916年汉口证券交易所成立，1918年北平证券交易所成立，1920年上海证券物品交易所成立，标志着中国证券市场进入了有组织的证券交易所时代。这些举措对中华民国时期民族工商业发展起到了很大的推动作用。

从20世纪70年代末开始，在改革开放的旗帜下，中国新一轮的制度探索和建设开始了。中国证券市场于20世纪90年代初开始发展，1990年12月和1991年7月，上海证券交易所和深圳证券交易所分别开业。1993年12月，中国颁布了《中华人民共和国公司法》。这些制度建设对近几十年来中国经济的腾飞功不可没。

2007年3月，中国颁布《中华人民共和国物权法》，以保护权利人的物权，明确物的归属，发挥物的效用，维护社会主义市场经济秩序。

对于一个现代社会来说，清晰的产权制度是社会稳定的基本保障。可以预见，下一轮产业革命和全球竞争，胜出的将是具有合理制度的社会。

知识产权保护体系

自古以来，人们就知道知识是有价值的，对自己发明的技术的保护办法也有不少，比如"祖传秘方""师傅带徒弟"等。但是，这些方法对技术的横向传播和纵向传承都十分不利，许多技术逐渐失传。

现代知识产权保护体系主要包含著作权、专利、商标和商业机密保护几大部分。这个体系的核心逻辑是，通过赋予知识创造者和拥有者数年的独家垄断权利，鼓励他们将分享自己的技术和知识。这不仅有助于技术发明者和知识创作者将其创造转化为财富，也给了他们荣誉感和持续创新的动力。更重要的是，这样做还有利于知识的传播和传承。

西方的知识产权制度萌芽于15世纪的意大利。当时的建筑师为了修建佛罗伦萨圣母百花大教堂的穹顶，发明了一种起重装置，并于1421年申请了专利。1474年，世界上第一部专利法在威尼斯共和国诞生。1624年英国颁布《垄断法》，被视为第一部具有现代意义的专利法。随后，一些西方国家纷纷仿效，建立起本国的专利制度。

版权法的诞生和发展另有路径，其初衷不是为了保护知识创造者的权益。从16世纪开始，印刷机普及，欧洲诸国当权者眼见越来越多的出版物不断冲击其权力的稳定性，便纷纷出台限制印刷物的条例。

1662年，英国议会通过了《出版许可法》，其目的也是限制出版。1710年，英国议会通过《安妮法案》，这是世界上第一部现代意义上的版权法。其他西方国家后来陆续出台的版权法，都以英国的这部版权法为参照。

知识产权保护体系的建立和完善，对科技创新的推动作用显而易见。英国、美国和中国颁布专利法的具体时间分别为：1624年、1790年和1984年。图24–1统计了在这几个时间点，英、美、中三国的重大技术发明累积数。

中国的知识产权相关法律出台和实施的时间虽然较短，但近几十年中国专利技术的数量增长还是较为迅速的，可见知识产权保护体系已经在发挥作用了。

尽管知识产权保护体系对科技创新和发展做出了巨大贡献，但人们对它的批评之声也从未间断。最大的争议点是，知识产权保护系统的建立主要由技术和知识的创造者推动，而其他利益相关方，比如贸易商和消费者的权益则往往被忽视，导致该系统对各方利益的保护不均衡。

美国发明家和政治家本杰明·富兰克林曾多次拒绝为自己的发明申请

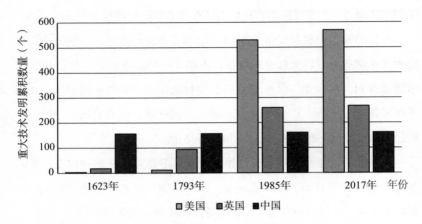

图24–1 英国、美国和中国出台专利法的时间分别为1624年、1790年和1984
年，图中统计了在这三个时间点及2017年三个国家的重大技术发明
累积数量

数据来源：重大科技成就数据库。

专利，因此被视为美国开源运动的先驱。他发明了一款新式火炉，但拒
绝申请专利，还把设计图纸和使用说明编成一个小册子公开发放。

1850—1875年，欧洲学术界和政治界曾经发生了一场关于专利制度
是激励发明还是破坏自由贸易原则的辩论，结果专利制度在荷兰等国被
废除，在很多国家被修改。19世纪末20世纪初，美国掀起的反垄断浪潮
促使人们重新审视知识产权法，修改了与反垄断运动冲突的部分条款。

由于科技的进步，特别是信息和互联网技术的突飞猛进，今天的知识
环境与几百年前相比已经大不一样了。人们不得不思考，这套几百年前诞
生的知识产权保护体系，怎样才能适应信息社会进一步发展的要求？

这一波对知识产权保护体系的反思，不只是精英阶层在学术领域和
媒体上的辩论，还带来了多方面的行动，主要有以下几类。

第一，开源运动。该运动于20世纪90年代从软件领域开始，即开放

软件源代码，任何人都可以免费获得、自由使用。操作系统 Linux 就是开源运动的成功典范之一。开源运动得到了很多高科技公司的支持，最近其更是向更多领域扩散，比如新能源、医药等。

第二，开放存取运动。该运动的主要诉求是将学术研究成果（论文）免费开放给使用者，特别是那些由纳税人资助取得的学术成果。它于20世纪90年代末在国际学术界、出版界、信息传播界等大规模兴起，以推动科研成果在互联网上自由传播，提升科学研究的公共利用程度。

第三，免费许可运动。该运动试图推动文字、图片、音像作品等的自由传播。维基百科是这个运动的典型代表之一。

第四，开放式创新。这是近年来由硅谷高科技公司推动的一种创新模式，其一方面可以更广泛地从外部市场获取新思路和新技术，另一方面可以将公司未使用的专利对外开放，以便有心人开发出对社会有用的产品。

中国自1980年加入世界知识产权组织后，相继制定了《商标法》《专利法》《技术合同法》《著作权法》《计算机软件保护条例》等法律法规，这对保护中国科技和知识精英的创新热情，推动社会形成知识增长的正反馈循环来说十分重要。

西方科研机构的缘起与发展

现代许多国家都有专门从事科研活动的机构，这样既可以支持更多人投身科研事业，提升科研效率，也可开展更大的项目。

有文字记载的第一个"科研团体"，是活跃于2 500多年前的古希腊毕达哥拉斯学派。他们主要做数学和哲学研究，取得了大量成就。该学派有固定的研习地点、秘密的仪式和严格的行为规范，可定性为宗教性学派。

柏拉图是苏格拉底的学生，于公元前387年在雅典建立柏拉图学园。柏拉图学园有两个主要特点：一是开放性的研讨学风；二是以数学为最重要的研究对象。它深刻地影响了后来的巴格达智慧宫等学术机构，并造就了一批在人类历史上熠熠生辉的思想家和科学家，其中最杰出的人当数亚里士多德。

曾在柏拉图学园学习的亚里士多德，于公元前335年在雅典开办了一所名为"吕克昂"的学校。吕克昂是一所具有大学性质的私立学校，配备了图书馆、博物馆和实验室，是古希腊科学发展的中心之一，前后共存在了300多年。

古希腊先贤对数学和哲学的研究偏好，以及他们探讨这些学问的做法，深远地影响了后世的科研活动。欧美目前科研机构的资助来源十分多元，这是研发课题多样化和学术自由的重要保障，也是古希腊先贤留给我们的遗产。

中世纪的欧洲处于基督教教会的统治之下。教会不仅可以征税，还能收到大量的民间捐款。大批聪慧好学者进入神学院成为修士等神职人员，衣食都由教会提供。他们在神学院除了教神学，也研习古希腊"七艺"（逻辑、语法、修辞、数学、几何、天文、音乐）。欧洲科学革命早期的一些科学家就是神职人员出身，例如提出日心说的哥白尼，以及被宗教裁判所烧死的"异端"布鲁诺。可以说，这个时期的教会是科学研究的主要资助者。

1088年，博洛尼亚大学创立，这是世界上第一所拥有完整体系并发展至今的大学。随后，其他大学也在欧洲纷纷成立，如牛津大学（1167年成立），巴黎大学（1150年成立）等。刚开始这些大学主要靠学生的学费维持，后来民间捐助也逐渐流入大学，既资助一些优秀却付不起学费的学生，也资助一些科研学者。

1224年，腓特烈二世资助创办了那不勒斯腓特烈二世大学。随后，欧洲的国王和政府机构纷纷拨款成立公立大学，兼顾教学和研究，现代科研和教学体系初步形成。

从17世纪开始，以大学教师为核心，欧洲的科学界开始建立学术协会，发行学术期刊，组织学术会议，形成了专业的科学共同体。该共同体具有组织和规则，有更新科学知识的义务，也有维护科学结论有效性和正确性的责任及职业伦理。

今天，在美国，大学是科学研究领域的主力军。民间捐款是支持学校运行的重要力量，政府也制定了完善的税务政策鼓励民间给大学捐款。近几百年来，大学在世界多地纷纷成立，已成为最重要的知识原创、传播和传承的平台之一。

工业革命以来，科技成就带来的商业利益日渐显著，越来越多的创业者成为重要的技术发明力量，公司规模也越来越大，逐渐成为有组织的科研力量。19世纪末出现了企业研发中心，例如，爱迪生实验室后来成为通用电气的研发部门，贝尔实验室后来成为AT&T的研发部门。此外，德国的一些公司，比如最早研发出阿司匹林的拜耳医药公司等，也于19世纪末成立了研发中心。

回顾过去100多年来产品创新模式的变化，我们可以将它们分为6种。每种创新模式都各有利弊，目前它们仍然为不同的企业采用。图24–2展示了这6种创新模式。

图24–2　6种产品创新模式

第一种产品创新模式是由科技人员驱动的，天才科学家和工程师灵光一闪产生发明，再通过夜以继日的工作使其臻至完美，向人类奉献了很多惊艳世界的伟大产品。之后，随着外部环境的变化，为了让产品创新变得更有效率、更贴近市场，公司不断改进产品创新模式。

第二种产品创新模式是市场需求拉动的，市场人员调查客户需求，然后反馈给研发部门进行相应的产品开发。在第三种创新模式中，公司各部门积极主动地参与创新过程，使产品的设计在商业上更具可行性，提升创新效率。以上三种创新模式都局限在公司内部。

接下来的几种产品创新模式的开放性则越来越强。在第四种创新模式中，由于社会分工越来越细，一家公司的产品往往需要整合利用很多上游企业的零部件，又往往是下游公司产品的一部分，因此价值链的上下游公司在创新过程中展开合作。在第五种创新模式中，客户参与部分创新过程，例如提前试用产品并做出反馈。第六种创新模式被称为开放式创新，即企业从各个渠道获取创新思路和技术，并把自己不使用的技术开放给他人使用。

欧美各国政府一直在以间接的方式参与科研活动，例如资助民间科研项目、订购科技产品、奖励科技成就等。而政府直接参与科研活动，是在第二次世界大战期间开始的。当时西方国家认识到了科学对军事技术的重要性，纷纷组建"国家队"从事相关研究。

"二战"结束后，这些临时性的科研组织转变为常设科研机构，从事国家重大科学课题的研究。美国政府在"二战"期间开展了研发原子弹的曼哈顿计划，"二战"后，美国政府又组建和长期资助了数个实验室，采用昂贵的大型仪器进行科学实验，做出了很多科学成就。

认识到科技对经济和社会发展的巨大推动作用后，最近几十年来许多国家都在科研领域投入巨资，论文数量呈指数级增加。

古老文明的科技活动

我们知道，美索不达米亚、印度河流域和中国等古代文明的科技活动很早就开始了，让我们从科技创新机构、组织和资金来源的角度看看这些地区各有什么特点。

约4 000年前到3 500年前是古巴比伦王国存在的时间，古巴比伦给今天的我们留下了一些记载着数学和天文学知识的泥板文献。他们求解数学和物理题的思路也许与希腊人不尽相同，但对数学和天文学的热爱程度不亚于希腊人。在技术创新方面，古巴比伦人也成就斐然，在农业、医疗和建筑等多方面有很多重要建树，但我们并不清楚他们是如何从事科技创新的。古埃及差不多也是这种情况。

自公元前13世纪末开始，中东地区战乱不断，科学技术的发展十分缓慢。5世纪西罗马帝国灭亡后，不同势力各自为政，战乱不断，在接下来的一两百年里，有不少欧洲学者和精英逃至中东。

阿拔斯王朝于8世纪中期在该地区兴起后，拨款将传播到这里的古希腊书籍翻译成阿拉伯语，并在巴格达建立了智慧宫，翻译和保存了大量的古希腊科学及哲学著作。这个阶段的阿拉伯帝国也出现了像花拉子密这样具有原创力的卓越科学家，技术发明活动也很活跃，就这样，人类科技探索的中心再次转移到了相对安宁的中东地区。

然而，这片土壤缺少科技长期发展所需的养分。其一，阿拉伯世界对科学感兴趣的人不多。除了早期一些来自欧洲的人，后来从事科技研究的人基本上都是被阿拉伯帝国征服的波斯人。其二，随着宗教势力日益强大，这里对多元文化的包容力越来越弱。

因此，这棵"智慧之树"虽然在中东成长了几百年，但其结出的科学果实与古希腊相距甚远，与古巴比伦亦不可同日而语，最终难逃枯萎的命运。

让我们再来看看古代中国的科研活动情况。

春秋战国时期是中国历史上科技创新活动和思想都很活跃的一个时期。诸子百家大都在思考人与人、人与社会的关系，墨家学派是个例外，他们有很强的社会实践精神，前期主要关注哲学和认识论，后期注重逻辑学、几何学等学科研究。可惜战国以后墨家式微，西汉之后基本消失。

西汉淮南王刘安及其门客共同编著的《淮南子》，以道家思想为主，糅合了儒、法、阴阳等诸子百家学家，是一部思想集大成之作。

在办学方面，中国从春秋早期就有了官办学校，汉朝以后称太学，隋朝以后称国子监，以培养官家子弟为主。后来地方官府又开办府学，招收的学生基本上是地方官子弟。春秋晚期，私学开始在中国出现，这对教育普及意义重大。私学得以持续并深入民间的主要动力来自隋文帝创立的科举制度，这让普通读书人有了做官的途径。然而，无论是官学还是私学，都只是知识传播的平台，而没有研究（知识创造）功能。

清末，政府设立学部，废除科举制度，国子监等各种官学被撤销，现代学校由传教士引入中国。在之后100多年里，现代学校慢慢在中国生根长大，取代传统私学。成立于1879年的上海圣约翰大学是中国第一所现代高级教会学校。中国第一所国立大学是成立于1895年的北洋大学，即现在的天津大学。

古代中国历史上科技创新活动的最大亮点在于政府主导的"大科学"项目，比如天文学。中国人从事天文学研究历史很长，连续性也很好，古代的太史院、司天台、钦天监等从某种意义上来讲，都类似于今天的科学院。

中国的天文领域自古以来就由统治阶层垄断，吸引了很多优秀人才，发明了一些天文观测仪器，比如圭表、浑仪、浑象等。更重要的是，中国古人通过观察天象，掌握日月星辰的运行规律，确定四季，编制历法，为人们的生产和生活服务。此外，他们还留下了太阳黑子、哈雷彗星等天体活动现象的大量记录，具有极其重要的研究参考价值。

图24-3　南朝北极阁观象台模型

图片来源：作者摄于南京。

商业、权力与科技创新

基于对人类历史上各个时期的大量国家和社会的案例研究，麻省理工学院教授德隆·阿西莫格鲁和哈佛大学教授詹姆斯·罗宾逊在《国家为什么会失败》一书中，把国家体制分为"包容型"和"榨取型"。包容型体制具有政治多元化的特点，人们有广泛的途径参与政治。同时，相对集中的权力机构可以有效地保障社会秩序，精英阶层的权力受到很多制约。在这种环境中，人们愿意参与经济活动，有创新和创造的动力，个体拥有通畅的上升通道，社会经济得以可持续发展。

而在榨取型政治体制下，统治阶层设计了很多方式垄断权力和利益，中下阶层是被压榨的对象，一般较为贫穷，几乎没有上升通道，创新创业活动十分不活跃，经济很难持续发展。

以包容型和榨取型这样的政治体制分类来看，历史上的各个国家绝大多数都属于榨取型，而包容型体制直到最近100多年中才普遍出现，并且更有利于科技创新。

一个国家对商人和商业的态度及政策，是科技成就多寡的决定因素之一。毫无疑问，商业是不可或缺的一股社会力量。如果一个社会商业繁荣，企业家能够拥有尊严和获利机会，就会投资科技创新活动，从而创造下一轮繁荣。

在对待商人的态度和商业政策方面，中西方的差别很大，而且这种差别自有文字记载开始就存在了。古希腊的自由民在讨论哲学问题、思考科学问题之余，还可以经商赚钱。除了哲学等精神财富，古希腊的商业规则和商人地位也是其遗产的重要组成部分。工业革命的发源地英国和现代科技的领头羊美国，都有浓厚的商业文化传统，在制度上对企业家和商业也很友好。

而在中国，除了唐朝和宋朝，商人在文化和制度上长期受到歧视，特别是民间商人。汉武帝颁布盐铁令，正式开启了"国营"事业。从此中国商业形成了金字塔结构：以国营商户为顶，皇亲国戚类商户次之，高官类商户再次之，最下面是普通商户。

　　在这样的体制下，商人的核心竞争力就是所拥有的社会地位和关系网。顶级富豪常集中于关系密集型行业，他们利用自己编织的钱、权、关系资源网，就可以轻松变现，无须费事进行科技创新。

　　而普通商户要想改变命运，就必须挖空心思构建关系网，将大量的时间和金钱投入到关系网的建设上，无暇也无财力物力进行科技创新。

　　现代包容型社会问世后，一批采取这种体制的国家变得富强起来，并成为其他国家效仿的榜样。由此可见，这种新体制对未来社会的影响力不容小觑。

　　在包容型社会里，各个阶层的人都可以创业，他们的财富来自创新和奋斗。企业家不需要官员的特别"照顾"，只需要良好政策的支持，以及稳定、公正的社会环境。因此，他们会积极地游说政府出台有利于行业发展的政策，企业和企业家也会依法公开支持一些政治议题和政治家。除此之外，企业家反对政府干预市场的行为。

　　包容型社会的商业活动都是公开透明的。这是一种阳光下的游戏，社会成本小，对各方都更公平，风险也更小。

　　然而，与存在了数千年的榨取型社会诀别谈何容易。但幸运的是，越来越多的人认识到，榨取型体制不仅不公平，而且对经济发展造成了很大的阻力。人们试图逐步推动在政府和商业之间建立一道制度"防火墙"：权力的合法性和程序化，权力部门之间的平衡和相互监督，公正合理的法律法规，高效有力的执法体系，以及完善的大众监督系统等。

　　信息技术时代的帷幕已经拉开，舞台上人们的表演变得如此透明，台前和幕后已经打通，台上台下的界限也变模糊了。建立多元、共赢、共享、创新的包容型社会是大势所趋。

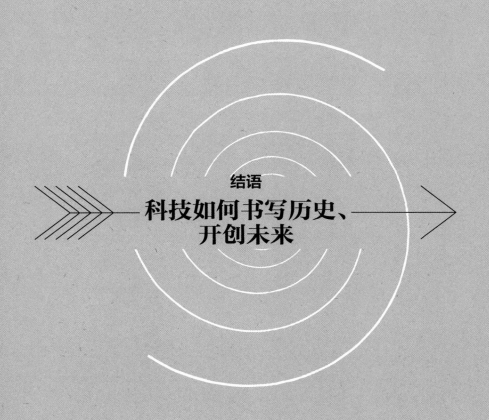

结语

科技如何书写历史、
开创未来

如今，生活在这个地球上的人都是幸运的，他们正在享受着人类历史上的繁华时光。这得益于第二次世界大战结束后的和平红利，大部分国家都投入到经济建设和发展之中；也得益于全球化浪潮形成了一个规模庞大的世界市场；更得益于历史上无数的科技创新者，他们的真知和发明，历经沧海桑田，造福着后代子孙。

重大科技成就数据库收录的3 000多项科技成就，构成了人类科技创新金字塔的塔尖，是3 000多位科技创新者的智慧结晶。百万年来在地球上生活的人超过千亿，这几千人可谓沧海一粟，他们一次又一次地拓展人类对世界的认知，带领人类在探索之路上前行。有人说"天不生仲尼，万古恒如夜"，用这句话来形容这些科技创新者，真是再恰当不过了。

社会普遍认识到科技成就的价值，特别是其对经济的提升作用，是最近200多年来的事。之前，几乎没有什么地方曾系统性鼓励人们进行科技创新。这3 000多位科技创新者，大多是在比较集中的时间段，出现在相对集中的地方。在他们的引领下，那些地方成了当时的科技中心。图Ⅶ-1展示了从旧石器时代到今天，世界科技创新的热点地区。科技创新者就这样一棒接一棒地让我们站上了现代科技之巅。

科技是人类文明中极具进步性的元素，连续传承是进步的基调，不

东非大裂谷
（人类走出非洲前）

两河流域
（前10000—前1500）

古埃及
（前3000—前800）

古希腊古罗马
（前800—前1）

中国唐宋元时期
（600—1300）

英国和欧洲大陆
（1600—1900）

美国
（1900至今）

图Ⅶ–1　人类历史上科技
　　　　创新最活跃区域

数据来源：重大科技成就
数据库。

连续的突破则可以让科技上一个新台阶或拐入新轨道，不同社会的科技大分流往往是某种突破引发的。最近1万多年来，科技突破率先出现在中东，发生在生存/温饱层，即农业革命，后又在交流/娱乐层取得突破。从公元前8世纪开始的欧洲的科技突破，主要发生在三个需求层次上，即机动/灵活、效率/利用和探索/超越，这是欧洲科技与其他地区产生分流后的主要方向。

为什么欧洲的科技发展与古代文明产生了大分流？我们知道，历史上反复出现的现象，可以影响甚至决定历史的发展方向。最近2 000多年中，有几个经常出现的因素是欧洲产生科技突破的必要条件：追求精准的知识探索偏好，繁荣的民间商业，多元化的思想市场和较为分散的权力结构。由于追求精准已经显示了其强大的实用价值，现在世界各地都在学习和移植这种文化。然而，民间商业繁荣和思想多元化说起来容易，却关乎一个社会的财富和权力分配。维护一个复杂社会体系的动态平衡也需要极高的技巧，并不容易。当然，最近100多年的现代化过程，已经使传统社会在很多方面产生了不可逆转的变化，未来会结出什么样的果，值得期待。

本书的最后一章将总结过去1万多年里主要地区科技发展前沿的结构性特征，对各地取得的科技成就进行纵向和横向的比较和讨论，剖析科技发展与个人欲望及社会需求之间如何互动，科技发展与诸多外部因素的关系，以及历史上科技发展如何产生大分流。

科技、人和社会之间是一种复杂的互相塑造的关系，历经漫长岁月，科技已然成为人类社会不可分割的一部分。人类累积至今的科技成就，既是未来社会发展的基础和养料，也隐含了很多对未来的启示。

各主要区域重大科技成就比较

历史上各主要地区科技创新的节奏和重点差别很大。本书各篇的开头部分对每类科技成就的发展特征已经分别进行了一些描述，图Ⅶ–2（见第514页）综合展示了在一些关键时间点上，各主要地区科技成就的总量和各类数量。

从各主要地区重大科技成就的总量来看，中东地区无愧于"人类文明摇篮"的称号，它率先开始了农业革命，也最早进入了青铜时代和发明文字的王权社会。到公元前700年，中东地区的科技创新数量超过人类科技成就总量的43%。由于中东地区农耕区小，而游牧区大，3 000多年前骑兵出现后，农耕民族抵挡不住游牧民族一次次的进攻，导致科技创新势头减弱。但得益于长时间的积累，直到1300年前后，这里的科技成就累积量仍然是世界第一，占比约为29%。目前这个地区的科技成就累积量约占世界总量的8%。

在公元前700年这个时间点上，欧洲科技成就累积量居世界第二，但与中国、印度等地区的差别不大。在接下来几百年里，欧洲的科技创新活动很活跃，快速追赶中东地区，与其他古老文明也拉开了距离。欧洲在公元元年到1300年间科技发展较慢，从1500年开始再次加速，并于16世纪下半叶超过中东，位列世界第一。到目前为止，欧洲重大科技成就累积量占世界总量的比例约为52%。

北美地区在古代人口较少，是一个独立的农耕文明发源地。近代欧洲人发现美洲新大陆之后，大量移民把欧洲文明带到这里。北美地区的科技创新活动从1800年后开始兴起，20世纪后成为世界科技发展的领跑者，到目前为止，北美的科技成就累积量占世界总量的比例约为26%。

在公元前700年这个时间节点上，中国的重大科技成就累积量排在中东、欧洲、印巴之后。进入春秋战国时期，中国的科技创新活动开始加速，在西汉末年超越了印巴地区。唐、宋、元时期的几百年间，中国是世界上科技创新最活跃的地区，其原创科技成就量快速逼近中东和欧洲。到目前为止，中国的重大科技成就累积量占世界总量比例约为6.2%。

下面是各主要地区具体类别的科技成就概述：

生存/温饱类。中东地区最早开始了"生存革命"，中国、印巴等地紧随其后。中东的农耕技术传播到欧洲后，欧洲也进入了农耕社会。早期这类科技活动的内容和时机深受地理条件影响，例如动物的驯化和作物的种植。

虽然这类科技在世界各主要地区的发展时间先后有别，内容也不尽相同，但累积至今的这类成就数量彼此间的差别不大。可见为了满足最基本的生存/温饱需求，各地区的人都在全力以赴，要么自己发明新的技术，要么尽快向其他地区学习。农业革命的前后几千年里，人类基本上完成了满足生存和温饱需求的任务。近200年间生存/温饱领域实现了现代化，主要是提升了农耕和纺织的效率。

安全/健康类。农耕生活方式使人口密度增大，再加上人畜经常接触，疾病发生得更为频繁，也更容易流行开来。此外，人与人之间的暴力冲突和战争也频繁起来。于是，医疗、武器及居住方式都必须改进。最早进入农耕社会的两河流域和埃及等中东地区，安全/健康类科技创新活动的开始时间也比其他地区早了两三千年。

值得强调的是，中国地区在这类科技创新方面的起步时间虽非最早，但因为秦汉以来传统医学发展得不错，加上唐、宋、元时期发明了黑火药和火器，从7世纪到17世纪初的1 000多年间，中国的这类科技成就强于欧洲。但在17世纪中期之后，欧洲的安全/健康类科技的发展速度超越了中国和其他古代文明。

交流/娱乐类。中东地区比其他地区早两三千年就发明了文字、数字。后来，中国、欧洲和印巴等地追赶上来。公元元年，中东在该领域的科技创新累积量仍然领先于其他地区，但优势减小，欧洲、中国和印巴三个地区差别不大。从7世纪到15世纪末的800多年间，中国在该领域的科技成就累积量超过了欧洲。欧洲人于15世纪中期发明了活字印刷机后，进步速度明显加快，逐渐把其他地区甩在后面。进入20世纪，美国进一步推动了信息科技发展，成为现代信息和娱乐领域的领头羊。

机动/灵活类。在人类社会早期，这类技术的地域特征十分明显，有野马的地区驯化了马，发明了马车，需要与游牧人作战的中国农民则发明了马镫等马具。地中海地区商业发达，军事活动频繁，海上航行条件好，陆地移动也不可少，因此车船类科技成就自古就较多。公元前500年前后，欧洲超越中东成为这类科技创新活动的领导者。进入大航海时代，欧洲在这个领域更是突飞猛进。从19世纪晚期开始，美国在航空业和海陆运输方面的科技进步十分突出，并成为这类科技的现代领导者。而中国在这个领域的科技成就一直少于其他地区。

效率/利用类。各主要地区在这个类别的科技成就数量差别很大，早期的成就主要是新材料的发现和冶炼工艺改良，比如铜、铁等。中东地区最先发明了青铜技术，地中海地区发明了冶铁技术，这是提升工具效率和武器杀伤力的最重要的材料。公元前8世纪后，欧洲对效率类科技情有独钟，在这个领域的科技创新成就的数量很快赶上了中东。但从西罗马帝国后期到欧洲文艺复兴前，中东和欧洲在该领域的创新并不多。16世纪后，欧洲在这个领域的创新又重新启动了。18世纪工业革命开始后，效率/利用类科技成就大大增加。到目前为止，欧洲的这类科技创新累积量约占世界总量的64%。进入19世纪，美国的这类科技贡献很大，占比约为25%。

探索/超越类。古人也有超越自我的愿望和不以直接实用价值为目的的探索活动，但相关可考证据很少。关于这类科技活动的较早历史记录，是在轴心时代的欧洲出现的。之后，欧洲人在这个领域的科技成就遥遥领先于其他地区。截至目前，欧洲在这个领域的科技创新累积量占世界总量的比例约为61%，北美约占28%，其他区域的此类成就很少。

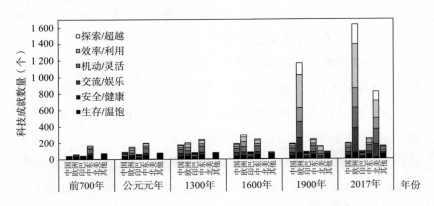

图Ⅶ-2　在一些关键时间节点上，各主要地区重大科技创新成就的总量和分类

数据来源：重大科技成就数据库。

如果把科技成就分为科学和技术两类，图Ⅶ-3展示了各主要地区在一些关键时间点上，科学和技术各自的情况：

第一，人类的技术活动从非洲发端，走出非洲来到中东的智人最早发明了农耕技术，拉开了文明社会的序幕。中东也是科学的发源地，始于5 000年前。至今为止，中东的技术成就占比约为9.7%，科学成就占比约为4.8%。

第二，欧洲零星的技术发明很早就开始了，但总体来说迟于中东。从古希腊时代起，欧洲的科学活动活跃且成就非凡，超越了中东。但中世纪欧洲科技活动的进展很缓慢，直至文艺复兴时期才开始复苏，之后是科学革命和工业革命。至今为止，欧洲的技术成就占世界总量的比例约为43.4%，科学成就占比约为67.1%。这表明欧洲人在科技方面对人类做出了卓越贡献。

第三，印巴地区的技术活动开始得也很早，与中国、欧洲差不多。该地区的技术成就占比约为3.3%，科学成就占比约为2.4%（主要集中在数学方面），历史上的科技活动呈现出孤立、分散的特点。

第四，北美在古代有一些农耕技术，但科学活动基本为零。得益于欧洲移民的到来，这里的技术活动从1800年开始加速，科学活动也逐渐多起来。1900年之后，北美成为世界科学和技术的研发主力。至今为止，其技术成就占比约为28.4%，科学成就占比约为21.7%。这反映了北美地区对欧洲的科技精神和能力的传承。

第五，中国的技术创新活动开始得很早，是人类农业革命的发源地之一，但整体上比中东晚了两三千年。在南宋和元朝之间的200年里，中国的重大技术成就累积量与欧洲相当。1300年前后是中国技术成就在世界上地位最高的时候，技术成就占比约为24.2%，而欧洲的占比约为23.8%。到了元朝，中国的技术发展就基本停滞了。至今为止，中国的技术成就的占比约为8.5%，科学成就的占比很少，仅约1.8%，是几个主要地区中"科学成绩单"最差的一个。

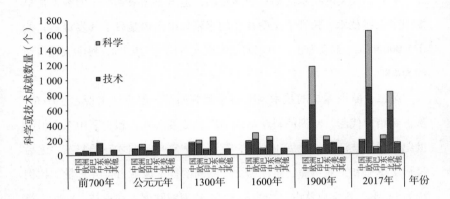

图Ⅶ-3　在人类历史上的一些关键时间点上，各主要地区科学和技术成就

数据来源：重大科技成就数据库。

科技引发人类社会大分流

历史上各文明板块的发展如何产生了大分流，以及为什么产生了大分流，是人们经常讨论的问题。从上文中对各主要地区历史上的重大科技成就的比较分析可以看出，在过去1万多年间，人类社会至少经历了三次大分流：在生存时代，人类从狩猎采集者分化为农耕民族和游牧民族；在交流时代，人类社会分化为文明社会和非文明社会；在效率时代，人类社会分化为现代社会与传统社会。

生存时代的农业革命和交流时代的信息革命，都是从中东地区率先开始的，与此对应的大分流也以中东为中心产生。截至2 000多年前，世界科技创新的中心都在中东。

关于最近几百年的这次大分流，有人关注的是经济大分流，即从18世纪晚期开始，欧洲人均GDP和人口规模同步大幅增长，跨越马尔萨斯陷阱，而其他传统社会的人均GDP则停滞不前。本书主要关注科技大分流，即欧洲于16世纪开始科学革命，于18世纪启动工业革命，而其他传统文明的科技则停滞不前。

细看各主要地区的科技大分流，至少有三个角度：一是结构性大分流，即在某种分类体系（比如需求层级分类或科学和技术分类等）下，各地科技发展的重点产生了差别；二是活跃度大分流，即各主要地区在不同历史时期，科技创新的活跃度存在明显差异；三是科技成就累积量的大分流。接下来，让我们看看在2 000年前和今天这两个时间节点上，各主要地区的科技成就结构。

从图Ⅶ–2可见，2 000年前中东、中国和印巴等地更重视生存/温饱、交流/娱乐和安全/健康类科技，而欧洲则更关注机动/灵活、效率/利用和探索/超越类科技。中东、中国和印巴这三个地区累积到今天最重要的三类科技成就是交流/娱乐、安全/健康和生存/温饱，而欧洲占比较高的三类科技成就则是效率/利用、安全/健康和交流/娱乐。另外，在探索/超越和机动/灵活类科技成就方面，欧洲比其他地区表现出明显的偏好和优势。作为以欧洲移民为主导的社会，北美地区的科技活动主要发生在近200多年，其科技成就的结构与欧洲相似。

如果按科学和技术分类，图Ⅶ–3表明公元元年欧洲人已与其他地区产生了科技大分流，其科学成就的占比超过全世界的一半。到目前为止，欧洲及美洲等欧洲移民区，创造了人类科学成就总量的约90%。而中国等古文明地区在技术方面有辉煌成就，但科学方面还相对欠缺。

因此，无论是以需求层级分类还是以科学和技术分类，各主要地区科技发展的结构性偏好在2 000年前就定型了。

从科技创新活跃度来看，公元前8世纪之后，欧洲、中国和印度的部分地区都进入了科技创新活跃期。其中地中海地区的成绩单最为亮眼。1世纪，罗马帝国的科技创新速度慢了下来，中世纪欧洲的科技发展更是缓慢。

中东和印巴地区在公元元年后的第一个千年里，科技发展时快时慢。而中国延续着春秋战国时期的激情，秦汉的技术创新成就不少，从隋唐到宋元的几百年间，中国是世界上科技创新最活跃的地区。宋元时期，中国在安全/健康和交流/娱乐这两个领域的科技成就都超过了欧洲，整体技术水平（不包括科学）也与欧洲相当。

但历史不是线性发展的，偶然性事件也可能令历史的进程发生转折。13世纪蒙古帝国崛起，蒙古铁骑四处驰骋，向西扫荡阿拉伯帝国，直逼东罗马帝国，向东摧枯拉朽，灭南宋王朝。从此，科技发展在中国、印巴和中东等地都被打断了，不过蒙古人对西欧的冲击较小。

13世纪晚期的西欧经历过几次十字军东征，促成了人和知识的大流动。之后，文艺复兴在意大利悄然启动，古希腊的文学和艺术惊艳地呈现在西欧人眼前，随之而来的是古希腊科学和技术的苏醒。数据显示，14世纪是欧洲和中东、中国和印巴等古文明地区在科技创新活跃度方面的最近一次大分流的开始。

在接下来几个世纪，欧洲人花了很多时间学习、消化地中海的先辈们留下的科技知识，也尽量吸收中东、中国和印巴的科技，快速扩大自己的科技知识储备池，之后就走上了独立创新之路。从16世纪下半叶开始，欧洲科技成就的累积量超过中东，成为世界第一。从此，欧洲与其他地区的科技大分流就开始了。

由此可见，最近2 000多年来欧洲科技发展有三个关键时间点：轴心时代开启了欧洲与其他地区的结构性大分流；14世纪开始创新活跃度大分流；从16世纪后期开始，欧洲的科技成就累积量远远领先于其他地区。欧洲现代科技腾飞有两个重要发力点：一是以效率/利用类科技为突破口，带动其他类别科技的发展；二是以科学为武器，在诸多领域实现突破。

就欧洲与中国的科技大分流，以下几点值得强调：

第一，欧洲地区的重大科技成就的总量一直比中国多。李约瑟认为，在1500年之前，中国科技比欧洲更发达，之后欧洲反超中国。但根据本数据库的统计和分析，本书认为这种情况在历史上并未出现。

第二，从科技创新的活跃度看，14世纪是中国和欧洲的分水岭。14世纪后中国的科技创新活动几乎停滞，而欧洲的科技成就则蓬勃涌现，走向现代化。欧洲和中国的科技累积量就是从这个时候出现大分流的。

第三，从具体类别的科技来说，中国和欧洲的生存/温饱类科技的发展存在时间差，但总量差不多，没有大分流的情况。从唐初到明末的1 000多年间，中国的安全/健康类科技成就比欧洲多，明末后欧洲反超中国。从唐朝早期到明初的800多年间，中国的交流/娱乐类科技成就比欧洲多，明朝中期后欧洲反超中国。机动/灵活类、效率/利用类和探索/超越类科技，欧洲和中国在活跃度和累积量上的大分流于公元前2世纪就出现了，之后欧洲一直显著强于中国。

第四，从科学和技术的分类看，中国的技术累积量在南宋和元朝时期与欧洲基本持平。明朝后欧洲开始超越中国，出现大分流趋势。但中国的科学"成绩单"一直不如欧洲优秀。

由于科技发展是人口和经济发展的前提条件之一，19世纪欧美与世界其他地区的经济发展出现大分流就是顺理成章的事了。最近一两百年间，欧洲和北美创造的现代科技惠及世界，在较大范围内实现了现代化。

了解各主要地区科技发展的大致脉络，以及历史上大分流的本质和时间点后，接下来要问的问题自然是"为什么"。为什么不同社会在有些类别的科技上表现得差不多，在有些类别的科技上却差别很大？为什么2 000多年前欧洲与其他古文明的科技创新产生了结构性差异？为什么各地科技发展的节奏大不相同？

地理、偶然性和历史因素

本书开头提出了"需求与科技创新动力学"模型，上文概述的各地科技发展状况和大分流过程，基本佐证了该模型的要点。

科技创新的直接动力是个人欲望和社会需求，外部因素则可以影响人们满足欲望和需求的方式。人的基本欲望相似，这是世界各地科技创新的共性基础。生存/温饱和安全/健康这两个层次基本上由个人欲望驱动，各地的相关科技发展共性较多，节奏和细节上的差别大都由地理因素的不同造成。

交流/娱乐层既受个人欲望驱动，也具有较强的社会性。当社会发展到一定规模后，人们对这类科技的重视程序增加。它们对社会的塑造和未来的走向影响极大，也对其他层次科技（特别是上面三层科技）的发展至关重要。

从第一层到第四层科技的发展显示出因地制宜、循序渐进的特点。然而，下面这几层科技的发展程度，并非上面两层科技产生突破的充分条件。反过来，当效率/利用和探索/超越类科技有了突破后，也会推动下面几层科技的突破。显然，文明最先发展起来的中东以及印巴和中国都没有发生这两类科技的突破，中国和印巴等地的现代化是在欧美的"裹挟"和"冲击"下发生的。

交流/娱乐层科技活动受社会需求的影响较大。社会需求不只是个人欲望的叠加，人口、经济、文化、制度、历史等因素对其影响很大。面对同样的问题，不同社会可以用不同的方式（包括非科技的方式）来解决，比如宗教等。社会特征的不同，造成社会需求、激励方式的差别，最终令不同社会走上了不同的科技发展道路。

当然，科技反过来也会对社会产生极大的影响，改变个人欲望和社会需求的表达方式。人、社会、科技是互相塑造的复杂动力学系统。

本书分别从6个需求层次讲述了科技如何改造自然、创造历史、推动社会发展、改变人的生活方式的故事，也谈及自然和社会因素如何作用于个人欲望和社会需求，从而影响科技发展的机制。接下来，笔者先梳理地理因素、偶然性因素和历史因素等如何刺激个人欲望和社会需求，从而推动科技发展的逻辑，其他外部因素与科技发展的逻辑关系留待下一节讨论。

地理因素。 地理和气候等自然条件不仅因地而异，也因时间而异。它不能改变人的欲望，但可以影响人们满足欲望和需求的优先顺序及方式。它对各地科技创新的直接影响在一万多年前开始的农业革命期间尤为明显，农业革命的发生时间与当地的地理气候条件关系密切。地理因素不仅决定了各地何时进入农耕社会，也促使人们因地制宜地发明技术。所以，地理因素对生存/温饱类科技成果影响很大。

农业革命开始后，世界人口快速增加，出现了人口密集的城市和王权国家。安全/健康类和交流/娱乐类科技与人口密度的关系较大，可以说与地理因素有间接关系。

地理因素对科技成就的传播也有明显影响。中东地区文明发展得很早，与中东相邻的欧洲从中东继承和学习了很多科技知识，无须自己再创造。欧洲与中东地区自古商贸往来频繁，很多生存物资都从中东进口，无须自己生产，在某种意义上说，这也算"站在巨人的肩膀上"了。另外，欧洲人中商人和手工业者的比例较大，他们把更多精力放在机动/灵活和效率/利用类科技活动上，这是欧洲后来崛起的部分原因。

但是，如果由此得出人类科技发展由地理因素决定的结论，就大错特错了。最近2 000多年来，科技创新者一直在努力超越地理因素的限制，创造普世的科技。另外，人类的活动对地理和气候也有很大的影响，"沧海变桑田"不仅是自然现象，也是人类活动的结果，近几百年的工业活动对环境和气候的影响我们有目共睹。

偶然性因素。 人类早期的偶发性科技成就数量较多，拥有独特的历史地位，而且深远地影响了后人的生活习惯和历史发展路径。这种偶然发明的技术形成的路径依赖现象，在科技发展史上经常出现，学者们对此有不少著述。

中国在耕种水稻的数千年前就发明了陶器，正是由于这项偶然性发明，后来以水稻为主食的农人可以用陶器煮饭吃。而西亚地区的人们是在耕种小麦很长时间之后才发明和使用陶器的，此时他们早已建立了把小麦磨成面粉再做成面食的习惯，陶器的出现并没有改变他们的这种习惯。

"粒食"或"粉食"习惯还影响了后世的其他科技创新。前文中关于蒸汽机的发明为什么出现在欧洲而不是中国的讨论指出，"粒食"加工对动力的需求不如"粉食"强烈正是原因之一。

另一个例子是，古希腊文明呈现出崇尚科学、追求精准、偏好探索/超越类科技的特点，这是偏离传统文明的变异和突破，只能用偶然性来解释。

历史因素。 历史上既有不少偶然性的创新活动，也有许多必然性的科技趋势。总体来说，各主要地区在公元元年前后形成的科技创新偏好，一直持续了2 000多年，可见历史的惯性之强大。

如果一个地区最早实现了某项科技突破，并因此进入一个新的产业领域，那么它往往可以改变当地的社会需求结构，形成先发优势，而且能长久地保持领先地位。比如中国发明的丝绸和陶瓷，从古至今一直处于世界领先地位。德国100多年前率先发明了汽车，现在仍执高端汽车市场之牛耳。美国首创了航空工业、计算机产业等，也一直占据着这些产业的技术优势和最大市场份额。

当然，历史上也有一些地区后来居上的情况。从科技的整体发展情况来说，中东地区长时间独步天下。但作为中东的"学生"，欧洲靠"二级跳"超越了中东。"第一跳"发生在轴心时代，由希腊人领军；"第二跳"发生在18世纪，由英国人领军。现在，欧美在科技方面具有强大的后发优势。

从具体技术来看，中国人在西汉时期发明了纸，在隋唐时期发明了雕版印刷术，在宋朝发明了活字印刷术，这1 000多年里中国一直保持着信息类技术方面的领先优势。当欧洲人在15世纪发明了印刷机后，当地社会对信息传播的强劲需求触发了该领域大量的科技创新，在信息技术领域反超中国。类似的案例还有黑火药。

文化、制度和经济因素

再接下来，我们讨论一下文化、制度和经济等外部因素，看看它们是如何通过影响个人欲望和社会需求来左右科技发展的，同时考察一下科技传播对各地科技发展的影响。

文化因素。宗教、价值观和审美偏好等都是文化的重要内涵，社会文化在文字发明之前就形成了，而且影响着技术发展。文字发明之后，文化对科技活动的影响越来越明显。交流/娱乐类科技成就受文化因素的影响最为直接，较高层次的科技活动受文化因素的影响也很大。部分科技创新最初用于满足生存/温饱或安全/健康需求，后来在文化的作用下，逐渐转化为满足人们更高层次需求的科技。

古希腊的崇尚自然科学的文化是人类历史上的一个非常独特的现象，这让自然科学体系得以形成，也开启了探索/超越类科技活动。古希腊文化就像一座灯塔，对后世的欧洲影响巨大，成为14—16世纪文艺复兴的模板，也成为16—18世纪科学革命和工业革命的驱动力之一。同样，中国在春秋战国时期形成的注重社会管理和人际关系的文化，也影响了中国几千年。

文化可以让较低层级的科技升级，去满足较高层次的需求。人类最初建造房屋是为了满足安全和定居生活的需求，后来在文化因素的作用下，神庙、宫殿等建筑物成为满足交流/娱乐，甚至超越自我需求层次的东西。

制度因素。社会制度对科技活动的影响力很大，可以激发社会精英的创新欲望，并调控资源配置的优先度。在一些历史时刻，顶层制度设计可能会改变社会文化和需求结构，科技结构也会随之改变。

前文中列举了英国产权制度如何从以土地为核心的传统体系转向以工业和知识产权为中心的体系，从而为工业革命和现代化铺平道路的例子。还有一个例子是关于17—18世纪的法国的宗教力量迫使蒸汽机发明者和其他科技人员逃往其他国家，以致错失了工业革命先机的故事。

经济因素。历史上商业发达的地区和时期，机动/灵活类科技创新也比较活跃。各地不同时期商业活动的特点和活跃度不同，各个社会对商人和企业家的态度也大不一样，这是造成历史上各主要地区机动/灵活类和效率/利用类科技发展不平衡的重要原因。

各地的农业社会普遍重视土地和农耕活动。希腊城邦的贵族经商发财后会去买土地，以彰显自己的地位。幸运的是，古希腊并没有压制商业活动，手工业和农业都有发展空间。

文艺复兴晚期的欧洲，重商主义兴起，各类别的科技创新活动中都可见商人和企业家的身影。前文中讲述了发明家瓦特携手企业家马修·博尔顿改良蒸汽机，在英国掀起工业革命的故事。

中国作为农耕文明发源地之一，很早就形成了重农轻商的文化，后来官方又垄断了很多商品的（如盐、金属、武器等）的生产和贸易，导致民间商业一直不发达。这也是中国古代社会机动/灵活类和效率/利用类科技创新少的重要原因。中国古代历史上也有几个时期对商业和商人比较友好，比如唐、宋，其科技创新活动也较为活跃。

科技传播。重大科技成就数据库仅收录了首创成就，因此在定量分析中未考虑科技成就在各地区传播所产生的影响。但本书各章中都或多或少地讲到了科技传播如何推动人类社会进步的故事。比如中东地区发明的青铜技术传播至世界各地，催生了多个王权国家；中国发明的黑火药传播到欧洲后引发了深刻的社会变革。

当外来科技传入后，当地的地理、文化、制度、经济和历史因素都会起到选择的作用，所以有的科技传播快，有的传播慢，有的被拒绝或忽略。

过去100多年来，欧美在世界范围内掀起了波澜壮阔的科技传播浪潮。其他国家先是从欧美购买产品，然后引进欧美的工业生产体系和教育体系，培养现代化人才，再改革本国的政治和经济制度，建立现代市场体系，最后提升本国的科技创新能力，成为创新型国度，为人类的科技进步贡献力量。各国现代化的步骤虽然相似，但发展速度却差别很大。改革开放至今，中国经济发展速度震惊世界，科技创新能力提升显著。

全球化和信息技术的进步使科技传播的速度越来越快，各地的知识汇聚成为全人类的共同知识。未来世界的科技创新，将在完全不同的高度和广度上展开。

未来科技发展的两大趋势

人类社会的演化是一个十分复杂的过程，历史虽然不会重复，但有规律可循。过去中蕴藏了关于未来的暗示，因此了解历史才能更好地预测未来。由于重大科技成就往往超前于经济和社会的发展，因此，通过对科技史的研究，我们也许可以看见未来的科技发展趋势。

在这里，笔者选择对人工智能和能源转换这两个重要领域进行讨论。它们都将极大地改变社会需求，前者是影响人类未来50年的重要技术，后者关乎未来数百年的社会变革。对于那些在过去几百年没有发生"工业革命"的国家和地区来说，这两类技术的未来发展将提供一个罕见的机会，让世界经济格局因此而改变。

人工智能将造成全球大迁移

关于信息技术发展对未来社会的影响，笔者的基本观点是，这一轮包括人工智能在内的信息技术发展将会造成三重大迁移。

一是职业结构和就业人群的大迁移。人工智能技术将造成职业的不断细分，取代一部分工种。在这个过程中，与移动"物"和"信息"相关的职业是"重灾区"，例如教育程度低而工资水平较高的卡车司机、出租车司机、工人，以及原创性较低的文员职业等。

二是全球产业链和物流、人流格局的大迁移。科技实力雄厚的国家可借助新技术重新进行产业布局，让制造业以未来工厂的方式回归。基于最新科技的未来工厂雇用的人员会更少，但技术较精。工厂一端连接原材料供应商，另一端面向终端市场，极大地缩减中间环节，压缩产业链，兼顾效率和灵活性。全球供应链的重构，中间环节的减少和压缩，必将对物流、人流模式产生重大影响。

三是社会权力和经济结构的大迁移。职业大迁移和产业大迁移都会从微观到宏观层面重构社会的经济和政治结构。职业大迁移不仅会大幅减少人的工作量，也可能会导致金字塔顶的人失去权力，新兴阶层有机会崛起。全球产业布局的改变，意味着过去几十年形成的物流、人流、信息流和资金流都将显著改道，这会深刻地影响产品和零部件制造地、原材料产地的政治和经济，对财富分配和就业情况产生深远的影响。

目前，中国是"世界工厂"，人工智能和机器人技术给中国带来的挑战和机会都是巨大的。

与世界其他地区一样，中国需要收缩和淘汰旧产能，实现制造业的智能化，提高人工智能和机器人技术水平，使"中国制造"保持国内和国际竞争力。与此同时，中国也要注意把握技术升级的节奏，以免影响社会稳定。另外，中国的很多行业也需要在未来全球产业布局中重新寻找定位和切入点，开拓新市场。目前，很多中国企业都在人工智能、机器人等领域布局，紧随美国成为世界第二大人工智能技术基地。相信在这一轮技术升级中，中国不会失去先机。

可持续能源时代的大变局

能源是人类赖以生存和发展的基础。然而，近几百年支撑和推动人类社会工业化的化石燃料，不可避免地会面临枯竭问题，这是影响人类未来命运的最大问题。化石燃料耗尽之后，世界将进入可持续能源时代。

本书对人类从化石能源时代向可持续能源时代转型的过程和终局做了一些分析，基本观点是：如果一些关键技术（比如可控核聚变、高能源密度电池等）未能及时开发出来，未来社会将发生巨大变化，主要表现在能源分布、城市格局、运输网络和经济趋势上。

能源分布。 可持续能源与化石燃料的特征显著不同。首先，化石燃料可以方便廉价地直接运输到使用地，而可持续能源无法直接运输，需要先转化为电能等，运输成本也不低。其次，太阳能、风能、地热能等的能量密度明显小于化石燃料，需要占据大量的地表面积。因此，目前化石燃料支撑的超大型发电站会逐渐消失，代之以更多、更分散的小型发电厂。这些小型发电厂都需要建在具备一级能源条件的地方，然后以电能等二级能源形式供给终端用户。

城市格局。 城市格局是人口规模和密度的一种反映。现在这些高能耗、摩天大楼林立的大城市，需要高密度的大型发电厂来供电，因此在可持续能源时期，规模小且分散的发电厂难以满足大城市的用电需求。化石燃料耗尽后，少量超大城市可以由核电继续支撑，但有很多大城市的规模会显著减小。当然，太阳光线充足的地方，也将获得崛起的机会。

运输网络。 进入可持续能源时期，另一个会发生显著变化的领域是运输业。对短途代步而言，电动汽车或氢燃料汽车等将取代燃油车，一套新的充电（加新燃料）系统将取代现在的加油站。同时，自动驾驶技术会极大地提高交通效率。当然，锂等电池原材料也是有限资源，需要人们未雨绸缪地考虑其耗尽后的应对措施。

对长途运输而言，像高铁这样的电力驱动系统在可持续能源时代将变得更重要，并将逐渐遍布各个大陆。在高铁沿途地理条件合适的地方，将出现很多太阳能、风能发电站，以补充电能。现在高功率可移动动力源仍然缺乏，如果开发不出革命性的便携型高密度能源技术，海运和空运就有可能消失，这对有效利用海洋和天空是重大损失。

由于电力驱动的运输成本高于化石燃料驱动，将来的出行成本和物流成本可能更高。运输网络的变化也会使全球供应链体系产生明显变化。

经济趋势。人类进入化石能源时期后，无论是世界经济总量还是人均GDP都大幅上升，它们与能源消耗量是正相关关系。近几十年来节能技术的进步，有效地提升了单位能耗所的GDP产出量，使一些国家在能耗减少或保持不变的情况下，经济持续发展，这些节能技术将继续造福人类。

另外，各种资源越来越少，会使得物质生产的成本越来越高，人们不得不少拥有一些东西，少使用一些能源。能耗高的科技，比如人工智能、机器人等，也会遭遇发展的天花板。

将来由可持续清洁能源支撑的人类社会，其优点在于，地球上的空气、水和土地都会变得更洁净，人类也无须担忧能源耗竭和全球变暖等问题了。然而，地球上的陆地面积只占29%，如果将来陆地上密集建设各种太阳能发电站、地热发电站、风能发电站、水电站等设施，加上陆地上更密集的电力运输网和交通运输网，地球无疑将十分拥挤。

一级能源的替换是大势所趋，我们别无选择。

终将归于平静的"寒武纪科技大爆发"

寒武纪是5.4亿年前开始的一个地质年代，大约持续了5 000万年。如今地球上的各种生物的祖先，在寒武纪开始后的几百万年间就几乎全部出现了，之后产生的新物种很少，还有一些物种由于不适应环境变化而消失。这种间歇性的"生命大爆发"现象，是复杂系统的进化特征之一。

科技也是一个复杂系统，每一项重大科技都犹如一个"新物种"。在漫长的旧石器时代，科技创新非常少。农业革命开始后的1万多年里，科技创新活动变得活跃起来，类似于寒武纪的生命大爆发。可以确定，"寒武纪科技大爆发"不会永远持续下去，那么它还会持续多长时间？

过去1万多年里人类经历了三次科技革命。图Ⅶ-4以"每10亿人年均重大科技创新数"为横轴制图，表明最近的科技创新活跃期从1500年开始，在1920年左右达到巅峰，这也是人类重大科技创新活跃度的巅峰，之后开始下降。虽然不能确定最近100多年来重大科技创新活跃度放缓是短期效应还是长期现象，将来是不是还会出现另一个活跃期，但我们仍然可以就此进行一些有意义的讨论。

重大科技创新显著超前于社会和经济发展，是一项良好的领先指标。图Ⅶ-4还表明，世界人口增长率在1650年开始加速，"二战"后更是大幅增加，峰值出现在1963年前后，之后表现出下降趋势。图Ⅶ-5表明，世界人均GDP增长率在1800年之前基本为0，从1800年开始才在英国等少数科技先行国出现持续增长，全球经济高速增长期始于20世纪50年代。

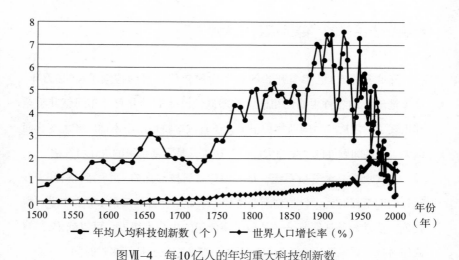

图Ⅶ-4　每10亿人的年均重大科技创新数

数据来源：重大科技成就数据库及"麦迪逊计划"数据库。

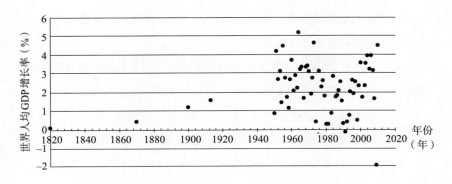

图Ⅶ-5　近200年来世界人均GDP增长率

数据来源："麦迪逊计划"2010年、2013年版数据库。

由此可见，人口增长率和人均GDP增长率这两个指标都明显滞后于每10亿人年均重大科技创新数，原因在于重大科技创新需要先触发更多的微创新，并让科技成果传播到世界各地，才能在更大范围内产生显著的社会和经济效果，这个过程需要时间。最近100多年来，新科技的利用和市场化，以及科技成果的传播速度越来越快，因此，从重大科技创新出现到其社会效果完全显现，所需时间也越来越短。

有几个趋势尤其值得关注。第一，虽然现阶段科技微创新仍然活跃，但随着重大科技创新的减少，微创新也会逐渐减少。第二，最近几十年来世界人口的增长速度越来越慢，很有可能停止增长，甚至开始负增长。日本等部分发达国家已经进入人口负增长阶段，目前世界人口增长主要来自发展中国家。

目前全球的经济增长主要也来自发展中国家，中国、印度等发展中国家经济大幅增长，成为世界经济发展引擎。对欧美等科技发达国家来说，虽然其各方面的效率仍在改善，国内经济也在发展，但发达国家的经济增长主要来自把更多产品销售给发展中国家。

这些事实是否意味着"寒武纪科技大爆发"即将归于平静？这是一个值得我们认真思考的问题。

通过分析近 3 000 年来人类社会在意识形态、核心技术和社会结构方面的变化程度，我们可以发现世界经历了两次具有普遍意义的巨变。第一次是在公元前 8 世纪到公元前 2 世纪，德国思想家卡尔·雅斯贝尔斯称之为轴心时代；第二次是从 16 世纪开始直到今天。

在这里，我们把这两次巨变分别称为"第一轴心时代"和"第二轴心时代"。表Ⅶ–1列举了这两个"轴心时代"各主要区域的关键性特征。

表Ⅶ–1　两个"轴心时代"各主要区域的特征比较

	中东	欧洲	北美	印度	中国
第一轴心时代（公元前8世纪—前2世纪）	一神教发展和传播；铁器时代晚期；游牧势力强大，战争频繁，农耕文化难以持续，古帝国衰落	古希腊哲学兴起；铁器时代，羊皮纸书出现，科技创新活动活跃；地中海战争频繁；希腊和罗马兴起		佛教兴起；进入铁器时代，贝叶书出现，科技创新活动比较活跃；孔雀王朝兴起	诸子百家；铁器时代，简牍书出现，科技创新活动活跃；周朝开启封建制度，经过春秋战国时期，秦汉统一中国
第二轴心时代（16世纪至今）	经济衰落；战争频繁，游牧力量获胜；现代化和全球化举步维艰	大航海时代；科学革命，工业革命；世界大战；全球化	殖民运动，独立；第二次工业革命；世界大战；全球化	莫卧儿王朝；英国殖民地；独立；现代化，全球化	清帝国；皇权衰落；世界大战；现代化，全球化

鉴于最近几十年信息技术的蓬勃发展，特别是人工智能技术的发展，有人认为又一个"轴心时代"即将到来。但笔者认为，目前活跃的人工

智能等信息技术，的确可以进一步延续工业革命减少人类劳作的趋势，也会使世界的运转更加高效，但这只是工业革命浪潮的尾声，而非新的开端。原因如下：

第一，从技术方面看，在两个"轴心时代"初期，效率型科技的出现推动了整体科技创新的蓬勃发展和广泛传播。例如，冶铁技术于 3 500 年前在小亚细亚被发明出来。"第一轴心时代"开始时，冶铁技术已传播到欧洲、印巴、中国等地，极大地推动了工具和武器的发展。

"第二轴心时代"从西欧开始，以追求科学和效率为目标。在接下来的几百年里，以效率提升为核心目标的工业革命极大地改变了人类的认知方式、生活方式和社会结构，形成了现代化体系。而现在这一波科技创新的活跃度已开始下降，除了信息技术和生物技术之外，其他领域都少有重大突破，这与两个"轴心时代"的开局景象大不相同。

第二，从意识形态来看，两个"轴心时代"开始后不久，原有的主流价值观就崩塌了，即孔子说的"礼崩乐坏"。旧的价值观和意识形态遭到质疑，关于新的价值观，人们各持己见。最后，一两种价值观和意识形态胜出，成为主流。春秋战国时期，率先胜出的意识形态是法家思想，儒家思想是汉朝大局稳定后的主流意识形态。在地中海地区，古希腊哲学成为主流意识形态，并对欧洲影响深远。

欧洲的文艺复兴在当时的主流意识形态基督教看来，也是一场"礼崩乐坏"。新意识形态的重构从 16 世纪开始，与科学革命同步，多种新价值观互相竞争，工业革命后逐步达成一致。

第三，两个"轴心时代"前后的社会结构迥然不同。轴心时代早期是社会解构，中期是各种势力的厮杀，晚期是社会重构，形成的新经济和政治共同体比之前更大。

比如"第一轴心时代"的中国，周朝在春秋时期解构，战国时期各诸侯国陷入厮杀，战国晚期剩下七雄。最后秦灭六国，完成统一大业。之后的2 000年里，中国数次改朝换代，但并无大的社会结构变化。在"第二轴心时代"，欧洲的社会结构变革始于16世纪的宗教改革，天主教分裂成多个派别，资本主义和民族主义崛起。君主立宪、宪政共和等新社会结构于17—18世纪在英国和美国先后出现，成为其他社会改革的范本。但其间战争频繁，德国发动的两次世界大战，给人类造成了巨大的痛苦。第二次世界大战后，在美国的领导下，全球化体系逐步建立。这个体系并不完善，需要与时俱进地调整，但目前还没有取代这个体系的新架构出现。

近几十年在全球经济和政治舞台上迅速崛起的中国，能否成为科技前沿的弄潮儿，并稳定长久地坚守在前沿阵地上？它会给人类社会带来新方案吗？这些新方案将引起什么样的世界变革？这些问题有待我们思考和回答。

关于"重大科技成就数据库"的若干说明

高质量的数据是令统计结果可信和可靠的基础。在学生们的帮助下，我花费了6年多的时间建立了"重大科技成就数据库"。截至本书书稿完成之时，该数据库共收录了3 150个人类历史上的首创科技成就条目。如果把这些条目按科学和技术分为两类，其中科学成就有1 126项，技术成就有2 024项。在建立数据库的过程中，我们努力遵循如下基本原则：

第一，每个条目必须是人类对某项科技的第一次发现或发明，包含新原理的重大改进也可立项。例如，各地历史对圆周率有多次记载，最早是约公元前1800年古巴比伦的记录，数值是3.125，差不多同时古埃及也有类似的记载，但它们的获得方法不明。大约在公元前200年，古希腊科学家阿基米德首次记录了内割圆法，并用该方法获得了精确的圆周率值。大约在480年，中国数学家祖冲之采用割圆术，将圆周率的值精确到小数点后第七位，1609年，德国科学家鲁道夫·范科伊伦计算得到圆周率的32位小数。现代计算机可以将圆周率计算到小数点后10万多位。而在我们的数据库里有关圆周率的发现只有古巴比伦一项，割圆术则作为方法单独立项。

第二，用中立、客观、平衡的态度来挑选科技成就。这意味着一要尽量参考来自多个国家和地区的科技史书籍。由于每部书的作者都难免对自己的民族和国家有偏倚，对自己熟悉的史料收集得更细致，所以单本编年史的数据存在局限性。如果用不同的编年史书籍进行统计，结果往往相差很大，甚至彼此矛盾。采用多部不同地区、不同专业背景作者写作的编年史，则可部分纠正偏差。二要尽量平衡考虑各类成就，不能厚此薄彼。

第三，数据库中包含的科技创新事件的时间跨度应为整个人类历史。这一方面可以更全面地反映人类科技创新史的全貌，另一方面也可尽量避免各地区科技创新活动节奏不一致所带来的统计偏差。然而，由于现代人对早期人类的活动了解甚少，数据库中包括的主要是农业革命以来的科技成就，越接近现代的成就信息越详尽。也就是说，"现代偏倚"很难避免。

第四，数据库里的每个条目包含的信息，比如发明时间、地点、发明者等，都至少来自两个独立参考文献和其他渠道证据（如博物馆馆藏）的交叉确认。如果多种来源提供了不同信息而难以确认，则以最新文献提供的证据为准。

为了兼顾欧美以外地区的成就，我们尽量从非欧美学者的书籍中寻找信息，还特意加强了对技术发明类条目的收集，这对科学传统较弱的地区更为公平。

我们相信，基于以上原则建立的数据库更完备，数据质量也更高。当然，这些也只是人类科技成就的一部分。该数据库的主要局限有：

第一，虽然我们采用了几十部科技史书籍作为主要数据来源，但这些书籍的作者主要是欧美学者和部分中国学者，相关地区的成就自然收录得就多。而其他区域，例如印度、东南亚、日本、中东、非洲等地的资料则收录得很少，难免存在地域偏见和偏差。

第二，各种科技史书籍都更加关注最近2 000多年来的事件，特别是最近几百年间的事件。更早发生的事件，由于年代久远，相关记录大都丢失，考古发现仅能恢复小部分历史记忆，以致各地的古代科技成就被低估。针对这种情况，我们通过文献阅读、博物馆馆藏和多地古代遗址的出土物品，去了解远古人类的活动和成就，补充数据库条目，但这些努力仍是杯水车薪。

我们期望将来可以继续完善人类科技成就数据库，从而达到更完整地了解和统计人类科技活动的目的。

数据库主要来源及参考书籍如下：

1. BUNCH B H, HELLEMANS A. The History of Science and Technology[M]. Boston: Houghton Mifflin Harcourt, 2004.

2. MURRAY C. Human Accomplishment[M]. New York: HarperCollins Publishers. 2003.

3. CARLISLE R. Inventions and Discoveries[M]. New York: John Wiley & Sons, 2004.

4. CHALLONER J. 1001 Inventions that changed the world[M]. New York: Barron's Educational Inc., 2009.

5. GODDARD J. Concise History of Science and Invention: An Illustrated Time Line[M]. Washington, D. C.: National Geographic. 2009.

6. GRUN B. The Timetables of History: A Horizontal Linkage of People and Events, Based on Werner Stein's Kulturfahrplan[M]. New York: Simon & Schuster, 1979.

7. KAGAN N. National Geographic Concise History of the World: An

Illustrated Time Line[M]. Washington, D. C.: National Geographic. 2006.

8. REZENDE L. Chronology of Science[M], Checkmark Books, New York, NY. U.S.A., 2007.

9. ROSNER L. Chronology of Science: From Stonehenge to the Human Genome Project[M]. Santa Barbara: ABC-CLIO, 2002.

10. SINGER C, HOLMYARD E J, HALL A R, WILLIAMS T I. A History of Technology (Vol.1 - Vol.7) [M]. Oxford: Oxford University Press, 1956.

11. 卢嘉锡. 中国科学技术史 [M].北京：科学出版社，2004.

12. 科学编年史编委会. 科学编年史 [M]. 上海：上海科技教育出版社，2011.

13. BERNAL J D. Science in History (Vol.1 - Vol.4) [M]. Cambridge: The MIT Press, 1971.

14. TEMPLE K G. China: Land of Discovery and Invention[M]. Somerset, UK: Patrick Stephens Ltd., 1986.

15. HELLEMANS A, BUNCH B H. The Timetable of Science: A Chronology of the Most Important People and Events in the History of Science[M]. New York: Touchstone Books, 1988.

16. BUNCH B H, HELLEMANS A. The Timetables of Technology: A Chronology of the Most Important People and Events in the History of Technology[M]. New York: Touchstone Books, 1994.

17. GROSSMAN G M, HELPMAN E. Innovation and Growth in the Global Economy[M]. Cambridge: MIT Press, 1993.

18. EVANS H, BUCKLAND G, LEFER D. They Made America: From the Steam Engine to the Search Engine: Two Centuries of Innovators[M]. New York: Little, Brown and Company, 2009.

19. MOKYR J. Twenty-Five Centuries of Technology Change[M]. London: Routledge Press. 1990.

20. LIENHARD J H. How Invention Begins: Echoes of Old Voices in the Rise of New Machines[M]. Oxford: Oxford University Press, 2008.

21. MURRAY C A. Human Accomplishment: The Pursuit of Excellence in the Arts and Sciences, 800 B.C. To 1950[M]. New York: HarperCollins, 2003.

22. RANDHAWA M S. A History of Agriculture in India Vol.1 - Vol.4[M]. New Delhi: Indian Council of Agricultural Research, 1980.

23. WHITFIELD P. The History of Science[M]. New York: Grolier Educational, 2003.

24. 路甬祥. 走进殿堂的中国古代科技史（上、中、下）[M].上海：上海交通大学出版社，2009.

25. 中国科学院考古研究所.中国考古学[M]. 北京：中国社会科学出版社，2010年.

26. 陈方正. 继承与叛逆：现代科学为何出现于西方[M].北京：生活·读书·新知三联书店，2011.

27. 钱伟长.中国历史上的科学发展.上海：上海大学出版社，2009.

28. 李约瑟. 中国科学技术史：第1卷至第6卷[M]. 北京：科学出版社，1975 – 2010.

　　由于出版社建议控制篇幅，以下是笔者精选的几十篇参考文献，选自笔者在准备此书的过程中所阅读过的千篇文献。考虑到本书并非学术专著而是大众读物，因此笔者在此列出的基本上都是一般读者可读的书籍。书单中的部分作者著作等身，质量都很高，限于篇幅，只能列出每位作者的一部作品，读者可以根据作者进一步选读。科技史相关的主要著作可见附录，此处不再重复。

　　1. 李辉，金力. Y染色体与东亚族群演化[M]. 上海：上海科技出版社，2015.

　　2. 方积乾. 现代医学统计学[M]. 北京：人民卫生出版社，2002.

　　3. 葛剑雄. 中国人口史[M]. 上海：复旦大学出版社，2002.

　　4. 廖育群. 重构秦汉医学图像[M]. 上海：上海交通大学出版社,2012.

　　5. 王兆春. 中国火器通史[M]. 北京：军事科学出版社，1991.

　　6. 李伯重. 火枪与账簿[M]. 北京：生活·读书·新知三联书店，2017.

　　7. 苏湛，刘晓力. 十一世纪中国的科学、技术与社会[M]. 北京：科学出版社，2016.

　　8. 艾恺. 世界范围内的反现代化思潮——论文化守成主义[M]. 贵阳：

贵州人民出版社，1999.

9. 格雷厄姆. 黑客与画家[M]. 阮一峰，译. 北京：人民邮电出版社，2011.

10. 莱斯. 精益创业[M]. 吴彤，译. 北京：中信出版社，2012.

11. 奥尔森. 人类基因的历史地图[M]. 霍达文，译. 2版. 北京：生活·读书·新知三联书店，2008.

12. 戴蒙德. 枪炮、病菌与钢铁[M]. 谢延光，译. 上海：上海译文出版社. 2000.

13. 埃文斯，巴克兰，列菲. 他们创造了美国[M]. 倪波，蒲定乐，高华斌，玉书，译. 北京：中信出版社，2013.

14. 赫拉利. 人类简史[M]. 林俊宏，译. 北京：中信出版社，2014.

15. 弗雷泽. 金枝：巫术与宗教之研究[M]. 徐育新，汪培基，等译. 北京：大众文艺出版社，1998.

16. 肯尼迪. 大国的兴衰：1500—2000年的经济变迁与军事冲突[M]. 陈景彪，等译. 北京：国际文化出版公司，2006.

17. 芒福德. 城市发展史：起源、演变和前景[M]. 倪文彦，宋俊岭，译. 北京：中国建筑工业出版社，1989.

18. 斯丹迪奇. 从莎草纸到互联网：社交媒体2000年[M]. 林华，译. 北京：中信出版社，2015.

19. 林登. 愉悦回路：大脑如何启动快乐按钮操控人的行为[M]. 覃薇薇，译. 北京：中国人民大学出版社，2014.

20. 格雷克. 信息简史：一部历史，一个理论，一股洪流[M]. 高博，译. 北京：人民邮电出版社，2013.

21. 巴拉巴西. 链接[M]. 沈华伟，译. 杭州：浙江人民出版社，2013.

22. 拉铁摩尔. 中国的亚洲内陆边疆[M]. 唐晓峰，译. 南京：江苏人民出版社，2008.

23. 兰德斯，等. 历史上的企业家精神[M]. 姜井勇，译. 北京：中信出版集团，2016.

24. 佩恩. 海洋与文明[M]. 陈建军，罗燚英，译. 天津：天津人民出版社，2017.

25. 康纳. 超级版图：全球供应链、超级城市与新商业文明的崛起[M]. 崔传刚，周大昕，译. 北京：中信出版集团，2016.

26. 琼斯. 工业启蒙[M]. 李斌，译. 上海：上海交通大学出版社，2017.

27. 普赖斯. 巴比伦以来的科学[M]. 任元彪，译. 石家庄：河北科学技术出版社，2002.

28. 彭慕兰. 大分流：欧洲、中国及现代世界经济的发展[M]. 史建云，译. 2版. 南京：江苏人民出版社，2008.

29. ACEMOGLU D, ROBINSON J. Why Nations Fail: The Origins of Power, Prosperity, and Poverty [M]. New York: Crown Business, 2012.

30. ANDRADE T. The Gunpowder Age: China, Military Innovation, and the Rise of the West in World History [M]. Princeton: Princeton University Press, 2016.

31. ANTHONY D. The Horse, the Wheel, and Language: How Bronze-Age Riders from the Eurasian Steppes Shaped the Modern World [M]. Princeton: Princeton University Press, 2007.

32. ARTHUR W B. The Nature of Technology: What it is and How It Evolves [M]. New York: Free Press, 2009.

33. BECKWITH C I. Empires of the silk road: A history of central Eurasia from the bronze age to the present [M]. Princeton: Princeton University Press, 2009.

34. BOSERUP E. Population and Technological Change: A Study of Long-term Trends [M]. Chicago: University of Chicago Press, 1981.

35. BROOKE J L. Climate Change and the Course of Global History [M]. Cambridge: Cambridge University Press, 2014.

36. DEATON A. The Great Escape: Health, Wealth, and the Origins of Inequality [M]. Princeton: Princeton University Press, 2013.

37. JUMA C. Innovation and Its Enemies: Why People Resist New Technologies [M]. Oxford: Oxford University Press, 2016.

38. FREEMAN C, SOETE L. The Economics of Industrial Innovation [M]. Boston: The MIT Press, 1997.

39. HARRISON L, HUNTINGTON S. Culture Matters: How values shape human progress [M]. New York: Basic Books, 2000.

40. HOFSTEDE G. Culture's Consequences: Comparing Values, Behaviors, Institutions and Organizations Across Nations [M]. 2nd ed. Los Angeles: SAGE Publications, 2001.

41. IFRAH G. The Universal History of Computing: From the Abacus to the Quantum Computer [M]. New York: Wiley, 2002.

42. KATZ V J. A History of Mathematics [M]. 3rd ed. London: Pearson, 2008.

43. LIENHARD J H. How Invention Begins-Echoes of Old Voices in the Rise of New Machines [M]. Oxford: Oxford University Press, 2006.

44. MALTHUS T R. An Essay on the Principle of Population. (The original book was published in 1798) [M]. Oxford: Oxford University Press, 1993.

45. MASLOW A H. A Theory of Human Motivation [J]. Psychological

Review, 1943, 50(4): 370-396.

46. MOKYR J. The Lever of Riches: Technological Creativity and Economic Progress [M]. Oxford: Oxford University Press, 1990.

47. MAGNER L N. A History of Medicine [M]. 2nd ed. Boca Raton: CRC Press, 2005.

48. MORRIS I. The Measure of Civilization: How Social Development Decides the Fate of Nations [M]. Princeton: Princeton University Press, 2013.

49. NEVIS E C. Using an American Perspective in Understanding Another Culture: Toward a Hierarchy of Needs for the People's Republic of China [J]. Journal of Applied Behavioral Science, 1983a, 19 (3): 249-264.

50. NORTH D C. Institutions, Institutional Change and Economic Performance [M]. Cambridge: Cambridge University Press, 1990.

51. OSTLER N. Empires of the word: A Language History of the World. New York: Harper Collins. 2006.

52. USHER A P. A History of Mechanical Inventions [M]. Boston: Harvard University Press, 1954.

53. SMIL V. Energy and Civilization: A History [M]. Boston: The MIT Press, 2017.

54. WRANGHAM R. Catching Fire: How Cooking Made Us Human [M]. Cambridge: Profile Books, 2009.